國際財務管理

伍忠賢博士 著

三民書局

國家圖書館出版品預行編目資料

國際財務管理／伍忠賢著.－－初版一刷.－－臺北
市；三民，2003
　　面；　公分
參考書目：面
含索引
ISBN 957－14－3865－0　（平裝）

1.財務管理 2.國際企業－管理

494.7　　　　　　　　　　　　　　　92013820

網路書店位址　http：//www. sanmin. com. tw

© 　國際財務管理

著作人　　伍忠賢
發行人　　劉振強
著作財
產權人　　三民書局股份有限公司
　　　　　臺北市復興北路386號
發行所　　三民書局股份有限公司
　　　　　地址／臺北市復興北路386號
　　　　　電話／(02)25006600
　　　　　郵撥／0009998－5
印刷所　　三民書局股份有限公司
門市部　　復北店／臺北市復興北路386號
　　　　　重南店／臺北市重慶南路一段61號
初版一刷　2003年9月
　編　　號　S 493350
　基本定價　拾貳元陸角
行政院新聞局登記證局版臺業字第○二○○號

有著作權·不准侵害

ISBN　957-14-3865-0　（平裝）

謹紀念

恩師　汪義育教授

——感激他睿智的教誨和堅定的勇氣

自序——Just for fun!

　　一般來說，有音樂天分如果沒有勤奮的苦練，不見得能在音樂界大放異彩；同樣的，如果沒有天分只是漫無邊際苦練，還是無法成為音樂界當代巨匠。很幸運的，俄國小提琴家海菲茲 (Heifetz) 不但有 5 百年才有的「絕世天才」，更有近乎偏執狂的毅力，這使得海菲茲還沒成年，就能在歐洲樂壇深獲好評。

　　有樂評說，共產國家特別能創造出音樂奇葩，「愈是痛苦的生活愈有讓人超脫，另外尋找能容身的世界」。對海菲茲而言，小提琴音樂就是能讓他超脫的世界。（經濟日報，2001 年 2 月 10 日，第 25 版，蔡沛恆）

一、寫作緣起——寫第一本實用的國際財務管理教科書

　　教授或學生或許會好奇：「為什麼三民書局、伍忠賢湊熱鬧出本財務管理系列的教科書？」我們的想法很單純：「出第一本實用的國際財務管理教科書。」雖然這樣說，很像 Cefiro、Mondeo 汽車挑戰 Benz 的廣告詞，而且流彈會打到我的朋友、同行，但是憑著我在財務管理多年的實務經驗（包括聯華食品公司財務經理），相信「第一本實用」國際財管是站得住的。

　　1.實用上，前無古人

　　你在學校裡修課，從課本上學習，目的在於因應現實生活的需要，縱使你唸財務金融碩士、企管所主修財管，而且在上市公司財務部工作了 5 年，唸本書至少還有一半以上篇幅有收穫。我常跟大四的學生說：「唸完本書，你到上市公司財務部上班，只需問報表上你的印章該蓋在那裡，剩下的決策不用再問人」，也就是這是一本跟實務零距離的教科書、實用手冊。這本書保你夠用到擔任台積電、鴻海精密的國外金融部主管，當然，初階工作（像出納、財務調度），那本書可說「殺雞焉用牛刀」。

　　2.考研究所「叫我第一名」

　　以我 1981 年考中山大學企管碩士統計組第一名、政治大學經濟碩士第四名、1987 年

交通大學管科所博士班錄取、1988 年政治大學企管系博士班榜首的戰績,考試不僅得靠實力,而且考試技巧也很重要。我們以作圖作表,把全球融資的目的（表 1-2）、全球企業成長階段、財務組織型態關係（圖 2-1）、效率市場假說（圖 13-1）有系統整理,讓你易懂易記。唸本書去考研究所,雖然不敢說「八九不離十」,至少「七八不離九」,因為財務管理還會再考些公司鑑價、投資學的範圍。

二、Read it, you will like it!

很多人唸到企管博士,甚至主修財務管理,到了公司財務部卻不知如何做,教科書不實用該負最大責任。此外,一般財管教科書有二大重要缺點,以致令很多人心生排斥:

1.公式多

公式多會令很多自認數理差的人知難而退,我的書不搞這一套,本書全書 5 百多頁,不到 5 個公式;奇怪了,實務工作那會碰到那麼多華而不實的理論和公式? 同樣的,對於代數運算的公式推導更不願意浪費篇幅。

2.計算例子多

大部分例子都是大同小異,如同已知 2+3=5,那又何必去舉 3+5=8,5+8=13,8+13=21 這些例子呢? 在本書中,我開始落實「很少數字例子,而且毫無會計分錄」的觀念。

本書貴在提出許多可操作的方法,盼能給大學帶來另類教科書、給企業界小小的漣漪。這是一本有理論架構、實務經驗支持的、能用的企管叢書和教科書,不是一本翻譯或編著的教科書,也不是一本鬆垮垮的企管叢書。

三、實用導向寫作方式——本書特點

本書延續實用導向的下列寫書風格:

1.以理論（尤其經過臺灣論文支持）為架構,並透過圖、表整理,以達到「易懂、易記」的目的。如同歌手庾澄慶的成名曲「改變所有的錯」,在本書中,我們把所有知識管理常見的圖都依照三圖一表（詳見光碟首頁說明）四個系統基模的格式重畫。

2.以實務為骨肉,這是我們的寫作原則:「縱使是教科書,也應該跟實務工作零距離。」而這又是主要受益於 10 年以上的從業資歷。

3.以創意為靈魂,樂聖貝多芬的交響曲中有很強烈的人文色彩,同樣的,本書也有濃郁的創意氣息,希望能觸動你一些靈感,而不是如同一本冷冰冰的食譜、手冊罷了。

4.加點人味,以前在《工商時報》當專欄記者時寫專欄,主管鍾俊文博士總希望在

談事論理之外，再加上產官學（即產業界、官員、學者）的意見，讓讀者因感受人味而喜歡讀，才不會像論文。同樣道理，網球公開賽時，只要碰到火爆浪子馬克安諾、阿格西，收視率便大幅躍升，因為有好戲可看；至於發球機器山普拉斯、柏格只有好球可看，場面枯燥得很。

本書再次可凸顯我的治學、寫書理念：

1.「回復到基本」（return to basis 或 return to the basic）：通俗地說便是「天底下沒有新鮮事」，同理，我也主張「天下沒有那麼多學問」；萬變不離其宗。坊間許多理論（包括所謂的管理大師所提出的）、方法，只是從大一管理學、大二財務管理學略作修改，然後再加上美麗的學術外衣或神秘的實務界魔術公式，本質上仍是「換湯不換藥」。

2.就近取譬，用生活中熟悉的事物來比喻好令人豁然而解。

我在財務管理的創新方法
三民書局出版

年	月	書　名	章　節
2002	7	公司鑑價	Chap. 8 權益資金成本實用估計方式 §9.4 實用盈餘預測法
2002	9	財務管理	§9.4 權益資金成本實用估計方式
2003	7	投資學	§2.1 資產分類和資產配置 §5.6 修正的風險調整後投資組合績效評估 §12.2 實用投資組合選擇理論

社會「科學」是有關於人的科學，大部分是從人的行為中歸納出來，為了看起來有學問起見，必須給它取個專有名詞，至少大家有個共同的瞭解，以免雞同鴨講。

因此，「天底下沒有新鮮事」（There is nothing new under the sun.）這句話請你銘記在心，財務管理中 99% 的觀念、工具都來自日常生活。難怪諾基亞 (Nokia) 的手機廣告說：「科技始終來自人性」就是這個道理。

四、誠摯感謝

要感謝的老師很多，其中有二位跟本書的撰寫有直接關係。

中山大學劉維琪教授，他是我在財管領域的啟蒙老師，他威嚴的詢問，常令我們有大風吹的緊張。另一位是陳隆麒教授，他敬業的教學精神和融會貫通的能力，奠定了我財務管理的底子。

　　在寫作語氣上，略參考焦桐在 1997 年 11 月 16 日《中國時報》第 27 版上的一篇文章〈深思熟慮的輕〉。如同當兵時班長所說：「外表輕鬆，內在嚴肅。」我期許自己以寫小品文的心情，來寫一本嚴謹的書；希望你自在地讀，不要覺得有「不可承受的重」。

　　此外，大學同學王素敏於 1981 年時曾說過：「如果修國際企業管理這門課只能多懂幾個名詞，那我不願意選修。」她的話指引我在寫書時，以實用為先，無須狗尾續貂、鋪陳一堆學者主張和理論，但卻不知道是否於事有補或正確與否。此外，我們用一些簡單的基本架構（例如管理功能）重新把許多主張一以貫之，讓你能把所唸的企管書活用出來，不致迷失在眾說紛紜之中。

　　在本書中，許多地方改寫自報刊，我們皆註明出處，一則表示飲水思源，一則方便你也可以藉此找出原文。

　　在文章引用方面，感謝好友楊欽昌（安侯建業會計師事務所會計師）慷慨的把其所撰〈移轉價格、權利金、管理服務費、利息〉一文，供本書引用（第十章第一節的大部分）。

　　在文字編輯方面，感謝三民書局編輯部的細心編輯和校對，增加本書的視覺感受以及提高品質。

　　尤其感激的是好友謝政勳、楊正利、蔡耀傑、柯惠玲和林新象，在財務上的支持、在精神上的鼓勵，才能讓我沒有後顧之憂的從事寫作。最後要感謝的是上天賜予我靈感，使我這樣資質有限的人能寫出本書。

伍忠賢　謹誌於新店

2003 年 8 月

Fax: (02)22141455

國際財務管理

目　次

表目次

圖目次

導論——5W2H 架構

我一直認為繪製圖表是澄清思慮的最佳方式，把一個複雜問題濃縮成一張簡單的圖表，總會令我高興不已。

我熱愛繪製圖表的過程，並且總能從中獲益許多。關於製圖最有趣的一件事，就是我們永遠認為上一次的簡報是「有史以來最成功的一次」。

——傑克·魏爾許（Jack Welch，美國奇異公司前董事長）

動物園、遊樂園、大廈、捷運站的示意圖可以讓你綜覽全局，不致因木失林，很多人唸完一本書卻無法拼湊出一張完整的拼圖，對此作者須負很大的責任，因為連作者都支鱗片爪。

本書有全書架構圖（圖 0-1），再加上導論的說明，讓你能迅速抓住全書大要，這也是唸書要從目錄、導論唸起的主因。

在正式進入本文之前，我喜歡透過導論回答 "5W2H" 的問題，惟有一開始弄清楚「為何而學」(Why)、「誰需要學」(Who)，你才會「樂知」、「好行」，而不是「困知」、「勉行」；「學什麼」(What) 可說是全書導讀，讓你抓得住全書的重心；在「相關課程」（Where，詳見圖 0-1）中，說明了關於國際財務管理的前後相關課程，讓你瞭解它的位置；在本書特色（Which，自序三實用式寫作方式——本書特點）中，倒不是想「老王賣瓜，自賣自誇」，而是跟你分享我們如何「知所進退，明所取捨」的內容設計。

Why? 全民全球理財時代來臨

從每年 6 百萬人出國結匯，到 4 萬餘家企業西進大陸、南進東南亞，1990 年代的臺灣已邁入全民全球理財時代，而這再也不是大企業、貿易公司才會碰到的問題。

臺灣的全球理財時代大抵可分為三個階段：

1. 1970 年代：國際財務管理主要的工作其實只是國際匯兌（開狀、押匯……）。

2. 1980 年代：此時臺幣兌美元大幅升值，從 1 美元兌 36 臺幣，升值到兌 26 臺幣，這時期國際財務管理的重點在於負債管理，例如怎樣借外銷外幣貸款，以賺取臺幣升值的匯兌利得。

3. 1990 ～ 2003 年代：臺幣匯率大幅波動，政府開放企業赴海外募資、進行衍生性金融交易等，使得企業得以全方位進行國際財務管理。再加上不少中小型臺商西進、南進，更使得中小企業也體會到國際財務管理的重要。海外金融投資（如海外共同基金、外幣存款、海外房地產置產），更使得國際財務管理繼股市投資之後，成為一項全民運動。

由於 2000 年臺股重挫 43.91%、2002 年下跌 19.8%，僅 2001 年小漲 17.1%，再加上利率由微利逐漸往零利率邁進，2001 年時外幣存款高達 360 億美元，壽險業龍頭國泰人壽在 2003 年 3 月獲得財政部核准，把海外投資比重提高到資產的 30%（註：2003 年 1 月，保險法放寬保險業海外投資上限到 35%）。皆可見在半推半就情況下，2001 年起臺灣在國際財管中逐漸偏重資產管理。

為迎接新世代全球理財時代來臨，需要有新時代的觀念，包括策略管理、組織管理、財務管理、會計制度、法律規劃和租稅規劃等。本書以淺顯的筆法，深入淺出、就近取譬，提供你全方位的知識，讓你成為新世代的全球企業、世界公民。

Who? 本書目標讀者

本書以實務為導向，主要是寫給學生看的，其次才是實務工作人士；在內文中強調理論、實證，再加上參考文獻、索引，便可「一兼二顧」！

本書涉及的主題涵蓋全球財務管理的相關專業領域，所以足供下列人士參考。

㈠教學、研究人士

本書可作為大學、碩士班「國際財務管理」課程的教科書，並且可以作為「國際企業管理」、「財務政策」、「稅務規劃」等課程的參考書。

㈡企業界人士、專業顧問

1.公司內的財務人員、公司外的相關金融人員：這是本書的主要目標讀者。

2.公司經營者和策略規劃人員（例如總經理室、董事長室幕僚）：詳見 §1.1、§2.1～2.3、§9.1。

3.會計人員、會計師：詳見 §2.4～2.5、§5.7 國際融資相關會計事宜。

4.法務人員、律師：詳見 Chap. 3 國際募資法律規劃、Chap. 6 負債融資條件和契約。

5.稅務規劃人員、會計師：§2.2 區域總部、控股公司選址、Chap. 10 全球企業租稅規劃、Chap. 11 大陸租稅規劃。

6.風險管理人員：§14.4、§19.1。

7.人資管理人員：§7.6 全球企業員工入股制度。

8.業務人員：§9.2 全球營運風險管理。

此外，本書附中英文索引，可作為國際財務金融字典之用。

How?　本書寫作方式

本書從實務導向著眼，為了讓你耳目一新，在寫作方面，跟傳統國際財務管理書籍可說是大異其趣。

在目錄、全書架構安排上，臺灣大學國際企業管理系莊正民教授睿智的建議，財務管理不能自外於企業的策略、組織管理，所以本書第一章便從策略、財務策略切入，第二章再輔以全球企業財會部門的組織管理。

在寫作筆調方面,採取政治大學企業管理系司徒達賢教授對過度使用專有名詞者的提醒用語:「講人話!」秉承師訓，本書只有二、三個公式（例如國際資本定價模式、國際套利定價模式）。也就是希望透過深入淺出（即「講人話」）的方式，讓你看完本書，隨時能夠上手作業。

一本實務、教學兩用的書，必須考慮書的內容。本書採用 19 章的目錄、每章約 5 節、約 25 頁，足供一學期 16 次（每次 3 小時）上課之用。書中的例子皆為股票上市公司，資訊是公開的，讀者可以很容易搜集到相關資訊。

本書有許多章節相關圖，觀念清晰的作者在撰寫每一篇、每一章時，皆應能夠把章節相關圖畫出來，讓讀者能一目了然，瞭解全書的來龍去脈。

本書中，我們拋棄了深奧的匯率理論的探討（例如國際費雪效果、國際資本資

產定價模式、計量匯率預測模式）、匯兌的會計風險衡量；也同時不舉繁複的換匯等計算，更不以任何篇幅來簡介國際金融市場。

一如美國第二次大戰名將巴頓將軍具有看到軍事地圖如同親臨現場的能力，本書從實務關心的問題出發，以理論（例如資金結構）、實證結果為架構，以免見樹不見林。以實務為血肉，賦予全書可操作化的生命；例如相信當你看完第八章第四節「全球企業現金管理稽核作業」，縱使你沒做過現金稽核的工作，相信你能順利上手。

此外，再加上參考文獻，讓有興趣打破砂鍋問到底的讀者有線索可循。還有中英文索引、圖、表目錄，都可讓你從許多方向去找到書中的主題。

最後，當你在閱讀本書時，不妨抱著我在向你說明、討論的心情，那麼讀起來便更有趣味了。

What? 魚與熊掌兼得的寫書設計

本書共分四篇、十九章，其中第二、三、四篇主要是從資產負債表的角度來看，詳見圖 0–1，詳細內容請參見目錄。

第一篇　全球企業策略、財務管理

第一章起自全球企業的策略（成長方向、方式），並進而衍生出財務策略，包括策略投資、策略預算，再進一步推演出（各子公司）的財務政策，包括資金結構規劃、融資策略；第三、四節，說明內部、外部融資策略的執行。

第二章說明財務部的組織管理，也討論全球企業會計制度的整合，並以 IBM、迪吉多、荷商飛利浦和亞東集團為例說明。

第三章國際融資法律規劃，主要在瞭解跨國募資的國內外法律可行性；合法是一切理財活動的起點。

第二～四篇　快易通

第二～四篇，我們以資產負債表為架構，這是拙著《財務管理》（三民書局，2002 年 9 月）的基本架構，共有四個重點：

1.資金來源：也就是資產負債表的右邊，包括負債、業主權益，本書偏重國際資金來源，第二篇。

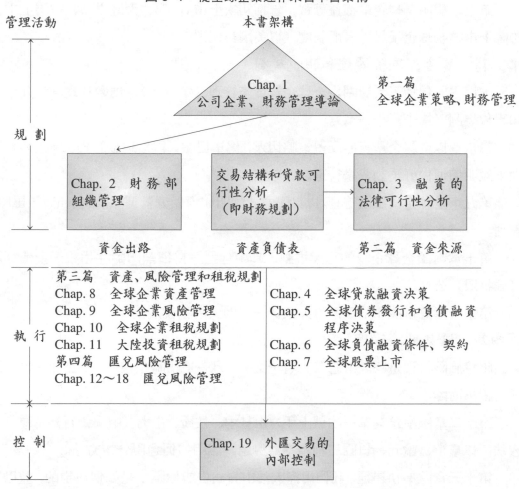

圖 0-1　從全球企業運作來看本書架構

2.資金去路：主要是資產管理，詳見第八章。

3.風險管理：主要是第九章的企業風險管理和第四篇第十二～十八章的匯兌風險管理。

4.租稅規劃：包括第十章全球租稅規劃和第十一章大陸租稅規劃。

第二篇　全球企業資金來源

全球企業資金來源有負債（貸款、債券和租賃）、權益。

第四章討論貸款、債券決策和（股票上市公司）國際聯合貸款、海外債券發行程序。

第六章分析聯貸、債券的條件和契約，而且很多內容適用於權益募資。

第七章說明全球企業權益募資，包括初次上市 (IPO)、大陸上市、香港上市、跨國上市、全球企業員工入股制度（以美國為例）。

第三篇　資產、風險管理和租稅規劃

本篇主要包括三大範圍：全球企業資產管理（第八章）、風險管理（第九章）和租稅規劃（第十、十一章）。

第八章以全球企業資產配置策略切入，綱舉目張，再以現金管理、應收帳款管理來說明如何做好流動資產管理。

第九章全球企業風險管理，以具體方式說明如何做好營運風險（例如政治風險）管理。

第十章討論全球企業的租稅規劃，其中包括一直很熱門的在租稅天堂成立紙（或控股）公司。

第十一章專章說明佔臺灣對外投資一半的大陸租稅規劃。

第四篇　匯兌風險管理

匯兌風險管理是國際財管二大特色之一，另一是國際租稅規劃，因此本書以四成篇幅來討論。

第十二章匯率預測第一次就上手：由基本、技術、主力（中央銀行）三種分析方法，以臺幣、歐元、日圓三種匯率為對象，說明如何運用分析方法。

第十三章匯率快易通：我們用深入淺出方式告訴你匯率是如何決定的，並以外匯行情表來說明。

第十四章匯兌風險避險決策：我們先說明三種匯兌風險，再說明二大類、五中類避險方法，接著說明四種衍生性金融商品的功能。

第十五章傳統避險之道：這是經營者、財務長皆需投入時間瞭解的，在個案中，我們詳細說明人民幣的匯率預測。

第十六章遠期外匯：這是最普遍使用的避險工具，我們也把「海外基金加遠匯避險服務」加進來。

第十七章換匯和換匯換利：專業的說便是雙率（利率、匯率）管理，本章皆以利率管理來貫穿，讓你讀得輕鬆、懂得容易。

第十八章外匯選擇權、保證金和金融創新：外匯選擇權（買權）跟買保單一樣，是很昂貴的代價，本章很巧妙的跳過複雜的選擇權定價模式，而把權利金視為買匯成本的一部分，如此來看外匯選擇權就大大單純容易了！

第十九章外匯交易內部控制：本章不僅考慮避險外匯交易，更包括投資外匯交易的內部控制，這涉及交易部、風險管理部和稽核部等部門，由此可見本書的面面俱到。

Where？ 國際財管在財管領域中的位置

由圖 0-2 可見，國際財務管理是財務管理的運用，比較偏重國際企業財務管理，著墨於資產負債表的融資面、匯兌風險管理和租稅規則。

圖 0-2　國際財務管理課程在大學財務核心課程中的地位

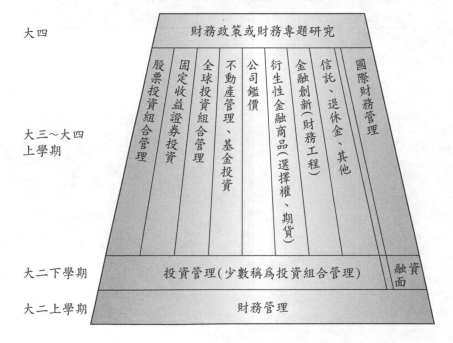

表 0-1　本書用詞跟一般用詞不同處

	其他書譯詞	本書用詞
capital structure	資本結構	資金結構
chief economist	首席經濟學者	經濟分析部主任
deflation	通貨緊縮	物價下跌
discount	貼水	折價
export company	出口商	出口公司
gross profit margin	毛利率	毛益率
import company	進口商	進口公司
lnflation	通貨膨脹	物價上漲
leveraged-related cost	槓桿關連成本	舉債相連成本
liquidity discount	流動性折價	變現力折價
liquidity management	流動性管理	變現力管理
NT dollar	新臺幣	臺幣
premium	升水	溢價

第一篇

全球企業策略、
財務管理

第一章

全球企業財務管理導論
——董事長、財務長角度

想要迅速游過 100 英尺，一定要順應潮起潮落，而不是只靠自己的兩手用力擺動。

——華倫・巴菲特 (Warren Buffett)　美國波克夏公司 (Berkshire Hathaway) 公司董事長，美國股神，全球第二大富翁

學習目標：

站在（跨國企業母公司）董事長、財務長的立場，決定企業的預算，財務政策（主要指資金結構、融資策略）。

直接效益：

企管、財務顧問公司（或協會、機構）常開授「國際企業財務規劃」、「國際資本預算」等課程，看完第一、二節，這訓練費你可以省下來了。

本章重點：

- 海外直接投資的決策。§1.1 一
- 全球企業資本預算編製方法。§1.1 二
- 財務長在策略規劃中的角色。§1.1 三
- 全球融資（或資金來源國際化）的目的。表 1–2
- 全球企業最佳「資金結構」（或負債比率）的決定。§1.2 四
- 全球企業利潤配置規劃。§1.2 五
- 如何套利、套稅。§1.3
- 全球（各子公司）股利匯回政策。§1.3 四
- 母公司對海外子公司在各成長階段中的財務互助。表 1–5
- 以臺灣上市公司為例，說明在「戒急用忍」政策下，且大陸資金不易取得時，臺灣母公司如何在財務方面協助大陸子公司。§1.4 二

前言：正確開始、成功一半

全球企業的經營始於策略規劃，無論是新投資案（成立子公司）、年度營業計畫，繼之為財務功能的展開，這是傳統財務功能。

但由圖 1-1 中可見本章架構和實務作業的決策過程，為達到全球企業的目標，在（母）公司策略規劃過程，策略財務管理的觀念例如策略投資、策略預算，可協助公司擬定正確的事業投資組合，這是第一節的內容。

第二節全球企業財務政策，說明在公司策略導引下，如何擬定全球企業及其子公司的資金結構、融資策略等，以達到全球企業的目標。尤有甚者，透過財務活動以創造雄厚財務資源，以協助提昇競爭優勢。

第三節全球企業內部融資策略的執行，全球集團企業利用金融市場不健全，透過內部資金流通方式來套利、套匯和套稅，藉以創造無風險財務利潤。而這只是財務部內的策略，其他相關內容如第七章談及全球企業股票上市策略……。

◆ 第一節　全球企業策略財務——策略投資和策略預算

全球企業究竟應該採取怎樣的財務策略，傳統的作法是把財務視為壓艙物，當營運風險高時，宜採消極財務策略（例如低負債比率、高流動比率、財務投資力求保守）；反之，則財務策略可以積極些。當然，不偏不倚的則採中庸財務策略，但是把財務管理功能界定得如此狹窄可說不合時宜了。

在某些情況下，可說是財務掛帥，所以 1970 至 1980 年代，「策略財務」(strategic finance) 或稱策略財務管理 (strategic financial management)，便嚐試提昇財務策略的位階，從功能層級升格到公司層級。主要是指下列二項：

1. 併購：尤其是交易結構的設計、併購攻防戰，財務人員雖不必然是主角，但至少可說是第一配角。

2. 公司「重建」(restructuring)：美國企業透過重建來提昇競爭力，尤其是透過負債重建來度過財務危機，這時財務人員可說是「最佳女主角」。

為了因應全球性的競爭，美國麻州理工學院著名的國際財務管理教授 Donald

圖 1-1　全球企業策略規劃、財務政策和本書章節

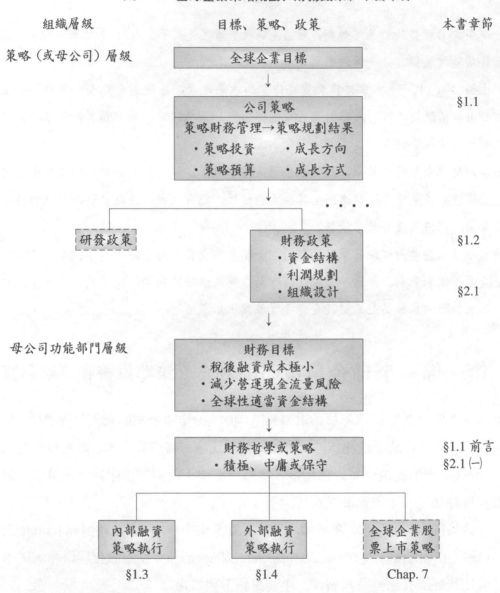

虛線表示非本章範圍。

R. Lessard (1990) 認為，在下列二方面，將會使公司策略跟財務整合得更密切，尤其是處於重建和整合（即企業併購後）期間的公司。

　　1.資金成本成為競爭優勢來源之一：資金成本是營運主要成本之一，全球化的

企業，越能在國際金融市場靈活取得廉價資金，以降低資金成本，成為企業競爭優勢不可忽視的來源。

2.不同的投資案需配合不同的權益結構：針對不同的投資案，公司可採取不同的參與方式，包括授權製造與行銷、專案融資、投資收入信託、策略聯盟、合資和獨資。

「財務決勝負」最戲劇化的例子便是 1997 年 9 月，臺灣高鐵聯盟以 3,350 億元的標價，打敗出價 4,205 億元的高鐵聯盟，而取得臺灣高速鐵路的興建營運權利。因此財務對策略規劃的貢獻不僅僅是提供「財務資源」，尤有甚者，在策略規劃的方法中，策略投資、策略（性資本）預算，可協助全球企業做好事業投資組合規劃，而這正是策略（企業成長方式、速度和方向）的主要內容，詳見表 1–1；這便是本節的主要內容。

表 1–1　策略規劃和策略財務

策略規劃	1980 年代策略財務	1990 年代策略財務
過程		財務長在策略規劃中的角色
方法		策略投資——事業組合規劃 策略（性資本）預算
結果 1.成長方向 　多角化程度	公司重建，尤其是資產重建	
2.成長速度 3.成長方式 　(1)內部 　(2)外部	併購	直接投資風險管理

一、海外直接投資的決策

全球企業在研擬其全球擴張策略時，也就是進行策略規劃時，此時，所涉及財務部的不僅只是資金可行性分析。尤有甚者，還可沿用「策略行銷」的概念，延伸策略財務的領域到策略投資、策略預算，把這二種財務方法運用於策略規劃中，在採用正確方法下，比較能確保全球企業策略規劃的決策品質。

(一)策略投資——事業投資組合規劃

如果把每一家子公司（甚至事業部）當做一種金融資產，那麼投資組合理論便可用於全球企業規劃事業投資組合；而這正是母公司最主要的任務。

企業邁向全球化的主要動機在於利用產品、生產因素、金融市場不健全，也就是產業組織理論 (industrial organization theory)，運用自己的優勢以開發海外市場。

全球企業的策略內容包括多角化方向（垂直、水平、無關）、方式（自行發展、併購或策略聯盟）和速度，這些皆可用策略投資 (strategic investment) 來輔助回答。

為了發揮策略財務的功能，起點常是企業先運用策略投資以進行事業投資組合規劃。

釐定未來的發展方向，此一問題可說是資產規劃策略管理中最重要的問題，那麼如何善用企業資源以決定未來多角化的方向呢？美國 Case Western Reserve 大學企研所教授 Chatterjee 和麻州理工學院企研所教授 Wernerfelt (1991) 根據資源基礎理論 (resource-based theory)，針對 1981～1985 年美國 118 家上市公司的研究，得到具有怎樣的資源應從事何種多角化才會有比較好績效的具體結論，他們建議：

1.具有下列資源的公司宜從事相關多角化，因為這些資源的彈性較小：

　(1)實體資源 (physical resources)，例如機器、廠房、土地。

　(2)知識資源 (knowledge-based resources)，或更廣的說是無形資產，如品牌、專利權，表現在人力資源上的則為知識、專業 (expertise) 所構成的創新能力。

　(3)「內部」財務資源，如現有資金和未使用的信用額度。

2.具有「外部」財務資源的公司宜從事無關多角化，此處「外部」是指公司須以增資或更高利率取得貸款。

(二)策略預算——事業部層級

在全球企業母、子公司進行策略規劃時，如果採用「策略預算」(strategic budgeting) 的方法，或稱「策略性資本預算」(strategic capital budgeting)，不僅如同一般資本預算以評估投資案的財務價值外，更能評估投資案跟策略的配合程度，其結果是股東價值分析法的結論。

1.假設前提。

2.情節分析，例如樂觀、最可能或悲觀三種情況下，分析採取不同的生產、行銷（例如產品策略）時，各策略配套方案 (strategic package) 對盈餘的影響。此種在策略規劃時以盈餘作為公司價值的衡量工具，又稱為「價值基礎管理」(value-based management, VBM)；「價值」指的是盈餘或股價，要看上下文才能決定。

3.決策，即評定各備選方案的優先順序。

關於如何實施策略預算並不是本書的重點，有興趣的讀者可參看 Akira Ishikawa (1984) 所著 *Strategic Budgeting* 一書。此外，在操作上，美國 Alcar Group Inc. 有現成的套裝軟體可資利用。

本節討論策略預算、策略投資的目的在於：

1.強調財務方法可運用於策略規劃，同時財務長宜參與策略規劃過程，而不只是編製年度營運預算罷了。

2.在考量單一投資案時，也須考慮策略目的（或稱整合效益），不能以管窺天。

二、全球企業資本預算

全球企業的資本預算仍是採取淨現值法，但對於分母的折現率、分子的盈餘的估計，則遠比單一企業複雜。尤其是當採取本章第三節的內部資金流通時，由於外帳已被扭曲，而在內部編製預算時，必須還其真面目，以免誤判。本小節名為資本預算，其實年度預算也是這樣做。

(一)盈餘的估計

盈餘的估計可分為下列三個步驟，詳見圖 1–2。

1.單一公司層級——單獨經營時盈餘的估計：把該案（或往往是成立一家子公司）單純當成一個投資案來看，不要一開始時便加東加西把情況複雜化了。

但是光憑此階段的局部資訊仍不足以下對決策，還須站在母公司立場盱衡全局才能下對決策。

2.集團企業層級——調整策略效益和成本：站在母公司的立場來考慮一個投資案，決策準則很單純，也就是根據淨現值法則來看：

淨增盈餘＝投資該案後母公司盈餘－未投資該案母公司盈餘

要得到母公司（或全球企業合計）淨增盈餘，上一步驟的單獨個案盈餘估計只

圖 1-2　全球企業資本預算時盈餘估計步驟

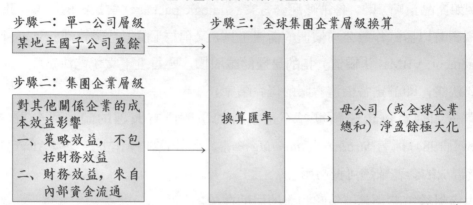

是一部分，還須針對下列二者進行調整，才能得到一個投資案的「真正獲利」(true profitability)。

(1)加上對其他關係企業的貢獻：在全球企業此一網路中，關係企業間可能皆有上下游的關係，所以必須把投資案的策略目的和對其他關係企業的影響列入考慮。這些成本效益例如：

①未使用的租稅優惠 (tax credit)、股利所得扣繳稅。

②其他關係企業營收的增加或減少。

③風險分散，包括市場、生產設備等。

④提供全球企業內部網路的關鍵連結。

(2)加上內部資金流通所創造的財務效益：除了來自核心活動的策略附加價值外，一個投資案還可能有財務效益，這些可視為該案對母公司盈餘的加項。

3.全球集團企業層級——站在母公司立場來下決策：各國子公司預算很可能使用當地幣別來編製，站在母公司的立場，則必須把全部預算案換算成單一貨幣（常是母公司所在國貨幣）。

對於該採用何種匯率水準來作為換算基準，常見的為：

(1)市價：例如遠期匯率、外匯選擇權、通貨期貨市場的成交價，這是短期（1 年以內）市價；至於長期市價則可採用換匯匯率。

(2)理論價格：當市價不存在時，可採用購買力平價理論或兩國利率差距，來

預測未來數年的匯率。

(二)折現率的估計

一如前述估計盈餘的步驟，折現率的估計步驟如下：

1. 單一公司層級：各國子公司的折現率，決定於下列因素：

   (1)名目加權資金成本，至於權益資金的必要報酬率很少採取理論方式（最常見的為資本資產定價模型，CAPM），而是採取經驗法則，例如還本期間去推算。

   (2)因國外環境所衍生的風險溢酬 (risk premium)，處理方式如下所述。

   跨國投資至少比國內投資增加二項風險，而其處理方式如下：

   ① 匯兌風險溢酬：針對匯兌風險溢酬（exchange rate risk premium，或匯率風險溢酬），在淨現值法有二種處理方式：

   　a.提高折現率，即加上匯兌風險溢價：尤其碰到沒有避險或是避險不足的部分，前者又起因於海外投資專案期間太長，找不到避險工具。如此處理的前提是匯兌風險為系統風險，無法透過多角化等予以規避。

   　b.作為盈餘的減項：在可採取避險措施情況，避險成本則可視為支出；當完全避險時，此時不調高折現率。

   ② 國家風險溢酬：國家風險溢酬 (country risk premium) 並不處理，這是因為在作投資可行性分析時，所秉持「危邦不入」的原則，已自然把國家風險高的國家排除在外。但是投資後，當國家風險升高後，是否要處理國家風險溢酬？

   理論上，國家風險屬於非系統性風險，比較合宜的處理方法是把它當做盈餘的「減項」（一如投資成本一樣）；而不是把它視為風險溢酬的「加項」，雖然實務界傾向於如此處理。

   隨著公司壽命階段的公司因素、產品壽命週期的行業因素，在不同階段（年度），資金成本也可能不同，所以各年度的折現率也會不同。至於地主國的物價上漲風險 (inflation risk)，毋須獨立考量，其已是貸款利率的成分之一。

2. 集團企業層級：由於海外直接投資本身便具有地點分散的投資組合效果，所

以全球企業總和風險會降低，反映在資金成本（或折現率）的下降，詳見下述。

(1)對其他關係企業的效益：關係企業對其他關係企業的影響，不僅反映在盈餘，也透過內部資金流通，進而降低其他受惠關係企業的資金成本。

(2)對母公司的效益：前項總和來說，比較可能降低母公司的資金成本。

三、財務長在策略規劃中的角色

在策略規劃的過程中，縱使在美國 500 大製造業，財務長 (chief financial officer, CFO) 仍未扮演核心角色，這是美國東肯塔基大學會計學教授 Fern & Tipgos (1989) 問卷調查的結果。研究指出，針對策略規劃的 10 項活動，執行長比較希望財務長作好第 9 項的工作，而財務長們則希望在各項活動皆有 75% 以上的參與水準，參與方式包括：非正式提供建議、資料分析或參與決策。

策略規劃活動 (strategic planning activities) 依序包括下列 10 項。

1. 發展企業任務（使命，mission）。

2. 建立企業目標。

3. 協調規劃。

4. 提出（環境）假設。

5. 評估環境。

6. 發展各種可能策略集合。此處策略集合是指公司「總體策略」(corporate strategy)，而不是事業策略 (business strategy)，根據政治大學企業管理系教授司徒達賢的分類，總體策略是指公司多角化的程度和承諾，事業策略則如哈佛大學教授麥克‧波特 (Michael Porter) 所提的三項競爭策略，包括差異化、集中和成本領導，是指事業部層級的策略。

7. 選擇最佳策略。

8. 把策略轉換為營運計畫 (operational plan)。

9. 把策略（或營運計畫）轉換為預算。

10. 監督過去的營運計畫執行成效。

站在組織管理的觀點，執行長應體會財務長的參與意願，提高其參與的程度；當然，站在策略財務管理的觀點，如果財務長能密切參與策略規劃的各項活動，更

可以顯著提高規劃的品質。

　　跟財務長急於參與的熱誠相比，有些執行長（chief executive officer, CEO，八成以上是董事長）懶於參與策略規劃過程，而只想撿現成的作決策（即上述策略規劃活動中的第 7 項）。美國 The Daniel Group 公司總裁 A. Lynn Daniel (1992) 認為執行長不投入，將使得策略規劃缺乏活力，因此他建議在各項策略規劃活動中，執行長宜適度參與，如此才能確保策略規劃的有效性！

第二節　全球企業財務政策
——資金結構規劃、融資策略和利潤規劃

　　全球企業透過系統分析，以研擬全球性財務政策（例如各關係企業資金結構、融資策略等），藉以指導全球企業財務各部門以達成全球企業的財務目標。

一、全球企業財務目標——影響全球企業資金結構的決策因素

　　全球企業財務目標可粗分為下列三大項，詳見表 1–2。

表 1–2　全球融資的目的

目　標	內　容
一、稅後融資成本極小化	1.各國稅率 2.政府信用和資金（進出）管制 3.政府補貼與獎勵
二、降低營運風險	1.匯兌風險 2.政治風險 3.產品市場風險 4.確保資金來源（資金來源多角化、過度貸款）
三、達到適當的全球財務結構	1.符合母公司所定的財務（資金）結構 2.反映各國對財務結構的要求 3.各國子公司資金結構不同，藉以達到目的一、二

資料來源：整理自 Alan C. Shapiro, *International Corporate Finance*, Ballinger Publishing Company, 2003, pp. 163–175.

　　1.稅後融資成本極小化，詳見第三章第四節，就是對於「資金」此一生產因素

的取得成本應求其最低。

　　2.降低營運盈餘的風險,也就是資金的供給至少要及時、及量,免得停工待「錢」。

　　3.達到適當的全球財務結構。

　　能達到這三項的,便是 Clarke (1988) 所稱的「最適融資」(optimum financing),也就是在資金及時、及量供給的限制條件下,全球企業的每一筆新增的資金來源,不論在那裡 (where),由誰 (who),以何種融資方式 (what) 募資,皆應挑選使全球企業總合的經過風險調整後的加權平均資金成本 (risk-adjusted after-tax financing costs) 最低的方案。

二、降低資金有效成本

　　影響全球企業採取不同資金結構(capital structure,一般譯為資本結構)的主因至少可包括下列二項。

㈠稅　率

　　資本利得稅率比較高的國家,理論上投資人比較不願意投資於股票,而比較偏好投資於債券,依此來說,德、日企業的負債比率應比美國公司低;但事實上恰巧相反,可見投資人個人的稅率高低並不足以解釋跨國資金結構差異。

㈡破產成本

　　破產成本或者說倒閉風險溢酬 (default risk premium) 是投資人要求的必要報酬中很大的一部分,而這又可分為下列二種情況。

　　1.當權益監督成本低時:美國公司得提出季報,而且發放季股利,由此可說權益監督成本較低,公司會傾向於多採取權益募資。

　　2.當負債監督成本低時:以德、日來說,銀行跟借款公司間有緊密關係,例如傾向於採取「準條狀融資」(quasi-strip financing)——即既放款且又投資,往往取得借款公司董監事席位,以求更加瞭解公司現況。

　　總的來說,在考量全球企業的資金結構、融資地點(詳見第四章第四節、第五章第二節)時,套用一般解決問題的程序,也就是在限制條件下(例如地主國對於企業負債比率上限),以規劃出使全球企業加權平均資金成本最低的資金結構。

　　至於負債比率多高才合適的資金結構考量因素，詳見表 1–3。

表 1–3　國際融資相關因素彙總比較表

考量因素	增加股本	向外融資
一、商業性因素		
・清算或破產時的受償順序	後	先
・負債比率的限制（公司法律、外匯管制法令、公司內規）	利	不利
・債權人、顧客或政府可能要求證明財務實力	利	不利
・部分國家規定股東收回股本時需要付出甚高的費用	不利	利
二、租稅性因素		
・股利或利息作為費用減除	否	可
・處分時造成資本利得課稅	是	否
・扣繳稅率（一般租稅協定：股利為 15%、利息為 10%）	高	低
・負債比率不符常規時，公司間利息支付可能不准作為費用	利	不利
・資本稅 (annual tax on corporate capital)	不利	利
・籌措股本或舉債成本（例如承銷費、委託費）作為費用抵稅	難	易

資料來源：楊欽昌，〈進軍國際的租稅手段之二——有關財務規劃的國際租稅規劃問題〉，《會計研究月刊》，64 期，1991 年 1 月，第 43 頁。

三、減少營運風險

　　全球企業面臨的營運風險主要有下列三項，可透過財務措施予以降低甚至規避。

㈠政治風險

　　為降低某些子公司的政治風險，全球企業可採取下列融資方式：在當地舉債到極致、利用背對背貸款、從不同國家或國際銀行貸款、國際租賃、母公司對子公司出資盡量採負債而不採權益方式。最後，在權益的安排也是類似，例如找當地人（尤其政商關係良好者）合資，拿他們當人肉盾牌，詳見第九章第二節。

㈡匯兌風險

　　站在降低匯兌風險的考量，不採取其他避險工具的財務作法，便是盡量「完全

對沖」，也就是當地貨幣營運資金需要多少，便盡量把當地貨幣貸款借到那金額。

不過這樣一來，匯兌風險可能規避掉全部（至少是部分），但是融資成本卻並不是最低廉的，而後者往往是股東最關切的事；如何拿捏，還得靠財務長的智慧。

(三)產品市場風險

為了降低銷售波動及對生產不利的影響，可行的財務措施至少有下列數項。

1.現金付款契約 (take-or-pay contract)：跟客戶簽下有現金付款折扣的現金付款契約，自己產品出路穩定，又不怕吃呆帳，客戶也可享受現金付款折扣，在大陸放帳（即應收帳款和遠期支票）風險高，旺旺食品便是採取此方式。

2.類似應收帳款收買業務，企業可以把前述契約貼現賣給銀行團。

至於相對應的降低財務風險的作法有下列二項。

1.資金來源多角化，以免因太倚賴單一金融市場而遭其崩盤之害，詳見第七章第一節。

2.過度貸款 (excess borrowing)，預留一部分信用額度作為資金預備隊，以備不時之需，其功能就跟存貨之於生產、銷售一樣。

有健全的財務結構，例如預留融資空間、多留一些速動資產等財務「肥肉（或剩餘）」(financial slacks)，在風險理財時不僅可救急，尤有甚者，會讓上游（即各種生產因素供應者）、下游（經銷商、客戶）安心，也會讓競爭者有戒心──例如不敢貿然採取價格戰（含銷貨付款優惠），更會令潛在進入者寒心。也就是透過財務資源以建立企業可維持的競爭優勢，這部分效益有時不易量化，也就是資金不必然須維持在「無閒置」資金（或信用額度）的狀態──縱使未動支的信用額度也是有利息費用的，詳見第四章第二節的「融資費」；公司整體利益的考量會優先於財務功能（例如使資金成本最低）的局部考量。

有了財務資源作後盾，短期三餐不繼也死不了，這是 1991 年時，有人說宏碁沒倒，詮腦電腦倒了，營運環境一樣，但是最大的差別是宏碁是股票上市公司，還是能現金增資，銀行比較不會雨中收傘。這是營業人員、董事會的如意算盤，也是股票上市的策略功效。

四、全球最適資金結構規劃——負債比率的決定

為了達到上述財務目標，全球各子公司的資金結構是項很重要的決策變數，有關這方面的實證研究可說是鳳毛麟角，美國紐約 Union 大學企研所教授 Burgman (1996) 針對美國 487 家股票上市公司，平均分成國內公司、全球企業二組，研究期間為 1986～1991 年，得到全球企業的負債比率比國內公司較低，其二項影響原因為：

1. 債權人不願多放款，此又因全球企業難以監督，此外，全球多角化經營不見得使盈餘變得比較平穩，即營運風險不見得降低。

2. 政治風險、匯兌風險對負債比率有正向影響。

不過這二項變數的影響方向是互斥的，實際運作時，全球企業各子公司資金結構至少可採取下列三種方式之一，詳見表 1–4。

1. 消極的配合當地的法規、現況。

2. 配合母公司的資金結構，這是假設為了不讓子公司倒閉危及母公司的信譽，母公司會傾全力支援子公司；如此子公司雖有獨立的資金結構之名，但是卻因有母公司撐腰，而無獨立之實。

3. 積極的利用機會以降低跨國企業的資金成本。

表 1–4　全球企業、海外子公司的負債比率、營運資金管理策略

	消極策略	中庸策略	積極策略
說明	配合當地法規，以免違法	中央集權，配合母公司的資金結構，標準化	本土化，充分利用當地機會套稅、賺錢
一、資金結構：負債比率，§1.2	上限70%	40%	70%
二、現金管理：以安全存量為例，§8.2	3 天	1.5 天	1 天

雖然全球金融市場效率越來越高，使得企業幾乎面臨天涯若比鄰的齊一融資環境，要想低於市價取得融資 (below-market financing) 是否癡人說夢呢？答案是機會仍多得是，由於各國稅制（如投資抵減）、補貼（如低利貸款）和鼓勵措施的不同，

造成金融市場人為的扭曲，企業從中牟利，撈到便宜的融資資金。由此可見，採取因地制宜的資金結構仍有其生存空間。

有些全球企業要求其海外子公司財務獨立,也就是公司設立後便須在財務上自食其力。此種考慮主要是壓迫子公司（尤其是財務長）有破釜沉舟的努力；當然，母公司一開始時便須把資金給足，不要讓子公司先天失調，否則後天發展可能就荒腔走板了。

五、全球企業的利潤配置規劃

全球企業內各公司的利潤規劃 (profit planning)，除了跟第二段時討論最適資金結構一樣，稅率是重要因素，但卻不是最重要的考量，最重要的在於資本利得。換句話說，財務管理書上所說「馬跟兔子的矛盾」(horse and rabbit paradox)，其實矛盾不必然存在，再小的馬（即資本利得）都比最大的兔子（節稅利益）大。

直接的說，集團企業應該盡可能把利潤歸給本益比最大的公司（例如已上市時），其他助攻子公司（例如未上市公司）犧牲一點點利潤，但是卻從本益比最大賺到數倍的資本利得；這個「本益比套利」(PE-ratio arbitrage) 的道理淺而易懂。

本益比套利的原則在全球企業的運用，便是：

1. 透過集團內協助，設法讓本益比最高國家的子公司股票上市。
2. 盡量把利潤歸給本益比最高的母或子公司。

以在大陸、香港和臺灣皆有子公司的全球企業來說，要是集合三家公司力量皆符合此三處股票上市資格，由於臺灣本益比高於香港、大陸，所以應該集中力量把臺灣的公司保送上市，「根留臺灣」者有福了。縱使三家公司股票皆上市，但是仍應設法讓臺灣的公司最賺，此最有利於母公司的股東，當然如何擺平其他國家股東對此「挖東牆補西牆」的作法，可不是本書討論重點。

💠 第三節　全球企業內部融資策略的執行
——藉由內部資金流通來套利

全球企業比單一國企業有更多機會利用國際市場不健全（market imperfections

或 imperfect market）來套利，發揮財務的積極功能，賺取財務利潤，以求全球企業利潤 (global profits) 的極大。

此外，跟任何單一國的集團企業一樣，全球企業同樣也可利用「內部資金流通」(intercompany fund flow) 來互通資金有無（以降低資金成本）、租稅規劃，詳見圖 1–3。

圖 1–3　內部資金流通方式和本節觀念架構

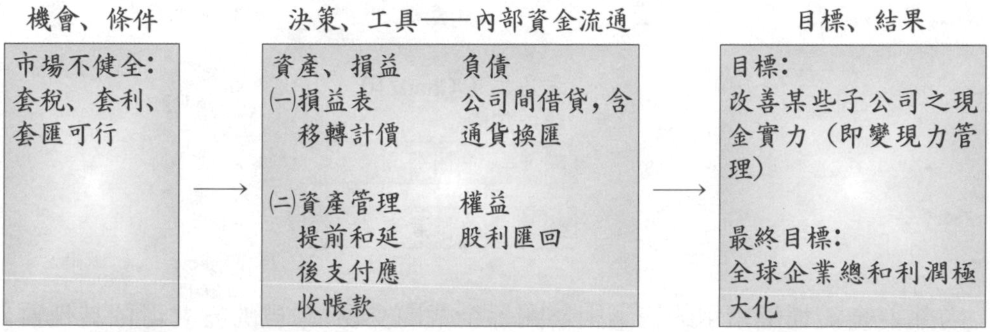

機會、條件	決策、工具——內部資金流通		目標、結果
市場不健全：套稅、套利、套匯可行	資產、損益 (一)損益表 　移轉計價 (二)資產管理 　提前和延 　後支付應 　收帳款	負債 公司間借貸，含通貨換匯 權益 股利匯回	目標： 改善某些子公司之現金實力（即變現力管理） 最終目標： 全球企業總和利潤極大化

內部資金流通的方式從現金流量表的角度，可分為來自營業、理財（投資、融資）活動二方面，前者可視為來自損益表的結果，後者則為來自資產負債表；本節將依序說明其可行方式。

但在此之前，先簡單說明套利機會的先決條件，也就是市場不健全；由於市場缺乏效率，才讓全球企業有機可趁、有利可圖。這些市場不健全計有：

1. 套稅 (tax arbitrage) 機會：由於各國關稅、營所稅稅率不同，以營所稅套稅來說，全球企業可以把利潤由高稅率國家的公司移轉給低稅率國家的公司，總的來說，合計的稅負減少了，稅後盈餘提高了。

2. 金融市場的套利機會：各國間利率不同、匯率不同，皆讓企業可趁機套利、套匯。

3. 管制系統套利 (regulatory system arbitrage)：當地主國政府、工會對企業盈餘虎視眈眈時，企業可設法隱藏盈餘。但是另一方面，政府的租稅、融資優惠措施，也讓全球企業有甜頭可嚐。

跨國套利主要的方法「內部資金流通方式」將於本節詳細說明，而其組織設計和本書相關章節的對照，請見圖 1–4。

圖1-4 跨國套利的操作方式、組織設計和本書相關章節

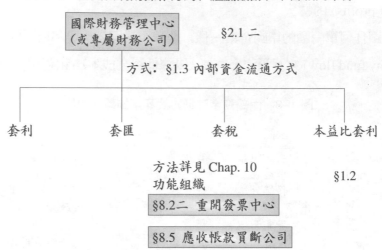

內部資金流通最常用的管道則為關係企業間交易,常見的方式可依其性質分為損益表途徑、資產負債表途徑來說明。

一、損益表途徑、資產負債表資產面

㈠損益表方面的途徑

全球企業可以透過關係企業間交易,透過移轉計價(transfer pricing 或 intercompany pricing),把盈餘移轉到低(營所稅)稅率地主國,高價低報以降低進口稅負或規避外匯管制,這便是移轉計價的三大主要用途。

有關移轉計價的方式,請參見第十章第一節營運面移轉計價。全球企業集團內各子公司在進行盈餘規劃、現金流量規劃時,為了完成大我,只好犧牲小我,而這二項規劃的目標、前提皆由母公司欽定,子公司只是聽命行事罷了。

㈡資產負債表資產面的途徑

關係企業在資金協助方面,對於有商業交易關係的,則可採取提前(leading 或 acceleration)和延後(lagging 或 delay)支付貨款方式,這反映在資產負債表上的應收帳款、應付帳款科目上。

例如 A 公司銷售產品給關係企業 B 公司,在下列二種情況下,可採取提前或延後二種反向的操作方式,以協助缺少流動資金的夥伴,做好變現力管理(liquidity management，一般譯為流動性管理)。

1.當 A 公司缺錢：B 公司可以採取預付貨款（包括經銷獎勵金），協助 A 公司進料、營運；要是預付貨款可能違法，至少採取付現方式，或者可用訂金、保證金等名目。

2.當 B 公司缺錢：A 公司銷貨給 B 公司，A 公司可給予 B 公司商業授信，例如月結 2 個月後付款，那至少給 B 公司 3 個月的進貨周轉金。

跟移轉計價一樣，政府（尤其是稅捐機構）對不合常規的商業授信往往會給予一些限制，以免企業藉以逃稅，如何妥籌因應之道，請見第十章第二節。

跟公司間借貸 (intercompany loans) 相比，提前和延後支付 (leading and lagging) 方式額外擁有三個優點：

1.公司間商業授信無論是金額、期間都可機動調整，一般來說，可以不必開立借據；但公司間借貸則白紙黑字，不能說改就改。

2.政府比較不會干涉公司間交易的付款方式，但對於公司間是否有借貸需要，公司法的規定則頗為關切。

3.美國內地稅法第 482 條允許公司間交易 6 個月內的授信，銷貨公司可對進貨公司之應收帳款免收利息費用。相形之下，公司間借貸，利率不能太高也不可以太低；否則國稅局、吃虧公司小股東都會有意見的。

不過，要是想把提前和延後此一方式的功效發揮到極致，必須成立「重開發票中心」，統籌全球企業內部各企業的現金（或稱變現力）管理，詳見第八章第二節。

二、資產負債表負債面途徑

當全球集團企業關係企業間沒有營運、權益方面的關係，那麼公司間借貸可能是惟一合法的資金移轉機制。尤其當下列三種情況之一存在時：信用分配、外匯管制、各國稅率不同，此時公司間借貸可能比移轉計價更有用。

公司間借貸方式常見的可分為二大類、四小類。

㈠不需經過仲介

不需經過金融機構仲介的方式至少有二。

1.直接貸款：由母公司或 A 子公司借款給 B 子公司。

2.通貨換匯：例如 A、B 二家子公司互相進行通貨交換（currency swap，或換匯）。

㈡需經過仲介

有些公司間借貸必須經過銀行來仲介，例如：

1.經過銀行仲介：例如美國 A 子公司存筆錢在美國花旗銀行，再由此銀行放款給尼加拉瓜的 B 子公司。跟直接貸款比起來，雖然被銀行賺了存放款利率價差，但是卻可透過花旗銀行來作白手套，規避尼加拉瓜的外匯管制、政治風險。

2.背對背貸款 (back-to-back loans)：或稱平行貸款 (parallel loans)，例如美國 A 母公司借錢（幣別為美元）給西班牙籍美國子公司；而西班牙母公司借錢（幣別為歐元）給美國籍 A 子公司，也就是「易子而教」的方式。

要找到交易對手，常須經過銀行媒介，收費常為本金的 0.25〜0.5%，此費用比較像貸款仲介費 (initiation fees)。

三、資產負債表權益面途徑

權益方面可行措施較少，而且頻率較低，例如股利匯回。這跟前述提前和延後支付方式一樣，可由多金子公司擔任缺錢子公司的股東，讓後者透過股利匯回，來達到內部資金流通。當然，也可透過母公司擔任控股公司來收取各子公司匯回的股利；再以公司間借貸等方式去運用。

四、追求最適情況

為了落實內部資金流通，所以全球企業必須決定「全球（資金）匯回政策」(global remittance policy)，包括匯回多少錢、何時匯回（季或半年或 1 年）、那裡匯、什麼匯款方式。

跟前述過度貸款的目的一樣，鑑於跨國經營環境的複雜、不確定，所以大部分全球企業皆沒有把內部資金流通運用到極致，只能說滿意水準。此外，有些也是鑑於不想讓母公司或地主國子公司背了賺取不義之財的惡名，在這方面的操作也就不敢太大張旗鼓的做，終究財務利潤可說是短利，不可本末倒置的危害到來自生產、行銷等長期利潤。

當然，為了追求全球企業總和利潤最大所進行的內部資金流通，會往上或往下扭曲所有公司的真正獲利。無庸贅言的，外帳或許是扭曲的，但是管理會計所做出來的「內帳」卻還給各關係企業一個公道，如此才能正確進行績效評估，不致讓流血輸出的子公司當冤大頭，也不致讓無功受祿的子公司不勞而獲。

五、合法性考量

至於跟租稅庇護區的資金往來，必須特別留意其正當性，因為從 1997 年 4 月起實施的洗錢防制法，其中「跟開曼群島等租稅庇護區的資金往來，而其交易跟臺灣（銀行業）存戶本身業務無關者」，可能都會被列入「疑似洗錢交易」，很可能會吃上官司。

◆ 第四節　全球企業外部融資策略的執行
——母公司對子公司的財務協助、兼論臺商對大陸子公司的融資協助

全球企業憑藉著其集團企業的屬性，對子公司提供財務協助，以避免其奶水不足而營養不良的發育不全，甚至夭折，本節第一段說明在子公司的各成長階段，母公司如何在財務方面培育子公司。

但是無論母公司怎樣呵護，子公司終有必要自謀生計，在第二段中，我們說明母公司如何協助子公司狩獵覓食。由於跨國經營的緣故，有時在這方面，必須轉手完成。

一、母公司對子公司的財務協助

全球企業母公司的財務互動關係，可以直覺的用母親、子女的關係來作比喻，詳見表 1–5，至於各階段內的年齡只是大概的比喻。

(一)嬰兒期

全球企業在成立海外子公司時，初期由於子公司缺乏債信，所以必須喝母親的奶水。以位於臺灣的母公司來說，可利用許多銀行的「企業國內外授信綜合融資業

表 1–5　母公司對海外子公司在各成長階段中的財務互助

企業歷史	企業規模	子公司成長階段	母公司對子公司		子公司對母公司
			負債協助	投資協助	
0 年	迷你	嬰兒期	共用信用額度	出資	
1～5 年	小型	幼兒期	提供保證	出資	
6～10 年	中型	青少年期	同上	–	
11～20 年	大型	成人期	同上	–	回饋母公司 1. 子公司股票上市， 　母以子為貴 2. 股利回饋
21 年以上	中、小型	老年期	–	出資或撤資	

務」，臺灣企業的國內外（大陸除外）關係企業可以共用貸款額度；這些銀行以跨國經營為主，例如在越南設廠，你可以找慶豐銀行等往來。

在出資方面，要是金額逾 5 千萬美元，則事前須經過經濟部投審會核准。當子公司位於大陸時，臺灣母公司有時受限於負面表列（例如高科技產業）而不准赴大陸投資。此外，縱使能赴大陸投資，但是金額不准超過臺灣母公司（上市公司）淨值的 20%。

為了規避法令限制，有些公司採取先以大股東設立海外子公司；有些以海外其他子公司（或地區控股公司）來投資或提供融資協助。

至於少數直接跳過財務嬰、幼兒期、青少年期，狠下心來斷奶、斷奶嘴，令其自謀生計，這種在公司成立時便要求其財務獨立的作法，比較適用於世界著名公司（例如荷商飛利浦）。當採取此財務獨立資金結構策略，配合措施之一是在子公司儲蓄到一定額的保留盈餘之前，其盈餘暫不匯回母公司，藉以增強其自我融資能力 (self-financing capacity)。

㈡幼兒期

海外子公司至少已經一歲了，能走路了，但不一定走得很好，此時還是需要母公司的協助，在負債方面，可能部分或全部貸款有待母公司提供保證，藉以提高舉債能力，降低貸款成本。

㈢青少年期

企業只要能活超過五歲,倒閉機會便很低,而在企業三到五歲此一青少年階段,

財務可說勉強半獨立，但難免還是需要母公司的保證協助。但總的來說，已經不需要母公司出資了。

(四)成人期

企業超過十歲，就跟子女有能力賺錢養活自己一樣，而且還有餘力回饋父母，例如盈餘匯回。甚至在海外股票上市，讓母公司享受母以子貴的榮耀。

2002 年以來，正新、寶成、台達電、裕隆車、中華車等中國收成股的出現，大受投資人青睞，正是母以子貴的最佳寫照。

(五)老年期

子公司超過二十歲以後，跟人一樣，很容易跨入老年期，此時母公司可能想拉它一把，比較常採出資方式，讓子公司能減資再增資去彌補虧損，就跟打胎盤素的目的類似。或者，母公司也可撒手不管，乾脆把子公司出售掉；甚至讓它安樂死，免得拖累母公司。

二、全球企業外部融資策略的執行——限制投資下的跨國融資

1997 年 3 月，臺塑企業董事長王永慶宣稱已投資大陸福建漳州電廠，雖然事後在政府「戒急用忍」的政策（1997 年經濟部的赴大陸投資規範）下，王永慶不得不宣佈臺塑暫時退出該投資案，將等到 1998 年 5 月，要是政府仍不允許，臺塑將取消該投資案。

跨國投資，不論是投資國（例如臺灣）或被投資地（例如大陸）對投資有所限制，那麼如何「偷跑」，在財務管理上可能必須過好幾手，把公司、錢「漂白」。在這種綁手綁腳情況下，要是有能力演出脫逃術；一旦在自由進出情況，那無異「桌上拿柑」的易如反掌。

臺商在大陸子公司，在成人期以前，基於許多目的（詳見表 1–6 直接融資的適用情況），子公司必須向外舉債；常見的有下列二途徑。

(一)間接貸款

當海外孫公司處於嬰兒期，甚至幼兒期，此時債信不足，所以母公司可透過下列二種方式給予負債協助。

1.二邊融資：當香港控股公司債信足夠時，由香港的控股公司出面借錢。不過，

表 1-6　海外子公司融資方式及適用情況

融資方式	方　式	適用情況
地主國直接融資	大陸子公司 →申貸 大陸銀行	1.利用當地便宜資金 2.避免匯兌風險 3.對海外借款有很高的扣繳稅 4.保留子公司舉債能力,培養子公司債信
海外間接融資 一、二邊融資	香港控股公司　大陸子公司 ↓申貸 香港銀行　貸款	當香港的控股公司不是空殼(或紙)公司,而在香港貸款比大陸貸款便宜時
二、三角融資	臺灣母公司 → 香港控股公司　大陸子公司 ↓申貸　↑ 臺灣銀行 → 香港銀行	當香港控股公司是空殼公司時,但一旦大陸、香港子公司無法償債,臺灣母公司(或大股東)須還款,利率可能比香港高

1990 年統一企業併購美國威登食品公司,橋樑貸款 1.35 億美元就是由統一百分之百持股的香港南佳公司出面借的,再轉借給美國統一餅乾公司(威登被併購後改名),後者拿庫藏股等質押給南佳。可惜,南佳債信不足,仍必須靠統一保證,這就是第 2 種情況適用時機。

　　由臺灣的銀行香港分行,直接對大陸的外商銀行分行開立擔保信用狀(stand-by L/C,或備付信用狀)。在臺灣的外商銀行,例如渣打銀行、花旗銀行,在大陸設有許多分行。因此,臺商可把在臺灣取得的信用額度轉撥給大陸子公司使用,因而大陸子公司可在這些外商銀行大陸分行借到外匯使用。

　　通常,外銀在臺分行會收取約等於該額度 1% 的額度使用費,如果大陸子公司還不出錢,臺灣外商銀行還得負擔處置抵押品的費用。至於大陸子公司從外商銀行

取得的外匯可兌換成人民幣，或到中資銀行進行「現匯抵押貸款」而取得人民幣。此項外幣貸款以臺灣母公司名義借，可作為股本，利息由臺灣母公司負擔；如果以大陸子公司名義借，則臺灣母公司只是作保證，利息由大陸負擔。

　　2.三角融資：當香港控股公司債信不足時，此時只好由臺灣母公司出面向銀行抵押作保，轉而支持香港子公司在港取得貸款，最後再由此出資給大陸孫公司。從1992年以來，此種「在臺抵押、香港撥款、大陸用錢」的「三角融資」蔚為流行。

　　　(1)擔保信用狀方式：臺商除了向臺灣的銀行貸得資金作股本和營運資金外，也可透過其開立擔保信用狀或銀行保證函給外商銀行作保證，而由其大陸分行放款以融通在大陸營運所需資金，或由其再開立擔保信用狀到大陸的銀行而借得人民幣。大陸的銀行只要有國外銀行的擔保，不難向其借到款，不過要考慮高額的保證費用。

　　　(2)創投公司方式：除了採取母公司、境外公司貸款的方式，籌措資金輾轉到大陸投資，2001年來轉投資創投公司，拐個彎再投資到大陸，更是大行其道。臺灣企業只要先行轉投資創投公司，待創投基金完成資金募集後，便把創投基金設籍海外，然後協助大陸的科技公司於國外成立控股公司，隨後再間接把所募集的創投資金，投資大陸科技業者在海外的控股公司，即可透過「迂迴」管道，投資大陸。

　　三角融資的情況屢屢可見，不必然只出現在「臺、港、大陸」這一條路徑上。

㈡直接貸款

　　當海外子公司債信已逐漸建立，再加上為了規避匯兌風險、外匯管制，甚至當地資金成本也低廉，便可由海外子公司出面向銀行取得貸款了。

　　在大陸可向當地外商銀行借款，但是不能借人民幣，而只能借外匯，所以用於支付外幣貨款最適合。外商銀行對於廠房土地抵押貸款，除了深圳市外，由於法律上對外商銀行抵押權益的保障不夠周延，而且拍賣抵押物的市場也不夠健全，所以外商銀行不接受抵押貸款。因此，大多希望透過別的銀行（包括國外的銀行）擔保。

　　1.金桐石化在大陸貸款：和桐集團旗下的和桐化學公司，1999年跟大陸中石化集團旗下金陵石化合資成立金桐石化，金桐生產的烷基苯 (LAB) 和烷基苯磺酸 (LAS) 是製造清潔劑的原料，這項原料在市場上有寡佔優勢，獲利相當不錯。

　　金桐石化第二座烷基苯生產廠，向大陸中國建設銀行借貸短、中長期資金人民幣 4.3 億元。其中，半年期人民幣 2 億元信用貸款利率僅 4.5%，7 年期人民幣 2.3 億元抵押貸款利率為 5.1%。金桐借貸的建廠資金，非常優惠，低於大陸平常的利率約 1 個百分點。

　　2.資產收購時貸款：大陸鼓勵國有企業出售資產政策，和桐集團旗下金桐石化公司收購南京金陵石化公司 10 萬公噸的烷基苯廠。和桐集團董事長陳武雄於 2003 年 3 月 11 日表示，整個收購案預計上半年完成，收購金額約人民幣 3 億元，資金來源為金桐歷年盈餘再加上人民幣 1 億元銀行貸款，不用臺灣母公司財務協助。收購後，金桐烷基苯年總產量將達 37.2 萬公噸，成為亞洲第一大、世界第二大生產廠。(經濟日報，2003 年 3 月 13 日，第 31 版，邱展光)

◆ 本章習題 ◆

1. 以一家上市公司（例如台積電）為例，說明其在圖 1-1 中各階段活動的負責人員、每年規劃時程安排。

2. 請查專書，深入瞭解策略財務的內容。

3. 同第 1 題，以圖 1-2 為底，說明如何編製母公司的資本預算。

4. 同第 1 題，請詳細分析其折現率如何計算。

5. 國家風險在資本預算時宜如何處理？

6. 同第 1 題，分析其海外子公司資金結構如何決定。

7. 以表 1-2 為基礎，各舉一些全球企業為例來說明，從例子去學習。

8. 分析一家全球企業的利潤配置如何規劃。

9. 以表 1-5 為底，以二家不同生命階段的全球企業來說明。

10. 你想把 1 萬美元在 2 天內匯到大陸，怎樣做？

第二章

全球企業財務部管理

守住股票，觀察動靜——只要原來的故事不變，或者變得更好，你都應該留在原位——等上幾年，結果會讓你驚訝不已。

——彼得·林區　前美國富達投信公司哥倫布基金基金經理

學習目標：

站在董事長、母公司財務長的角度，決定整個全球性集團企業的財務（含會計）部的組織設計（尤其是集權 vs. 分權）。

直接效益：

國際企業管理書中以一章來處理「全球企業組織設計」此議題，先看本章第一節便綽綽有餘。有些會計機構開授「跨國會計處理」課程，先看第四節便勉強足夠。少數演講談及「區域總部（或營運中心）」，第二節便足以回答此問題。

本章重點：

- （全球）集團企業財務部整合程度分類。§2.1 一
- 全球企業成長階段、財務部組織型態的關係。圖 2-1
- 全球企業母公司財務部對各子公司財務部所扮演三種角色。§2.1 二
- 集權制度下全球企業財務部的組織設計。§2.1 三
- 分權制度下的組織設計。§2.1 四
- 如何替區域總部「選址」。§2.2
- 二種型態控股公司比較。表 2-1
- 臺灣、新加坡、馬來西亞、荷蘭作為營運中心的條件比較。表 2-2
- 全球企業財會部門的作業控制。§2.3
- 全球企業對財會主管的用人策略。表 2-5
- 全球企業財務部管理績效評估。§2.3 三
- 美國、臺灣對於集團企業合併報表的規定。§2.4 一
- 跨國企業會計制度的差異。表 2-6
- 全球、美國、臺灣對於員工選擇權的會計處理方式。表 2-7
- 全球各國會計制度的分類。表 2-8
- 迪吉多財務系統重建示例。§2.4 四

前言： 組織跟隨策略

一旦策略、財務政策決定了，接著便是採取相呼應的組織結構，以落實策略、政策；這也是美國企管學者 Alfred Chandler (1962) 著名的主張：「組織結構跟隨策略。」

在第一、二節中，我們將詳細說明全球企業財務部組織管理。然而不論採取集權或分權的組織設計，從預算審核、經營績效評估，全球企業皆需建立標準共通的會計制度；這是第二節的重點。最後在第五節中，我們比較荷商飛利浦和臺灣亞東集團財會部門的管理方式，以明瞭臺灣以財務槓桿操作著稱的亞東集團，跟世界級全球企業管理方式的差異，藉著實例以說明第一、二、三節的道理。

◆ 第一節　全球企業財務部組織設計

雖然有些人認為全球企業財務部的組織管理只是公司整體組織的一部分，也就是說從組織設計、獎勵系統和績效評估等皆應遵照全球企業組織管理的遊戲規則來走，只是其中有些許例外狀況罷了。

不過，這樣的看法只對了一半；另一半是，由於財務資源移動快速、獲利大、風險高，而且公司型態選擇性也比其他企業功能來得廣。所以實在有必要討論全球企業財務部的組織管理，本節的架構將依圖 2-1 的順序來談。

一、財務策略整合程度

㈠消極財務策略、忽略系統潛能型

全球企業母公司對各子公司整合程度其實是循序漸進的，也就是如同圖 2-1 中所示公司成長第 1、2 階段，母公司一開始放任子公司財務獨立，主因還在於：由於子公司營業額有限，資金募集、閒置資金皆少，所以也沒有多少東西可資整合。所以 Robbins 和 Stobaugh (1973) 對 187 家美國多國籍企業實證指出，全球企業財務管理的組織設計按其海外子公司之公司成長階段，可分為三階段，而此為第 1 階段「忽略系統潛能型」(ignoring the system potential)，此時全球企業剛踏入全球化，母公司還沒設立專責的國際財管部，子公司大抵被放牛吃草。此處「系統」指母、

圖 2-1　全球企業成長階段、財務組織型態關係

公司階段	第 1 階段	第 2 階段	第 3 階段	第 4 階段	第 5 階段	
企業規模　大型　中型　小型	領導 企業家 開創力	自主 管理	控制 授權	官僚化：缺乏創業精神 協調	新的危機 合作	成長危機來源 成長動力來源
企業歷史	初創	成	長		成熟	
財務策略	消	極	積	極	積極和中庸	
整合程度	忽略系統潛能型		開發系統潛能型		跟複雜妥協型	
主導單位	子公司	母公司國際金融部		區域總部 國家總部	子公司	
母公司財務部角色	顧問角色		銀行角色		代理角色	
適用情況 1.中大型子公司數目 2.全球化歷史	1～3 家 0～5 年	3～6 家 6～10 年		7～15 家 10～20 年	16 家以上 20 年以上	

子公司財務部所構成的財務系統。

·充電小站·

系統 (system)

　　美國人非常喜歡用系統這個字，常用地方例如：

　　1.人體的消化系統(由口、腸、胃組成)、呼吸系統（由鼻、氣管、肺組成）。

　　2.汽車的化油系統、傳動系統。

　　3.公司的財務系統、採購系統等。

　　4.整部個人電腦稱為系統。

(二)積極財務策略、開發系統潛能型

　　到了財務整合第 2 階段的「開發系統潛能型」(exploiting the system potential)，當海外子公司投資獲利程度逐漸提高，且為了編製合併報表的需要，母公司開始設立國際財管部，採取集權管理方式。例如統一集團的國際金融部、遠東紡織財務處（國外組），此時可對照為公司成長的第 3、4 階段。

(三)中庸財務策略、跟複雜妥協型

　　隨著海外子公司的數目和規模都大幅成長時，中央集權制度已沒辦法有效的處

理錯綜複雜的國際財務決策；此時分權便有其必要，母公司財務部只制定政策與管理規則，並擔任控制的工作，而實際決策、執行由各子公司負責。這可說是「跟複雜妥協型」(compromising with complexity)，對照全球企業來說，可說已處於公司成長第 5 階段，此時必須靠合作才能使全球企業各子公司財務部成長。

二、全球企業母公司財務部的角色

換另一種說法，全球企業財務部在公司成長各階段，提供各子公司的集團財務功能也不同，即循序扮演下列三種角色。

(一)顧問角色 (advisory role)

在授（或分）權的財管組織結構下，母公司財務部主要扮演顧問角色，其職責如下：

1. 決定財務目標與政策。

2. 提供資訊（例如市場利率、價格、集團企業各子公司的收支）、建議給子公司財務部，以供子公司作決策。

在此情況下，母公司財務部扮演財務顧問公司的角色，搜集、分析資訊，並且提供各子公司建議；在成本節省方面，各子公司財務部可大幅或完全減少資訊搜集、分析重複；母公司財務部透過作業手冊來指導各子公司做好財務管理的工作。

3. 監督各子公司財務活動的進行，並把結果回報給上級，以確定是否有達到母公司財務目標。

子公司財務部職責如下：

1. 決定財務運作程序。

2. 執行每天財務管理。

(二)銀行角色 (banking role)

隨著金融環境日趨複雜，越需要母公司對內對外提供協調的功能，因此母公司財務部角色逐漸由消極的顧問轉向比較積極的銀行角色。簡單的說，也就是母公司財務部在集團內扮演企業內銀行 (in-house banks)，集團內各子公司的資金供需互抵後(詳見第八章第二節)，也就是母公司財務部提供清算或票據交換 (clearing) 功能。

不僅只是消極的提供公司內部交換的功能，還透過下列三項積極作為，以整合

收支。

1.提高集團現金收支配合程度：不僅只是集團內各子公司、母公司間盈餘供需互抵外，還包括跟集團外盈餘的互抵。至於子公司間外匯交易方面，則以議定的匯率來計價，這種稱為「內部避險」(internal hedging)。

2.排定應收、應付帳款的日程：母公司建議各子公司如何排定應收、應付帳款的日程，以使集團現金收支配合得更好。

3.開立發票的計價幣別 (currency of invoicing)：這種可事前的促使集團企業對外匯的供需更加配合，另一方面，在營業報價方面也可以有較大空間以選擇比較具有競爭優勢的報價幣別，以利掌握進出口商機。

當母公司財務部扮演銀行角色時，站在組織設計的角度，也就是說全球企業採取集權式的組織設計。全球集團企業採取集權或分權，其優缺點跟組織管理學所說的一樣；只是具體說明，會令人比較容易抓住其精神。

為了扮演好企業內銀行角色，母公司財務部就跟一般銀行的財務處類似，設有外匯、期貨、貨幣市場交易室 (dealing room)。少數巨型全球企業，甚至反金融中介，直接跳過銀行、投資銀行業者，而發行歐洲債券等，直接向專業機構投資人募集資金。

首開先例之一的便是英國石油公司成立英國石油國際財務公司 (BP Finance International)。

㈢代理角色 (agency role)

母公司財務部兼具部分顧問、銀行角色，也就是除了履行顧問角色的職責外，對外還代表子公司跟銀行接洽；不過，母公司並不扮演企業內部銀行其他的角色。

全球企業母公司財務部究竟應扮演何種角色，當然取決於成本效益分析的結果。總之，在決定集團財務功能時應考慮下列方面：

1.財務部是成本還是利潤中心，應由母公司董事會制定明確的財務政策以指導財務部。

2.隨時檢討、決定母公司財務部所扮演的角色。

3.決定財務部適當集權的程度。

4.注意財務移轉計價（例如集團內部交易的匯率、利率）、管理費用，以確保

能制定使集團利益最大的決策。

如果財務管理集權是既定方向，那麼應建立執行的時間表，最好採取漸進的程序，例如一開始時只整合二個國家子公司的財務管理，或是整合所有子公司的外匯交易，甚至只整合二個國家子公司的外匯交易。從試辦中逐漸吸收經驗，再擴及整個集團企業，屆時成功的機率會比較大。

三、集權制度下的組織設計

當全球企業中大型子公司數目超過 3 家時，母公司便會想到如何透過組織設計來整合各成員，以發揮綜效，尤其是財務綜效。

㈠全球企業財務集權的原因

全球企業財務部究竟採取集權或分權的組織設計比較合適，本質上是評估這二種方式的效益和成本；而集權制度的效益如下：

1.成本節省：無論是融資或外匯交易方面，銀行皆會給予客戶數量折扣；例如在臺灣，3 萬美元以下之外匯交易依牌告匯率，但是逾 3 萬美元客戶可以跟銀行議價。再加上，由於彙總金額可能夠大，往往可擴大往來銀行的範圍，可享受貨比三家不吃虧的好處。

此外，一般來說，在集團內母公司的債信往往最佳，所以由其出面貸款——不管在那一國，貸款成本會比較低一些；這點跟許多政府機關成立「聯合採購中心」的考量是一樣的。

2.集中財務專才創造收益：聘用一位懂得財務工程、衍生性金融工具的財務專才，所費不貲；要是集團企業各子公司財務部都聘請一（或多）位如此財務大將，其結果往往是大才小用。除非該子公司財務部真的很大，否則財務專才還是配屬於母公司，才能讓各子公司享受專家的服務，但卻不需負擔其天文數字的薪水。

資金達到規模經濟水準只是必要條件，再加上優秀人才運用最新進的財務技術，更可創造收益、降低風險。

3.提高財務控制程度：讓各子公司財務部各行其是，無異放虎歸山，小至避險過當、成本過高；大至一手遮天，違反公司政策而幹起投機勾當；這樣情形，在過去有三件轟動全球的案例：

⑴ 1995 年 2 月，霸菱新加坡子公司總經理李森越權交易，造成 14 億美元的損失。

⑵ 1995 年 10 月，日本大和銀行紐約分行不當從事美國債券交易，損失約 11 億美元。

⑶ 1996 年 6 月，日本住友商事爆發其非鐵金屬部長擅自進行銅品期貨交易，導致 18 億美元損失。

㈡集權制度的組織層級設計

全球企業財務管理的組織層級是跟著整個母公司演變的，當然有時可能比母公司早一步。

1.母公司財務部：假設依照三三制來說，當海外中大型子公司數目沒超過 3 家時，並沒有必要成立單獨的國際金融部。此時一事不煩二主，仍由母公司財務部扮演監督子公司財務部之事。

2.母公司國際金融部 (global function division)：當子公司一超過 3 家，但低於 9（或 6）家時，此時母公司可能成立國際金融部。此時已進入開發系統潛能的整合階段。例如，統一國際金融部協理杜德成還兼任美國統一餅乾公司（原 Wyndham 公司）財務長，直到統一餅乾公司出售為止。

3.地區總部 (global region division)：當中大型子公司數目超過 6 家，此時母公司可能就心餘力絀、鞭長莫及，於是設立地區總部就近督導，自己便升格為祖母級，由地區總部扮演母職。例如泛宏碁集團在 1992 年成立二地區總部：

⑴歐洲地區總部，名稱為宏碁歐洲控股公司，在此之前，大都由歐洲最大子公司（宏碁阿姆斯特丹公司）兼管。

⑵非歐美地區總部，名稱為宏碁控股國際公司。

4.國家總部：當在一國成立許多子公司時，此時便有規模經濟成立一個國家總部，類似軍隊編制中的「集團」，位階可能跟區域總部相同或低一階。以在大陸投資總額逾 2.7 億美元的統一企業來說，為了統籌其十餘個子公司的材料、機器設備的採購和財務調度予相關投資公司，因此在 1997 年 3 月向經濟部投審會，申請投資 3,000 萬美元在大陸上海成立名為統一企業中國投資公司的投資公司，統一負責大陸事業部的副總經理徐炳源出任首任總經理，此公司並立即運作。同樣在大陸成

立控股公司的還有新寶等，而且皆打算以控股公司到香港申請股票上市。

四、分權制度下的組織設計

當全球企業發展超過 20 年以上，可能各地子公司不少已股票上市，或是採取合資型的股權結構而要求獨立,甚至單純的因苗壯而形成諸侯割據。不論什麼原因，採取分權制度已有其必要，於是在組織設計上比較會依組織設計能力高低，依序採取下列的組織設計。

㈠全球矩陣組織 (global matrix structure)

如同一般的矩陣組織，在財務功能矩陣組織之下，海外子公司財務長會面對兩位上司，一位是總經理，一位是地區總部的財務副總裁。為了避免令出多門，有可能子公司財務部只是配屬單位,例如陸軍師級單位以前有聯勤總部配屬財勤隊提供財勤服務一般。

不過,也有可能地區總部只是扮演代理角色;尤其是當子公司規模越來越大時，地區總部功能比較偏向於協調各子公司，並透過委員會方式解決子公司間的衝突。

有關此組織型式的實例可參看林禹時〈瑞士 ABB 公司環球化組織設計〉，《經濟日報》，1996 年 3 月 8 日，第 30 版。

㈡全球化混合組織 (global combination structure)

例如當一子公司發行全球存託憑證或是某項金融操作 (例如銅期貨) 橫跨數個地區總部時，此時，此項財務功能可能劃歸母公司來負責，或是由各地區總部派員組成任務小組來負責。

㈢網路組織 (network organization)

對於像 IBM、花旗銀行和飛利浦等歷史悠久的全球企業，已逐漸採取網路組織，以平衡中央（母公司、地區總部）和地方權力，此種可能是管理現代組織的最佳組織設計。由實務趨勢來看，越來越多全球企業正進行重組（例如精簡母公司）、創造整合組織、建立全球網路，這些作法正把複雜的全球企業帶向韓第 (Charles Handy)1992 年所提出的「企業聯邦主義」(federalism)，透過聯邦制的二個主要精神——共同目標和信任，以促使全球企業各子公司團結一致。

企業聯邦主義的具體作為，便是像花旗銀行，由每一地區挑選二位傑出高階管

理者擔任母公司董事，以免母公司太重視美國業務，而未能平衡全球各洲的業務。

有關網路組織的運作請參看拙著《策略管理》（三民書局，2002 年 6 月）第九章第一節，本書不再贅述。

在此情況下，以員工數 22 萬人以上，子公司遍及 40 個以上國家的瑞士艾波比 (ABB) 集團來說，其母公司只有 100 人，可說是網路組織的典範。

◆ 第二節　集權制度下財會部門組織設計
——區域總部、控股公司

集權制度下全球企業財會部門的組織設計是蠻複雜的，必須以專節討論；其組織設計大都依據下列步驟。

一、設立區域總部

隨著營運範圍的拓展，全球企業總部漸將管理功能分散給區域總部 (regional headquarter, RHQ)；另一方面，對於原採各子公司獨立自主經營的，也發現需要在各地區設立協調機構。其功能主要有管理上的協助、行銷專家的提供、技術或售後服務、預算和財務資料的監督。常見區域總部的性質涵蓋儲運、營運、運銷和控股等，那麼那裡才適合設立區域總部呢？

(一)商業性因素

1.位置適中，方便各國人員會晤。

2.通訊網路健全。

3.適任人力資源。

4.維持成本不要太高，紐約、東京、上海等生活費高的都市，往往令人卻步。

5.駐外人員居住環境，治安差的地區將被剔除，例如菲律賓。

6.金融、通訊、環境資源。

(二)租稅因素

1.居住地 (residence) 的規劃：

即區域總部的設籍國的問題，該國不僅最好是租稅庇護區，而且還要跟許多國

家簽訂投資保障協定；要是由此區域紙公司擔任控股公司，其麾下的子公司、分公司將能免於國家風險之虞。

2.收取報酬的規劃：

⑴通常區域總部從各關係企業收來的報酬，屬於權利金。

⑵如果區域總部設在低稅率國家，或區域總部本身有損失可遞延扣抵，那麼權利金的收取可略高於實際成本，以收節稅的利益。

⑶反之，如果區域總部國家的稅率高於各關係企業國家的稅率，那麼權利金的收取宜低，以免多繳稅。

⑷由於各國可能調整非常規交易價格，所以區域總部向各關係企業收取的費用，宜制定整體政策並一致採行。

3.區域總部應否擁有地區關係企業的股權：

此宜視股利扣繳稅率和國外租稅扣抵而定。

⑴如果國外扣繳稅率高，而區域總部國家稅率低，則可能造成剩餘的國外租稅無法扣抵，此情況下區域總部不宜擁有關係企業的股權。

⑵如果國外扣繳稅率低，或不需受限於反制租稅庇護區的法令，那麼區域總部擁有股權應屬有利。

4.區域總部的租稅優惠：

新加坡、比、法、英、荷、瑞、港等提供租稅優惠給跨國企業區域總部，例如管理費或權利金適用比較低的稅率、免除當地所得稅、股利匯出免稅等，宜多加注意、利用。

在亞洲最適合作為區域總部的地點為何？根據 1997 年 1 月《遠東經濟評論周刊》公佈的年度調查顯示，在亞洲受訪的 1,000 位高階主管中，有七成三認為新加坡比香港更適合。新加坡除了房租比較貴外，其餘優點不少，更重要的是政府提供多種優惠措施，以期彌補外商在新加坡設公司成本相當高的缺點。

全球企業宏碁公司的三大區域總部的設立，似已考慮上述因素。

1.美洲區域總部設於美國加州，因為長期虧損，因此暫時毋需考量節稅。

2.中東、歐洲區域總部設於義大利米蘭。

3.亞洲區域總部設於馬來西亞的吉隆坡，管轄區域包括非洲、亞洲、拉丁美洲

和大洋洲。

除了扮演控股公司功能外,這些區域總部公司中長期積極朝向當地股票上市之路邁進。

二、成立控股公司

有越來越多的集團企業發現,如果能把各事業部獨立成為公司,集團總部扮演控股公司 (holding company) 的角色,至少可享受下述好處:

1. 對投資的限制較少,能讓更多管理階層發揮其創業精神。

2. 籌資更有彈性。

3. 能提供給客戶更廣的服務。

一般在成立控股公司有二種作法:

1. 上游控股公司 (upstream holding company):由母公司創設控股公司後,母公司的地位便一如其他子公司,皆聽從控股公司的號令。

2. 下游控股公司 (downstream holding company):母公司在其下面成立一家控股公司,再由此控股公司來節制各子公司。至於控股公司究竟是若有似無的紙公司,還是有實際控管功能,則視目的而定,二種型態控股公司適用情況詳見表 2-1。至於在租稅庇護區成立控股公司,詳見第十章第五節。

表 2-1　二種型態控股公司比較

	營運導向	避稅導向
公司性質	地區總部	租稅庇護區內紙公司
營所稅 1.境外所得 2.境內所得	免稅 較高,例如新加坡 27%,香港 16%	免稅 營所稅為零,每年只要繳些規費
政治風險阻絕能力	較高,例如新加坡、盧森堡	較低,因租稅庇護區大都是屬地、小島國,國小言輕
股票上市可能性	較高,例如新加坡、香港	較低,而且僅限於某些股市

三、集權制度下的財務組織設計——國際財務管理中心

㈠國際財務管理中心

在財務集權制度下，母公司會隨著需要，依上述組織層級的演進，把母公司國際金融部、地區總部、國家總部獨立成子公司，可能兼具控股公司功能，通稱為「國際財務管理中心」(multicurrency management centre, MMC)，可說是全球企業財務管理公司。

1.讓國際財務管理中心操作具有正當性：要落實國際財務管理中心，全球企業內各成員的資金流向大抵採取下列二種關係。

　　⑴單純的資金借貸關係：對於沒有外匯或關係企業資金借貸管制的國家，資金集中於國際財務管理中心管理非常方便，無須藉名義來「洗錢」。

　　⑵透過商業交易作為白手套：其一是「商流」的重開發票中心，另一是「錢流」的應收帳款收買中心。當然，這二個中心的成立也不僅僅基於財務集中管理的考量罷了，詳見第八章第二、四節。少數情況下，全球企業先設立重開發票中心，隨著需要，再擴大其功能而成為國際財務管理中心。

2.營運總部的落腳地：臺灣企業欲前往其他國家投資，除了在臺灣的營運總部外，在其他國家似應也設一總部。各個企業選擇其營運總部的考量因素很多，詳見表 2-2。

至於國家總部可能只處理當地貨幣，一碰到外幣交易事項，仍交由地區總部去處理。以臺灣企業來說，由於投資地區主要集中在大陸、東南亞，所以對營運總部落腳考慮的地點大抵為臺北、新加坡、香港或荷蘭。

　　⑴租稅方面：由表 2-2 可見，臺灣稅率較低，但是對境外所得照樣課稅，而且不像新加坡給予外商設立營運總部一些租稅優惠。

　　⑵營運成本方面：以辦公室租金、薪資費用、維護成本等公司營運成本來說，依序為新加坡、香港、臺北、荷蘭。

　　⑶臺灣優勢不多：在臺設立營運總部的營收標準比其他國家高，而且每年都要申請核准後方可適用，勢必降低吸引力。而且租稅方面不利之處在於稅後盈餘匯出時，仍需課徵扣繳稅款，降低外資來臺設立營運總部的意願。

表 2-2　各地對營運總部相關法規

單位：元

	臺　灣	新加坡	馬來西亞	荷　蘭
一、營收等 　1.資本額 　2.營收 　3.營業費用	– 10 億元 5,000 萬元	975 萬元 – 3,900 萬元	450 萬元 – 1,750 萬元	– – –
二、優惠內容 　1.股利及處分利益 　2.權利金所得 　3.管理服務所得 　4.研究開發所得		同左	同左	–
三、優惠方式 　1.股利 　2.其他項目		免稅 10%	免稅 10%	免稅 34.5%
四、優惠期間	每年申請	最長 10 年	同左	
五、股東課稅	營運總部免稅，在宣告發放股利時，將被視為營利所得，股東要課稅	免稅	同左	對外國股東的股利扣繳稅率低

資料來源：修改自張豐淦，〈設立營運總部，各國優惠超級比一比〉，經濟日報，2002 年 11 月 3 日，第 22 版。

　　由表 2-3 來看，在臺設立營運總部，從投資國（即母公司）稅後盈餘的角度，似乎也看不出特別優惠之處。（經濟日報，2002 年 11 月 3 日，第 22 版，張豐淦）

　⑷投資大陸時：美國企業想到大陸投資，並僅選擇一處成立營運總部，依前段的稅務法令比較、試算在不同國家成立營運總部的稅後盈餘，由表 2-3 可見，荷蘭是最佳地點。

　⑸投資美國時：臺灣公司想到美國投資，該選擇何處為營運總部？由表 2-4 可見，僅考慮租稅利益時，荷蘭為最佳地點。

　3.租稅規劃的考量：由於設立國際財務管理中心的目的是為了牟利，因此為了節稅的考量，最好把國際財務管理中心設在低稅率國家（或地區）。

　⑴當公司有外匯交易盈餘時，稅負越低越好；反之，當有外匯交易損失時，能享受租稅抵減，而且能在合併申報時，扣抵母公司的盈餘。

表 2-3 不同國家設營運總部的稅後盈餘

單位：%

營運總部所在地	臺 灣	馬來西亞	新加坡	荷 蘭
大陸地區所得	100	100	100	100
大陸地區所得稅	(33)	(33)	(33)	(33)
股利匯出	67	67	67	67
營運總部收到股利收入	67	67	67	67
當地所得稅	(0)	(6.7)	(6.7)	(0)
稅後所得	67	60.3	60.3	67
匯出股利之扣繳稅	(13.4)*	(0)	(0)	(1.34)**
投資國收到的盈餘	53.6	60.3	60.3	65.66

* 臺灣與美國並未簽有租稅協定，假設美國投資係經臺灣經濟部投審會核准，則扣繳稅率為 20%。
** 美國跟荷蘭的租稅協定規定扣繳稅率為 5%，又荷蘭國內法有 3% 的穿透扣抵 (pass-thru credit) 可使用，所以淨扣繳稅率為 2%。

表 2-4 投資美國最適營運總部設立地點分析

單位：%

營運總部地點	臺 灣	馬來西亞	新加坡	荷 蘭
美國地區所得	100	100	100	100
美國地區所得稅	(40)	(40)	(40)	(40)
股利匯出	60	60	60	60
美國扣繳稅款	(18)	(18)	(18)	(3)
稅後盈餘	42	42	42	57
營運總部課稅所得	60	60	60	57
營運總部所得稅	(0)	(6)	(6)	(0)
國外稅款扣抵	–	6	6	–
應補稅額	(0)	(0)	(0)	(0)
營運總部稅後盈餘	42	42	42	57

註：前手之扣繳稅率 18% 大於可扣抵上限，所以採上限。

⑵對於重開發票費用收入 (reinvoicing fees)、應收帳款買下的貼現收入、利息收入等稅率要低。

⑶國際財務管理中心的成本可作為費用以抵稅，最好其成本能透過管理費等

科目由各子公司分攤。

⑷間接租稅地位 (indirect taxation status)，也就是可以把營業稅移轉給客戶，
例如英美的加值型營業稅。

4.其他考量: 租稅考量可說是必要條件，至於下列其他考量因素可說是選址的
充分條件。

⑴低程度且最好沒有任何外匯管制。

⑵金融操作所需的基礎設施健全，例如通訊網路、員工；開發中國家因為不
具備這些條件，所以只能從候選名單中剔除。

⑶最好跟母公司位於同一時區，以方便二者溝通，這也是許多臺灣企業選擇
香港設立重開發票中心的原因；為了方便管理，重開發票中心最好離母公
司近一點，以減少旅行成本。

在歐洲，許多全球企業把重開發票中心設立在瑞士，其次為荷蘭、比利時；
許多公司把國際財務管理中心跟重開發票中心設為同一公司。

國際財務管理中心的交易必須符合常規交易，而且要有些盈餘，以免被地
主國裁定為專為逃稅而設，此外，必須證明能提供財務服務給其他公司，
也就是不能是空殼公司。

⒀積極財務策略的公司性質

隨著全球企業規模越趨龐大，許多企業漸漸視財務部為事業部，而不只是功能、
後勤部門。例如英國石油公司便把其財務部獨立成為一家公司，不僅對內提供母公
司所需的財務服務，而且更扮演「交易財務部」(transactional treasury) 的角色，積
極從金融交易中賺取利潤。甚至更涵蓋設計、包裝、發行新證券，例如發行「商品
連動證券」(commodity-linked securities)。

全球企業為了積極做好財務管理工作，越來越多單獨成立各地金融子公司，依
其目的不同至少可分為下列三種:

1.銷售金融公司: 以支援（各地）子公司銷售為目的，尤其是對汽車、電腦等
大眾消費品，以消費者融資方式促銷。在美國，其資金主要來源為商業本票，成本
比基本利率約低 2 個百分點，例如仁寶、金寶公司皆已成立此類資融公司。

2.資金運用公司: 設立於英屬維京群島、香港等租稅庇護區，藉以替國際財務

收益作好租稅規劃，例如第八章第五節中的「重開發票中心」。

　　3.集團財務 (group finance) 公司：可說是全球企業集團的總管理處，以追求資金管理一元化，舉凡出口融資及外匯集中管理，並對全球各子公司提供低利融資，詳見上一段的「國際財務管理中心」。例如宏碁集團有鑑於營業額日大，所以於 1997 年 2 月成立宏碁資融公司 (Acer Capital) 資本額 15 億元，以使集團的財務運作更靈活。

第三節　全球企業財會部門控制

　　策略、組織設計、內部控制是母公司最關切的事項，至於績效評估則以衡量這三項活動是否有效落實。

一、安全和控制

　　全球企業財務部的內部控制制度跟一般企業一樣，只是因涉及太多公司、部門，要是稍一不慎，有時會失控，讓不肖員工有機可乘。此外，由於涉及金額、風險頗大，造成的財務損失既快又大，所以內部控制更得精心設計。經常採取的內部控制的控制方式如下：

　　1.組織控制：透過每個人職掌來互相牽制，詳見下段財會主管的說明。

　　2.流程控制：透過表單流程控制、獨立控制程序，以確保一人無法遮天、環環相扣。

　　3.資訊系統控制：無論是否有獨立的資訊部，有效的管理資訊系統彙總財務交易（含已報價但未成交）重點，呈報給上級。

　　4.電子資料處理控制：即採取電腦稽核方式，尤其是針對電子商務。

二、全球企業財務主管任用策略——公司控制的考量

　　企業一到了全球化，總部常擔心管理上鞭長莫及，尤其是財務主管（或稱財務長）可說是海外子公司所有部門主管中最有機會污錢的。

　　由表 2-5 可見，臺灣的跨國企業在初進行全球化時，也就是企業成長的第 1、

2 階段，財務主管大都由母公司人員派任。此時興利擺在第二（例如利用地主國便宜資金），防弊擺第一；另一方面，他也負責把母公司全套財會制度移植過去，透過報表管理以落實內部控制制度的基礎。但是有些職員甚至副主管仍必須聘用當地人士，以求入鄉隨俗，成本也比較低一些。

表 2-5　全球企業海外子公司財務部各階段用人策略

公司成長階段人資導向	第 1 階段　第 2 階段 母國導向		第 3 階段　第 4 階段 地主國導向		第 5 階段 全球導向
一、地區總部財務人員	－	－	母公司	母公司	母公司或當地人
二、子公司財務部					
1.主管	母公司	母公司	母公司或當地人		當地人為主
2.副主管	母公司	母公司或子公司	當地人為主，母公司為輔		當地人為主
3.職員	母公司和當地人	當地人	當地人		當地人
三、稽核主管	母公司	母公司	母公司或其他國家人士		同左

　　到了第 3、4 階段，由於有地區（或國家）總部出現，子公司財務主管可由地主國人員擔任，也有可能還是由母公司、地區總部人員擔任。尤其是稽核主管，當財務主管本土化後，稽核主管還是可能由母公司或其他國家人士擔任。花旗銀行臺北分行外匯交易室的稽核人員便有菲律賓人，以免同一國的人官官相護、抓賊的變成做賊的。

　　到了全球化第 5 階段，可說是本土化階段，傑出人員可晉升至地區總部甚至母公司任職。

三、全球企業財務部管理績效評估

　　全球企業不論是母公司、子公司，對財務部的績效評估，跟一般績效評估的方法並沒有特殊之處。

㈠角色不同，責任也不同

　　隨著母公司財務部的角色不同，子公司財務部的績效責任也不同。

　　在顧問角色時，母公司財務部可說是成本中心，大部分成本由各子公司財務部

分攤掉，母公司財務部必須確保其向子公司財務部收取的管理費用，不致干擾子公司的決策。

在代理角色時，雖然由母公司財務部統一代理各子公司對外跟金融機構接洽，但是如果融資成本比子公司自行處理的還高，子公司可以不接受，至少可以力爭內部報表上不負責超額部分。此種外購、內製同時存在的競爭機制，才能確保母公司財務部的效率。要是基於策略上的考量，必須讓 A 子公司出面幫 B 子公司取得較廉價的資金；在集團企業管理會計上，應該還 A 子公司一個公道。

在銀行角色時，各子公司財務部變成成本中心，其績效來源還包括提供母公司財務部資訊（例如銀行貸款利率），使得母公司財務部能以比較便宜方式取得資金。

㈡績效通報

日報、週報主要是給子公司財務主管看的，對母公司來說，可要求副本立刻呈送給母公司。

月報主要是給子公司財務副總、總經理、母公司看的，至於逾標準情況則採例外管理方式，立刻往上通報。

❖ 第四節　全球企業會計制度整合

有關於全球企業各子公司會計系統的整合，牽涉到下列二個層次的問題。

㈠是否要整合？

由於會計制度所產生的財務會計資料是內部控制重要的資訊來源，因此在盡可能範圍內，對內宜盡量整合。

對於全球企業整合會計制度的設計，一般企業一開始時可能都不在意，首重配合各地主國的稅法。隨著子公司數目增加、營業額擴大，才發現不同會計基礎編製出的財務報表無法比較，造成內部控制嚴重問題。

跟許多公司採取「隨遇而安」(muddling-through) 作風完全相反的，便是一開始在全球化規劃過程中，也把會計制度視為內部控制的基礎，除了因應各地主國稅簽、財簽的外部需求外，為了符合內部控制的需要，全球企業應力求會計制度標準化。1991 年時，神達電腦隨著其海外據點的逐漸增加與重要性提昇，財會部門在設計

全球會計制度時便抱著戰戰兢兢的態度，由於事前一針勝過事後九針，所以不會像其他全球企業的財會制度一樣雜亂無章。

　　同樣的，透過國際併購的企業全球化途徑，被併購公司的會計制度極可能跟買方（或主併）公司的不同，在併購後的整合階段，會計制度的整合也應是當務之急，以免逾時而積重難返，甚至可能因會計制度重大差異而傳送出誤導企業總部決策的資訊！

㈡如何整合？

　　財會制度整合屬於公司變革範疇，本文不擬詳細說明，有興趣的讀者可參考：

Tasy, Bor-Yi & J. Robert J. Stevenson, "Post Merger: Integrating the Accounting System," *Management Accounting*, Jan. 1991, pp. 20–23.

一、美國、臺灣對於合併報表的規定

　　除了公司內部的考量外，集團企業是否應編製合併報表還涉及各國法令的要求。

㈠美國證管會的規定

　　在合併報表的編製方面，當控股公司併購賣方公司後，一般來說，控股公司應編製合併報表。然而許多控股公司只是空殼的紙公司，美國證管會對公開公司或即將成為公開公司的公司，則嚴格的核閱相關事實與情況，以決定「連鎖控制」(chain control) 是否存在。從財務會計準則學會 (EITF) 陸續發表意見書的趨勢來看，已越來越嚐試去瞭解企業間「經濟本質」(economic substance)，以決定會計處理方式。

㈡合併報表對公司的影響

　　在美國，根據 1987 年的標準財務會計第 94 號公報 (SFAS 94)，規定 1988 年起母公司須納入其財務子公司編製合併報表。根據政治大學會計研究所蔡文精（1991 年）的碩士論文，以 111 家公司作為研究對象，發現信用評等公司依據上市公司合併財務報表作為評等依據；可見編製合併報表，對公司的信用評等確實有影響。

㈢臺灣對合併報表的規定

　　在臺灣,未公開發行公司無須編製合併報表,至於公開發行公司則視條件而定；有關於母子公司是否需要編製合併報表 (consolidated financial report)，則必須符

合下列三條件:

1. 必要條件: 母公司對子公司直接、間接長期持股比率應超過 50%，也就是母公司的最終持股 (ultimate holding) 已取得子公司形式上的經營權。至於如果母公司是在美國，只要符合此條件便須編製合併報表。

2. 充分條件: 子公司營業收入或總資產須超過母公司該項目 10%，即對母公司有顯著影響，此時子公司便應列入母公司合併報表編製個體。但這項規定只限於稅簽，至於為借款而出具的財簽，便無須受制於此限制; 站在銀行角度，合併報表更能完整真切的反映出借款公司的財務、營運狀況。

3. 例外情況: 縱使符合前二項條件，但只要母公司行業性質顯不相同，也毋須編製合併報表。

二、跨國會計制度整合的作法

縱然全球企業可委由同一國際會計師事務所規劃其會計制度，並負責簽證。但是就集團企業來說，仍須瞭解、決定、使用此全球會計制度，因此實在有必要簡介全球會計制度規劃的作法。

㈠瞭解它——全球會計制度的第一步

然而想要整合散佈在多個國家的全球企業間的會計制度，首先遭遇到最棘手的問題為: 各國（稅法、證管會造成）會計制度的南轅北轍。由表 2–6 可見英、美對於研發、軟體開發費用的會計處理方式截然不同。

不要說專業的會計處理方式不同（表中第 1 欄的 what），甚至連幣別、語文也不一樣，要把大陸子公司每月簡體字的財報轉成繁體字、兌換成臺幣的表達方式。

至於會計年度的差異也是有點討厭，日本是每年 4 月 1 日到第 2 年的 3 月 31 日，美國有些公司（像迪士尼）甚至是 10 月 1 日到第 2 年的 9 月 30 日。如同各國語言不通一樣，連年度算法也不一樣，都需要全球企業透過內規一一去整合。

㈡以員工選擇權會計處理為例

有關國際間會計制度的歧異不勝枚舉，就以 2002 年最紅的主題——員工選擇權的會計處理來說，全球趨勢是把其作為薪資費用，只是評價基礎還搞不定; 只有臺灣把給員工的（紅利）股票，作為稅後分紅處理，詳見表 2–7。

表 2-6　跨國企業會計制度的差異

公司所在國頻率	母公司（臺灣）常碰到	子公司較少碰到
一、when 　1.年 　2.年度報表 　3.月	曆年制 4 月 15 日前 曆月制	會計年度(日本,4 月～第 2 年 3 月) 1 月以前 4 週制（如荷商聯合利華）
二、what 　1.性質歸屬 　2.有效期間 　3.資產 vs. 費用	營業外（英國） 15 年（專利權） 研發、軟體開發費用出帳	營業內（美國） 9 年 電腦開發、取得成本可以資本化成資產（美國）
三、which 　幣值	臺幣	當地幣別

表 2-7　美、臺對員工選擇權的會計處理方式

	國際會計準則協會	美　國	臺　灣
股票選擇權	列為薪資費用	通用汽車、花旗銀行等大企業宣佈列為薪資費用	視為稅後分紅
啟用時間	2005 年開始實施	2003 年起	2003 年起
揭露		財務會計準則委員會(FASB) 發佈的 SFASB 第 123 號公報	2003 年 1 月 19 日，證期會原則決定，要求上市上櫃公司在財報上揭露下年度擬分派的員工分紅股數，但因評價問題仍有爭議，無法解決，將不會要求公司估算員工分紅市值對股東權益的稀釋情況

(三)各國政府採調和方式小幅修正

「國際會計歧異」(international accounting diversity) 涵蓋會計衡量、財報揭露和審計行為三部分，由於國際間會計處理規定不同，導致跨國間財務報表的比較有不少困難，無論是公司內部或外部。

1.全球企業基於內部控制的觀點，將各依地主國一般會計準則 (GAAP) 轉換成母國一般會計準則的財報。

2.對於國外利害關係人的需要，根據 Choi & Levich (1991) 針對美、日、英、德、瑞五國，問卷調查對象為證券市場主管機構、機構投資人、承銷商和發行公司，一半受訪者認為國際會計歧異會影響其股市決策。

有些國家沒有在法令中規範一般公認會計原則，然而基於經濟的需要、監理的考量，也會另立法案，訂定適用於特定企業或行業的會計原則。以美國證管會在 1977 年頒佈的「外國賄賂行為法案」為例，雖然這法案的主要目的在防止美國籍跨國公司對國外政府施行賄賂的不法行為，但是因為它要求公司詳細揭露各項交易的來龍去脈，這對全球企業的挑戰則為：如何建立一套完善的內部控制系統和健全的會計制度。

有很多團體致力於國際間會計準則調和 (global harmonization) 而努力，其中最重要的為下述二個。

1.國際會計準則委員會 (International Accounting Standards Boards, IASB，2001 年改成此名)，成立於 1973 年，主要由美國和其他 8 個工業國家負責制定會計準則，約有 80 個會員國。

2.國際證券組織委員會 (International Organization of Securities Commissions, IOSC)，由超過 40 個以上國家的證券交易委員會組成，積極參與發展健全的財報揭露制度，包括會計準則、審計準則、審計人員（即簽證會計師）的獨立準則、註冊與公開說明書的條款，以及上市標準等。

雖然國際會計準則對會員國並沒有強制約束力，但是針對國際企業間的會計事務，例如外國企業投資臺灣企業，許多會計師事務所出具的臺灣企業查帳報告書中會載明會計處理符合「國際會計準則」(International Accounting Standards, IAS)。同樣的，歐市理事會 (Council of the European Communities) 1983 年公佈的「EL 第 7 號指令 (seventh directive)」，明白規定歐市會員國於 1990 年以後的會計年度，企業集團在編製合併財務報表時，應遵守此指令。

第 7 號指令係基於羅馬條約 (Treaty of Rome, Article 54 (3)(g)) 而制定，在性質上有很強的約束力，這點跟 IAS 顯然不同。

隨著國際經濟越趨於整合，預期國際會計準則調和的步伐也會越來越快，此點值得全球企業密切注意。

　　如何瞭解國際間會計實務的異同？國際會計學中至少有五種不同的分類方式，Nair & Frank (1980) 根據美國普惠 (Price Waterhouse Coopers, PwC) 會計師事務所1973、1975 年發表的 38 個國家、100 種會計實務作法，其分類頗具代表性，詳見表 2-8。

　　或許你會擔心上述分類資料已太過老舊，但其實不然，Nobes (1983) 把工業先進國家會計制度分類，最終結果也是一樣，而這也獲得美國南卡羅來納大學會計系教授 Doupnik (1993) 的實證支持。

表 2-8　美國普惠會計師事務所 1973 年列舉會計衡量實務的分類

英國國協模式	拉丁美洲模式	歐陸模式	美國模式
英國	巴西	法國	美國
愛爾蘭	阿根廷	德國	加拿大
斐濟、肯亞	玻利維亞	比利時	墨西哥
紐西蘭、澳洲	巴拉圭	西班牙	巴拿馬
新加坡、巴哈馬	烏拉圭	義大利	菲律賓
南非、荷蘭	秘魯	瑞典	日本
千里達、牙買加	智利	瑞士	
羅得西亞	哥倫比亞	委內瑞拉	
巴基斯坦	印度		
	衣索匹亞		

資料來源：R. D. Nair and W. F. Frank, "The Impact of Disclosure and Measurement Practices on International Accounting Classification," *Accounting Review*, July 1980, p. 429.

㈣2005 年會計準則大一統

　　2002 年 11 月 19 日，國際會計師公會聯合會 (IFAC) 在第 16 屆世界會計師大會中透露，該會有意在 2005 年以前，制訂統一標準的世界會計原則，以減少各種交易依據各國會計原則編製的差異性，讓各項財務報表可以合理表達並進行比較。

　　對此，該會所轄國際會計準則委員會主席 David Tweedie 表示，正跟美國財務會計準則委員會 (FASB) 商討這項問題。

　　歐盟決定將在 2005 年以前，全面統一歐盟 15 個成員國的金融市場，歐盟各國領袖並在高峰會上，決定實施金融服務行動計畫，其中包括提高上市公司的財務報表的可比較性。為此，歐盟頒佈 2005 年應用國際會計準則 (IFRS) 的規範，有意全

面引用國際會計準則，統一各國財務報表的揭露方式。

對於美國 2002 年發生的安隆公司 (Enron) 弊案，Tweedie 表示，這跟美國財務會計準則中，對收入認定的原則有關，導致安隆公司透過以特殊目的公司方式，隱藏本身的盈餘或虧損。

他指出，一件交易不論是在北京、紐約或歐洲發生，在財務報表上的表達方式應該相同，但是現在世界各國估計共有五套主要的會計原則表達方式。(工商時報，2002 年 11 月 20 日，第 9 版，林文義)

(五)他們的作法

在成本效益允許的範圍內，各地主國公司最好把財報重編成 (restated) 其他相關國家財報格式，附加上查帳報告 (audit report)，強調外界會計師查帳、財報重編的標準。

對於擬全球化的臺灣企業，最好把簽證會計師改為國際性會計師事務所，例如四大會計師事務所，其代價為簽證費用比較貴，但是所獲得的服務較廣。例如由資誠會計師事務所簽證的台達電子公司，認為資誠有能力符合各地主國的要求，協助台達電建立全球整合的會計制度。此外，在對外投資可行性評估階段，資誠也提供各國租稅、會計處理的相關資訊；在併購中的財會審查評鑑階段，資誠也是稱職的併購顧問夥伴。

(六)母公司編製子公司的財務報表

在集權式財會部門的組織設計下，母公司甚至可能越俎代庖的幫海外子公司編製財務報表，其目的：

1. 確保海外子公司資訊的正確性。

2. 防止海外子公司帳務工作失控。

3. 可依照管理者的需要修改財務報表。

母公司編製海外子公司財務報表的方式如下：

1. 利用海外子公司的管理報表作為帳務處理的基礎。

2. 利用標準成本會計制度的原理來設計損益表，例如：

　(1)材料成本用標準材料、材料耗損、價格差異來替代。

　(2)損益表跟日常管理報表互相配合。

3.建立零用金制度。

4.訂定跟損益表相配合的管理報表的固定會計分錄準則。

三、資訊技術對會計整合的貢獻

隨著資訊技術的長足進步，對財會部門的作業、功能產生巨大的衝擊。就以 IBM 來說，有關全球會計制度在 1979 年時共有 315 個電腦系統。而依據美國密西根州立大學教授 Bill MeCarthy 所提傳統會計的基本缺點加以改善，包括資料的記錄、儲存、維持、組織和報告；經過整合資訊過程與資料，以減少不必要程序，並建立共通會計制度 (common accounting system)。也就是運用「再造」(reengineering) 的觀念於會計系統的持續改良，迄 1991 年，只需要 36 個電腦系統，便可以比以前更有效率！

經過此項重新啟動後，對 IBM 會計長 (controller) 的涵義至少有下列三項。

1.降低成本，經過 IBM 公司研究發現，會計人員六成的工作本質上是事務性的 (clerical)，這部分可透過資料自動輸入、處理和輸出等，而節省很多的薪資、電腦使用成本。

2.會計長管轄的資訊範圍已不再限於財務資料，會計部提供的是有關公司營運的全面、整合資料，因此在企業內的影響力也跟著水漲船高。

3.在再造的過程中，由於必須認清重要的事業事件，並且運用資訊以使這些事件對企業有最佳的貢獻，因此對策略管理、組織設計改善皆有頗大外溢效果。

恰如 Coors Brewing 公司財務長 Al Piphin 所說，資訊技術導致會計部全面的轉換，如同它對全公司的衝擊，也改變了會計部的部門文化。隨著例行性工作逐漸被資訊技術取代，會計人員需另尋存在的價值，否則可能將無立足之地。

的確，類似價值工程的企業再造觀念，並不見得非跟資訊技術配合不可，只是如果有資訊技術相助，更使其如虎添翼！美國 Brigham Young 大學會計暨資訊系統研究所教授 Denna (1992) 認為，為了確保企業永續競爭優勢，企業宜繼續進行改善的過程，以適應企業不同階段的需求。

就以現成的會計軟體的水準來說，已頗能符合全球企業會計電腦化的需求，臺灣的全球企業不見得須嘗試錯誤的自行發展。以英國一家專門設計會計和財務管理

軟體的 System Union 公司推出的 Sun Account 軟體為例，它的特色包括：自動分配成本、多幣值功能、適合不同電腦作業系統（個人電腦、網路、迷你電腦）、完全整合的總帳系統，跟其他軟體有相容性等。

此套適合全球、集團企業的會計、財務整合軟體，在臺灣的使用者包括亞洲證券、大陸工程、英特爾臺灣分公司和瑞士山德士大藥廠臺灣分公司。此套軟體的售價視電腦機型而定，價格從 10 至 100 萬元不等，而且在全球有 55 家代理商負責支援服務。

由於全球金融市場的互賴，使跨國公司必須要能在數天內迅速整合並報告其紀錄財務報表；然而，絕大多數公司仍需要幾個星期的時間去搜集並分析數據。如果全球企業能整合多重報表系統數據，將可讓企業更及時作出正確的策略性決策。即時企業應用軟體領導供應商仁科公司 (PeopleSoft)2003 年推出具普遍效能的「全球統合」解決方案 (global consolidations)。

此系統能即時整合並分析來自多家公司的財務數據，全球整合所建構的單一報表系統，能在任何一種平臺上運作，大幅減少公司整合和報告企業營運成果時所需花費的時間及工作，也能符合全球及本地的會計要求。

四、迪吉多財務會計系統重建示例

全球企業中的美國迪吉多設備公司 (Digital Equipment Co., DEC)，在跨國化過程中，透過財務會計（電腦）系統的重建以建立全球資訊網路，頗值得學習。

1. 歷史：成立於 1957 年，美國。
2. 營業項目：資訊硬體、軟體、網路的製造、銷售和維修。
3. 營業據點 (ledgers)：全球 97 個以上。
4. 會計科目：3,000 個以上。

面臨問題：1980 年代初期，由於營業額、員工人數長期大幅成長，不得不採取分權的組織結構。然而缺乏整合的分權，就以財會部門來說，會計和內部報告系統所提供的資訊不僅素亂而且延誤；尤有甚者，軟硬體和資管人員重複造成資源浪費；其他類似部門也面臨同樣問題。

解決之道：由財會部門扮演火車頭角色，建立全球企業組織網路。

推動人：會計長 Bruce J. Ryan。

為了解決上述問題，迪吉多推動五個相關計畫，藉以建立整合的「財務建築結構」(financial architecture)，參見圖 2–2；詳細說明如下。

圖 2–2　迪吉多的財務「建築結構」(financial "architecture")

1.企業整合計畫：為求各事業部內各部門、各事業部間能迅速瞭解資訊意義、格式，因此把會計科目加以全球標準化。

2.資料管理計畫：此計畫確保正確的資訊流到主資料庫，進而提供管理者更多資訊，以決定在何處生產、在那裡銷售；而不是各事業部只知道「關起門來做皇帝」。

為了確保此方案順利推動，財務功能必須重建，也就是分權化，在各地區設立財務管理中心 (FMCs)，在美國麻州總部成立國際財報合併中心 (international consolidation centers)，以確保各中心傳回的財會資訊符合美國一般公認會計原則，並作為全球企業的公用主資料庫。

3.共同 (common) 財務系統計畫：藉以避免財會軟體開發、採購的重複、浪費，後續將引進電子資料交換 (interchange)、電子資金移轉 (electronic funds transfer)、人工智慧等。

4.財務資訊管理計畫：如同管理資訊系統一樣，透過技術基礎建設 (technical infrastructure)，包括一致搜集、配送和存取財務資訊，把各資訊中心、資料倉儲 (data warehouse) 整合成全球企業資訊網路。各資訊中心提供終端使用者所需的工具，跟下列三類的界面 (interface)：決策支援、揭露 (reporting) 和經營資訊系統 (executive information systems)，以確保財務資訊系統可供全球使用 (universal applicability)。

5.執行計畫：企業、財會部門的重建既複雜且須隨環境演進，因此執行計畫必須一再實施，從初期的 3 年計畫，現已演變為 5 年期計畫，而重建的成果令人滿意。

第五節　全球企業財會部門運作
——飛利浦、遠紡財會部門管理比較

全球企業對於財會部門的組織管理是本書的重點，為了讓你能瞭解本章的內容，我們特別訪談了荷商飛利浦、遠東紡織公司的財務人員，比較外國和臺灣二家具代表性全球企業在財管與會計業務方面的運作實況。

一、荷商飛利浦全球財會制度概況

荷商飛利浦是家具有百年歷史的全球企業，以生產家電聞名全球，在臺灣設有頗大的電子工廠。此外，許多國際企管書籍也經常以飛利浦為討論對象，甚至有些視飛利浦早已達全球企業的階段。再加上，飛利浦在臺灣營運規模很大，這些都是我們選擇飛利浦臺灣子公司作為探討對象的原因。

飛利浦對財務會計制度採全球標準化作法，甚至連電腦記帳系統也是由荷蘭母公司提供，至於稅務會計則因地制宜，不過也僅是財務會計略加修改以適合各國稅法的要求罷了。除了內部的標準化外，簽證會計師也指定由全球性大型加盟會計師事務所眾信勤業擔任，由外部以確保全球的一致性。財務報表以季為單位，轉換為英文財務報表，傳回母公司，以供編製合併報表之用，詳見表 2-9。

在會計年度的配合上，因為大部分國家均採曆年制，因此在合併報表的時間基礎上幾乎沒有問題，雖然有少部分國家（如澳洲）採取六月制。但由於內部財務報表合併是以季為時間單位，所以在內部管理方面不會面臨會計年度不同的問題，只有荷蘭母公司對外的合併報表須適當處理。

其中比較特殊的是每月結帳期間，分為四季來編報表，每季都是 13 週，每季月報表分別是 4、4、5 週，以最後一週的週日為結帳日。

在會計作業方面，有關於結帳力求高度自動化，1995 年時已達月結帳只要 3 分

表 2-9　荷商飛利浦全球財會制度和管理

	財務管理		會　計	
	本土化 （因地制宜）	全球化 （標準化）	本土化	全球化
資金結構 投資政策	√（消極）	√		GAPP
簽證會計師				眾信勤業
律師	√（臺灣飛利浦為理律法律事務所）			
財務顧問公司		−		−
財務報表 　1.合併 　2.轉換 　3.期間		√ √ 季	√	√
人事管理 　1.召募 　2.訓練 　3.晉升 　4.全球輪調 　5.薪資 　6.主管	√ √ √ √	√		

鐘便可以。

　　在財務管理方面，母公司對各地子公司偏向於消極財務管理的要求（例如資金來源、取得方式），也就是不設定金融投資的利潤目標，比較偏重於財務主管的融資能力是否能符合當地子公司的營運需求。閒置資金的運用也是由各子公司負責，1 年才將盈餘匯回母公司一次。母、子公司在財務上是獨立的，以免子公司拖累母公司，或避免子公司依賴母公司。

　　在財會部門的人事管理方面，可分為二個層級，中低階人員管理本土化，包括人員召募、訓練（方式）、敘薪和考核晉升皆由子公司負責。至於外派人員的層級，主要是經理級以上和專業研發人員，如果屬於外派人員，則由母公司負責人事管理事宜。

　　在子公司高階主管的晉升方面，則採全球輪調的在職訓練方式，例如擬晉升為臺灣飛利浦一級財務主管者，一般皆先調回荷蘭母公司服務 2 至 3 年，除了增進專

業知識外，另外也可藉以瞭解母公司的企業文化，母公司也可就近瞭解這些人員的忠誠度。至於上調的工作單位，不侷限於財會部門，也會到其他相關企劃部工作，以瞭解部門間的業務，建立人際和工作關係。

二、遠東紡織全球財會制度概況

我們選擇遠東紡織公司跟荷商飛利浦相比較，除了遠紡為亞東集團之首，而亞東集團在臺灣集團企業之中素以擅長財務操作見長。而且遠紡在國際財務管理方面，歷史悠久、涵蓋區域很廣，處理過許多複雜事務。

㈠融資方面

1. 1991 年 7 月，在歐洲發行轉換公司債 5,000 萬美元，為第 5 家發行此類債券的公司。

2. 1992 年 6 月，亞洲水泥公司發行全球存託憑證，是民營企業第一個個案。

㈡直接投資方面

遠紡在全球有 80 幾家分公司、子公司，皆為直接投資，數次參與國際併購的競標，可惜皆未得標，最大的案件為 1992 年擬收購美國固特異 (Goodyear) 輪胎公司的維吉尼亞廠，收購金額高達 100 億元。

㈢組織設計

遠紡鑑於海外事業的重要性與日俱增，為了配合國際財務管理之需，於 1990 年 3 月，在財務處下成立海外組共 7 人，下轄 2 個科，詳見圖 2–3。其中金融投資科負責國際固定收益工具的投資，也就是外匯、票券和債券；海外事業科，除了提供國際融資的功能外，例如國際貸款、證券發行，在國際併購時，還提供內部財務專家的角色。

在臺灣，亞東集團除了亞泥自行處理國際財務管理事宜外，其餘採權益法處理的關係企業（例如遠東百貨、遠東投資和遠鼎建設）的國際財管事宜皆由遠紡處理。

對於自認為「真正達到全面國際化」的遠紡，覺得沒有必要成立地區總部，其原因為美國的公司主要是貿易公司，業務單純；而荷蘭的子公司，主要是為套稅而設的紙公司。至於有生產活動的菲律賓、香港、泰國和馬來西亞等子公司，又都在亞洲，而且跟臺灣幾乎沒有時差，鑑於通訊非常方便，因此可由臺灣母公司直接管

圖 2-3　遠東紡織國際財務部組織架構

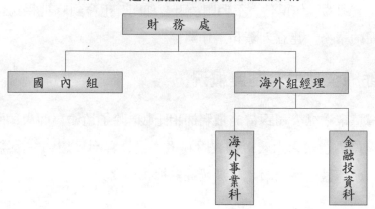

理，無須疊床架屋設立地區總部。

㈣國際併購事務組織編制

　有關國際併購案的事前評估，分為下列二個步驟，由不同的單位負責。

　　1.初步篩選：由總管理處下轄對外投資室負責國際併購案件的初步篩選，要是符合標準，再跟賣方接洽。

　　2.審查評鑑：遠紡共分為 4 個事業部，碰到跟化纖相關的國際併購，則由化纖部人員擔任併購小組的負責人。

㈤投資政策

　遠紡對於財務投資採取中央集權方式,也就是全球各子公司對於淨營運資金只維持安全存量，巨額、超額的部分皆交由母公司統一操作。

◆ 本章習題 ◆

1. 以圖 2-1 為基礎，舉一家公司（例如統一企業）為例，說明其全球財務組織的演進。

2. 舉一家公司為例，說明其財務由分權到集權的進程。

3. 以表 2-1 為基礎，各舉一家公司為例來分析。

4. 以表 2-2 為基礎，各舉一家公司為例來分析為何會情有獨鍾某地作為營運總部。

5. 把表 2-4 更新。

6. 以表 2-5 為基礎，以一家公司為例，餘同第 1 題。

7. 以表 2-7 為基礎，比較主要國家對員工股票選擇權的會計處理方式。

8. 找一個會計系統重建的新案例，並跟 §2.4 四迪吉多的作法比較。

9. 以表 2-9 為基礎，再找一家公司來說明。

10. 以圖 2-3 為基礎，再找一家公司來說明。

第三章

國際募資法律規劃

我來告訴你在華爾街發財的祕訣：當別人都感到害怕時，你要貪心一點，而當別人都很貪心時，你就要懂得害怕。

——華倫・巴菲特 (Warren Buffett)　美國波克夏公司 (Berkshire Hathaway) 公司董事長，美國股神，全球第二大富翁

學習目標:

國際募資的法律規劃主要重點在於全球集團企業由誰擔任借款公司（在舉債情況）兼顧適法性的限制和使資金成本最低的目標。

直接效益:

跨國融資的適法性，往往委由律師出售「適法性」法律意見函，在常見國家（如歐美），這些法令資訊皆很公開，只差你有沒有具備基本的法律素養，財務人員懂得把所學法律知識用出來，本章就是一例。

本章重點:

・全球企業募資（尤其舉債）時，由誰出面的適法性問題。§3.1 一㈠
・集團企業三種提供貸款保證的方式。圖 3–2
・如何使貸款不像超額貸款而吃上官司。§3.1 二㈣
・海外轉換公司債發行和轉換流程。圖 3–3
・美國有關私下募集的法令規定。§3.3 一㈠
・國際證券發行時的相關契約。§3.3 二

前言：入境隨俗

國際融資常涉及非常複雜的設計，例如跨國企業間保證、租稅節省的規劃，甚至各資金供應國也都有不同的法令規範。本章討論國際募資時如何做好法律規劃，這跟國際直接投資、國際行銷時的考量是相似的。

第一節　國際負債融資的法律規劃

貸款所涉及的適法性問題雖然不比債券發行多，但絕不是單純的只是借貸雙方你情我願便可成交；稍一不注意，可能觸法，甚至殃及池魚（保證人）。所以在海外第一次借錢，最好先請熟悉該國法律的律師提供意見，甚至出具法律意見函，以免不知不覺的違法了。

另一方面，許多財務人員在估計可貸資金金額時，沒有把合法性考慮進去，但是銀行可能比你還敏感，以致不放款給你。所以，在貸款前的可行性分析中，實在不宜忽視適法性問題；本節僅以欺詐讓與和環保風險二項來舉例說明。

一、銀行跟借款公司間的拔河賽

銀行總希望壞帳比率越低越好，而全球企業集團在決定由誰出面貸款也有如意算盤，最後可行的交集往往是透過下列的法律規劃。

㈠由誰出面借款？

國際併購交易中，一般常由併購後公司來繼續承受舊債甚至舉借新債，但是如果銀行認為放款給買方所成立的併購控股公司，能減少違約風險，尤其是當併購後公司下轄一些財務不清不楚的子公司時。此時，站在買方的立場，採取控股公司來舉債，一方面因為借款利息可抵稅，尤其當此抵稅效果用在控股公司大於讓併購後公司來用時。由圖 3–1 可看出，控股公司出面向銀行貸款，控股公司以其持有併購後公司的股票作抵押，或是由併購後公司提供逆向保證，不過必須小心被控欺詐讓與 (fraudulent conveyance) 的風險。

控股公司再以低利率把取得的貸款借給併購後公司，如此可減輕併購後公司的

圖 3–1 控股公司貸款結構

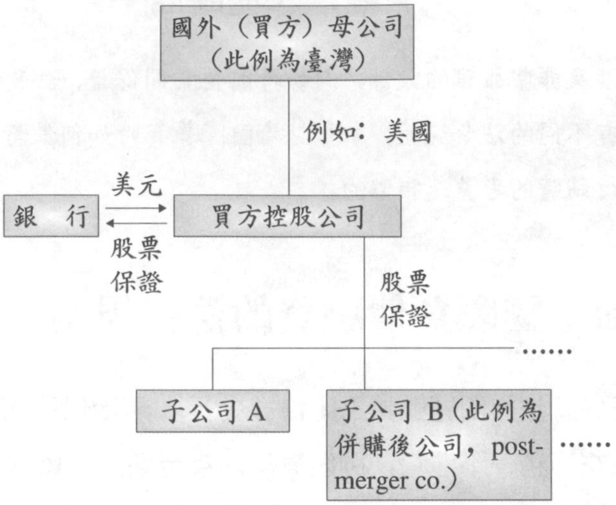

債息負擔，美化帳面，藉以登上股票上市之途，以賺取資本利得。

有一點值得注意的是，要是採取控股公司擔任借款公司，那麼併購後公司所有負債融資皆應由控股公司出面；否則如果由控股公司取得高級負債，而由併購後公司取得次級負債，但在求償順位上，次順位銀行對併購後公司的求償順位卻躍升為第一位，因為控股公司借給併購後公司的款項，會計上屬於「股東往來」。

另一種可讓銀行放心的方式是，由併購後公司擔任借款公司，再由併購後公司的子公司提供逆向保證，但是這涉及欺詐讓與控訴的風險，銀行可能不願意接受。一種可行的作法是，併購後公司合併旗下子公司，以集團企業型態賣給買方，買方併購目標集團企業後，再由併購後集團企業擔任借款公司；且由買方提供順向保證，銀行比較願意接受此方式，前提是併購後公司的子公司必須是規規矩矩、清清楚楚，否則把龍蛇硬結合在一起，對銀行不見得更有保障。

(二)建立防火巷

在美國，國外子公司向銀行申請貸款，銀行常會要求下列保障措施：

1. 對借款公司：

　　(1)借款公司以現在和未來的資產提供擔保利益給銀行。

　　(2)借款公司所有的租約利益，例如借款公司承租辦公室的權利，銀行取得「或有轉讓權」(contingent assignment)。

⑶借款公司的資產投保足額的一般保險和公共責任保險，以及其他保險，並且以銀行作為理賠受益人。

2.對借款公司的國外母公司：

⑴由國外母公司國內有信譽銀行簽發一份不可撤銷的備償信用狀，作為其國外子公司借款時的擔保品。

⑵對借款公司在信用額度內所積欠的任何債務，銀行有權追索至其國外母公司或其董事、股東和高階管理者的個人責任。

這只是母公司提供子公司貸款擔保時，母公司及其負責人、行為人所可能扛負的責任。尤有甚者，美國破產法採納「實質概括承受」(substantial consolidation) 的衡平原則，也就是在下列特殊情況之下：財產不易劃分、資產負債表一向合併編製、業務上經常混合、交互持股或股權統一、互為保證、未經正式程序便從事關係人財產交易等，子公司應對母公司的債務負責。

除了一般債務之外，依美國所得稅法和勞工福利金法 (Employee Retirement Income Security Act, ERISA)，積欠稅款或退休金提撥給付債務可能也需由關係企業償付。

由此可見，關係企業間如果沒有建立防火巷以阻隔骨牌效應，那極易發生牽一髮而動全身的情形。

㈢資產證券化型融資情況時

在資產證券化型融資時，要是能透過子公司作為發行公司，例如母公司提供資產給其子公司「特殊目的公司」(special purpose vehicle, SPV)，再由後者擔任資產證券化的發行公司；希望藉此防火巷以隔離因資產瑕疵而對母公司所造成的直接衝擊。

為了避免母公司被視為欺詐讓與或宣告破產的情況，因此，母公司把要證券化的資產出讓給特殊目的事業，此「真實的受讓」(true sale) 必須符合下列二項標準：

1.美國財務會計準則公報第 77 號 (Statement of Financial Standards, No. 77)。

2.美國聯邦破產法 (Federal Bankruptcy Code, FBC) 第 363、364 條。

二、欺詐讓與風險的預防

舉債能力分析還應包括法律方面的考量，也就是借款公司、主順位銀行 (senior lender) 是否有吃上欺詐讓與官司的風險；對買方（即借款公司）來說，便是被買方公司股東控告買貴了；對主順位銀行來說，即被次順位銀行控告放款金額太高了。本小節首先討論欺詐讓與風險的來源，接著再提出預防之道。

㈠欺詐讓與的本質

依據破產法、統一詐欺移轉法 (Uniform Fraudulent Transfer Act) 等相關法律，一旦法院發現借款公司一干人等利害關係人士有欺詐讓與行為，那麼借款公司的財務顧問（例如投資銀行業者，investment banking）、簽證會計師、賣方公司股東和抵押貸款銀行，皆可能被檢察官起訴。一旦判決生效，賣方公司股東 (selling shareholders) 必須返還售股的部分所得給買方，而主順位銀行的求償順位 (seniority) 將降級比次順位銀行還低，而財務顧問、會計師則名譽受損。

在融資買下的情況下，由於負債比率非常高，因此其被起訴欺詐讓與的風險 (fraudulent conveyance risk) 更高，這是從事融資買下者揮之不去的惡夢 (LBO nightmare)。

另外，上述利害關係人更可能動輒觸法，只要原告（主要是信用貸款的銀行）能證明下列二點中的任何一點便可，也就是「資本不足」(inadequate capitalization 或 undercapitalization)。

1. 提供抵押貸款的銀行 (secured lenders) 放款金額相對於借款公司的抵押品來說太大，也就是借款公司並沒有提供銀行「合理相當價值」(reasonably equivalent value) 或「公平對價」(fair consideration)；至於抵押品的型態 (collateral form) 包括擔保品利益、質權，後者為借款公司的存貨、應收帳款和（或）固定資產。由於擔保品不足，一旦借款公司發生貸款違約情況，信用貸款的銀行 (unsecured creditors) 可能一無所獲；這是欺詐讓與控訴的必要條件，也就是俗稱「超貸」的情況。

2. 由於融資買下的結果，造成公司無力償債或吃上官司的充分條件，資本額不合理的小，這是欺詐讓與控訴的充分條件。

一般對無力償債的檢驗 (insolvency test)，是指融資買下的當日，公司負債總額

大於公司的資產。檢察官進行「償債能力分析」(solvency analysis)，常拿負債的面值來跟資產的市價相比，**資產市價有下列三種衡量方式**，其中以淨現值法為主。

1. 可資比較的股市倍數 (comparable market multiples)。
2. 可資比較的合併倍數 (comparable merger multiples)。
3. 淨現值法中的折現現金流量法 (discount cash-flow approach)。

當然，這三種方法皆面臨同樣的分析難題：何謂可資比較公司 (comparable company)、折現率和未來盈餘的預測。

至於資本適足的檢驗，一般皆採取「償債能力涵蓋比率」(debt-service coverage ratio) 作為判斷標準，此比率的分子常為營收淨額成長率，而分母則為息前稅前分攤前毛益率（EBITD margin，即息前稅前折舊前盈餘除以營收）。由於此償債比率常橫跨未來 5 年，因此常須假設不同的**情節 (scenario analysis)**，其中包括基礎情況、合理情況等情況；例如**合理情況下**營收成長率為 5.0～6.5%，而毛益率為5.0～7.5%；而**基礎情況下**，營收成長率為 12%、毛益率為 7.7%，此時，檢察官會認為借款公司「看起來有足夠資本」。

針對此「資本適足」(capital adequacy) 問題的學術探討，美國維吉尼亞大學企業管理研究所二位教授 Bruner & Eades (1992) 認為，以現金流量償債能力涵蓋比率 (cash-flow debt-service coverage ratio) 來取代前述的償債能力涵蓋比率似乎更能衡量借款公司的償債能力，至於資本適足（無論是資本金額或型態）似乎跟公司償債能力關係不大。

不過破產法對無力償債的定義跟一般公認會計準則不同，負債不僅考慮現有負債，甚至連或有負債也列入考量；至於資產價值的認定並不是採帳面價值，而是採取清算價值。

㈡銀行、投資人的欺詐讓與風險

如果銀行、投資人被控欺詐讓與而且敗訴，將會有什麼後果呢？

1. 債權人：銀行握有借款公司設定抵押的資產作為償債的保證，似可高枕無憂，但是依據美國聯邦破產法，在下列三種情況，抵押品受託人可以不必在借款公司無力償還時把抵押品移轉給擔保放款的銀行。

⑴欺詐讓與：當併購後公司在被併購 1 年內申請破產，債權人向法院抗告借

款公司有欺詐讓與的意圖。但是如果法院認為併購後公司並沒有等值對價報酬 (equivalent value return)，例如買方資金不足，所以此併購案從開始時便註定失敗；法院往往會判決併購後公司財產設定給放款公司無效。例如美國 Gleanagles 公司併購案，法院認為併購後公司先天上便缺乏流動資產，無力支付一般例行性支出，因而判決欺詐讓與行為成立。

(2)使優先權無效 (voidable preference)：當併購後公司在被併購 1 年內申請破產，而如果有足夠證據支持在放款時，銀行知悉借款公司無力償債、破產，甚至銀行因這次放款而有異常報酬。

(3)平衡法上的順位 (equitable subordination)：當抵押貸款銀行持有借款公司的公司股票，或其行為已傷害到其他債權人時，此時破產法庭的法官可以不依債權的優先順序來受償借款公司的資產。在此情況下，惟有當時借款公司有高比率的附屬負債或權益墊底 (cushion) 時，抵押貸款銀行才可能沒有後顧之憂的投資借款公司的股票。

2.投資人：外部權益人為了避免被經營股東剝削，因此常會投資於併購後公司發行的轉換證券、認股權證。然而根據美國某些州的高利貸法 (State Usury Laws)，如果這些證券的轉換權現值可被認定為變現的利息支付，那麼這類證券將被視為貸款而不是權益投資；法院有權懲罰這類投資人，投資人可能會損失部分或全部本息。

(三)集團企業也可能被控欺詐讓與

不僅銀行會擔心被控告欺詐讓與以致放款時非常謹慎，甚至集團企業間彼此作保證人也可能會吃上欺詐讓與的官司。由圖 3–2 可看出，集團企業內有三種替其他公司作保證人的方向，其中只有順向保證 (down-stream guarantee) 沒有違法之虞，其他如逆向保證 (up-stream guarantee)、交叉保證 (cross-stream guarantee) 皆有被控欺詐讓與之虞，因為保證人並沒有從被保證人獲得合理相當價值。此外，子公司替母公司作保，子公司有可能力有未逮。

為了避免違法的風險，在逆向、交叉保證時，保證人可跟被保證人（即買方公司）合併。或把買方（子公司 A）的貸款分成等額二份，由子公司 A 和 B 去借，然後彼此互相作保證人。

(四)如何驅逐欺詐讓與官司的惡夢？

圖 3-2　集團企業內三種保證方向

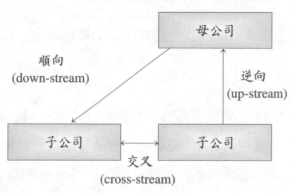

資料來源：整理自 Reed & Edson, *The Art of M&A*, p. 130.

既然欺詐讓與行為的風險如此高，有什麼方法可降低風險呢？美國波士頓大學管理學院二位教授 Michel & Shaked (1990) 建議，在融資買下前的審查評鑑階段，各利害關係人 (all interested parties) 應檢查此項併購交易是否符合下列標準。

1. 併購前：

(1)公司營運穩定，而且不受重大經濟循環衰退的打擊。

(2)縱使在合理不利情況下，公司仍能還債。

(3)公司並不是處於嚴重艱困、復甦情況。

(4)公司的應計負債金額尚不足以妨礙公司還債，而且在融資買下交易後，買方無須立即償還此應計負債。

(5)公司來自營運的歷史盈餘仍可能持續下去，尤其是會計方法的改變只有短期效果。

2. 併購後：

(1)融資買下後的公司 (post-LBO firm) 留有足夠基金以維持或進行必要的業主權益改良。

(2)融資買下後公司的盈餘足以還債。

(3)前項未來盈餘的預測，無論是前提假設、程序和資料，皆經過獨立第三者仔細核閱 (reviewed) 和證實 (verified)。

(4)前項對於市場狀況的前提假設充分描述。

(5)對一般善意第三者來說,前述公司盈餘的預測能提供公司營運和財務狀況的實景。

(6)要是公司營運盈餘不足,公司還有閒置的舉債能力,以借新債還舊債。

三、環保風險

在環保意識高漲的時代,連銀行放款也受到影響。例如美國環境保護署推動立法趨勢是:如果銀行在放款前,對借款公司的抵押品有進行環保稽核,便可免除「超級基金」法案的約束,因此越來越多銀行要求借款公司提交客觀的環保稽核報告。

◆ 第二節 國際債券發行的法律規劃

隨著貸款證券化的發展趨勢,因此貸款的工具除了授信 (credit) 外,還有由借款公司發行公司債、浮動利率本票和商業本票等債券,由銀行包銷,稱為「債券發行融資」(note issurance facility, NIF)。

無論在臺灣或國外發行,證券發行首先要符合法律、債信可行性,惟有二者皆備,國外發行才可能列入考慮。

一、政府法令限制

發行海外證券,不僅需符合母國的法律,而且同時還須符合發行國（地區）的法令要求。尤其是許多國家對於外國人投資本國股票都有或多或少的限制,對於債券則限制比較少。

就以海外轉換公司債為例,由於相關法令的限制,外國投資人持有臺灣公司發行的海外轉換公司債,轉換為普通股後並無法直接持有。所幸,1992 年 3 月,中央銀行修正「華僑及外國人投資證券及其結匯辦法」,使外國投資人能透過合格的外國機構投資者擔任受託人,代表其行使職權,例如把海外轉換公司債 (European Convertible Bond, ECB) 轉換為普通股或存託憑證 (depository receipts, DR),三種轉換方式請參看圖 3-3。

第二種轉換臺灣公司股票的管道為,已通過資格條件審查的外國銀行、保險公

圖 3-3 海外轉換公司債發行和轉換流程

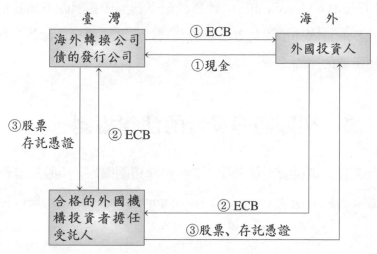

司和基金管理機構，能以購買上市公司流通在外股份 5% 的方式，透過其海外機構把股份轉讓給 ECB 的外國投資人。

第三種轉換管道為，海外轉換公司債的發行公司可以到國外發行「全球存託憑證」(global depository receipts, GDR)，讓海外轉換公司債的外國投資人轉換為跟發行公司普通股權利義務相同的全球存託憑證。

1996 年隨著開放外人投資第三階段的來臨，外國自然人可以直接購買臺灣有價證券，因此無須拐彎抹角的透過合格的外國機構投資人進行投資，包括海外公司債轉換的行使、股權權利的行使等。

另一方面，臺灣企業發行海外轉換公司債後，也得以自由匯回臺灣使用，方便資金的調度，可說達到「資金無國界」的境界。

二、債信的考量

到海外發行債券，發行公司債信等級至少需經穆迪 (Moody's) 等信用評等在 Baa 級以上；否則便會被投資人視為垃圾債券，除非付出極高的利息成本，否則投資人的興致缺缺。

重點不能只看發行公司，還要看該市場是否存在（可行）；否則在普通債券市場低迷時，有些缺錢孔急的公司只好「飲鴆止渴」的發行垃圾債券。

　　至於發行認股權證、海外轉換公司債和附認股權證公司債等,由於這些都是「權益關連證券」(equity-link securities),性質較類似普通股,因此不須要信用評等。這也是為什麼許多未獲國外信用評等的臺灣公司,因為無法發行海外公司債,只好發行海外轉換公司債的原因之一。

第三節　國際證券發行的法律規劃

　　採取發行證券以取得資金的情況下,在法律規劃階段,須瞭解發行公司如何符合母國和地主國的證交法令 (securities law compliance)、投資人是否符合投資法令的規定。

一、發行證券有關法律考量

　　由於各國法令不同,因此在發行證券時,常須聘請發行國的證券方面專家以備諮詢,消極的避免違法,積極的則為盡量在合法範圍內規劃出符合發行公司的目標。

(一)美國私下募集的法令規定

　　有關於私下募集的最新法令規定,美國證管會在 1982 年制定規則 506,對於私下募集有下列嚴格的規定。

　　1.銷售態樣 (manner of offering) 的限制: 勸誘 (solicitation) 和廣告等行為皆禁止。

　　2.轉售 (resale) 的限制: 投資人購買債券的目的是為了投資,而不是為了轉售圖利;因此債券投資人的地位視同發行公司。如果未能符合其他豁免交易 (exempted transaction) 的規定,該投資人不得未經登記 (registration) 便加以轉售。

　　3.公開原則的免除: 在公開發行時,發行公司須符合證交法關於公開原則的規定,負有提出公開說明書的義務,藉以讓投資人瞭解發行公司的狀況,以避免遭受損失。私下募集則不適用公開原則的規定,因其僅由特定投資人取得證券。但是所有證券,不論是否豁免註冊,都應受法律或主管機構（常指證管會或／和證交所）就防止詐欺 (anti-fraud) 所訂定的規範。因此,發行公司仍應提供類似於公開說明書的資料給投資人。

4.向證管會報告的義務：在第一次銷售之後的 15 天內，如果再有其他買賣交易，或是該次發行未能立即銷售完畢，皆應向證管會報告。

5.購買人數目的限制：專業投資人 (professional or sophisticated investors) 如銀行、保險公司的數目不限，至於非專業的特定投資人的數目不可以超過 15 人。

6.發行公司資格：雖然臺灣的證期會對各種證券發行人資格規定頗清楚而且嚴謹，但總有些灰色地帶，甚至未來趨勢，例如證期會在 1996 年 6 月修正「發行人募集與發行海外有價證券處理要點」，開放公開發行公司得以其持有上市股票發行海外轉換公司債，即類似「非公司參與式」。

針對可或不可的灰色地帶，律師和承銷商會幫你釐清此疑慮。

美國政府為了配合全球證券市場的脈動,對海外證券在美國發行大開二扇方便之門，使得外國發行公司得以迅速進入美國資本市場募資。

(1)美國證交法規則 144A：此規定大開方便之門給「再銷售限制證券給符合資格的機構投資人」(qualified institutional buyer, QIB)，而且持有期間最少達 2 年以上，但這規則不適用於發行公司募集或銷售時。

(2)規則 S(Regulation S)：主要是指在美國以外募集和銷售有價證券時，不須要受到美國 1933 年證券法的註冊規定限制。

7.有關於投資人的性質 (nature)：除了特定投資人外，其他投資人必須具有評估投資的經驗、知識和財務能力，並且其規模足以承擔投資風險。

不過，歐洲債券市場在用詞上跟英美等國不同：

1.歐洲債券市場公開發行其實是英美的私下募集。

2.至於在歐洲債券市場公開承銷，而且又已經在證交所上市者，則等於英美所謂的「公開發行」(public offering)，是一種銷售的要約 (offer for sale)。

(二)僑外投資的限制

臺灣企業發行海外權益或權益關連證券，須符合經濟部頒行「僑外投資負面表列——禁止及限制外人投資業別項目」(decree No. 9141)，也就是一般所稱的「僑外資負面表列」(negative list)。

以永豐餘發行海外轉換公司債為例，由於永豐餘業務項目橫跨造林、林木經營和房地產投資業，恰為負面表列中禁止和限制僑外投資的項目，所以日後永豐餘海

外轉換公司債持有人想行使轉換權時，便有可能違反負面表列之虞。在債券契約中發行公司會保證，假如發行公司日後因違反負面條款，以致外國債券投資人無法行使轉換權時，發行公司經由董事會決議修改公司章程，以變更公司的營業項目，以便使債券投資人得以行使轉換權，以持有發行公司的股票。

(三)合法限制投資人權利

在新發行股票公開承銷前，發行公司或承銷商可能已覓妥機構投資人折價認購部分股票，但後者須同意在一定期間內不准出售持股，此種股票稱為「有字股票」(lettered stock)，有時稱為「限制流通股票」(restricted stock)。美國證管會規則 144A 限制此種股票銷售方式，例如亞洲水泥的全球存託憑證便是依此法令精神而進行銷售的。

臺灣限制股票的例子：成霖企業公司 (9934) 董事會決議以私募方式發行普通股案，股數訂為 147 萬股、每股金額 38 元，預計募集金額為 5,586 萬元。這次私募新股募集的股款將用以充實營運資金。這批私募股份在交付後 3 年內，除符合規定外不得自由轉讓，期滿後才申請上市交易。(經濟日報，2003 年 4 月 5 日，第 20 版，魏錫鈴)

(四)投資人律師的要求

統一企業發行全球存託憑證的承銷過程中，由於統一持有王安電腦股價採雙重認定標準，即統一原本持股以成本法每股 70 元認列，至於商業授信給統益投資公司所收進的擔保品部分則以每股 35 元認列，後者是臺灣證期會的建議。

代表承銷集團律師的英國法律事務所 King 站在保護投資人權益的立場，希望統一的簽證會計事務所資誠採取 35 元來評價，進而認列投資損失。

雖然此處理方式將使統一不得不提列 1 億元的投資備抵損失，可能未達到「重大」(material) 的程度而無須於財報中附註說明，但是由於全球存託憑證發行進度很迫切，因此資誠不得不對 King 稍微讓步，也就是在英文公開說明書財務報表附註中，詳載上述事實。

據 1992 年 10 月 6 日《聯合晚報》第 13 版報導，統一為了美化帳面盈餘，只好挖東牆補西牆，出售手上統一實業股票，獲利 3,368 萬元，並有可能在第四季持續調節統一實業股票，以部分彌補投資王安電腦所帶來約 6 億元的投資虧損。

　　上述投資人委任律師的堅持，也反映出各國證管會對法令鬆緊的拿捏情況。

　　由於美國證管會對證券上市要求的會計和揭露標準非常嚴格,例如德國並沒有要求公司揭示可用來抵減損失的現金準備，但是美國則要求此點；此外，美國證管會要求上市公司提報財務狀況非常頻繁，遠超過許多外國公司的現況。

　　因為這些原因，外國公司比較難在美國上市，因此美國存託憑證 (American depositary receipts, ADR) 便成為外國公司在美國發行股票籌資的方便之門。

二、國際證券發行時的相關契約

　　發行公司跟其他發行相關機構所簽訂的契約，最好事先仔細規劃，以免權責不符或是掛一漏萬。

　　證券發行所牽涉到的相關契約，臺灣銀行楊欽堯根據多年從事涉外契約的經驗，以海外轉換公司債為例說明相關契約種類:

㈠公開說明書 (prospectus)

　　上市公司發行證券，依據證券交易法第 31 條規定，應先向認股人或應募人交付公開說明書，同時如果有違反該規定者，對於善意相對人因而所遭受的損害應負賠償責任。證交法第 32 條並就前條公開說明書的法律責任加以規範，如果主要內容有虛偽或隱匿情事，對於善意相對人因而所受的損害，下列各款的人士應就其所應負責部分跟發行公司負連帶賠償責任:

　　1.發行公司及其負責人。

　　2.曾在公開說明書上簽章的會計師、律師和發行公司的職員。

　　3.該有價證券的承銷商。

㈡認購契約 (subscription agreement)

　　由發行經理銀行跟發行公司簽訂的契約,規範證券發行所需完成的一切先決條件，例如公司同意提供一切必要的會計報表和稽核報告，而且損害賠償條款中規定公司同意就公開說明書中記載不實的情事而導致發行經理銀行遭受損失時，願負損害賠償責任。不過如果銀行明知有虛偽不實的情形，則不能依約請求損害賠償。

㈢承銷契約 (underwriting agreement)

　　發行經理銀行以發行公司代理人名義跟其他承銷商簽訂承銷契約（sub-underwriting agreement 或 agreement among underwriters)，同時在契約中載明承銷條件，證交法第 76 條規定承銷契約中應記載的事項。

㈣銷售契約 (selling agreement)

　1.禁止銷售違反當地國家有關證券交易法的證券。

　2.禁止在契約上記載跟公開說明書不符的文句，以免銷售商負連帶損害賠償責任。

　3.為了維持銷售價格，有時禁止證券銷售商以低於約定價格銷售證券。

㈤信託契據 (trust deeds) 或信託契約 (trust indenture)

　由信託公司（或銀行）充當債權受託人，代表債券投資人跟發行公司簽訂信託契據，以監督發行公司是否履行義務。

㈥代收款項契約 (fiscal agency agreement)

　代收款項銀行依此約有權責代理發行公司收受或支付有關公司債的一切款項，一般來說，是在沒有設立債權受託人時，才指定代收款項銀行。

◆ 本章習題 ◆

1. 以圖 3-1 為基礎，舉一家公司的一個貸款案為例來具體說明。

2. 找一個貸款時有欺詐讓與的案例（俗稱冒貸）來具體說明。

3. 以圖 3-2 為基礎，舉一家公司的一個貸款案為例來具體說明。

4. 以圖 3-3 為基礎，舉一家公司的一個發行案為例來具體說明。

5. 從本章第三節參考文獻中，詳細瞭解美國證交法規則 144A 的細節。

6. 就美國證交法規則 144A 跟臺灣證交法令中的私下募集作表比較。

7. 請再舉一個實例說明投資人律師對發行公司的要求。

8. 請舉一個項目，說明各國證管會 (SEC) 對於財報揭露的鬆緊程度不一。

9. 除了本章外，常見的國際募資法律規劃的議題有那些？

10. 以一家公司的海外轉換公司債為例，說明其各種相關契約。

第二篇

全球企業資金來源

第四章

全球負債融資決策

有人花一整個星期計算自己的航空里程數，要出外旅行時，就拿著地圖研究、規劃，但在股市投資40萬元，卻閉著眼睛亂買，到底哪家公司是啥也搞不清楚。如此看待股票，其投資命運自是充滿了艱辛和霉運。

——彼得·林區　前美國富達投信公司哥倫布基金基金經理

學習目標：

站在（母公司）財務長角度，決定融資來源（銀行貸款 vs. 債券發行）、募集方式（公募 vs. 私募）和如何取得最佳貸款條件，包括借款人、借款地、貸款銀行等。

直接效益：

唸完第四～七章，坊間有關國際融資的課程皆可以免上了。

本章重點：

・負債融資管理流程。圖 4–1
・融資方式和途徑的費用、時效、彈性比較。表 4–1
・企業為取得聯合貸款所須支付的銀行費用。圖 4–2
・轉換公司債發行相關機構和費用。表 4–2
・公開和私下募集的優缺點比較。表 4–4
・如何取得最佳融資條件。§4.4
・全球企業由誰出面擔任借款公司。§4.4 二㈠
・在那一國貸款。§4.4 二㈡
・如何選擇貸款銀行。§4.4 三
・全球企業取得最低貸款利率的五種作法。圖 4–3
・債券再銷流程。圖 4–4
・轉換公司債轉換價格之調整。§4.5 四

前言：省一鎊勝過省一分

　　一個偌大的全球企業，面臨五花八門的負債資金來源，擔任母公司、地區總部、子公司三個層級的財務主管，其實跟當百貨公司總經理、女裝處長、二樓樓面主管沒有多大差別，都一樣要依序決定下列事項。

　　‧進口品、國產品的比重。

　　‧自營（即直接融資）、專櫃（即間接融資）的比重。

　　‧何時促銷（即短期融資）。

　　至於百貨公司的例行營運跟財務部的例行作業也相近，重點都在於前途的決策是否正確，這也是英國李德‧哈特在其巨著《戰略論》中強調戰略的重要性。

　　在本章第一節中，我們先從財務主管、企劃幕僚、甚至策略規劃幕僚的角度來看全球企業的融資決策。同樣的，在第七章第一節全球權益募資決策、第八章第一節全球企業資產配置策略，我們也是先從整體佈局的角度來切入，如此「省一鎊勝過省一分」，才不致因木失林。

◆ 第一節　全球負債融資決策——本書第三至六章架構

　　全球企業負債融資的管理流程跟國內集團企業並沒有多大不同，詳見圖 4–1，只是全球企業在融資來源所在國的彈性比較廣。

　　由圖 4–1 可見，負債融資管理流程和本書第三至六章架構。

一、規劃階段

　　借款公司先書面作業以搜索可行的融資方式和範圍，依序如下：

㈠貸款幣別的決策

　　當海外貸款利率低（例如瑞士法郎、日圓），而且在貸款期間沒有相對升值之虞，則宜採外幣貸款；否則宜採臺幣貸款。

　　此外，要是外幣貸款利率走高，外幣貸款吸引力下跌，只好取消外幣貸款計畫。

　　有關「貸款幣別」(debt denomination) 的決策，美國佛羅里達州 Atlantic 大學教

圖 4–1　負債融資管理流程和第三～六章架構

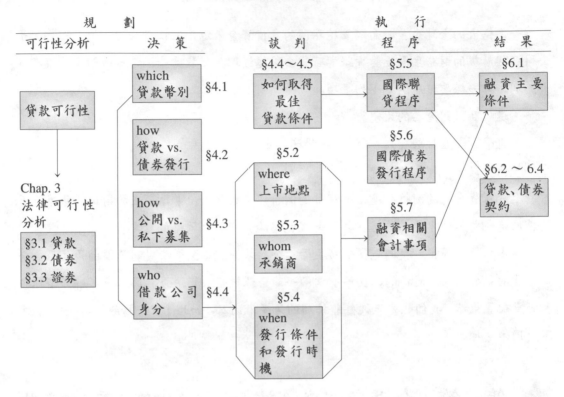

授 Medura & Fosberg (1990) 認為，最主要的影響因素是國家特定（即匯兌）風險、專案特定（即該投資案盈餘）風險，至於公司營所稅、金融市場不健全二項並不重要。

㈡融資方式的抉擇

究竟採直接融資（即債券發行）或間接融資（即貸款）比較適當？在本節中比較此二種方式的成本。一般來說，直接融資比較便宜，然而並不是每家公司都能採用此方式，貸款屬於私下募集方式，時效性比公開募集的債券發行好。

㈢融資方式的限制

一般來說，債券發行的資格條件比貸款嚴格，例如未公開發行公司不能發行債券。而且縱使是公開發行公司也須符合法令、債信的規定，第三章第一節有詳細說明。

㈣公開或私下募集

一般來說，公開募集比較便宜，但是速度較慢，而且僅限於公開發行公司才有資格採取此方式，詳見本章第三節。

依據美國證管會的分類方法，把私人市場發行 (private market issues) 或稱「私下融資」(private financing) 分為二種方式：

1. 私下負債。

2. 私下募集 (private placement) 證券。

其中私下負債 (private debt) 可分為二種型態。

1. 直接貸款 (bank debt)，主要來自銀行，稱為銀行貸款。

2. 仲介貸款 (brokered debt)，由投資銀行業者出面向機構投資人 (institutional lender) 遊說出資，比較像公開負債 (public debt)。

表 4-1　融資方式和途徑的費用、時效、彈性比較

方　式　途　徑	私下募集　　＜　　公開募集		優　點
貸款	I	III	・金額較大
∨	1. 自己辦或 2. 仲介費用 1～4%	銀行費用 0.3～2%	
債券 (不含垃圾債券)	II 發行費用 1～3%	IV 發行費用 0.3～3%	・違約成本比較低
適用情況 1. 公司資格	1. 貸款：一般 2. 債券：公開	上市公司，也只有 此才可發行轉換公 司債	
2. 時效 3. 彈性	快 高	慢 低	

＞表示總成本大於。

由前面第(二)～(四)點綜合來說，表 4-1 可看出：

1. 依融資總成本高低排序如下：私下募集貸款、私下募集債券、公開募集貸款（例如聯合貸款）、公開募集債券。

2. 依彈性來看：私下募集的彈性比較高，因為債權人少，可以跟債務人當面磋商；俟後修改契約的速度也較快，也就是交易成本、監督成本比較低。此外，債券公開募集常涉及證期會規定的有效期間限制，例如海外轉換公司債發行核准有效期

間最多只有 9 個月，即 3 個月須募集成功，可申請再延長 6 個月一次。

　　3.依融資金額來說：貸款比較具彈性，金額可高於債券，臺塑六輕計畫聯合貸款金額高達 1,400 億元。

　　4.依違約嚴重來分：貸款情況下，借款公司違約，還有寬限期，甚至可重新談判償債方式，但是債券發行就比較硬梆梆的。

　　5.借款公司身分的決定：在本章第四節第二小節中說明。

二、執行階段

債權人跟債務人磋商舉債條件，並且履行一定程序以落實磋商的結果。

㈠談　判

貸款、債券發行的實質條件談判在第二～五節中詳細說明。

　　1.貸款最佳融資條件之取得，於本章第四、五節中說明。

　　2.債券發行相關決策：

　　　⑴上市地點的抉擇，在第五章第二節中說明。

　　　⑵如何選擇主辦承銷商，在第五章第三節中說明。

　　　⑶發行條件和發行時機的抉擇，在第五章第四節中討論。

㈡程　序

等到債權人和債務人融資談判有結果，接著便進行後續的融資程序：

　　1.國際聯貸程序，在第五章第五節介紹。

　　2.國際債券發行程序，在第五章第六節介紹。

三、結　果

融資磋商的結果分見於下面二部分。

　　1.貸款條件主要內容：於第六章第一節中交代。

　　2.貸款和債券契約：負債契約對借款公司有諸多限制，於第六章第二、三、四節中詳細說明。

　　限於篇幅，本書僅以聯合貸款一以貫之來說明，不特別像一般國際財務管理書籍以專章來討論「國際租賃」、「出口融資」(export finance)，因為原理原則都一樣。

此外，針對主要國家可行的出口融資（優惠）措施，請留意歐元出版公司的年度更新資料。

此外，我們也不把短期、中長期融資分章討論。

◆ 第二節　貸款或債券發行——貸款、債券的融資費用

就跟買汽車一樣，車款並不是惟一的成本；一般來說，價格雖然不是惟一的考量因素，但通常是最重要的考量因素。負債融資無論採取貸款或債券方式，除了利率外，還包括一堆令人眼花撩亂的費用，接著我們將分別詳細說明。

惟有瞭解融資的總成本，才能無誤的挑選最便宜的融資方式、銀行。

一、聯合貸款的費用

貸款仍是企業長期負債資金的主要來源，以臺灣企業 2002 年來說，國際聯合貸款 (international syndicated loan) 金額為 70 億美元，遠高於海外證券發行金額——全球存託憑證 5.9 億美元、海外轉換公司債 70 億美元。此外，國際聯貸對國內聯貸之比為 1 比 4，而且這還不包括臺灣全球企業海外子公司在當地的聯貸。

聯合貸款時，除了利息成本外，借款公司還須支付一堆「銀行費用」(bank fees)，這些費用詳見圖 4–2。

貸款的費用為全部成本觀念，也就是說貸款利率中已包括借款公司所應負擔的費用，除了貸款利率外，可能還包括下列數項；當然，如果貸款利率已包含這些費用，那麼此貸款利率稱為「全部利率」(all-in rate)。

㈠預約費

在銀行還沒有承諾放款時，碰到聯合貸款時，銀行跟借款公司已越過初步接洽階段 (initiation stage)，而進入較深入的洽商。此時，銀行跟其他聯合放款的銀行接洽後，會開立「預約函」(engagement letter) 給借款公司，談及在銀行承諾放款前，有關此貸款交易仍有待檢討、解決之處，甚至包括主辦行可能的放款額度。預約費 (engagement fee) 跟等一下要談到的管理費最大差別是，縱使這筆貸款交易後來告吹，借款公司也須繳付此筆費用給銀行，所以可說是取消契約的費用 (cancellation fees)。

圖 4–2 企業為取得聯合貸款所須支付的銀行費用

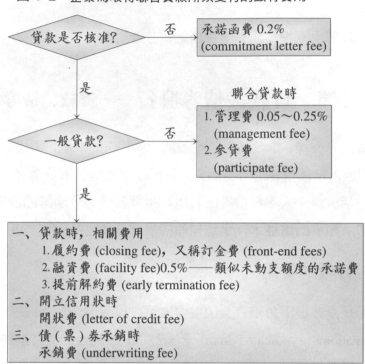

資料來源: 1.整理自 Reed & Edson, *The Art of M&A*, pp. 133–134.
2.林宗成,〈國際聯合貸款與併購融資〉,《產業金融》, 68 期, 1990 年 9 月,
第 14–15 頁。

(二)承諾函費

　　無論借款公司的貸款是否被核准,有些情況銀行在發出承諾給借款公司時,會
向借款公司收取承諾函費 (commitment letter fee)。以 1996 年 2 月正隆發行的票券
發行融資工具 (NIF) 來說,承諾費率為 0.2%,這是年利,但是每天計息,每月底支
付。

　　以書面方式約定貸款承諾則稱為「正式貸款承諾」,可分為三類型。

　　1.循環信用承諾 (revolving credits commitment)。

　　2.定期貸款承諾 (term loan commitment)。

　　3.備償融通承諾 (stand-by commitment)。

承諾費的計算方式跟貸款利率相似,通常由三個部分組成:

1. 基準費率 (base fee)，以承諾貸款的未動支餘額為計算基準。

2. 附屬融資費用 (supplementary facility fee)。

3. 補償餘額 (compensating balance requirements)。

(三)履約費

履約費 (closing fee) 又稱訂金費 (front-end fees)，這是當貸款契約開始履行時，借款公司應付的費用。至於費率的高低視下列情況而定：貸款速度、貸款複雜性、銀行團的家數和貸款風險程度。尤其短期放款的銀行因時間短，比較少像中長期放款的銀行那樣有機會透過利率來賺錢，所以履約費會收得比較高一些。

(四)管理費、參貸費

聯合貸款時，又有二項額外費用，其一是管理費 (management 或 agency fee)，以酬謝主辦行 (arranger) 順利安排聯合貸款各項事務。此項費用是持續的費率 (ongoing rate)，依貸款總額的某比率按月或按季支付，不像承諾函費、履約費只消付一次費用便可。其二是參貸費 (participate fee)，是借款公司付給參貸（銀）行 (participants) 的費用。

(五)融資費

融資費（facility 或 commitment fee）類似稅制中的空地稅，銀行針對借款額度未動用部分收取融資費，以促使借款公司充分利用貸款，許多情況下為每季付費一次。如果借款公司實際動用此信用額度，所須支付的貸款費用稱為撥款費用 (draw-down fee)。

(六)開狀費

針對貸款額度內，借款公司向銀行申請開立信用狀時，當然須支付開狀費 (letter of credit fee)。

(七)承銷費

當聯貸案中包括發行債券的多重選擇融資方式時，借款公司須支付承銷費 (underwriting fee) 給承辦行。

(八)提前終止費

由於借款公司提前還款 (prepayment)，會使銀行團遭遇再投資風險，因此有些銀行為降低借款公司提前終止貸款契約的意願，往往會在貸款契約中加上提前終止

費 (early termination fee) 的規定。不過此提前還款溢酬 (prepayment premiums) 可以在貸款契約中加以規避，尤其是當貸款利率是浮動利率時，借款公司提前還款，如果銀行能立刻又放款出去，所承受的再投資風險並不大。

少數學者如 Grabbe (1991) 把「前置成本」(up-front cost) 用來指現金開銷 (out-of-pocket expenses)，至於其他各項貸款有關的費率則屬於期間成本 (periodic cost)。

在貸款的過程中，有時為加強或補強借款公司的信用程度，會有提供抵押品或質押品的安排，則會再度發生估價費、質抵押設定費等作業相關費用，其間律師費、會計師費當然仍是難以避免的重要費用。

二、債券融資費用

債券融資的費用涵蓋二階段費用，一是債券發行期間的發行費，一是發行後迄屆滿日的維持費，詳見表 4-2，接著將詳細說明。

㈠發行費

發行費（flotation 或 issue cost，發行成本）主要包括下列三大項。

1.承銷費用：發行國際債券的承銷費率 (commission) 舉例說明如下，包括三部分。

⑴規劃費 (management fee) 0.2%：由主辦承銷商 (lead managers) 每年收取一次，又稱為管理費、主辦費 (arrange fee)、先取費 (preaceipium)。

⑵承銷費 (underwriting fee) 0.5%：由承銷商按承銷比率收取承銷費，這可說是主辦承銷商為換取其他承銷商「承諾」包銷而給的一個甜頭，可視為他向其他承銷商買入一個賣權所支付的費用。

⑶銷售團費 (selling group fee)1.5%：各承銷商按實際銷售比例分享 1.5% 的銷售折讓 (selling concession)；如果市場需求熱絡，主辦承銷商等可能肥水不落外人田，完全吃下來，而不分給其他承銷商賣，除了賺到包銷價差外，連銷售團費都自己賺了。

承銷費用一般以承銷折扣 (underwriting discount or spread) 來支付，又稱為「毛價差」(gross spread)，以 1% 的毛價差發行金額 1 億元來說，發行公司實際只

表 4-2　轉換公司債發行相關機構和費用

機　構	功　能	服務費用
1.承銷商 (underwriter)	承銷以外，可兼任再銷、tender agent	0.6～1.5%
2.再銷商 (remarketing)	將收購進來的債券再銷，一般由資深承銷商擔任	0.125～0.5%（又稱 dealer fee）
3.賣回商 (tender agent)	收受與持有收購來的債券直迄再銷，通常由資深承銷商擔任	包括在再銷費用中
4.（參考利率）指數編製機構	編製與發行利率指數	0～25,000 美元
5.付款代理人 (paying agent)	記錄、支付本息給債券投資人	初次費用 5,000～10,000 美元，以後每年 5,000～15,000 美元，視交易數目而定
6.受託銀行 (trustee)	監督交易各方依約行事，通常並擔任付款機構	同上
7.變現力	提供資金給未能立即再銷的收購來的債券	0.125～0.75%
8.信用支持	強化債券發行人還本息的信用	0.375～1.5%

資料來源：Ronald W. Forbes, "Innovations in Tax-Exempt Finance," 摘錄自 J. Peter Williamson, *The Investment Banking Handbook*, John Wiley & Son, Inc., 1988, p. 363.

能拿到 9,900 萬元。

　　承銷費率大都是隨承銷金額而累退的，但是發行公司往往只會看到一個費率，比較不會看到整個累退費率表。

　　一般來說，純粹債券的承銷費用最低 (0.1～0.3%)、半債半股的海外轉換公司債次之 (1～2.5%)，至於股票（例如全球存託憑證）最高 (2～3.5%)。

　　2.價格穩定成本：最後在包銷契約中，常會有「價格穩定條款」，載明在債券上市掛牌後特定期間（通常為 3 週，最長為 2 個月）內，在某交易量內，包銷承銷商有義務維持債券交易價格在某約定價位。為了補償包銷商的承諾或努力，發行公司須支付「穩定成本」(stabilization cost)。

　　在（初次公開）承銷契約中幾乎都會有增額配售條款 (green shoe option provision)，發行公司給予主辦承銷商 (managing underwriter) 額外認購公開發行額度

10～15% 的「超額分配選擇權」（或譯為承銷商增購權，overallotement option），好讓主辦承銷商有多餘籌碼以創造次級市場，尤其是當債券在初級市場很搶手時。此選擇權有效期間為公開承銷日起 8 天內；在美國此法源依據為 1997 年 3 月生效的「規則 M」。

　　3.其他相關費用：除了承銷費外，還有下列相關資料：印刷費、電訊費、登報廣告費等雜項費用，和申請掛牌上市的公開上市費用 (listing fee)，另外為了推銷債券到各主要城市，召開公開說明會 (road show) 所產生的旅費和推廣費，這些費用大抵為實報實銷，當然承銷商會加計自己的合理利潤。

　　這些「其他發行費用」約 25～35 萬美元，主要的還是以會計師費、律師費為主，其次是廣告費。

㈡維持費用

　　在債券流通期間，發行公司還必須以年為基礎 (annual fees)，支付下列費用。

　　1.付款機構的費用，類似股務代理的費用。

　　2.受託銀行的費用 (trustee fee)，類似保管銀行的費用。

　　3.上市維持費，這是繳給證券上市地證交所的年費，一般只有數百美元。

㈢發行金額的決定

　　由於借款公司可能須支付一大堆費用，扣除這些費用後，實收的貸款金額可能不敷借款公司所需，因此有二種處理方式：

　　1.費用由借款公司自籌。

　　2.貸款金額（520 萬美元）已包含各項貸款費用（20 萬美元），借款公司淨收金額為 500 萬美元。

◆ 第三節　公開或私下募集

　　當決定融資方式後，接著便須決定究竟是採公開發行 (public offering) 或私下募集（private placement，簡稱私募）方式來融資。由表 4-3，可知不管是負債融資或是權益募資，由於目標市場（即投資人）不同，所以募資工具也跟著不一樣。

表 4-3 資金來源與募集方式

募集方式 ＼ 融資來源	負債		負債——債券	權 益
	高級負債	次級負債		
公開募集		負債證券化：票據(如商業本票)、垃圾債券	轉換公司債、附認股權證公司債	轉換特別股、認購權證、股票換股存託憑證
私下募集	聯合貸款（中長期）賣方股東借款買方借款、租賃	同上聯合貸款（短期：橋樑貸款）		

　　要是舉債金額大，而且借款公司知名度高、債信良好，有 2 個月的耐性等待，再加上債券市場配合，萬事俱備，發行公開募集債券 (public placed bond) 以籌措資金似為最佳選擇。如果上述條件缺一，那麼便應該考慮私下募資，至於公開、私下募資的優缺點，適用情況為何，請見表 4-4，而這跟公司考慮是否股票上市類似。

表 4-4 公開和私下募集的優缺點比較

融資成本	私下募集	公開募集
一、發行成本 (flotation 或 issue cost)	全免或大部分全免，當自行募集時無須承銷費	1.證管會登記費 2.受託機構 (trustee) 費 3.上市 (listing) 費 4.投資銀行費 5.印刷費
二、舉債關連成本	低	高
1.破產成本	較低	較高
2.負債代理成本	較低	較低
三、變現力折價	高，最多比公開發行證券折價 31%	低
四、財務等資訊公開	免	要
五、發行速度	較快、彈性大	較慢
適合發行對象	1.中型公司 2.發行金額小	1.大型公司 2.發行金額大，有規模經濟，尤其是發行成本的分攤

資料來源：整理自 Easterwood & Kadapakkcm, "The Role of Private & Public Debt in Corporate Capital Structures," *Financial Management*, Autumn 1991, pp. 49–51。

　　影響企業決定公開或私下募集的因素，除了圖 4-2 中的外顯成本（即發行成

本）外，其餘皆為隱含成本，不容易量化，但是其重要性可能不比外顯成本低。

一、發行成本

隨著「證券化」的逐漸盛行，連負債融資也不能免俗；負債證券 (debt securities) 佔負債融資工具的比重水漲船高，傳統貸款的比重則逐漸降低。而一般債券的發行成本屬於承銷商承包時的報價，例如發行金額的 3%，如同遊樂場的一票到底的價錢。

至於詳細的貸款、債券發行成本，將於下節中介紹。

二、舉債關連成本

「舉債關連成本」(leveraged-related cost，一般譯為槓桿關連成本) 包括破產、負債代理成本二項，表現在融資利率中的違約風險溢酬上。因此當貸款違約風險（即破產成本）高時，主要是來自貸款所挹注的投資案投資風險大，其次則來自債務人傾向剝削債權人的代理問題 (agent problem)。由於債券投資人人數不多，因此能很快跟借款公司議定明確的貸款契約，以求自保；縱使借款公司發生未能順利還本還息問題，債券投資人跟借款公司可較有彈性的重新安排還款時間表 (reschedule)。

債券私下融資的優點主要來自投資人大都為金融機構，後者大都非常幹練，因此交易（如發行）結構可以非常複雜，例如包括附賣回權、附收回權、重定價、再行銷。而且由於投資人人數不多，因此任何需要發行公司跟投資人再配合的事項，比較容易以較低成本和較快速度完成。

由於公開發行比私下募集的舉債關連成本高，如果想降低此成本至某程度，可以在債券契約中加入轉換、償債基金和貸款分期償還等條款；不一定非得採用私下募集不可。不至於像公開發行的債券契約，要是借款公司違約則公司可能被迫重整 (reorganization)、清算，對借款公司比較不利，對債券投資人也不見得比較好。此外，在私下募集時，債券投資人監督借款公司遵守契約的成本（即監督成本，monitoring cost）比較低；簡單的說，貸款時的負債代理成本比公開發行時低。

三、變現力折價

由於私下募集的投資人為機構投資人，人數不多，而且次級市場可能沒有電腦報價網路，所以變現力比較差，且法令也限制此種證券的流通；因此發行、流通交易時折價較多。此種不利情形已有改善，主要是美國證管會於 1990 年 4 月採用「規則 144A」，允許大型機構投資人持有證券超過 100 萬美元者，能自由出售 (resell) 其持有的私下發行證券給其他大型機構投資人。此規定顯著提高私下發行證券的變現力，對擴大市場規模大有助益。

總之，公開發行證券的變現力折價（liquidity discount，一般譯為流動性折價）仍比私人募集證券低，發行公司發行條件可稍降低。

在私下募集時，投資人為了將來有機會提高債券變現力，因此會要求在債券契約中加入「上市申請權條款」(registration rights provisions)，也就是投資人有權要求發行公司依聯邦或州法把證券登記 (register) 以便能公開銷售。由於上市申請所費不貲，因此發行公司並不會給予所有投資人這項權利。一般來說，發行公司會給予早期投資人此項權利，一等到此證券廣泛流通，此項權利便應終止，當然這必須在債券契約中載明。

四、彈性和時機的考量

由於私下募集時公司無須向證管會登記，除了可免除登記費支出外，最重要的是募集的時效掌握在發行公司手上，不像公開發行有登記期的限制，過期後，公司便無權再發行，除非重新申請核准。

就全部成本 (all-in cost) 來說，私下募集的成本可能比公開發行來得高。不過由於借款公司能跟銀行直接接觸，因此常能維持比較長久的融資關係，這對借款公司的後續融資很有助益，尤其在信用緊縮時，融資的重點可能金額遠重於貸款利率。

五、資訊問題

雖然在 1985 年以前，美國證管會不喜歡低於投資級（BBB(Baa) 級以下）的證券公開發行；但是以後，如垃圾債券的盛行，可見證管會已敞開大門。

公開發行的門檻降低了，而且透過「總括申報制」(shelf registration) 程序，也就是發行公司得就一定數量的證券向證管會申報，在申報後 2 年內可擇機發行證券，而不需於每次發行前向證管會申報，大幅簡化了發行手續，降低了發行成本。不過，仍然有許多公司為了保密的考量，不希望在公開發行時被迫公開公司的財務資訊，美國學者 T. Campbell 稱此為「機密的價值」(value of confidentiality)。

跟著資訊問題而來，資金國際化額外增加二項成本：

1.證券發行後，為符合發行市場中各國政府對發行公司資訊揭露的規定，發行公司需支付「維持費用」，例如上市維持年費、該國語文（或財會原則）的財報等。

2.隨著股東結構越趨國際化，如何跟海外股東（主要是機構法人）維持良好關係，也是相當重要的，有些公司只好聘請專業的公關公司來處理股東公關 (investor relation) 事務。有些公司則不定期地巡迴主要投資人的城市，向投資人報告公司的營運狀況，以取得投資人的信心，以奠定下次再發行的良好印象，這又是一筆不小的費用。

第四節　如何取得最佳融資條件⑴

無論透過那一種負債融資方式，借款公司總是在可接受的時效、金額和其他限制條件（例如還款方式、年限和契約限制）內，設法找到使負債成本最低的最佳融資來源。本節將說明取得最佳融資方式的四個層面作法，但在此之前，有必要先說明融資費用和貸款契約間的替換關係，此可視為融資方式的限制條件。

一、貸款利率與貸款條款間的替換關係

站在借款公司的立場，無不希望能取得對自己最有利的融資條件：

1.最有利且可行的 (best available) 利率。

2.對借款公司不綁手綁腳且允許未來營運成長的貸款契約條款組合 (covenant package)，詳見第六章第二節。

利率最低的貸款不見得就是最好，一般來說，銀行針對同一公司、天期（例如 5 年期）、金額的貸款申請，很可能會報出二種價格。

1.低利率、嚴格條款：例如報價利率為 2～6%，但貸款條款組合卻比較嚴格，例如擔保品、保證人、償債基金提列等，屬於對銀行比較有保障的「投資級條款組合」(investment grade covenant package)。

2.高利率、寬鬆條款：反之，由於貸款契約條款較鬆，銀行所要求的風險溢酬也較高，報價利率為 6～10%；比較寬鬆的條款稱為「低於投資級條款組合」(below investment grade covenant package)，就標準普爾等信用評等公司的標準，這是指評等低於 BBB 的債券。

由此看來，貸款利率跟條款間存在著「有一好（便）沒二好」的替換 (trade-off) 關係，至於條款對借款公司是否構成綁手綁腳的「有效」(effective) 限制，事先必須先仔細評估。評估的結果，有可能接受「利率較低、條款有利」的最佳貸款條件，而「利率最低、條款約束最嚴」的貸款報價只好割愛了。

二、借款公司、借款地的抉擇

撇開複雜的資金結構理論，在其他情況不變下，全球企業負債融資中對於由誰擔任借款公司、借款地的抉擇大抵依下列簡單的經驗法則。

㈠借款公司挑營所稅稅率最高者

全球企業可利用各國稅制的不同，挑選出抵稅效果（即營所稅稅率）最大的集團內公司來擔任名義上的借款公司。

但其必要條件是此利息費用在稅法上必須能認列扣抵，一般來說，為了購入產生收入的資產所承擔的費用均可認列為費用。

其充分條件為借款公司要有足夠的應稅收入，而且能在法定時限內扣抵。

㈡借款地挑扣繳稅率最低者

在國際融資情況下，許多國家對海外金融機構在地主國內的利息所得往往會課徵扣繳稅或稱利息所得稅 (withholding tax)，以臺灣來說，此稅率一般為 20%（境外中心則為 15%）。盧森堡國際銀行新加坡分行放款給臺灣的慶豐集團，貸款利率 6%，但因利息中的 20% 須就源扣繳，所以實際上只能收到 4.8% 的利率，就跟票券市場中 20% 的分離課稅一樣。

一般情況下，此項扣繳稅皆會前轉給借款公司負擔。在這種情況下，以位於高

扣繳稅率國家的子公司來擔任借款公司便不划算。

(三)魚與熊掌不能兼得的情況

可惜高營所稅稅率國家，其扣繳稅率也就比較高；在此情況下，前二種情況不能兼得，一般皆為採取利息扣繳稅率最低的地方，例如以位於香港此一零扣繳稅率地區的子公司來擔任借款公司，先避掉扣繳稅再說。

要是此海外子公司債信不足，母公司或其他關係企業可予以保證，強化其債信。

(四)限制情況下的設計

但是情況不允許採取保證方式以強化香港子公司債信時（例如在債券公開募集），發行公司必須符合相當高的資格；在此情況下，有幾種變通方式可以考慮。

1.藉助背對背貸款方式。

2.在債券發行時，可透過發行型態以避免付息時投資人被扣到稅。

3.挑選跟借款公司地主國有租稅協定的他國銀行，以避免海外銀行被重複課稅。

最後，借款公司或債券發行公司為一群關係企業時，此稱為「兩傘式融資」(umbrella loan facility)。例如，1994 年時，臺塑集團為了籌措投資六輕所需資金，7 月由臺化、南亞各發行 2.5、3.5 億美元海外轉換公司債。

三、如何選擇貸款銀行？

隨著銀行間競爭越趨白熱化，貸款利率可說相差甚少，除了利率外，借款公司在選擇放款銀行時，還宜考慮下列因素。

1.銀行的規模：無論是以銀行資本額、存款金額來衡量銀行的規模，銀行規模越大，其獨家提供借款公司大部分（或全部）貸款額度的能力越大，而且不論是續借或增加貸款金額的彈性也比較大。

2.經驗：銀行對借款公司貸款所投資的行業應有所瞭解，不致因為一有風吹草動便雨中收傘。因此，宜選擇那些熟悉借款公司所從事行業的銀行。

3.支持：縱使銀行自己面臨信用緊縮等問題，也不會犧牲借款公司而讓自己度過難關。

4.讓借款公司獨立經營：雖然貸款契約中有許多條款限制借款公司，然而借款

公司無不希望銀行讓其獨立自主營運。

5.貸款契約: 貸款契約是為保障放款銀行而設, 但是太嚴苛的契約條款可能會把借款公司掐得喘不過氣來。所以為了達到同樣目的, 雙方應可以用比較靈活的字眼、行動來約束借款公司。

6.工作關係: 有些借款公司喜歡跟易於相處的銀行往來, 無論是基於以往往來經驗, 或是口碑、第一印象。借款公司喜歡務實、有彈性、正面思考的銀行, 尤其是碰到借款公司觸及貸款契約中的一些問題時, 銀行願意跟借款公司共同尋求解決之道。

令人意外的是, 在臺灣不合法的補償性餘額這種銀行惡習, 在國外還是有些銀行採用, 此點在計算實質有效貸款成本時當然應列入考慮。

四、如何找到最低利率貸款? ——子公司擔任借款公司時

當全球企業中的一家子公司出面貸款時, 至少有下列五大作法, 可盡量降低貸款利率, 其順序如下, 詳見圖 4-3。

圖4-3 全球企業取得最低貸款利率的五種作法——子公司擔任借款公司時

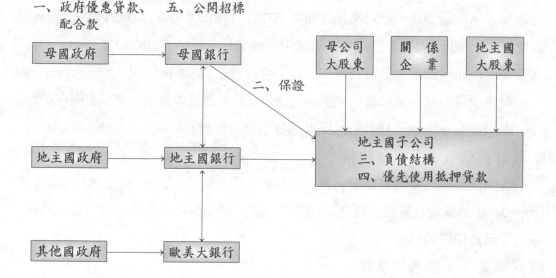

(一)優先運用政府的低利貸款

可能母國、子公司所在地主國，甚至相關國家政府皆有提供低利貸款。

1.地主國的優惠貸款：例如 1994 年華隆在英國北愛爾蘭紡織廠投資案，金額達 2.35 億美元，其中爭取到英國政府 6,000 萬鎊的補助款。

美國有些市、郡發行「私人活動債券」(private activity bonds) 以籌資，並轉融資給在當地設廠的外國公司，融資利率低於一般貸款利率 2 至 4 個百分點。如果你需要這方面資訊，不妨找跨國投資銀行業者、財務顧問公司、會計師、法律事務所協助。

2.母國的優惠貸款：如同國人熟悉的中國輸出入銀行為了鼓勵國外業者購買臺製機械設備、資本財和特定範圍的工業產品，所以提供臺灣企業固定低利（5 年期以內美元貸款年利率 6.5%）的分期付款融資。以臺灣的全球企業來說，在泰國設廠，由臺灣母公司整廠輸出，此時泰國子公司便可向當地特約的轉融資銀行申請此中長期輸出融資貸款。

(二)母公司或關係企業保證

當子公司債信不足或差時，母公司或其他債信好的關係企業可以給予其貸款保證，以強化其債信。

以 1995 年 10 月，中德電子材料公司 7 年期 6,000 萬美元的聯貸案來說，貸款利率為 6 個月新加坡銀行同業拆放利率 (SIBOR) 加碼 0.5 個百分點，創下臺灣最低聯貸利率水準，不僅比臺塑六輕案倫敦銀行同業拆放利率 (LIBOR) 加碼 0.6 個百分點還要低，而且跟歐美信用評等 AA 以上企業貸款利率相近。

對於中德這樣一家相當年輕的公司來說，能拿到這麼好的利率，主因在於母公司中鋼和德商休斯電子材料公司提供百分之百的保證。

(三)設計最低成本的負債結構

當借款公司必須同時使用到高級、次級等不同等級負債時，宜透過「長條負債」(strip debt) 的負債結構設計觀念，妥善把票面利率、屆期日和攤還方式加以搭配，藉以降低負債融資成本。

(四)設法盡量多借高級負債

由於高級負債（senior debt，常指抵押貸款、主順位貸款）對銀行來說違約風

險較低，因此貸款利率低於次級貸款，借款公司宜在用盡高級負債額度後，才利用次級負債（junior debt，常指信用貸款、次順位貸款）。

(五)採取招標方式、製造競爭

怎樣在可接受的貸款條款限制條件下借到最便宜的錢？「貨比三家」的道理仍管用，國際貸款資金主要來源為下列四個地區，包括歐、美、日、亞洲（香港、新加坡），因此如果金額達到某水準，便可以請這些地區的銀行報價，由於金融市場競爭非常激烈，因此借款公司只要勤勞點，不愁拿不到最有利且可行的貸款。當然，如果有機會採取競標制度，無論是貸款或債券發行皆適用，更能保證拿到真正最便宜的利率。

至於招標方式有許多種，其中「開放式比價招標方式」最容易讓銀行間看得到競爭者，而開出價廉物美的報價。例如：

- 設計出降低成本的聯貸結構，這包括引進新融資技術和產品。
- 靈活運用國外輸出入銀行的優惠利率貸款。

各銀行向借款公司作說明會，最後，再由借款公司選出聯貸的主辦銀行。

第五節　如何取得最佳融資條件(二)
——金融創新觀念的運用

透過選擇權等觀念的引進，經由此財務工程的設計，債券的性質可說極具彈性——只要你想得出而且確有需要，因此可用 "any which way we can bonds" 來加以形容。

由於選擇權可賦予債券投資人或發行公司，因此對雙方各有好處，由於此魅力，因此此類新型債券將逐漸普及，值得簡單介紹。

一、投資人的賣回權

債券發行公司為了提供投資人更多的彈性，除了浮動利率 (floating or variable rate) 外，甚至還給予投資人依特定價格（常為面額）賣回債券給發行公司的權利，也就是發行公司給予投資人一個「賣權」(put option)，又稱債券投資人標售選擇權

(bondholder's tender option)，而此種具有賣權性質的債券便稱為「附賣權債券」(put bond)。一般皆為「延遲賣出」(deferred put feature)，也就是受凍結（或閉鎖）期限制，例如 5 年延遲賣出日的債券，須從第 6 年起，投資人才可以選擇是否執行此權利，至於此賣權的有效行使日期可分為二種：

1. 一次時間賣權 (one-time put)：例如發行後第 6 年年底那一天有效，其餘時間皆無效。

2. 連續時間賣權 (continuing put)：從第 6 年年底起迄債券屆滿日，每個週年日當日有效。不過臺灣大學財務金融研究所教授李存修認為，由於長期債券價格不易掌握，因此此種選擇權中又有選擇權的「複合選擇權」(compound option) 的價值不易準確評估。

發行公司為了因應此投資人意外賣回債券的現金需求，常會要求商業銀行給予變現力的支持——常稱為周轉信用，型式包括銀行信用狀、信用額度、債券預備購買契約 (standby bond purchase agreement) 或債券保險，此項周轉信用費用常包括在商業銀行對債券的保證費用中。

選擇權的運用不僅於要求發行公司贖回，還可運用在利率方式，例如債券契約中的「浮動利率轉換選擇權」(variable-rate conversion option)，投資人有權在此執行期間 (exercise period) 內把債券由固定利率轉為浮動利率，以因應現行與未來利率可能高於票面利率，此種債券常稱為固定－浮動利率公司債 (fixed/floating rate bonds)。

套用上述觀念，統一證券公司擬於 1997 年 3 月推出 50 億元的「可兌換公債的公司債」，分成四類（即甲、乙、丙、丁券）。但由於涉及選擇權交易，不為證期會允許。

雖然如此，但是在海外市場募資時，卻有許多創意發揮空間。

二、債券再銷 (bonds remarketing)

由於即期債券 (demand bond) 的投資人擁有提前賣回 (tender) 債券給發行公司的權利，發行公司為避免此特性造成自己意外的資金壓力，因此常會透過賣回機構 (tender agent) 買入債券，透過再銷機構 (remarketing agent) 銷售此回籠債券給新投

資人。要是短期內無法賣出，則賣出機構將債券交給受託人，受託人從銀行處取得貸款資金轉交給賣回機構，以利其周轉。債券再銷所涉及各機構的功能和費用參見表 4-2，詳細流程請見圖 4-4。

圖 4-4　債券再銷流程

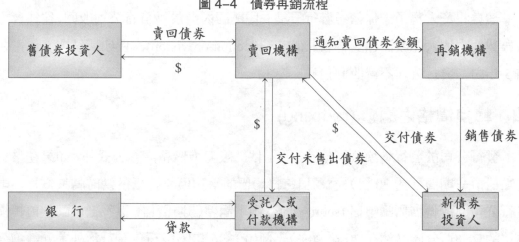

資料來源：同表 4-2，p. 359.

三、發行公司取得買權——提前再融資 (advance refunding)

前述選擇權也適用於債券發行公司，包括：

1. 提前再融資，即提前償還，收回債券。

2. 提前 1 個月通知，發行公司可以把浮動利率債券轉變為固定利率債券，債券到期日不變，此方式可以省得發行公司進行「換券操作」(refunding operations) 所須增發新債以還舊債的承銷等費用。

這二種方式，可說是發行公司取得一個買權 (call option)，提前再融資的技巧分為下列二種。

(一)標準中止 (standard defeasance)

或稱為淨現金中止 (net cash defeasance)，也就是以期限較短、債信較佳的新債券取代期限較長、債信較差的舊債券。新債券的銷售收入存放在寄存帳戶，此寄存基金 (escrow fund) 是為收回舊債券之用，在收回之前，此寄存基金可用於購買國庫券 (treasury securities)，因此資金不會閒置。

(二)交叉 (crossover)

發行「再融資債券」(refunding bonds) 的收入置於寄存帳戶，跟標準中止法不同的是，在收回舊債券前此寄存基金的投資收入是用於償還再融資債券的債務；此外此方法只收回舊債券的本金。

債券投資人為了確保債券發行後某一段期間內免於被發行公司收回，往往會在債券契約中加入「收回保護條款」(call protection provision)，例如凍結期 5 年，在這 5 年內，發行公司不得收回債券。

四、轉換價格之調整 (re-fixing)

發行公司於發行轉換公司債時，除了依一般轉換價格調整公式外，如果在某一定點日前一期間（約 30 日）交易日每日均價的平均價格，低於當時轉換價格，則發行公司將於轉換價調整日 (setting date) 向下調整轉換價格，以不低於調整前轉換價格的某一百分比（約在 70 至 90%）。例如 1996 年聯成石化發行海外美元轉換公司債時，即設定為 90%，其後也有數家公司跟進，足見發行公司希望到期投資人轉換的企圖心。

◆ 本章習題 ◆

1. 以圖 4–1 為基礎，找一家公司為對象，由（碩士論文）資料來源，來詳細說明其每個決策點的決策理由。

2. 把表 4–1 更新，或是跟第 1 題做法一樣。

3. 以圖 4–2 為基礎，把中信銀等一家銀行的報價數字填入。

4. 以表 4–2 為基礎，餘同第 3 題的做法一樣。

5. 以表 4–3 為基礎，予以舉例說明。

6. 以臺灣為限，找一家承銷商的宣傳手冊，來說明公開、私下募集的優缺點，跟表 4–4 比較。

7. 以圖 4–3 為基礎，餘同第 1 題的做法。

8. 以圖 4–4 為基礎，餘同第 1 題的做法。

9. 以一家提前收回海外轉換公司債的案例，說明其著眼點。

10. 以一家海外轉換公司債為例，說明其轉換價格調整條款的設計。

第五章

全球債券發行和負債融資
程序決策

　　臺灣上市公司競相到海外籌資，臺灣企業要吸引國際資金，除必須知道籌資工具的優缺點外，也要做好公司治理和與國際投資人關係 (IR)，才可望讓公司股價有加乘效果。

——錢國維　JP摩根大通銀行投資銀行業務董事總經理

經濟日報，2003年3月13日，第17版

學習目標:

本章第一～三節是海外證券發行時的作業性決策, 不過最後決策者仍為董事長, 此因茲事體大, 財務長的功力從本章第一～三節中的專業建議可以一覽無遺。

本章第四～六節是公司資金調度科科長到經理在海外融資時所面臨的作業項工作 (例如申請證期會核准等)。

直接效益:

「海外證券」、「海外轉換公司債」等訓練課程, 看完本章, 八九成可以免上了。

如「國際聯貸」、「專案融資」、「國際債券發行」等實務課程, 大抵不出本章 (頂多再加第六章) 範圍。

本章重點:

· 上市地點的選擇。§5.2

· 如何選擇主辦承銷商。§5.3

· 證券發行條件的決定。§5.4 一

· 證券發行時機的選擇。§5.4 二

· 證券承銷方式和聯合貸款方式比較。表 5–5

· 國際聯合貸款程序。圖 5–3

· 票券發行融資工具的競標過程。§5.5 三

· 海外證券發行階段和工作。表 5–6

· 歐洲債券發行排程。圖 5–4

· 1997 年台積電海外轉換公司債發行相關機構。表 5–7

· 私下募集債券排程表。表 5–8

· 預估財務資訊的二種型式比較。表 5–9

前言：路越走越寬廣

繼 1989 年 12 月臺灣企業首度在海外發行 1 億美元的公司債——永豐餘海外附轉換條件公司債，1991 年 6 月宏碁、全友陸續跟進，7 月東和鋼鐵（簡稱東鋼）、10 月遠東紡織。其中除東鋼外，其餘皆為用於海外建廠或併購，東鋼為首件籌措在臺灣設廠所需資金而發行海外轉換公司債的案例。

1996 年，臺灣上市公司海外證券融資金額約 900 億元，超過當年現金增資的一半，可說進入成長期，可見臺灣企業國際融資越來越有彈性，已不再獨鍾國際貸款。

融資程序不僅涉及政府核准，對企業來說，最重要的是時效的掌握。例如有時增資、ECB 緩不濟急，只好以短期信用貸款來救急。第五、六節，依序說明國際聯合貸款、債券發行程序。

第七節說明為了負債融資所須準備的財報資料。

◆ 第一節 海外轉換公司債現況與展望

每天報章雜誌上有關海外轉換公司債的報導有如繁星，本節先替你提綱挈領，以免因木失林。

一、過去紅得發紫

發行海外轉換公司債，成為企業海外籌資主流，詳見圖 5-1，摩根士丹利預估，2003 年臺灣海外轉換公司債發行量可望超過 50 億美元，亞太區（日本除外）2001、2002 年的海外轉換公司債發行金額相差不大，2001 年約 120 億美元、2002 年 108 億美元，臺灣在幾家主要金控公司發行海外轉換公司債帶動下，使得臺灣成為亞太區最亮麗的市場，佔整體亞太區發行金額的 52%，其次為韓國的 20%，香港和大陸佔 15%。

二、站在發行公司的觀點

對公司來說，發行海外轉換公司債具有下列好處。

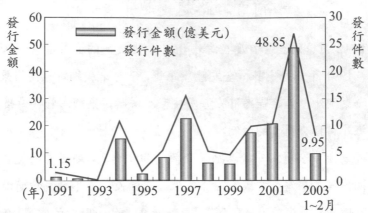

圖 5-1　臺灣海外轉換公司債發行概況

資料來源：摩根士丹利。

　　1.跟海外存託憑證比：發行海外轉換公司債成本較低、準備時間短，可提高發行金額，同時可享有轉換溢價的好處。

　　2.跟海外公司債、國際貸款比：發行公司對免息籌措資金比必須付息的一般債券感興趣，臺灣的稅法對支付利息規定 20% 的預先扣繳稅，更鼓勵公司發行海外轉換公司債。

三、投資人的角度

㈠外國投資人角度

　　避險基金也喜歡臺灣波動劇烈的股市中的海外轉換公司債，方便他們從中賺錢。(經濟日報，2003 年 3 月 5 日，第 2 版，吳國卿)

㈡臺灣的投資人角度

　　海外轉換公司債雖然含有股票選擇權,但是銀行購買時,多半是為了消化資金,搭配資產交換的操作，把股票選擇權賣給第三人以賺取權利金收益。

　　2003 年 3 月 6 日，銀行公會表示，由於銀行已出售海外轉換公司債中的轉換權，持有期間海外轉換公司債的價格波動不會影響銀行帳面損益，跟銀行持有的一般有價證券不同，銀行只是提供資金，並且承受發行公司的信用風險，以賺取固定的利息收益，性質跟放款類似。

　　在國際金融實務上，此稱為「信用連結放款」(credit-linked loan)，因此把銀行

購買的配合資產交換的轉換公司債列為授信科目，比較符合國際慣例。

　　銀行公會建議，把銀行因融資目的而購買的海內外轉換公司債，不分在初級或次級市場取得，都可以用「授信」科目列帳。銀行主管表示，財政部如果採納這項建議，將有助銀行提高資金運用彈性，也有降低逾放比的效果。(經濟日報，2003 年 3 月 7 日，第 7 版，武桂甄)

四、2000～2003 年海外轉換公司債優於存託憑證

　　摩根士丹利董事總經理暨股票資本市場主管龐滿 (Daniel Palmer) 指出，他預期利率處於歷史低檔的狀況，在 2003 年底以前不會大幅改變，加上股市受戰情壓抑，他看好可保障投資下檔空間的轉換公司債市場，2003 年將持續受國際法人的歡迎。以臺灣區主要發行金額，在 2003 年前 3 個月內就達到 50 億美元規模，顯示市場活絡，4 月伊拉克戰情告終，那麼臺灣科技和金融業所偏好的海外存託憑證市場，也同步回春。

五、各行各業皆可運用海外轉換公司債募資

　　摩根士丹利臺灣分公司執行董事郭冠群表示，臺灣海外轉換公司債從 2000 年起明顯增加，在外資追求平衡投資的心態下，以往科技和金融兩大產業並立的態度，將轉變為百花齊放。

　　觀察 2001～2002 年發行海外轉換公司債的產業類別，就可看出投資人對多元化選擇的需求。2001 年，亞太區海外轉換公司債的發行中，以通訊業為主力，佔 44%，其次為科技業的 35%。2002 年，此情況便產生明顯改變，以金融業拔得頭籌，佔 32%，其次為通訊業的 25%，科技業的 23%。

　　2003 年，由於臺灣有赴海外需求的金融業都已完成海外轉換公司債的發行，因此 2003 年金融業的需求有限，另外由於投資人急於找尋不同的投資標的，因此包括航運或製造業等，只要營運表現不錯，都將成為投資人的新寵，詳見表 5–1。

　　其中摩根士丹利 2003 年承銷的萬海以及奇美電子，分別以零票面利率以及零到期投資報酬率籌到所需資金，臺灣企業幾乎可說是無成本籌得現金，除了顯示海外轉換公司債市場受外資的喜好，也代表投資級的績優公司，仍可以獲得相當好的

表 5-1 2003 年第一季上市公司海外募資情況

股票代碼	公司名稱	發行類型	募資金額(億美元)	每股轉換價格(臺幣)或 DR 掛牌價
2363	矽統	GDR	1.38	1 GDR=1.515 美元
2399	宏全	ECB	0.2	45
9939	華泰	ECB	0.7	6.03
2615	萬海航運	ECB	0.1435	36.285
2498	宏達電子	ECB	0.6	205.32
3012	廣輝電子	ECB	1.8	16.54
2490	皇統	ECB	0.15	13.05
4904	遠傳電信	ECB	1	35.955
6188	廣明光電	ECB	0.5	245
3059	華晶科技	ECB	0.6	111
2337	旺宏	ECB	0.8	12.06
9939	中鼎	ECB	0.45	24.5
2407	陞技	ECB	0.17	8.05
3009	奇美電	ECB	2.25	31.61
6116	瀚宇彩晶	ECB	1.5	11.72
2371	大同	ECB	0.796	14.7
3049	和鑫	ECB	0.5	19.4
4530	宏易精密	ECB	0.1	33.28
1533	車王電子	ECB	0.3	53
2323	中環	ECB	1.2	19

資料來源：建華證券（亞洲）。

發行條件。（工商時報，2003 年 3 月 6 日，第 8 版，沈耀華、游育蓁）

　　兆豐金控 (2886) 子公司中國商銀跟 ACP、ADM 和月涵投顧等國內外多家業者合作，在海外募集資金成立中小企業基金 (TMBF)，再由 TMBF 買進中小型上市公司所發行的 ECB，首度推出市場反應熱烈，已獲證期會通過發行 ECB 的共有 17 家，詳見表 5-2。（工商時報，2003 年 3 月 17 日，第 8 版，呂淑美）

六、2003 年第一季：40 比 1

　　2003 年上半年公開發行公司國內證券募資 1,893 億元，佔募資比重 54%，海外

表 5-2　TMBF 各家國內券商承辦情況

單位：萬美元

推薦券商	公司名稱	發行額度
元富證券	寶雅國際	600
	青鋼	350
	中菲行	1,000
	飛雅	420
	恩德	990
	合機	750
	揚博	1,000
	小計	5,110
台証證券	卓越光纖	1,000
	前鼎光電	320
	小計	1,320
倍利證券	鈺創科技	3,000
	金像電子	1,200
	高鋁金屬	700
	中國製釉	1,000
	科橋電子	1,350
	建準電機	1,000
	小計	8,250
建華證券	富馳企業	1,000
	慶豐富	900
	小計	1,900
總　　計		16,580

證券募資 1,622 億元，佔比 46%。（工商時報，2003 年 7 月 28 日，第 18 版，鄭凱維）承銷商指出，海外募得資金四成可直接轉投資大陸，甚至可由大股東認回高比例公司債來作套利，縱使海外募資手續費較高，上市公司仍是趨之若鶩。

　　海外募資之所以快速吸引上市公司，除了證期會對海外募資的限制較少，而且募得資金四成可直接轉投資大陸子公司，而不需經過投審會核准之外，海外轉換公司債可拆解成選擇權和債券分開交易、操作靈活。最重要的，也是業內秘而不宣，就是海外轉換公司債可大比例甚至全數由特定人認購，大股東可以利用這個管道認

回自家公司股票，透過兩手套利、鎖定價差方式中飽私囊。或在海外買主有意投資該公司時，藉此方式移轉股票，跟海外投資公司完成策略結盟。縱使海外轉換公司債和存託憑證有法令明文銷售限制，在初級市場不得賣予臺灣境內人士，但是大股東多可透過在香港開戶，便可以順利完成交易。

海外轉換公司債、存託憑證的發行費用比臺灣募資高出數倍，承銷手續費即佔募資金額 2%，還要數百萬元國外律師、會計師費用，甚至安排客戶作法人說明會，比起在臺灣募資僅需數十萬元送件費用相差太多。(工商時報，2003 年 4 月 9 日，第 18 版，陳淑珠)

🔖 第二節　上市地點的選擇

究竟在全球那一 (些) 地區發行較划算? 而且選擇那一家主辦承銷商才會替發行公司爭取到最佳的發行條件呢?

臺灣企業所發行的海外轉換公司債屬於歐洲債券，主要是歐洲美元 (Euro dollar) 所衍生的債券市場，歐洲債券為何會擄獲臺灣企業的心，其魅力來自下列各點。

1. 歐洲債券多為無記名債券，因此轉換時毋須經過移轉登記手續；由於具有隱密性，這對希望規避稅捐或其他理由而匿名購買債券的投資人非常重要，因此寧可犧牲 1 至 2 個百分點的利息收入，大幅減輕發行公司的成本，這項魅力使得歐洲債券建立一個完全的全球市場。

2. 發行手續簡便，不受法令管制，歐洲債券市場並沒有設置證券管理委員會，可說是自由市場，發行不必事前登記 (preoffering registration)，這跟外國債券的發行不同。由於不須依各國法令辦理登記，所以不必符合公開原則的要求，使發行公司可大幅節省時間。然而由於其未依各國證券法令辦理登記，因此在銷售上受到一些限制，例如必須在分銷完成 (after completion of the distribution) 90 天後，也就是過了閉鎖期間 (lock-up period) 後才准在美國境內銷售。

3. 歐洲債券的利息毋須課稅，當然也沒有利息扣繳稅，因此深受投資人和借款公司歡迎。

　　對於在那裡上市，轉換公司債的性質跟股票性質比較類似，所以考慮重點也都相似。一般來說，考慮的重點依序為：

㈠胃　納

　　一般來說，盧森堡、瑞士胃納較小，超過 5 億美元的發行案宜考慮倫敦、紐約。如果不在乎次級市場的低周轉率，而且還想沾歐洲的名氣，不妨考慮愛爾蘭的都柏林股市。

㈡投資人偏好

　　不同股市的主要投資人可能不同，以盧森堡來說，主要投資人之一為退休基金，比較偏好有固定或保障收益率的投資工具。不像瑞士，有不少資金是避稅、匿名資金，以資金安全為先，偏好無記名債券，所以利率低一點也無所謂，這也是為什麼 1993 年下半年以來臺灣上市公司發行的瑞士法郎海外轉換公司債利率令人覺得不可思議的低。

㈢上市難易程度

　　盧森堡、瑞士上市條件較倫敦、紐約寬鬆，而且速度快。以瑞士來說，由於不需要公開募集，所以銷售相關手續比較簡便。

㈣其他因素

　　選擇發行市場，除了發行成本的考量外，也不宜忽視無形效益。假如發行公司的銷售市場集中在亞洲，那麼最好發行「亞洲存託憑證」。此因發行公司的商譽在此目標地區已被相當肯定，連帶的其證券便可以較低的發行（行銷）成本，而取得比較好的發行條件。

◆ 第三節　如何選擇主辦承銷商？

　　1991 年 6 月宏碁海外轉換公司債未上市便先大幅折價，對發行公司有不利影響；因此在說明怎樣選擇主辦承銷商 (managing underwriter) 前，有必要強調選對承銷商的重要性。

　　在正式掛牌上市前的「預期市場交易」(gray market trade) 或「試銷期間」(gray market 或 grey market)，雖然僅是客戶與承銷商間的交易，頗類似新股上市的詢價

圈購；但此試銷期間的價格對正式掛牌買賣後的價格走勢影響甚大。宏碁海外轉換公司債 6 月 10 日正式掛牌，而 5 月 28 日於倫敦發行時，在試銷期間便已折價 12%。由於日本野村證券等 16 家券商和銀行團係採包銷，因此宏碁仍可順利募集所需資金，但終究不利於公司的國際形象，以及後續的國外證券的發行。

一、他們為什麼摔跤？

如何避免此未跑先摔跤的情況呢？當然宜對症下藥，某些承辦海外承銷業務的業者認為，宏碁海外轉換公司債吃敗仗的原因如下：

1.發行公司基本面欠佳：宏碁 1990 年投資美國累積虧損高達 17 億元，而歐市投資人普遍不看好美國景氣和個人電腦的產業發展，因此預期宏碁未來一、二年營運效益難有起色，連帶的股價也會被拖累，難怪會不受投資人青睞。

2.選錯部分承銷集團：有部分承銷商在上市前便大拋手中持有的債券，而部分承銷商在國際間雖有相當知名度，但是在歐市金融市場欠缺銷售管道，也是造成客戶認購不熱絡的原因。

3.上市時機不當：1990 年 8 月波斯灣事件以來，國際債市交易萎縮，屋漏偏逢連夜雨，跟宏碁海外轉換公司債撞期的很多，在同質性高的商品供給增加情況下，擠掉了一些對臺灣海外轉換公司債的需求。

二、承銷商的類型

由前述可知，海外轉換公司債的發行與否，主辦承銷商的影響力很大。但是如何選擇最恰當的主辦承銷商呢？如同童話故事《綠野仙蹤》中，當桃樂絲被龍捲風捲進奇幻世界，掉在三叉路口，她問翠西亞的貓說："Where should I go?" 翠西亞的貓回答說："It depends on where you are going." 這道理也適用於選定承銷商。

(一)知己知彼

海外轉換公司債已成為投資銀行業者在亞洲的主要營收來源，根據 Dealogic 公司統計，2002 年亞洲海外轉換公司債發行金額達 190 億美元，佔總債券發行金額三分之一強，承銷手續費估計達 3.66 億美元。亞洲國家和企業 2001 年發行一般國際債券雖然達 400 億美元，但是承銷手續費只有約 2 億美元。

自 2001 年到 2003 年 2 月臺灣完成的 95 件海外轉換公司債發行，近半數由美國券商主辦。這段期間發行的海外轉換公司債金額約 93 億美元。

公司的需求加上亞洲投資銀行環境的低迷，使得華爾街投資銀行業者對海外轉換公司債市場趨之若鶩，詳見表 5-3。

表 5-3 2003 年 1 ～ 7 月 25 日臺灣海外證券的主辦承銷商

單位：億美元

排名	主辦公司	金額	市佔率 (%)
1	高盛	41.22	27.0
2	花旗	21.31	14.0
3	雷曼兄弟	14.26	9.3
4	摩根士丹利	13.12	8.6
5	美林	12.54	8.2
6	瑞士銀行	11.10	7.3
7	德意志銀行	7.36	4.8
8	瑞士信貸第一波士頓	6.68	4.4
9	荷蘭銀行	5.44	3.6
10	摩根大通銀行	5.35	3.5

資料來源：工商時報，2003 年 7 月 28 日，第 2 版，沈耀華。

㈡承銷商四種競爭方式

外國投資銀行業者為了爭取承銷案，大都採取下列的攬客方式：

1. 殺價競爭：不少投資銀行業者為爭取臺灣發行案，有的大砍承銷手續費率，雖然市場公定費率是 2.5%，但是可視債券比重高低調整，比重高者的承銷費率可下調，有的還砍到僅 1～1.5%；有的銀行則標榜可以創造市場流動性。

2. 強調量身訂做：摩根士丹利臺北分公司執行董事郭冠群說，銀行可視發行公司需要，量身設計對公司最有利的海外轉換公司債。

3. 專注售後服務：JP 摩根大通銀行的資本市場暨衍生金融商品部主管安卓力 (Nick Andrews) 說，海外轉換公司債發行後，多數投資銀行業者不聞不問，但是該行的衍生金融商品交易部擁有 400 億美元資金，可承作發行後的海外轉換公司債，成為造市者，讓海外轉換公司債的流動性更好，發行後的海外轉換公司債價格也有

支撐,以避免投資人大舉贖回。(經濟日報,2003 年 3 月 6 日,第 17 版,白富美)

4.給予信用強化的協助:外銀主管指出,2002 年 11 月以來,臺灣企業的海外轉換公司債要能夠叫好又叫座,外銀要能夠動用商業銀行的授信額度,承接部分海外轉換公司債的額度,不然就是要幫公司取得標準普爾、穆迪等國際評等公司授予信用評等,再不然就要像荷商 ING 乾脆就幫大同公司發行中華映管交換債開信用狀作擔保。

荷商 ING 銀行主辦之大同的華映 3 年期、7,960 萬美元海外轉換公司債,不僅取得 ING 的擔保,據瞭解,標準普爾可望授予這檔交換債 AA– 的信用評等。

華映這支交換債票面零利率,轉換價格也比 3 月 3 日收盤價溢價 22% 發行,最重要的是取得銀行信用評等高的荷商 ING「信用強化」,最特別的是,荷商 ING 雖然以銀行名義開立信用狀擔保這支債券,但是同時在臺灣聯貸市場,轉嫁掉開狀保證風險。(經濟日報,2003 年 3 月 13 日,第 17 版,白富美)

這類券商較適合準備持續發行證券的公司,但是誠如俗語所說:「有一好沒二好」,這類券商常會要求比較高的承銷費或／和壓低發行條件。

三、選擇主辦承銷商的五項標準

由上述可見,選擇適合自己的主辦承銷商可參考下列五項條件。

㈠聲譽和專業能力

對於初次在歐洲債券市場發行公司,投資人在不熟悉發行公司債信的情況下,往往把主辦承銷商的聲譽視為指標,這是因為主辦承銷商愛惜自己的羽毛,不會為了多賺些微的承銷費,而把爛蘋果塞給投資人。當然,此類「入流承銷商」(ranked underwriter) 的收費也比「不入流承銷商」(nonranked underwriter) 要高。

這點可獲美國愛荷華州立大學教授 Richard B. Carter (1992) 實證的支持,他研究 144 家首次上市且後續有再發行增資股的公司,得到下述結論:

1.首次上市且後續增資皆找同一家承銷商的,這類承銷商的信譽較佳,此類發行公司首次上市股票價格風險較低。

2.由上述可推論,如果發行公司不是基於撈一票就走的心態,而後續仍想再發行證券,最好找聲譽較佳的承銷商 (prestigious underwriters),而且盡量不要更換承

銷商。

以銷售導向的承銷商，只在意自己是否賺得多——承銷價要低、承銷費要高，其餘的一概聽從發行公司（上市公司或其大股東）。反之，以客戶利益為先的承銷商，一如信義房屋公司所宣傳的一般，他會把你當朋友，買賣不成仁義在，不一定每次非得把案子攬在身上不可。由於平常對上市公司產業、經營者、公司情況瞭解，因此才能對發行證券種類、價位等提出中肯建議。

㈡造市能力

一般來說，為了有助於證券的順利銷售，發行公司往往希望承銷團在上市蜜月期內穩定價格 (stabilization)，因此承銷團（尤其是主辦承銷商）財力是否雄厚便成為關鍵。歐洲債券從銷售日起開始 2 週內，是承銷團進行共同支持債券發行價格的聯合穩定 (syndicate stabilization) 期。尤其，公開發行時的承銷方式幾乎都採「確定承諾的承銷」(firm commitment underwriting)，也就是承銷商承諾把企業所發行一定金額的證券，以約定價格全部買入，然後再以稍高的價格出售給投資人。因此，在此全額包銷情形下，蜜月期內承銷團穩定價格，可說是為了自己的盈虧。

跟包銷 (underwrite) 基礎不同的是，證券自營商 (securities dealer) 對發行公司許下「盡力承銷承諾」(best efforts commitment)，也就是盡力銷售的基礎 (best effort basis)，在一定期間內以最好的價格來買賣定額的證券。

一般來說，在發行公司初次發行海外證券時，會採取競標方式來選定主辦承銷商。一旦經驗多了，以後較會以議價方式來決定主辦承銷商。

國外大銀行由於資金雄厚，所以包銷能力較強——大不了就是自己吃下；其中尤以歐系大銀行，由於其資金成本低，因此要求的報酬率也較低，以致常能在證券上市穩定其價格，不會拍拍屁股一走了之。以 1994 年 9 月發行的東和鋼鐵全球存託憑證來說，在 1995 年以來股市下跌情形下，次級市場折價幅度較小的主因在於主要承銷商抱住大部分全球存託憑證，因此市場賣壓有限。

反之，以零售見長的國外證券商，往往把海外證券推銷給機構投資人，股權分佈比較凌亂。甚至由於資金能力有限，在公開說明會之前，主辦承銷商落跑的案子也會發生。常使得發行公司措手不及，不是向證期會申請延期，就是期限已滿只好再重新申請，一方面錯失籌資大好時機，一方面資金用途也只好順延。

㈢創新融資能力

　　全球資金過剩已是普遍現象，另一方面新興工業國家則是需錢應急，其中臺灣在海外證券發行金額，已居亞洲新興工業國前二名。如何讓國際知名度弱的臺灣上市公司海外證券順利發行，便需要主辦承銷商的巧心設計。1995 年以前普遍的作法便是創造題材——把發行公司塑造成轉機股、轉投資股、資產股或中國收成股等。1995 年以來的作法是融入財務工程的觀念，例如在海外轉換公司債中附加投資人可賣回的權利（即保障收益率），或是把全球存託憑證設計得像轉換特別股，甚至加入浮動利率債券的精神，把海外轉換公司債的票面利率弄成浮動，但是再加上利率上限、利率下限。

　　2000 年 1 月「零成本海外轉換公司債」：過去企業發行的轉換公司債，儘管票面利率是零，在保障收益率 (yield to put) 方面仍然以美國公債加碼，美商高盛設計出全世界第一支零成本的轉換公司債 (stock indexed zero-coupon securities, SIZeS)：2000 年 1 月發行的遠紡海外轉換公司債保障收益率為零，但是投資人有權在發行滿第 1、2、3 和 4 年後分別以面額要求遠紡公司買回債券。遠紡取得無息的資金，而投資人則有額外的還本保障。

　　一推出，一天內認購 10 億美元，使高盛公司取消全球說明會，改為電視視訊，並提前定價。由於外資搶購，遠紡以近 18% 轉換溢價比率、86.63 元轉換價格取得1.5 億美元的資金，是臺灣截至當時轉換溢價比率最高的發行條件。（經濟日報，2000 年 1 月 31 日，第 13 版，詹惠珠）

㈣費　用

　　承銷費率通常是累退的，美系券商為了取得客戶,比較傾向採取價格競爭方式。

　　跟許多人想法不同的是，適配的承銷商收費不見得最便宜。在財務管理中，常把收入（承銷價）比喻成馬，而把承銷費率比喻成兔子，要是斤斤計較承銷費率，可能會犧牲承銷價這匹千里馬。

㈤其他服務

　　主辦承銷商是否能提供其他（免費）服務，也是不應忽視的，例如協助發行公司尋找合資夥伴、協助取得貸款資金等。至於上市的時間進度掌控能力，在股市、匯市瞬息萬變環境下，也將成為發行公司挑選承銷商的主要標準。

1. 價格穩定：對於要在國際市場發行證券的公司，建議你不能只看承銷商的承銷能力，而且還要看其「上市後服務」(after-market services) 的能力，而這部分是證券專業投資公司的專長，例如美林 (Merrill Lynch)，因其具有創造市場 (make the market) 的能力，不僅能有效的以批發（賣給機構投資人）、零售（賣給自然人）或二者混合方式消化證券，而且更能在保價期內「維持」市價在「合理價位」，尤其是反制搶短線的帽客 (flipper)。

2. 債券專業：至於所羅門美邦、高盛、Drexel 則是債券專業的投資公司。

3. 一次購足：像美國摩根大通證券自詡由於摩根大通集團擁有全球豐富的資源，例如外匯、股市、固定收益產品上都有豐富的經驗，因此不管企業有何需求，例如併購或海外籌資，摩根大通都可提供相關服務。也因為如此，摩根大通鎖定臺灣主要的大型企業，提供全方位的金融服務，成為企業的最佳金融夥伴。（工商時報，2003 年 2 月 13 日，第 9 版，游育蓁）

四、NTT 如何挑選海外釋股承銷商

原為國營事業的日本電話電報公司 (NTT)，從 1988 年開始推動民營化，其篩選承銷商的過程，被譽為最具科學精神。

累計 15 年釋股經驗的 NTT 已經發展出一套堪稱全世界挑選承銷商最簡潔的程序。國際投資銀行業者最喜歡使用的彩色圖表、華麗的幻燈片或 Powerpoint 簡報系統，如果要用來爭取 NTT 的釋股完全派不上用場。

曾經贏得兩次 NTT 釋股承銷契約的華寶投資公司（東京）執行長吉伯說，在競逐承銷的過程中，不可能如你預料般的順利。以 2000 年 7～8 月進行的第六次官股釋股作業為例：

1. 筆試：2000 年 7 月，14 家候選承銷商「筆試」，承銷商必須回答長達 6 頁的問卷，並把答案填入長達 40 頁的答案紙中，而且必須依照日本財務省所規定的格式。問題的內容包括券商處理過幾件通訊業民營化案件，以及承銷過程中曾經遭過何種處罰等各式問題。

2. 口試：8 月 10 日，這個星期進入口試階段，每家券商面試時間約一個半小時，而且除了上次筆試的答案卷外，不准帶其他資料。口試的問題都非常的技術性

和專業化。最後，財務省企劃官稻垣跟其他兩位同事會評分，三位評審給分的權限各為 150 分，得分最高的即取得 NTT 釋股承銷權。(工商時報，2000 年 8 月 10 日，第 7 版，謝富旭)

五、承銷單價的決定

除了要選對承銷商外，證券的發行還要考慮投資人的心理，也就是「客戶效果」(clientele effects)。例如有些自然人專買低價股（每股約 5 美元），但是共同基金本不能買股價為「個位數」(single digit) 的股票。因此如果目標投資人是共同基金，那麼首次公開發行價 (initial public offering, IPO) 宜定在 12 美元以上，稍留跌價空間，以免跌破 10 美元關卡，否則共同基金投資人也愛莫能「買」。

六、承銷團的組成

選定主辦承銷商後，他便會開始籌組承銷團，承銷團的成員通常由發行公司與主辦承銷商共同決定。跟國際聯貸一樣，主辦承銷商處理大部分的承銷文書作業，所以又稱為 book runner。至於參與聯合承銷 (syndicated underwriting) 的承銷商如主協辦承銷商，工作較少，而協辦承銷商的角色跟國際聯貸中的參貸銀行一樣。

由於臺灣企業發行國外證券處於成長期，不少國外券商有意大展鴻圖，因此常壓低承銷費率來搶標，就以怡富證券承銷東鋼海外轉換公司債來說，費率便從常見的 2.5% 降到 1.5%；藉成功的承銷案以打響知名度，放長線以釣大魚。

❖ 第四節　發行條件和發行時機的決策

發行條件、發行時機的決定是同時的，因為二者互相影響，例如市場低迷時，如果硬要發行，則必須改善發行條件，才能吸引買氣，否則會慘遭發行失敗。

一、發行條件的決定

海外轉換公司債的定價只比國內轉換公司債多出一項因素，也就是「國家」，這包括下列因素：

1. 國家（或政治）風險。

2. 變現力折價：由於海外轉換公司債成交量少，所以海外轉換公司債有比較高的變現力折價（類似封閉基金的折價現象）。

3. 比價效果：對海外投資人來說，臺灣可視為一個投資地區或類股，但當投資此類證券慘遭套牢，那麼對此類證券將會心存畏懼，拖累後續要發行的海外轉換公司債。

剩下的就跟國內轉換公司債的定價決策一樣，由圖 5-2 可見，定價考量的兩大變數跟天平一樣，當利率低，那麼轉換價格也跟著低；反之，當利率高，則轉換價格也可以水漲船高。

圖 5-2　海外轉換公司債的定價二大決策變數

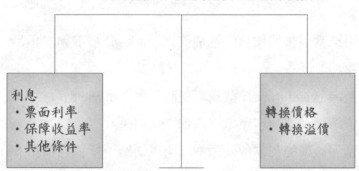

(一)轉換價格最重要

2003 年 2 月 18 日，全球第三大薄型光碟機廠廣明光電 (6188) 完成 5,000 萬美元海外轉換公司債定價，轉換價格為 245 元，以當日收盤價 197 元為基準，溢價幅度高達 24.37%，為上市公司 2003 年以來發行海外轉換公司債中，溢價幅度最高，詳見表 5-4。1 週內即完成繳款，該海外轉換公司債閉鎖期為 30 天，未來隨著轉換普通股，可望增加市場流通性。

在沒有舉行海外業績說明會之下，短期內卻吸引外資熱烈參與，申購額度達 4.6 億美元，相當於發行額度的 9.2 倍。以 1 美元兌 34.74 元臺幣換算，廣明可募集 17.3 億元，作為充實營運資金和海外購料的款項。

廣明 2002 年創下 67.66 億元的營業額，以及 10.02 億元的稅後盈餘，都是公司成立 4 年以來業績新高，每股稅後盈餘為 14.64 元。(工商時報，2003 年 2 月 19 日，第

17 版，林燦澤）

表 5-4　2003 年 1、2 月上市櫃公司發行海外轉換公司債

公司名稱	發行時間	發行額度（億美元）	轉換價格（元）	溢價幅度 (%)
萬海航運	1.20	1.435	36.285	23
廣輝電子	1.22	1.8	16.54	19
宏達電子	1.23	0.6	205.32	18
中鼎	1.27	0.45	24.5	10.5
旺宏電子	1.28	0.8	12.06	3.52
遠傳電信	1.28	1	35.955	17.5
華晶科技	2.14	0.6	111	12
廣明光電	2.18	0.5	245	24.37

㈡利率的用途

利率大都用來當做轉換價格的補償因素，又可分為下列二項：

1.票面利率。

2.保障收益率 (yield to put) 或稱附賣回利率 (put yield)，這是票面利率的補償工具，也就是當票面利率刻意壓低（例如 2% 以下），為了避免投資人屆時無機會轉換，卻只能領到微薄的利率的兩頭空，所以便給予「利息補償」。由圖 5-2 可看出，保障收益率的參考利率大都為美國 5 年期國庫券利率。

㈢低票面利率下的保障收益率

2003 年 1 月 28 日，旺宏電子 5 年期、8,000 萬美元的海外轉換公司債定價，比 28 日收盤價溢價幅度 3.52%，為每股 12.06 元。

2002 年，旺宏虧損 113 億元，信用評等屬於投機級，加上國際投資人因為股市行情不佳，對電子股避而遠之，旺宏海外轉換公司債仍能如期發行，對主辦承銷商（瑞士信貸第一波士頓）是很大挑戰。

旺宏海外轉換公司債票面利率為零，特別之處是投資人每年都可選擇轉換，第 1 年轉換的投資人可以 100% 債券價格贖回，等於免息借錢給公司，第 2 年 102%、第 3 年 104%、第 4 年 106%，如果持有 5 年期滿，投資人還可以申購原價贖回。（經濟日報，2003 年 1 月 29 日，第 17 版，白富美）

(四)限制轉換情況下的保障收益率

海外轉換公司債保障收益率存在的另一原因為,在金融市場還沒有完全開放的國家,因為未穩定開放外國人投資其股市,因此其海外轉換公司債轉換權可能無法行使。為了提供投資人最起碼的保障,所以通常參考海外發行市場的定期存款利率,訂定債券票面利率外,在債券發行契約中附加投資人有賣回權條款 (put option clause)。例如 1994 年 10 月發行的東元電機 10 年期 1 億美元海外轉換公司債,其中便附有「附條件」的保障收益率,即到屆滿日時證期會如果未核准轉換成股票,投資人便可選擇要求發行公司 10 年期美國公債利率（約 7.7%）贖回海外轉換公司債。

套用「兵來將擋,水來土掩」的作法,1994 年 2 月在瑞士掛牌的益華 5 年期 5,500 萬瑞士法郎海外轉換公司債。據主辦承銷商群益證券國外部協理魯元礽指出,益華海外轉換公司債契約中有一落日條款,即當證期會核准海外轉換公司債可轉換為股票時,則契約中賣權條款自動失效。此賣權條款內容為,發行 4 年後,投資人可用 2.662% 利率把海外轉換公司債賣回給發行公司。

(五)鴻海海外轉換公司債實例

2003 年 7 月 23 日,最大民營製造公司鴻海精密發行 4.5 億元海外轉換公司債,主要用途為擴充海外據點。轉換價格為每股 208.5 元,比當日鴻海在臺股收盤價 150 元,溢價幅度達 39%。以過去 5 日平均價看,溢價幅度更達 40.5%,是 2001 年以來臺灣上市上櫃公司發行的海外轉換公司債中,溢價幅度最高者,顯示外資看好鴻海的前景。

鴻海股價從 7 日決定發行海外轉換公司債後一路上漲,海外轉換公司債定價結果,更證明郭台銘籌資能力堪稱是「一哥」。(經濟日報,2003 年 7 月 24 日,第 1 版,白富美、武桂甄)

二、發行時機的選擇

跟發行條件的決策考量一樣,發行時機的選擇也必須考量下列因素。

(一)大環境因素

由於臺灣企業發行的海外轉換公司債必須跟其他新興工業國相競爭,這是因為

外國機構投資人在資產配置上，只有一定比率資金分配在新興工業國股市。所以在發行時機的選擇，宜盡量跟其他新興工業國的大發行案錯開，海外主辦承銷商會給予發行人最佳發行時機的建議。

(二)小環境因素

根據美國亞利桑那州立大學財管系教授 J. Ronald Hoffmeister 等 (1987) 的研究結果指出，當股市不振、利率上揚或不穩定時，比較有利於發行轉換公司債。此外，當經濟漸趨低迷、債券利率上揚時，也會使投資人更願意投資轉換公司債。其研究雖然以美國為範圍，但是隨著世界金融市場效率和關聯性漸趨提高，因此上述研究結果概可適用至海外轉換公司債。

就以「股市不振」來說，同樣是低檔，但是究竟投資人會較偏愛下跌段還是反彈（上升）段呢？在下跌段由於底部不易測，一般保守的投資人寧可在漲勢確立的回升段擇股介入，此時發行具有「準權益」性質的轉換公司債也比較合宜。

◆ 第五節　國際聯合貸款程序

聯合貸款跟證券承銷一樣，借款公司先找幾家門當戶對的銀行，看看其當主辦銀行的意願、報價，此時為選擇性招標 (select bidding)。銀行的標單稱為「計畫書」，可以說是貸款契約的草約，只是加上下列二項。

1.銀行聯貸策略：包括如何籌組聯貸銀行團、資金募集方式、在超額認購時借款公司是否有選擇權。

2.權宜條款：當報價所依的國際金融市場和資本市場基本狀況改變時，計畫書內報價等可能的適用。

挑選了主辦銀行後，借款公司便給予主辦銀行一份委任書 (mandate)，讓主辦銀行有憑有據的去招攬參貸銀行。

一、國際聯貸程序

國際聯貸程序跟證券發行很類似，詳見表 5-5，由圖 5-3 可窺全貌。

表 5-5　證券承銷方式和聯合貸款方式比較

證券承銷方式	聯合貸款方式
包銷 (underwrite)	承銷 (underwriting)
・全額買斷	部分承銷 (partly underwriting)
・部分買斷	承貸 (best offer)
・餘額買斷	
代銷 (best effort)	

圖 5-3　國際聯合貸款程序

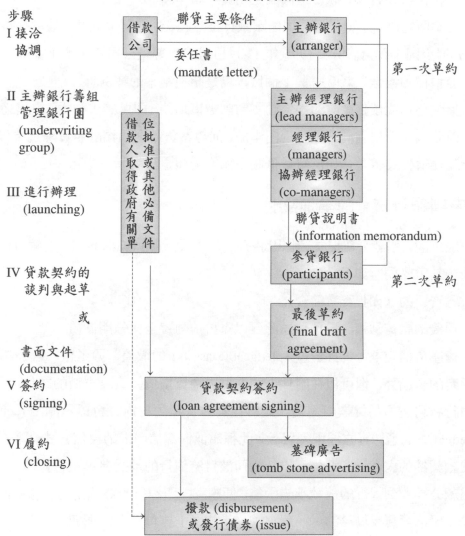

資料來源：整理自林宗成，〈國際聯合貸款與併購融資〉，《產業金融》，68 期，1990 年 9 月，第 13–14 頁。

以 1994 年 5 月進行的德碁 1.8 億美元的聯貸案來說，由美商花旗銀行擔任主辦銀行，由花旗、荷蘭和國民三家銀行各負責三分之一的聯貸額度。由主辦和協辦銀行進行總額承辦，要是找不到聯貸銀行（類似證券承銷時的協辦券商），則主、協辦銀行要把無法分出去的金額吃下。

至於貸款利率的決定程序：

· 主辦銀行先提出貸款利率指標。

· 主、協辦和各參貸銀行共同制定出貸款利率。

聯貸案所需時間，從借款公司能跟銀行接洽起，到整個案完成，通常都得歷時 3 個月，但少則 1 個月。例如 1995 年 11 月日月光半導體公司 5 年期 1 億美元的聯貸案，從招標到撥款只耗時一個半個月，算是超快結案的案例。

當借款公司完成貸款契約規定動支前應辦事項後，即可請求動支。只是必須在動支日前 6 個營業日前向經理行提出申請，而專案貸款則須視計畫實際進度撥款。經理行為便於營運管理，通常有最低動支額度的規定。

二、申請銀行貸款的準備文件

一般來說，借款公司提交類似財務簽證的「銀行書」(bank book) 給銀行，以申請貸款，其重點內容如下：

1. 融資目的（如投資案簡介）。

2. 預擬的融資結構，及預估盈餘足以支持流動資金與分期償債。

3. 資產負債表上可質押資產 (pledgeable assets) 的價值，除了依一般公認會計原則編製的金額外，還可以在附件上加上對於清算價值、實際市價的評估。

銀行核可買方的貸款申請後，銀行在買方實際動支前，會以承諾函 (commit-ment letter) 方式通知買方已取得貸款，此種類似備償信用狀的授信方式，除了一般銀行貸款契約的內容外，還包括借款公司該付給銀行的承諾費等銀行費用。

借款公司收到銀行的放款承諾函後，便應立即跟銀行洽商確定的貸款契約，就此看來，承諾函可視為草約。一般來說，承諾函上皆標示有效期間，有時短到 30 或 45 天，借款公司應仔細計算向政府機構申請投資案核准所需的時間，由此再倒算向銀行申請承諾函的日期。

三、票券發行融資工具的競標過程

除了海外轉換公司債外，臺灣企業海外債券融資管道中，浮動利率債券 (FRN) 成為 1996 年新興管道，例如致福、大眾電腦、全友的海外子公司皆發行浮動利率債券。

至於以票券發行融資工具方式在國際金融市場募集，1992 年年底時，永豐餘是第一家的企業。從此每年皆有臺灣上市公司或其海外子公司發行票券發行融資工具。

NIF 競標過程如下：

1. 發行公司把所需金額於競標前 7 天通知主辦銀行。

2. 主辦銀行盡速通知參貸銀行（或稱承諾銀行）開出競標利率。

3. 發行公司依各銀行報價，由最低利率開始選擇入圍銀行，例如 1994 年 1 月太平洋電線電纜公司發行 2,100 萬美元，10 家外商銀行競標，由 7 家銀行得標。

4. 由主辦銀行準備本票給各參貸銀行，各銀行在得標後 2 天內，把款項匯入發行公司所指定戶頭內。

第六節 國際證券發行程序——以歐洲債券為例

歐洲債券不論其種類為何，其發行程序大致相同，必須先進行下列三項前置作業：

1. 董事會決議，依據公司法第 246 條規定，公司債的募集應經董事會決議，稱為「發行決議」。此外，在下列所述的對外第五步驟，董事會還應就是否承認發行條件加以決議。

2. 發行環境的掌握和評估，詳見第四節。

3. 主辦承銷商 (managing underwriter) 及其他服務機關的選任，當然針對前項，主辦承銷商的建議對發行公司有很大的影響力，接著便是進行實際對外的發行步驟。

一、海外證券發行程序

海外證券發行的階段可分為五大階段，詳見表 5-6。其中幾個重要步驟，詳細說明如下。

表 5-6 海外證券發行階段和工作

階　段	主要工作
一、發行公司 vs. 主辦承銷商	發行公司覓妥主辦承銷商，並磋商發行費用、進度
二、送件申請前準備 (pre-filing preparation)	1.承銷商深入瞭解發行公司的資金使用計畫、財務狀況和相關資訊 2.承銷商對發行公司進行審查評鑑 3.承銷商跟發行公司初步決定發行條件、行銷賣點 (creation of the marketing story) 4.向證期會送件、申請 (filing)
三、正式行銷前段 (pre-formal market-ing)	1.主辦承銷商籌組承銷團 (syndicate) 2.公開發行登記 (file registtation statement) 3.跟主要投資人進行「暖車會議」(warm-up meetings) 4.銷售人員預演 (salesforce dry run)
四、正式行銷 (formal marketing)	1.印製、分發「初步公開說明書」(red herring prospectus) 2.公開說明會 (road show) 3.建立認購意願需求輪廓 (book of demand)
五、行銷後段	1.決定最後發行價格 (pricing) 2.配售方式 (allocation) 3.上市後維護 (aftermarket trading) 4.交款、交證券 (close the deal) 5.持續性研究報告出版

資料來源：整理自黃昆晟，〈投資銀行承銷海外存託憑證之行銷實務研究〉，臺灣大學商學研究所碩士論文，1994 年 6 月，第 66-78 頁。

㈠投審會申請（30～45 天）

如果是海外投資則需有經濟部投資審議委員會的核准（或核備），申請時必須附上完整的海外投資計畫，計畫越完善，核准的速度越快。

要是以外幣資金向國外購買機器設備供國內投資計畫使用，則需要有目的事業主管機關核准函，以東和鋼鐵公司來說為工業局。

㈡證期會申請（1.5～3 個月）

需由一家國內承銷商和國外承銷商合作，共同出具承銷商評估報告

(registration statement)。至於證期會審核速度快慢視下列情況而定：

　　1.案件多寡。

　　2.發行公司投資計畫效益性及可行性。

　　3.對公司一般問題及形象的認定。

㈢發行文件準備（1～1.5 個月）

　　公開說明書的準備可以和證期會申請同時進行，主要是由律師（國外及國內）、會計師、承銷商跟發行公司共同配合準備。此項工作宜跟證期會的審核進度互相配合，以免募資案被證期會否決而在公開說明書準備工作卻花了不必要的開銷。

　　此時的公開說明書由於未包括承銷價（或票面利率）、承銷費用，所以稱為「初步公開說明書」(preliminary prospectus)，又因其採紅色封面或標題字體，又稱為red-herring prospectus。除了公開說明書外，其他發行文件包括下列契約：

　　1.認購契約。

　　2.主辦承銷商契約。

　　3.承銷契約。

　　4.銷售團契約。

　　5.信託契約。

　　6.付款代理機構契約 (paying agent agreement)。

㈣承銷（1 個月）

　　一般說來，承銷程序大致如下，參見圖 5-4，詳細說明於下。

圖 5-4　歐洲債券發行排程

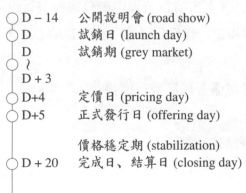

D－14	公開說明會 (road show)
D	試銷日 (launch day)
D	試銷期 (grey market)
～	
D＋3	
D＋4	定價日 (pricing day)
D＋5	正式發行日 (offering day)
	價格穩定期 (stabilization)
D＋20	完成日、結算日 (closing day)

1.公開說明會 (road show)：在試銷日前一定會舉辦公開說明會，由發行公司高階主管（董事長、總經理、財務長）、主辦承銷商共同對海外機構投資人說明公司成長前景、債券發行條件範圍；說明會主要地點包括香港、東京、蘇黎士和倫敦。

2.試銷日 (launch day)：是債券試銷期的第一天，類似臺灣新股詢價圈購，但是價格是投資人跟承銷商雙方決定的。試銷期頂多 2 週，就以宏碁、全友海外轉換公司債為例，試銷期同樣為 9 個營業日，而東和鋼鐵海外轉換公司債則直接跳過試銷期，逕行上市掛牌交易。

3.定價日 (pricing day)：經過試銷期的市場反應後，發行公司跟包銷商舉行定價會議 (pricing meeting) 便可將票面發行條件決定下來，稱為「定價」(fixed pricing)。至於轉換價格的計算基準，大抵以定價日前數天（一般為 5 或 6 天）股票平均收盤價，再加上適當的溢價比率而定出。此階段可說是初級市場，或稱「新發行市場」(new-issues market)。

4.正式發行日 (offering day)：也就是正式進入次級（或流通）市場交易，不過這得等下列三步驟具備後，才能進入第八階段上市，此階段，承銷商會邀新聞媒體（記者會或發稿），聲明證券上市。

㈤發行條件的確定和簽約

主辦承銷商跟發行公司共同完成公開說明書 (final prospectus)，並準備妥善各項契約（認購、信託、支付代理機構和轉換代理機構等契約），邀集受託銀行、付款代理機構和轉換代理機構等，在發行地（通常是盧森堡或倫敦）舉行簽約儀式。

㈥法定公告

接著應依證期會訂定「上市發行公司申請募集與發行海外公司債經本會核准後應行辦理事項」第 2 條規定，發行公司應於正式簽約起 2 天內，依法公告，公告內容包括：

1.募集總額、債券每張金額及發行價格。

2.募集債券的利率。

3.募集債券償還辦法及期限。

4.有擔保者，擔保的種類名稱。

5.發行辦法中附有轉換條件，其轉換辦法。

6. 發行及上市地點。

7. 資金運用計畫和預計可能產生效益。

8. 對股東權益的主要影響。

(七)交　割

法定公告後 2 星期內，由主辦承銷商進行交割清算 (clearing)，即承銷商跟發行公司間一手交錢，一手交貨。債券交換可透過 Euro-clear 或 CEDEL 兩大清算系統，至於債款的繳納主要透過「紐約交換銀行資金調撥系統」(the clearing house interbank payment system, CHIPS)，把承銷團所繳納的債券金額撥存至發行公司在 Euro-clear 指定的帳戶。

發行公司債交割的文件包括法律資格證明、核准債券發行的法律意見函、簽證會計師的「放心函」(cold comfort letter)，此函主要是指由會計師稽核、審閱過財務報表與其複核彙總意見等。至於交付的債券，如果來不及印製正式債券，則可交付未附息票的「臨時單張總債券」(temporary global bond)，可代表正式債券，並可在倫敦證券交易所上市。通常在分銷完成後的第 90 天為臨時債券更換為有附息票的「正式債券」(definitive bond) 之日，稱為「交換日」(exchange date)。

(八)上　市

接著便是上市，常在一個以上證券交易所上市，大多集中於店頭市場買賣。

二、其他相關機構

除了發行公司、承銷商外，跟發行海外公司債有關的機構至少有 8 個，詳見表 5–7，僅重點說明其中 5 個機構。

1. 受託機構 (trustee)：由發行公司聘用，通常為獨立的商業銀行，其任務為當債權無法行使時代表投資人行使權利。

2. 付款及轉換代理機構 (paying and conversion agent)：通常也由商業銀行擔任，主要工作為定期付息給投資人並協助股份的轉讓，可以由受託銀行兼任。

3. 本地轉換代理機構 (local conversion agent)：由臺灣本地具有信託部的銀行擔任，在外國投資人要求行使轉換權時，協助轉換工作的進行。

4. 簽證會計師：會計師為發行公司本身的簽證會計師，通常以四大會計師結盟

表 5–7　1997 年台積電海外轉換公司債發行相關機構

證券發行相關機構	相關機構	功　能
1. 受託機構 (trustee)	美國花旗銀行	擔任債權人的受託人
2. 主要支付和轉換機構 (principal paying and conversion agent)	同上	負債替發行公司付息還本給債券投資人
3. 付款和轉換代理機構 (paying, transfer and conversion agent)	盧森堡花旗銀行	同上
4. 上市代理 (lisiting agent)	盧森堡國際銀行	在盧森堡股市掛牌
5. 保管銀行 (custodian)	花旗銀行臺北分行	保管股票
6. 簽證會計師	勤業	提供財報簽證等
7. 顧問	亞洲高盛證券公司	投資銀行
8. 律師 (1)公司 (2)投資人律師	理律 (Lee and Li) Sullivan & Cromwell	確保債券適法 確保投資人權益

資料來源: 整理自台灣積體電路製造公司，1997 年 6 月的海外轉換公司債英文公關說明書封底內頁。

的會計師事務所為佳；主要的工作為英文財務報表的編製，並且協助核對公開說明書相關部分文件。

　　5.律師: 分為國外、國內律師，最普遍的安排是二位國外律師，一位代表發行公司、一位代表承銷商，另外再搭配一位熟悉國內證交法的國內律師。另一種情形是只用二名律師，由國外律師代表承銷商、國內律師代表發行公司。不論律師代表那一方，其費用通常皆由發行公司負擔。

三、債券私下募集程序

　　私下募集債券 (private placed bonds)──無論是有擔保或無擔保，利率大都是固定的，期限可長達 10、12 甚至 15 年，債券主要投資人是保險公司，其次才是共同基金、退休基金等機構投資人。如果投資人超過 2 家公司，這些公司便成為「共同放款者」(co-lenders)。

　　在美國，私下募集是特例，因此必須符合 1933 年起施行的證券法 (Securities Act of 1933) 中「規則 D」(regulation D)，主要是投資人的型態與人數，也就是「不認可投資人」(nonaccredited investors) 人數不能超過 35 人；而「認可投資人」

(accredited investors) 人數則不限。至於認可投資人包括有錢人、高淨值的公司、某些傳統的機構投資者和發行公司的董事、高階管理者。

如果不認可投資人超過 35 人，發行公司還得依法提出類似公開說明書的「私下募集備忘錄」(private placement memorandum)，以供投資人參考。當然，如果債券投資人僅限於認可投資人，發行公司可以不必大費周章的提出私下募集備忘錄。

至於私下募集債券發行流程和時間表，請參見表 5–8，其中「動支」(take down) 是指債券發行公司使用或收到債券發行款項的本金部分，此詞也適用於貸款時。

表 5–8　私下募集債券排程表

進　度	活　動	參加單位
第 1 週	發行公司跟承銷商磋商	CO, IB
第 1～2 週	研擬私下募集備忘錄的第一次草約 (first draft) 承銷商將第一次草約交給發行公司 發行公司對第一次草約提出意見 承銷商修正第一次草約，提交第二次草約給發行公司	CO, IB IB CO IB
第 3 週	發行公司對第二次草約提出意見	CO
第 3～4 週	承銷商向潛在債券購買者促銷，並協商債券利率、主要條款和未來動用本金 (take down)	PUR, IB
第 5 週	潛在債券投資人拜訪發行公司	all parties
第 6 週	債券投資人答應出資承購；準備債券發行所需的文件、契約	PUR, PC
第 6～8 週	簽訂「債券購買協議書」(note purchasement agreement)	all parties
第 8 週	履約與交付款券	all parties

符號意義：
CO：債券發行公司　　　　PUR：債券投資人
IB：債券承銷商　　　　　PC：債券投資人的法律顧問
CC：發行公司的法律顧問
資料來源：美國 PaineWebber 投資銀行，臺北辦事處。

第七節　國際融資相關會計事項

在拙著《企業併購》(新陸書局，2002 年 7 月) 第四章第一節中，已詳細說明獨立會計師在併購前財務會計的審查評鑑 (due diligence) 所扮演的角色，其中有很大部分可用於國際融資時所需的會計資訊，本節僅討論其他相關的會計事項，部分

仍以國際併購為討論焦點。

一、貸款所需的財務和輔助會計資訊

申請貸款所需的財務資訊，除了財務報表外，可能還須包括償債能力函、放心函。

㈠申請貸款所需的預估財務報表

銀行、買方越來越要求目標公司提供預估財務資訊 (prospective financial information)，以求更瞭解目標公司。尤其是在買方收購目標公司後，銀行更想藉此瞭解由於營運計畫的變更，買方為了償債，對於其未來盈餘可能產生什麼影響。

預估財務資訊可分為預測 (forecast)、推估 (projection) 二種型式，詳見表 5–9。

表 5–9　預估財務資訊的二種型式比較

	預測 (forecast)	推估 (projection)
內容	目標公司對期望財務結果的最「樂觀」(佳) 設計，反映出經營者對期望存在的狀況 (condition)，所期望採取的行動 (course of action) 所產生的效果	在幾種可能的情節下，目標公司不必然期待這些狀態會存在且不必然會採取行動，因此是回答 "What would happen if..." 這種問題用的
對象	被動、主動財務使用者	主動 (passive) 財務使用者，能跟目標公司直接磋商者，即限制使用情況
用途	1. 一般使用 (general use) 2. 限制使用 (limited use)	1. 有附 forecast 數字時，可供一般使用 2. 限制使用

資料來源：整理自 Reed & Edson, *The Art of M&A*, pp. 441–443.

㈡償債能力函

在申請貸款時，尤其是借款公司負債比率甚高或進行融資買下時，借款公司為了向銀行證明自己的償債能力，並進而避免在借款公司遭遇財務困難時，銀行可能吃上欺詐讓與的官司。因此，銀行往往會要求獨立客觀合格的機構對借款公司的償債能力出具證明函，也就是「償債能力函」(solvency letters)。

針對企業貸款所需的財務簽證，會計師對於委辦事項跟本身有直接或間接利害衝突時，基於職業道德第 1 號公報應予迴避，因此會計師不會提供「償債能力函」給銀行，以證明借款公司償債能力良好。但是在會計師出具的財簽或放心函中，會

以消極保證 (negative assurances) 的方式來表達「償債能力意見」(solvency opinion)，即表明其客戶目前並沒有違反貸款契約中的某些（或全部）條款，或是基於目前的資訊，借款公司可能不會經營失敗或無力償債。

基於同樣的道理，有些保守的會計師並不提供「公司鑑價」(firm value evaluation) 的服務，而只提供以過去（歷史成本）或現在（資產重估）資料為準的財報。至於公司價值評估因考慮到未來獲利等，宜由獨立的鑑價公司（appraisal company 或 valuation corporation）負責。鑑價公司基於專業分析，對受鑑價公司目前跟未來可能狀況會提供「積極保證」(positive assurances)。少數情況下，投資銀行業者也提供償債能力函的服務。

美國證管會對於償債能力函的興趣也與日俱增，值得注意。

雖然會計師不會替借款公司出具償債能力函，然而會計師在協助借款公司貸款時，並不是毫無貢獻，其所提供的下列財務簽證，有助於銀行客觀瞭解借款公司。

1.檢查 (examination) 與核閱 (review) 歷史資訊。

2.檢查與核閱預估財務資訊。

3.代編 (compilation) 與預估 (prospective) 財務資訊。

4.限制用途的報告，例如依協議程序編製的審計證明書 (auditing attestation) 或預估財務資訊標準，總稱為「協議程序下所簽發之專案報告」(agreed-upon procedures report)。

實務上，金融機構對各會計師簽證品質認為有高下之別，為了提高財簽被金融機構信任的程度，宜聘請金融機構認可的會計師負責簽證。

（三）放心函

在證券發行的時候，依據美國聯邦證券法律規令——例如 1933 年的證券法 (the Securities Act of 1933, the "1933 Act")，承銷商須對發行公司進行「合理調查」(reasonable investigation)，包括財務和非財務資料。為確保財務資料的正確性，承銷商會要求簽證會計師出具「放心函」(comfort letter) 或稱「安撫函」，也就是查核登記書內所附財務報表的獨立審計人員所簽發的「致證券承銷書」。

會計師在出具放心函前，一般來說基於節省稽核成本的考量，承銷商會要求採取選擇性程序，針對下列未經會計師查核的財務資料，加以查核：

1.未查核 (unaudited) 的財務報表、濃縮的內部財報、摘要 (capsule) 資訊、事前試算財報。

2.財報中特定項目的變動，例如股本、長期負債、淨流動資產或淨資產、淨銷售額、總盈餘或每股盈餘，涵蓋期間為上次發行公司向證期會申報用的財報 (registration statement) 至最近某日。

3.表、統計數字，及其他財務資訊。

一般來說，會計師出具給承銷商的放心函並不能作為承銷商未做好合理調整的卸罪盾牌。因為：

1.由於缺乏實際的查核作業，在放心函中，僅是承銷商跟會計師協議的程序，會計師執行協議程序，並不構成按照一般公認審計準則實施查核，因此會計師無法對加以查核的資訊表示意見，所以會計師最多只會表達消極保證，例如會計師並沒有發現財務報表有足以令人誤解的情事。

2.會計師僅會針對跟其專業知識攸關的事項加以表示意見。因此放心函中的這些意見，對承銷商所負責任並沒有減輕多少。尤有甚者，法令跟主管機關對「合理調查」的法定標準還沒建立起來，以至於針對會計師出具放心函所依據的程序，承銷商仍應負責。

在臺灣，上市公司證券公開說明書中，簽證會計師針對上市公司向證期會提出的申請案件檢查表所載事項，會計師提出「會計師複核彙總意見」，內容大抵為：「經本會計師採取必要程序予以複核，……並未發現有違反法令致影響有價證券募集與發行之情事。」此會計師意見（書）功能同於放心函。

二、獨立會計師在提供預估財務資訊的角色

在提供第三者有關被簽證公司的預估財務報表方面，會計師提供下列三種不同範圍的服務。

1.核閱 (examination)：如同對過去財務報表的簽證，雖然會計師簽了無保留意見 (clean opinion)，但並不表示他保證目標公司一定會達到預估目標，只是意味著他對預估財務報表中的預測基礎有適當的支持、事業的關鍵因素有談及，而這二者正給予預估財報一個合理的基礎。

2.代編 (compilation)：如同代編過去財務報表，在有限程序 (limited procedures) 下，在代編報告中，明顯表達會計師的意見；隱含保證這些預估資訊至少已通過「嗅覺檢驗」(smell test)，基本假設並沒有明顯的不合宜或明顯離譜。

3.協議程序 (agreed-upon procedures)：這程序大抵跟代編財務報表相同，報表的內容也僅限於此程序所獲得的結果，報表的發送對象僅限於想分發的對象。

顯而易見的，會計師該提供什麼程度的服務，是由報表的使用者（如銀行、投資人）決定的。

在上市公司函送證期會的財報中，證期會有二項對獨立會計師的限制：

1.在任何情況下，不接受代編之財務報表。

2.甲會計師幫上市公司準備預估資訊，那麼甲會計師不能提供檢查報告。

㈠會計師介入的時機

在併購或貸款時，何時該延請會計師介入呢？大抵包括下列情況：

1.無論是最後收購價格或授信核准，皆視目標公司淨資產的持有價值或營運結果而定，二者皆依一般公認會計原則 (GAAP) 而定。

2.當買方為公開發行公司，美國證管會規定買方在向證管會申請 (filing) 時，須一併函送目標公司合格簽證的歷史財務報表。

3.收購日離最近簽證的財報時有數個月之隔，而且在審查評鑑時指出期中 (interim) 財務資訊有待重大修正。

4.目標公司過去綜合 (comprehensive) 財報並未經過完整的審核程序，因此淨資產或盈餘可能高估。

㈡出售或策略聯盟前的會計簽證準備

上述只是以全球企業貸款所需的財會事項為重點，擴大來說，企業在全球化的過程中宜事先建立好財會制度，這又可分為國內與國外二部分來談。

1.國內方面：無論是策略聯盟、被併購，買方皆希望跟一家財務清清楚楚的公司往來，因此在誰也料不準自己什麼時候會成為目標公司的情況下，只好平時就改由證期會、銀行認可的聯合會計師事務所簽證。而且此更換簽證會計師後出具的年度簽證最少需要 1 年，因此絕不可以抱著「時到時擔當，沒米才煮蕃薯湯」的想法，導致財報不被認可，而錯失策略聯盟、被併購的機會。

2.國外方面：外國公司對簽證會計師的要求更嚴，一般都希望由四大會計師事務所負責簽證。否則，在財報令外人不放心的情況下，買方大抵會收購未設質（或抵押）資產，對於產權有問題的資產則敬而遠之。一般來說，資產分批出售，往往比整批出售來得不划算。

(三)會計師的收費方式

至於會計師的計費方式，並不會因為處理國際併購相關事務而有差別，依據會計師職業道德規範第 7 號規定：會計師承辦查核或核閱業務，不得簽訂下列或有酬金的契約。

1.酬金的支付與否，以達成某種發現或結果為條件者。

2.酬金的多寡，以達成某種發現或結果為條件者。

因此會計師不會賺取「成效費」、「佣金」等，在對客戶報價時，查帳計畫中主要包括工作項目、預計各級人員所耗時間、各級人員的收費標準費率 (rate fee)；在實際作業時，如果須超過預估時間 (over-run)，則須經過委託人的同意，當然，會計師也因此可追加費用。

有關差旅、通訊等雜項現金支出，則以實報實銷方式報帳。如同一般委託案，委託人為避免會計師等的浮濫支出，針對此項雜項支出往往會設定一上限，例如 5 萬美元，客戶往往會先給予會計師部分現金以作為零用金。

有關於會計師的責任，某會計師認為：「該講（表達）而講錯，則會計應負責任；至於不該講而未講則無須負責任。」至於什麼是「該講」的，以國際併購前的財會審查評鑑工作來說，買（賣）方可能針對會計師所提的計畫中刪除一些項目，剩下的部分便是「該講」的部分。

個案一：外銀搶食 ECB　發行公司受益匪淺

承銷商搶承銷案往往使出渾身解數，本個案以 2002 年的仁寶、華映兩公司發行海外轉換公司債為例，說明荷蘭銀行跟花旗集團如何搶案子。

一、華爾街弱肉強食　臺灣翻製

2002 年對華爾街投資銀行來說，全年都籠罩在景氣寒冬裡，裁員、縮編，又碰上華爾街殺手——紐約州檢察長史匹哲 (Eliot Spitzer) 緊追證券公司業者、證券分析師、發行公司的利益糾葛不放。情勢愈險峻，美系證券公司求生動作越大，競爭就越白熱化。

證券公司的競爭，類似自然界弱肉強食、適者生存，花旗跟荷銀在仁寶上的競爭，正是典型華爾街競爭生態的「臺灣版」。

在杜英宗未出任花旗銀行旗下的所羅門美邦證券公司董事長前，外商投資銀行以高盛證券為首，在美系投資銀行如摩根士丹利、所羅門美邦、瑞士信貸第一波士頓、JP 摩根大通等逐漸擴大在臺規模下，分食不少美林、高盛和瑞銀華寶等老字號的市場。

二、仁寶 ECB　荷銀硬被踢出局

荷銀一向是與人為善，有案子是呼朋引伴做，從荷銀承作任何一支臺幣債券，或替臺灣上市公司發行海外證券，都跟中外業者合作可見。荷蘭銀行執行董事宋雲峰是老實人，在 2002 年 10 月仁寶案上更處處為發行公司著想，贏得仁寶案主辦權時，因擔憂市況不佳，才推薦所羅門美邦證券共襄盛舉。

孰料仁寶案發行當天，兩家外銀傳出不和，所羅門美邦以更好的發行條件，要求擔任獨家簿記員 (book runner)，以全盤掌控交易。

花旗能把仁寶案做得漂亮，除美股反彈外，杜英宗下險棋及花旗集團的通力合作，也是重要因素。分析花旗集團在仁寶案的安排技巧，真有些「說穿了不值錢」的感覺，但是重點是做起來很不容易，因為動員的資源多，更涉及金融集團層層嚴密的授信和內控。

荷銀贏得仁寶案主辦承銷商時，不僅邀所羅門美邦證券加入，還安排 7,500 萬美元的銀行授信額度，以買下等額的仁寶海外轉換公司債，並建議所羅門美邦也這麼做。後來，後者不僅向紐約總公司要到 1 億美元額度，發行條件更完全投仁寶所好，把荷銀踢出去。

花旗集團 10 年前曾抽仁寶電腦的銀根，仁寶許家一氣，10 多年來都不跟花旗銀行往來，這也是仁寶集團聯貸案大多由荷銀主辦的原由之一，但這支海外轉換公司債發行後，花旗集團贏回仁寶這位大客戶，尤具策略性意義。

三、華映 ECB　荷銀終扳回一城

荷銀在仁寶案失利後，2002 年 11 月積極承作華映 1.4375 億美元海外轉換公司債案。華映

原是花旗集團客戶，這支海外轉換公司債原由高盛主辦，但高盛因全球科技業景氣重挫，打了退堂鼓，由荷銀和美林共同接手。

在華映海外轉換公司債發行前兩天，美林變卦退出，國際投資人又對薄膜電晶體液晶顯示器 (TFT-LCD) 產業的景氣存有疑慮，因而對投資海外轉換公司債或存託憑證，心裡都怕怕的。

為免除國際投資人的疑慮，荷銀集團也安排要吃下華映相當部位的海外轉換公司債，更進一步安排華映下游廠商的海外子公司（例如仁寶）承接華映海外轉換公司債。在國際投資人研判：荷銀都敢吃，我們又何必多慮的情況下，外資申購意願轉強，超額認購量高達 4.5 倍。

華映海外轉換公司債過去兩次都是花旗集團承作，花旗銀行也常替華映安排聯貸案，但是這次風水輪流轉，荷銀搶下華映海外轉換公司債案，並且順利替華映募得資金，使得荷銀的主辦承銷商地位終留在排行榜內。

個案二：2003 年 3 月中環 1.35 億美元 ECB

2003 年 3 月 21 日，中環公司的 5 年期 1.35 億美元海外轉換公司債定價，比 20 日臺股收盤價溢價 11% 發行。美伊開打，帶動全球股市揚升，這是臺灣第一家上市公司、也是全球第一家企業在戰爭開始後，成功到國際市場募得資金。

中環的海外轉換公司債 21 日傍晚發行，才 3 小時就截止收單、定價，短時間內接獲國際投資人約 3 倍以上的訂單。這支海外轉換公司債票面零利率，贖回收益率是 0.5%，投資人可以選擇在第 1、2 年轉換為股票或贖回。

此案是由摩根大通銀行主辦承銷，大通銀行將在 24 日追加發行 1,500 萬美元，總計發行規模達 1.35 億美元。

2003 年 1~3 月，臺灣公司紛紛搶時機到國際市場籌措資金，看好利率已來到歷史新低，發行 ECB 籌募資金是當前最便宜的融資方式，總計約 11.23 億美元。

中環此次發行海外轉換公司債除了借舊還新，主要作為添購新的 DVD 生產設備，擴大各類記錄型 DVD 光碟片產能，和作為長期擴展所需。

外銀主管指出，中環搶在美股連續 7 日翻紅、臺股本週以來外資買超臺股臺幣 266 億元時發行，國際投資人雖然擔心高風險的電子股的股價波動，但預期隨著戰爭可速戰速決，不少外資大幅減碼電子（科技）股者紛紛趁此時回補手上科技股的部位，是中環此次海外轉換公司債受歡迎的關鍵，詳見表 5-10。

表 5-10　2003 年 1~3 月上市公司發行海外轉換公司債的條件

公司	規模（億美元）	票面利率	贖回收益率	溢價 (%)
萬海航運	1.435	0	0	23.00
廣輝電子	1.800	0	0	19.00
宏達電子	0.600	0	0.5	18.00
華泰電子	0.700	0	0	1.00
旺宏	0.800	0	0	3.52
翰宇彩晶	1.500	0	0	10.00
奇美電	2.250	0	0	6.43
華映交換債（大同代發行）	0.796	0	0	22.00
中環	1.35	0	0.5	11.00

資料來源：各家主辦承銷銀行。

　　中環 2002 年在臺灣略有小虧，但加入全球獲利，有 7.16 億元盈餘，每股稅後純益 0.28 元，比其他電子公司表現頗佳。2002 年底以來 CD-R 價格數度調整，中環 2003 年 2 月營收比去年成長 10%，這也是中環這支 ECB 獲投資人青睞，而債券比重達 95.6%，有助中環引進穩定的國際投資人。(經濟日報，2003 年 3 月 22 日，第 3 版，白富美、李國彥)

本章習題

1. 以表 5-5 為底，分析證券承銷、聯合貸款的差異。

2. 以圖 5-3 為基礎，以一家公司的一個聯合貸款案為例來具體說明。

3. 以一個具體案例來說明 NIF 的競標過程。

4. 以一個具體案例來說明申請銀行貸款的文件。

5. 以表 5-6 為基礎，以一家公司的海外證券 (ECB、GDR) 為例來說明。

6. 以圖 5-4 為基礎，餘同第 5 題。

7. 以表 5-8 為基礎，餘同第 5 題。

8. 以表 5-9 為基礎，餘同第 5 題。

9. 找一份募股說明書，分析會計師提供的是那種預估財務資訊。

10. 找一份放心函來分析。

第六章

負債融資條件和契約

不要把自尊建立在投資表現上，如果你非得以投資表現來證明自己的
價值，你要做的是找到好股票，而不是承認自己是個不中用的人。

——佛瑞斯　基金經理

學習目標：

站在資金調度科科長（或副理）立場，來說明如何跟銀行討論出貸款條件、貸款契約，並把草約提供給財務長、總經理定稿。

直接效益：

「貸款契約」只有少數地方有開課，「貸款條件」開課較多，但本章架構完整、詳細討論，唸完本章，上述課程可以不用去上了。

本章重點：

- 貸款條件表 (term sheet) 的主要內容。§6.1
- 浮動放款利率如何調整。§6.1 三㈢
- 中長期貸款三種還款方式比較。表 6–1
- 貸款、債券契約內容和本章架構。圖 6–1
- 貸款契約中的五大重要限制條款——代理理論的角度。§6.3
- 貸款契約中的違約事項和其他重要交易條件條款。§6.4

前言：簽約前先看清楚

負債融資的結果以白紙黑字的契約來見證，其中主要有二項：

1. 融資主要條件，本章第一節說明。

2. 契約條款，本章第二至四節說明，這部分要看清楚，其中有些是銀行的底線，可視為銀行篩選合格借款公司的標準，例如流動比率。但是更重要的，借款公司必須瞭解那些條款可以讓步，又可爭取那些條款的放鬆，這才是本章的特點。

第一節　貸款條件的主要內容

融資交易一談妥，雙方會簽訂貸款或債券契約，主要載明貸款條件 (terms)。其主要內容為「貸款種類」(issue)，包括各類授信的金額、期限；此外，還包括下列常見的條件。

一、用　途

融資「用途」(purpose 或 use of proceeds) 主要摘述借款的目的，例如併購其他公司所需的併購融資 (acquisitions financing)。這條款限制貸款的用途，也就是有拘束的貸款 (tied loan)。

二、額　度

通常以美元為計算貸款額度的基準，如果選擇「多種幣別融資方式」(multi-currency facility)，借款公司尚可選擇與美元額度等值的約定幣別，如日圓、歐元。如果貸款科目結構 (structure) 不只一樣，也就是依貸款性質分成不同的額度 (tranche)，如 A、B、C 等；在債券，tranche 稱為「券別」。

三、利　率

大都以 3 或 6 個月 LIBOR 加碼 (spread)，加碼幅度視借款公司信用狀況、授信種類和期限等因素而定，通常併購融資時加碼較高。

㈠以 LIBOR 或 SIBOR 作為參考利率

在歐洲通貨市場舉債適用 LIBOR，如果是在亞洲國際通貨市場融資，則適用 SIBOR；在美國大都依據幾家「貨幣市場銀行」(money market banks) 基本利率所編製的「指數利率」(index interest rate)，以作為參考利率 (reference rate)。

至於 LIBOR 是如何計算出來的呢？通常選擇參貸銀行中幾家具代表性的所報出的倫敦銀行間拆款利率，以借款公司選擇的利率期間前二個營業日上午 11 點為準；然後由經理銀行採算數平均方法計算，便可以求得聯貸案適用的 LIBOR；至於這些代表性參貸銀行則稱為「參考銀行」(reference bank)。

一般來說，銀行撥款進入借款公司指定帳戶便為「開始計息日」(interest commencement date)，由此計算每滿 1 年為每年付息日 (interest payment date)。

㈡以國庫券利率作為參考利率

除了以放款國基本（或基準）利率、LIBOR、SIBOR 為貸款參考利率外，也有以同天期（美國）國庫券利率 (treasury rate) 的；例如以銀行承諾放款時的國庫券利率再加碼，加碼則以「基本點」(basis point，BP 或 bp，即 0.01%，萬分之一）為計算單位。例如國庫券利率為 4.00%，再加碼 195～220 基本點，那麼貸款（債券）票面利率 (coupon rate) 便為 5.95～6.20%。

一般來說，銀行初次對借款公司報價 (quoted prices) 時，針對貸款利率大都採上述區間報價（利率）方式，很少以點利率來報價。

㈢放款利率的調整

長期貸款利率大部分皆為浮動利率，雖然說是浮動利率，但是重洽利率 (interest rate reset) 的期間並不是朝令夕改，而常是以月為重新調整的單位，例如：

1.每半年重新議定貸款利率，即換約一次。

2.每 1、2、、3 或 6 個月調整利率，比較適用於短期信用貸款。

在小額貸款或聯合貸款情況，為了降低重訂利率的交易成本，常採依約定公式的調整方式。

四、收益保障

放款銀行為了保障自己免於不可抗力事件的衝擊，所以有時會加上「收益保障

條款」，其主要內容如下，這些大抵是備而不用的。

(一)替代利率 (substitute rate of interest)

　　要是契約中所規定的計息方式已無法正確反映放款銀行的實際成本，則雙方應尋求另一個替代基礎。

(二)稅　捐

　　借款公司應負擔所有現在和未來因貸款而發生的稅負。

(三)成本增加條款

　　簽約後任何因法令變更而導致放款銀行稅負增加、存款準備或資金取得條件等，增加放款銀行維持本貸款的成本，借款公司應補償銀行。

(四)幣值維持條款

　　1.放款銀行的貨幣選擇條款：在到期日時，放款銀行得指定契約中之一種貨幣作為償還幣別。

　　2.計算單位條款 (loans expressed in unit of account)：貸款金額不以特定貨幣計價，而以借貸雙方合議的計價單位來表示；例如以黃金來表示者稱為「黃金價值條款」(the gold value clauses)。

　　3.穩定貨幣條款：放款銀行為避免貨幣貶值的損失，採用預期匯率維持穩定的貨幣作為償還幣別。

五、費　用

　　即第四章第二節中所列的各項費用金額和支付時間。

六、可動支額度

　　以循環信用貸款來說，每個月「可動支額度」(availability) 可能事先便約定，或約定視抵押品市值而定。

七、期限、寬限期、還本方式

　　貸款期限 (tenor, final maturity) 視借款公司預計的盈餘和償債能力大小而定。還本方式 (method of payment) 除傳統分期平均攤還 (amortized) 外，還有三種常見

方式，參見表 6-1。

表 6-1　中長期貸款三種還款方式比較

還款方式	延期還本 (moratorium)	氣球式還款 (balloon)	子彈式還款 (bullet)
方式	如同房屋抵押貸款，先付息再還本	前面幾期平均，至最後一期一次清償餘額	到期一次清償貸款本息，類似零息票債券
優點	1.借款公司可保有較多的貸款金額 2.利息費用的抵稅現值可能較大	同左 1.	同左 1.
代價	銀行可能要求較高的利率、抵押（或保證）	同左	同左

資料來源：整理自 Michel & Shaked, *The Complete Guide to a Successful Leverager Buyout*, p. 253.

　　還款方式也可作為債券的分類之一，例如不可贖回、到期償還全部本金 (repayment) 的債券稱為「子彈債券」(bullet bond)。

　　寬限期 (grace period) 是指借款公司未能如期償還時，銀行會給予一段期間（例如 10 天）讓借款公司設法履約，而不會立即打入催收、訴諸法律行動。

八、地　位

　　1.地位 (status)：以表明貸款本息對借款公司的地位，例如永豐餘海外轉換公司債債權契約中載明，此債本息是無條件的、非附屬的（針對發行公司未來新舉的負債）、無擔保的，而且跟發行公司已發行同性質負債具有同樣的求償順位 (rank pari passu)。

　　2.優先順序 (ranking)：表明此貸款相對於借款公司其他貸款，對借款公司資產的求償順序，這稱為「債權順位條款」(subordination provisions)。

九、型式、幣別、轉讓

　　1.型式 (form)：常見的有二種方式，海外轉換公司債的標準型式有記名式 (registered bond)、無記名式 (bearer bond)，前者面額最少 50 萬美元，後者面額最少

1 萬美元。

2. 幣別 (denomination)：最常見的為美元。

3. 轉換方式或所有權方式 (title)：無記名式只要交遞便完成所有權的移轉，至於記名式則須過戶、登記。

十、取消額度、提前還款條件

有時允許借款公司在用款期限內可任意取消融資額度 (optional cancellation) 未撥用的部分，不需支付懲罰性費用 (penalty)；至於取消的額度必須符合最低金額和其倍數的限制，並應在 30 天前通知經理行。同樣的，借款公司也可提前清償 (prepayment) 本息。

十一、貸款擔保

借款公司至少可以採取下列三種方式來保證還款。

1. 本票 (promissory note)：為方便債權追索起見，要求借款公司按實際動用金額開具本票給經理行收執；如果是分期還本，本票改按攤還日期和金額開具。

2. 保證 (guarantee)：國外聯貸案通常未徵提個人保證，有時只需母公司出具放心函或保證函即可。

3. 擔保 (security)：通常由借款公司提供固定資產設定第一順位給主辦行（或經理行）。有時則由其他金融機構出具保證函或保證信用狀 (stand-by letter of credit)。

如果以借款公司的資產為擔保而提供融資者，稱為「資產基礎放款銀行」(asset-based lender)，以固定資產作押，借款期限可達 3 至 7 年；以流動資產作為擔保時，通常可取得 1 年期可循環使用的信用額度。如果是以借款公司未來現金流量作為償債能力而提供融資者，稱為「現金流量基礎放款銀行」(cash-flow-based lender)，一般可取得 1 年期無擔保可循環使用的信用額度。

由於抵押物的設定對象有時由主辦行代為，但有些法律專家認為為了避免借款公司的其他債權人抗辯「沒有完全對價關係」，而主張所有債權人為抵押物的受益人；但是當聯貸行家數眾多時，這種設定手續頗耗時。有時為了避免辦理設定手續繁複起見，改由借款公司出具承諾書，承諾不得把該項資產設定給其他金融機構；

不過這種情況下，該項資產不能作為真正的擔保品。

十二、橋樑貸款契約

橋樑貸款契約的內容跟中長期貸款契約雷同，有一項值得進一步說明。

「橋樑貸款條件」(term of the bridge loan)，除了利息、期間（通常為 3 至 9 個月）外，借款公司、銀行共同關切的問題是「再融資」(refinancing) 的來源何在。站在借款公司的立場，為了確保再融資資金來源，常希望在橋樑貸款契約中加入滾期條款，約定如果貸款期滿而借款公司無法取得中長期貸款以償還橋樑貸款，那麼橋樑貸款「多年媳婦熬成婆」，自然滾期成為中長期次級負債，至於貸款條件屆時再議。

縱使有些借款公司認為當橋樑貸款期滿時，如果公司營運好，自然不愁找不到中長期貸款資金。不怕一萬，就怕萬一，要是碰到資金緊俏（例如 1987 年 10 月紐約股市大崩盤後），還真是求借無門呢！而且站在降低交易成本的考慮，一事不煩二主，由原承貸銀行承放中長期貸款，可說駕輕就熟。

不過橋樑貸款的承辦銀行為了求自保，常希望貸款契約條款嚴謹一些，這點倒是必須注意的，否則借款公司動輒得咎，反而自討苦吃。

第二節　國際貸款和債券契約㈠
——契約的架構、陳述與保證條款

任何借款公司在跟銀行正式接洽前，最好先瞭解銀行標準貸款契約的重要內容；要是自己不符合其中的要件，那麼要取得貸款也難，只好知難而退，以免白忙一場或延誤融資的時效。另一方面，如果貸款的條件太嚴格，那也毋須太勉強，否則把自己綁得動彈不得，那可真是因小失大。

當然，國際貸款契約複雜的程度，絕非習慣國內貸款定型化契約的公司理財人員所能想像的；國際併購法律專家陳文俊博士認為，有些臺灣企業為求省錢，免費弄來標準型式的契約，以為便足夠；殊不知契約審查的重點除了看它寫了什麼外，更要看有那些應涵蓋的條款卻遺漏了。難怪俗語說：「別人的良藥卻可能是你的毒

藥」，就是這個道理。

　　無論貸款契約名稱是貸款（或信用）協議書或是債券契約，契約內容常包括下列三項內容：

　　1. 條款。

　　2. 違約事項。

　　3. 其他重要交易條件。

貸款契約內容跟本節架構詳見圖 6-1。

圖 6-1　貸款、債券契約內容和本章架構

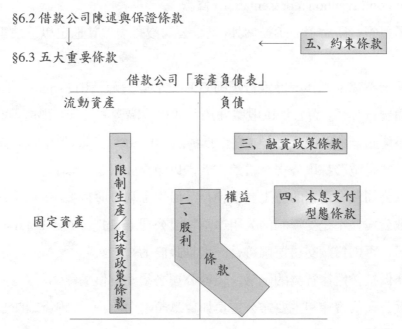

在深入討論契約內容前，先說明一般商業交易行為中，雙方用以自保的陳述（或聲明）、保證及承諾條款 (representation, warranties and covenants)。銀行為求自保，會在貸款契約中要求借款公司陳述、保證與承諾有能力貸款、還款；反之，銀行也應依樣畫葫蘆保證自己有放款能力，以免借款公司擔心被放鴿子。

　　如果陳述錯誤會產生怎樣的後果呢？

首先，在簽約時或簽約後，如果銀行發現借款公司破壞陳述條款，銀行可停止撥款。

其次，破壞陳述或保證條款，勢必引發違約事項。

（一）借款公司陳述及擔保

借款公司的陳述及擔保主要內容如下：

1. 借款公司提交給銀行的財務報表是正確的。

2. 借款公司設定抵押給銀行的資產，並未將留置權 (liens) 設定給其他人。

3. 此次貸款應沒有跟借款公司受約束的法律或契約相衝突，這就是「不違法之陳述」(non-contravention representation) 條款。

4. 除了對銀行所宣稱的訴訟案外,借款公司沒有遭遇其他足以造成重大負面的訴訟案。

5. 貸款須不違反聯邦準備銀行規則 G 與 U 的「邊際法則」(margin rules)，也就是對於公開發行公司，買方採取收購要約方式以收購賣方公司；那麼，買方抵押貸款的比率不能超過收購股票金額（充作抵押品）的 50%。其餘的部分只能靠信用貸款來挹注，或是乾脆採取公司合併的方式，以免受此規定的限制。

6. 借款公司沒有潛在的勞工負債稱為「員工福利金曝露」(ERISA exposure)。

7. 借款公司並不是受管制的公用事業控股公司 (public utility holding company) 或投資公司，否則貸款交易還應符合一大堆政府的規定。

8. 為降低被控脫產行為的風險，借款公司必須要有償債能力。

9. 借款公司的資產和主要辦公室真如貸款契約中所指,這跟貸款訴訟時的管轄法院有很大關係。

除了普通的陳述及擔保外，還有特殊的 (special) 陳述及擔保。

承諾可分為肯定性 (affirmative)、否定性 (negative) 二種。

（二）放款公司陳述及擔保

放款公司的陳述及擔保主要為依約有能力提供貸款。以 1990 年 4 月，中油併購美國哈弗可 (Huffco) 公司為例，中油併購融資有一半原由瑞士某銀行承辦，後因 10 月時，中油遭受原賣方的控訴，瑞士銀行緊急抽腿，害得中油只好說服國內行庫提高貸款金額 1 倍。由於中油尚未跟瑞士某銀行簽約，因此也無法要求瑞士某銀

行損害賠償。

 ## 第三節　國際貸款和債券契約㈡
——五大重要限制條款

銀行為了避免「債務人剝削債權人」的負債代理問題，常會在債權契約中加上一些限制條款，以約束借款公司的行動。根據美國羅徹斯特大學 Smith 和 Warner 的研究，這些限制條件 (indenture restrictions) 主要可歸為下列五類。

一、限制生產／投資政策條款 (production / investment policy restriction covenants)

主要有下列幾項條款：

1.限制借款公司的生產，即規定貸款資金必須依貸款計畫來運用，不准挪為他用。此外，有時甚至還規定借款公司在貸款期間大體上必須維持原來經營的型態 (maintenance of character of business)，甚至連某些支出也予以限制。

2.限制一般資產的處置，更不用說設定抵押的資產；對於逾某特定金額的資產出售或跟其他公司資產合併，必須經過銀行同意。當然，對於（抵押）資產，借款公司須盡善良管理人的責任。

借款公司為了增加自己處置資產的彈性，則可以用「（抵押）資產解除和替代條款」(release and substitution of property provisions) 破解此項規定，以借款公司比較不重要而銀行也能接受的資產，來取代原抵押資產。

3.重要所有權（或經營權）結構的變動也須經過銀行同意 (consent of lender)，甚至規定主要股東出讓股權不得超過某一比例。

有些債券契約中甚至有「下毒條款」(poison put clause)，老的條款範圍比較狹窄，言明只有當發行公司控制權惡意改變（如敵意併購）時，債券投資人有權要求把債券依面值轉成現金或股票。而新型的「超級下毒條款」(super poison put clause) 則提供債券投資人更寬廣的保護傘，只要發行公司被接收或「再資本化」

(recapitalized，例如撤資)，無論是什麼理由，債券投資人都有權轉債為股票或現金。1988 年時，美國聯邦快遞、Harris 等公司所發行的公司債，契約中便有超級下毒條款。

4.限制借款公司的投資政策，包括資本支出、租賃付款、投資 (含借款、保證) 於關係企業或第三者，資產不能被設定留置權，或限制「典權」佔總資產的比率 (如15%)，此即禁止設質 (negative pledge) 的規定之一。

5.不准併購或被併購。

6.要是允許併購，對於因併購目的而取得的貸款，借款公司不得變更併購契約和其他重要文件。

7.限制借款公司跟關係企業間的交易 (interaffiliate dealing)，除非經銀行同意，或是此交易確為借款公司所需且交易條件合理 (arm's length basis)；以避免借款公司透過「甜心交易」(sweetheart deal)，經由五鬼搬運把借款公司資產掏空。

債券契約限制比貸款契約較為寬鬆，例如可允許借款公司合併或出售資產，只要合併後存續公司的淨值 (或利息保障) 高於合併前借款公司的淨值。透過此規定以免借款公司從事高負債比率的融資買下，進而確保借款公司的財務風險水準不致因合併或出售資產而大增。

二、股利條款 (dividend covenants)

股利條款限制借款公司支付股利、重要人員薪資，以確保借款公司的現金先用於還債。

1.限制、甚至禁止 (至少在某特定期間或符合特定財務標準前) 借款公司支付股利等，當然也包括本質等同於股利的股票贖回。縱使符合某特定財務標準，股利支付不准超過 (累積) 盈餘的某一比率 (例如 25～50%)。另一方面，限制股利支付的條款也須符合公司法對公司盈餘分配的規定，以免不當累積 (improper accumulation) 盈餘而被課稅或被罰。

2.限制經營者、管理者的薪資，此條款比較常用於中長期貸款契約，如果再搭配融資政策條款，則如虎添翼的強化約束借款公司的生產／投資政策。

三、融資政策條款 (financing policy covenants)

1.限制借款公司後續的融資（含租賃）政策，包括新債的債權順位、金額和期間；至於在某特定期間內不能舉（借新）債 (debt incurrence) 的規定，俗稱「清潔條款」(clean-up provisions)。1990 年 7 月，統一企業收購美國威登食品公司，向加拿大帝國商業銀行等所借的橋樑貸款，貸款契約中除了有清潔條款外，也限制併購後公司（即美國統一公司）進行併購、支付股利等。

至於禁止設質條款 (negative pledges clause) 則更嚴格，為確保債權人的權益，不准債務人將其現在或未來的財產或收入，設定為抵押、質押、費用或證券收益支付的標的物，也就是不准「再舉債」(emcumbrance)，以避免舊債的權益被稀釋。

2.借款公司必須維持約定的償債能力，常見負債限制 (limitation of indebtedness) 所依據的財務比率：

(1)固定支出對盈餘比率（即 fixed charges coverage ratio）。

(2)負債對業主權益比率。

(3)流動比率。

(4)利息保障倍數（即 interest coverage），在高級負債契約中所指的利息只限於高級負債的利息。

(5)淨有形資產（或有形淨值）對長期負債比率，或是要求借款公司須維持淨值、盈餘在設定的最低標準以上，即「淨值條款」(net worth clause)。資本支出和總負債金額不准超過設定的上限，此稱為「財務維持條款」(financial maintenance covenants)。

對於垃圾債券 (junk bond) 契約來說，此條款的重點不在符合上述標準——即「維持檢查」(maintenance test)，而在於透過舉債的規定，以保護垃圾債券的投資人。也就是不准借款公司再舉借債權順位高於垃圾債券而低於高級負債的新債，以免此種「三明治負債」(sandwich debt) 或「夾層負債」(interlayer debt) 降低垃圾債券投資人的求償地位。此外，借款公司能舉借多少高級負債或次級（比垃圾債券）負債則在所不限；當然，垃圾債券投資人相信高級負債的銀行自然會限制借款公司舉借高級負債的金額。

　　債權順位條款的功能在決定當借款公司無力還錢時，各銀行對借款公司求償的優先順序。至於「主要債權順位條款」(principle subordination provisions) 主要的內容如下。

　　1.當碰到借款公司無力償還 (insolvency) 或破產時，主順位銀行 (senior lender，意譯應為受償權居先銀行) 的本息應完全清償後，才輪到「次順位銀行」(junior lender 或 subordinated lender) 受償。

　　2.要是主順位銀行未依本條款而受償，次順位銀行同意把這部分受償款項吐還給主順位銀行，此條款又稱為「持有和付款條款」(hold and pay provisions)。

　　3.照理說，借款公司如果在重要條款違約 (covenant default)，主順位銀行可把此轉化為「還款違約」(payment default)，以避免借款公司付款給次順位銀行。不過此舉往往會迫使借款公司走上破產之途，為了避免殺雞取卵；主順位銀行會稍微壓低姿態。

　　在債權順位條款中，又可區分為下列二項。

　　1.實質 (substantive) 債權順位條款，說明在借款公司違約時，銀行間求償的優先順序，重要內容包括下列四項。

　　　(1)為了確保借款公司有能力償還高級負債的本金，對於償還次級負債的本金只好延至高級負債屆期日以後。

　　　(2)主順位銀行對從屬債權 (ancillary obligations，例如罰款、費用、支出) 的受償順序。

　　　(3)當借款公司為了償還高級負債而再融資，新的高級負債的受償優先順序至少不會低於舊的。

　　　(4)賣方對併購後公司債權順位高於原料供應商。

　　2.程序 (procedural) 債權順位條款，說明在什麼時機，次順位銀行針對借款公司的違約應如何提出控訴。本條款可分為下列二類。

　　　(1)封鎖條款 (blockage provisions)：在某些情況（還款違約以外情況）下，主順位銀行為了確保自己的權益，在債權契約中會訂定此條款，在某封鎖期間 (90 至 270 天，通常約為 180 天)，限制借款公司不准還給次順位銀行，而且此特權 1 年只能使用一次。但是這條款並不像「中止支付條款」有那

樣強的效力,所以無法禁止次順位銀行採取下列「強制行動」(enforcement actions):宣告借款公司違約、要求借款公司提前還本、控告借款公司,甚至強迫借款公司非志願破產。就因為次順位銀行還有尚方寶劍在手,因此除非是借款公司陷入極度困難,否則主順位銀行不會輕易祭出本法寶,以免玉石俱焚。

⑵取消及中止支付條款 (cancellation and suspension provisions):中止支付條款固然可防止次順位銀行對借款公司採取強烈行動,如果主、次順位銀行對同一擔保品 (collateral) 都有「擔保品利益」(security interests) 時,還須借重「取消條款」以避免次順位銀行對抵押品採取任何行動,除非發生下列任一情況:取消期間結束、主順位銀行要求借款公司提前償債,或借款公司還清本息。

四、本息支付型態條款 (payment type covenants)

前三項條款是一般常見的,至於本息支付型態條款則是特殊條件 (special features),常見的有下列五種條款。

1.建立償債基金,大部分公開發行的公司債皆有此條款;另一方面,如果借款公司有重大「(公司)重建」(例如併購、撤資)發生時,債權人可要求借款公司收回 (call) 債務;二者合稱「收回及償債基金條款」(call and sinking fund provisions),也可分別條列。

償債基金又可分為下列二種情況。

⑴強制性償債基金 (mandatory sinking fund):規定借款公司贖回 (retire) 債券的進度。

⑵非強制性償債基金 (non-mandatory sinking fund):借款公司毋須贖回債券或提列現金,只須增加資產以供抵押 (pledge) 便可。

為了破解償債基金條款,借款公司可以要求投資人增加下列二項條款,以給予自己收回債券的權利。

⑴維修及重置基金條款 (maintenance and replacement fund provisions):僅適用有擔保貸款(債券),規定借款公司必須把收入的某百分比用於維修其

工廠。如果借款公司未提列規定的金額，那麼借款公司須以額外資產以提高抵押資產價值，或存現金到債權受託人處。

許多高票面利率債券契約常會有此條款，以保障債權人對抵押品的權益，更直接的說即為借款公司的還款能力。在許多情況下，借款公司乾脆以此基金收回債券。債券投資人為了免於因此而帶來的再投資風險，往往會在債約中加入「提前還款保護」(refunding protection) 的規定，即規定在某期間內（通常為 5 年）不准收回債券，或限制收回金額（常為債券發行金額的 1%），或乾脆禁止收回。

⑵煙囪償債基金條款 (funnel sinking fund covenants)：又稱為隧道 (tunnel)、綜合 (blanket) 或總合 (aggregate) 償債基金，要求借款公司提列基金以贖回借款公司某比例流通在外的債券總額，當然也可適用於某特定債券。在特定償債基金 (specific sinking fund) 條款時，借款公司須依面額贖回，而在煙囪償債基金條款時，借款公司可以依市價（可能低於面額）贖回。尤有甚者，此條款可以破解適用於維修及重置基金條款中的還款保護規定，例如在提前還款保護期間 (refunding protection period)，借款公司可用煙囪償債基金收回債券。債券投資人為了維護本身權益，可能針對煙囪償債基金條款再鎖一層提前還款保護規定。

當然，借款公司被這麼多反「反制條款」綁手綁腳，它可以要求比較低的貸款利率以資補償。

當然隨著償債基金的逐期提列，債權人所獲保障程度增高；相形之下，借款公司所須提供的抵押品金額也因此可以逐期減少，舉債能力 (debt capacity) 也就跟著水漲船高。

2.轉換條款 (conversion clause)，明定在一定時間，債權人可以把債權轉換成借款公司的股票。

3.可收回條款 (callability provisions)，借款公司有權提前收回所發行的債券。

4.「強制贖回」(mandatory redemption) 的規定，要求債券發行公司在債券屆期日應連本帶利的贖回債券，而在此之前則應每年提撥一定水準的償債基金進入寄存帳戶。

5.提前到期條款 (make-whole provision)，當然惟有在「債券購買契約」中的「提前清償條款」(prepayment provisions)，才允許發行公司依公式每年可提前還本而毋須被罰。如果逾額，則根據「選擇性贖回」(optional redemption) 的規定，發行公司須彌補債券投資人的再投資損失，至於計算方式則逐漸傾向採取約定的公式，以取代對投資人比較不利的固定溢價 (premium) 方式。如果契約中有「提前到期條款」，則發行公司可以提前還本，還本的金額包括提前清償日 (prepayment date) 債券的面值，應計利息和溢價，溢價（或權利金）可說是發行公司為取得提前還款的權利（即賣權）所付出的代價 (prepayment fee)，溢價的計算方式：

⑴以未還本的各期本金為權數，計算出加權平均的未還本金額與期限。

⑵以同天期為美國國庫券的到期收益率 (YTM) 加上些風險溢價（例如 60 個基點），作為提前還本（即貼現）的折現利率。

⑴⑵相乘，便可求得溢價的金額，除了債券契約外，貸款契約中也可能出現這些提前還款的條款。

此溢價和臺灣的銀行對於借款公司提前償還貸款時，要求借款公司支付「補償金」、「毀約金」的性質是相同的。

提前償還可分為二種情況：

1.自願的提前償還：條款會規定借款公司是否得提前償還，如果可以，是全部或部分償還，償還時有沒有最低額限制。償還是針對未清償債券本息平均分配，或以後到期先償還。此外，還包括提前償還是否需要事先通知、事先通知日數、有沒有違約金及其計算方式。

2.強制的提前償還：當借款公司有超額盈餘能夠多還債時，銀行得強制借款公司提前償還。此條款主要內容包括最高盈餘金額、盈餘計算基礎、提前償還比率、生效期間和債務償還順序等。在債約屆滿日，債權受託人得依「強制（執行）條款」(enforcement clause)，毋須事先通知，要求債務人償還本息。

五、約束條款 (bonding covenants)

在貸款契約中，一般皆包括借款公司自我約束的條款，借款公司透過下列約束活動，支付一些約束成本 (bonding cost)，以取信於銀行，藉以降低銀行監督借款公

司依約行事監督成本，進而降低貸款成本（監督成本包含於貸款成本中）。

1.定期提供合格（或銀行核可）會計師簽證的財務報表。此即借款公司的（財報）揭露要求 (reporting requirment)；少數情況（例如專案融資）還包括「進度報告」(progress reports)、「技術營運報告」(technical operating reports)。

2.詳述會計政策，而且除非經過債權人同意否則不得變更會計方法。

3.借款公司(財務)高階人員簽署「符合規定證明函」(certificate of compliance)，保證公司依債權契約運作。

4.對抵押資產購買必要的保險，並以銀行作為保單受益人，包括對借款公司主要經營者投保「關鍵人物壽險」(key man life insurance)。

5.允許銀行的代表拜訪與檢查（帳冊、抵押資產）。

6.借款公司必須合法經營及依規定繳稅。

7.借款公司跟貸款有關的投資計畫承包商需放棄先訴抗辯權,也就是承包商對借款公司求償順位在銀行之後。

8.對於任何對借款公司的營運有重大不利影響的發展,借款公司應立即通知銀行。

🔶 第四節　國際貸款和債券契約㈢
——違約事項和其他重要交易條件

一、違約事項 (events of default)

債權契約中會詳載借款公司違約的種類、罰則以及救濟之道，常見的違約情況如下。

1.破壞條款 (breach of covenant)：是指借款公司破壞契約中的條款而導致對銀行有重大且負面影響的；或在特定救治期間 (cure period) 內，未恢復 (cure) 被破壞條款的現狀（如償還比率）。補救期間有 5、10、30 天等型式，有時甚至以營業日 (business days) 為計算基準。

2.破壞陳述或擔保：有時僅限於對借款公司有重大 (material) 負面影響的，即

「微罪不舉」原則的發揮。

　　3.法院不利（損失超過某一金額）的最終判決，且敗訴的欠款尚未還清 (discharged) 或在法定期間內未上訴。

　　4.在貸款契約允許的範圍內，借款公司卻對其資產設定留置權。

　　5.發生足以引發超過某一設定金額員工福利金法 (ERISA) 負債的事件。

　　6.執行長或個人保證人逝世，或特定管理者雇用契約終止。

　　7.重大逆轉條款，雨中收傘是銀行自保方式，2002 年後漸受美國的銀行重視。

　　穆迪投資服務公司報告指出，逾 50 家全球最大企業和銀行的貸款契約都附有重大逆轉條款，如果企業財務狀況惡化或信用評等滑落時，銀行可選擇拒絕融資。

　　全球第二大再保險業者瑞士再保險是貸款契約加註這條條款的最大規模企業，該公司 2001 年出現百多年來首次虧損，旗下金融子公司擁有 16.5 億美元授信額度可應付未到期商業本票。

　　但是如果瑞士再保險的優先未擔保證券信用評等由目前的 Aa2 降為 Aa3 或更低，銀行可以拒貸。穆迪分析師考林斯說：「這些條款明顯降低授信額度的價值。」

　　（經濟日報，2002 年 3 月 20 日，第 7 版，官如玉）

　　8.違反「交叉違約條款」(cross default provisions)：就以高級負債的債權契約為例，規定如果借款公司對擔保契約、次級負債違約，則連帶的也視同對高級負債違約；擔保品契約 (security agreement) 是指把可作為擔保品的特定資產一一列出的標準化文件。不過反之不一定成立，這是因為主順位銀行為了求自保，不願讓次順位銀行搭順風車同分一杯羹。

　　9.付款違約，則屆期 (due) 時或有時是在寬限期間內，借款公司無法償付利息、本金、費用 (fees)。一般寬限期間為屆期日起 5 天內，有時也有可能 10 或 15 天。過了寬限期，銀行便可立即宣佈貸款全部提前到期 (accelerate)，進而對借款公司行使追索權 (recourse)。

　　10.無力償還或自願性破產，或是借款公司在某一設定期間（常見為 60 天）內未償付本息費用，以致被迫非自願性破產。

　　為了避免借款公司輕易觸犯違約條款，銀行常會在貸款契約中加上「違約利率」(default rates) 這項嚇阻武器。也就是當銀行宣告借款公司違約時起算，除了正常的

貸款利率外，還要額外加 2 至 3 個百分點的違約懲罰利率。

如果借款公司發生技術上違約事項，信用貸款受託人有權依「魚或砍餌條款」(fish or cut bait provisions) 採取某些行動。

二、其他重要交易條件

常見的雜項重要交易條件 (terms of the transaction) 如下：

(一)債務人、債權人、受託人的權利與義務

1.同一地位條款 (pari passu clause)，例如在聯合貸款且沒有抵押品的情況下，聯貸銀行團跟其他債權人對借款公司的求償權均處於同一地位,而且銀行團中的每一參貸銀行也享有同一地位行使債權。

2.聯貸銀行表決權多數決 (majority) 問題，一般是由全部聯貸銀行依攤貸比重三分之二，以作為多數決的標準。

3.參貸債權轉讓 (transferability)，參貸銀行可以把其參貸金額出售給其他銀行或既有的參貸銀行。

(二)撥款動支先決條件 (conditions precedent to utilization) 或稱「動支先決條件」(conditions of draw down)

是指簽約前或撥款動支前，應先取得的核准文件、應辦事項和手續等，又可分為第一次動支 (first utilization) 和每次動支 (each utilization) 二項。

(三)禁止設定抵押條款 (negative promise covenants)

當擔保品在未辦理抵押設定前，由借款公司先出具承諾書，承諾在可辦理抵押時應立即辦理設定手續，而且不得把它設定給他人或作相同的承諾。

(四)租稅條款 (taxation clause)

一般規定凡是銀行須支付借款公司所在國的各種稅負、規費及利息扣繳稅等，概由借款公司支付。

(五)歐洲美元災難條款 (Eurodollar disaster clause)

規定在歐洲美元市場如果不幸在貸款期間因發生金融風暴等而不存在時,如何解決貸款資金來源，或借款公司應提前清償。

(六)時效條款 (prescription clause)

主要是指消滅時效 (negative prescription)，依據美國紐約州法律，由本金或利息付款到期日起 6 年內，如果債權人不採取法律行動要求債務人償還，則債權人的權益將「失效」(void)。依據臺灣的法律，利息追償的有效期間為 5 年，本金的有效期間為 15 年。至於根據何種法律訂定時效期間，本條款可單獨規定，毋須依準據法的規定。

(七)債券補發條款 (replacement of bonds and coupons clause)

當債券投資人手上的債券破損 (mutilated、defaced、destroyed)、被偷或遺失時，債券投資人得向債務人指定的補發代理機構 (replacement agent) 申請補發。

(八)雜項規定 (miscellaneous)

如同一般國際商務契約，國際貸款契約常會包括下列條款。

1. 準據法及管轄法院條款 (governing law & jurisdiction clause)：以歐洲美元市場的國際聯貸案來說，一般適用英國法律及以英國倫敦地區法院為管轄法院者為最多，也有適用美國法律及以紐約法院為管轄法院。連帶的，借款公司必須拋棄國家主權或外交豁免權 (a waiver of sovereign immunity)，尤其當借款公司無力償債，聯貸銀行行使追索權處置擔保品時，借款公司不得享受豁免權的保護。

2. 仲裁條款 (arbitration clause)。

3. 通知條款 (notices clause)。

4. 完整契約條款 (entire agreement clause)。

5. 契約的修改、變更條款 (modification and waiver clause)。

有些眼尖的讀者可能會懷疑為何條款 (covenant) 中還包括許多條款 (provisions) 呢？交通大學科技法律研究所教授范建得博士認為，嚴格來說，covenant 應譯為「約款」、provision 為（法律）條文、clause 為一般契約中的條款；但是一般常把三者通譯為「條款」，本書也從善如流了。

第五節　大陸臺商舉債

大陸臺商如何取得銀行貸款這個題目，一直是當紅的議題，在第一章第四節中我們已說明早期赴大陸發展的臺商的貸款協助，在本節則是以成長期、成熟期臺商

來說明貸款資金的取得。

一、資金就地取材

1992 年起，臺商大舉西進，「十年生聚」，2002 年大有所成的大陸收成股比比皆是，用人已逐漸本土化。同樣的，貸款資金也有 62.5% 是就地取材，詳見表 6–2；也就是不再「債留臺灣」了。

表 6–2 大陸臺商負債資金來源

營運融資來源	比重 (%)
母公司向臺灣區銀行貸款	37.5
母公司在大陸當地貸款：	43.0
1. 中資銀行	26.3
2. 外商銀行或其他	16.7
當地工廠或公司向中資銀行貸款	19.5

資料來源：2002 年上半年統計資料，《兩岸經貿月刊》。

二、大企業才得其門而入

由於臺灣產業出走，連帶著銀行也必須到海外去搶客戶，否則只能坐以待斃。站在臺商角度，在大陸經營時，三類銀行各有優缺點，詳見表 6–3。

跟大陸銀行業往來最大的好處是可取得人民幣融資的協助，這是臺灣的銀行或外商銀行短期內難以提供的服務。

大陸的銀行業搶生意搶得厲害，外商銀行挾著先進的商品服務，更搶走不少臺灣的銀行的生意。

三、境外分行貸款——即離岸貸款

㈠政策「芝麻開門」

2000 年以來外商銀行和大陸銀行積極搶佔兩岸三地的聯貸市場，臺灣的銀行相對居於弱勢。

2002 年 8 月修正的金融業務往來許可辦法，開放多項兩岸金融往來措施，主

表 6-3　三類銀行對臺海兩岸臺商的貸款

銀　行	融資條件	優　點	缺　點	往來主力銀行
臺灣的銀行	1.財務報表為主 2.注重公司營運狀況	1.易掌握母公司財務狀況 2.往來時間較長，配合度較高	1.當地可經營業務範圍受限 2.臺灣金融政策限制多	世華（上海） 彰銀（昆山） 合庫（北京） 華銀（深圳） 中信銀（北京） 一銀（上海） 土銀（上海）
大陸的銀行	1.擔保品為主 2.國營企業優先	1.分支機構眾多 2.態度由保守轉為積極 3.人民幣供給	1.中小企業求貸無門 2.額度到期需先還再借	北京中信實業銀行 上海交通銀行 上海浦發銀行 廣東發展銀行 深圳發展銀行
外商銀行	1.財務報表為主 2.注重公司營運狀況	1.金融服務商品完整 2.銀行效率高	市佔率相當低	匯豐銀行 花旗銀行 荷蘭銀行 上海商銀

資料來源：建華銀行。

要包括准許臺灣的銀行境外分行對大陸臺商辦理放款業務，開放臺灣的銀行境內分行跟大陸銀行的境內分行直接通匯，並且放寬通匯業務範圍等。這些兩岸金融措施開放後，有助於促進兩岸金融交流，也有利於臺灣的銀行拓展業務。

但是因為有些政黨對此有意見，這項辦法送到立法院備查時，被改為審查案。使得這些開放措施停擺，銀行申請案全部卡住。

2003 年 2 月，財政部在徵詢陸委會等單位意見後，陸委會已行文財政部，同意從 2 月 24 日起重新啟動銀行申請案審查作業。(經濟日報，2003 年 3 月 17 日，第 7 版)

㈡境外分行的缺點

政府陸續把管理的那一隻手伸進境外分行，例如財政部在 2002 年底公佈的境外分行對境外法人授信金額達 3 千萬元以上，仍需徵提會計師的查核簽證報告。財政部同意檢調單位，得以「防範洗錢」名義，要求境外分行提供客戶資料，使得一些希望透過境外分行進行灰色地帶投資或資金調度者聞之色變。

境外分行的放款也涉及該銀行外債額度的限制，這麼一堆限制，使得境外分行

成為全球臺商資金調度中心的政策大打折扣。

㈢境外分行對臺商放款

2003 年 3 月底，財政部長核准第一批臺灣的銀行國際金融業務分行（offshore banking unit, OBU，或境外分行）對臺商放款（詳見表 6–4）和兩岸外匯指定銀行（domestic banking unit, DBU，或境內分行）直接通匯申請案，共有玉山、建華等 20 多家銀行獲准。

表 6–4　2003 年臺灣的銀行境外分行承作的美元聯貸案

單位：億美元

公　司		金額	貸款年期	主辦銀行
華航		4.00	12	臺北花旗
福雷電		1.20	5	臺北香港花旗
李長榮化工		1.00	–	臺北花旗
臺塑	寧波	2.11	7	臺北花旗、香港中國銀行
	越南	1.62	7	中信銀、中銀、一銀、法國里昂
	跟英國石油合資案	1.16	7	荷銀、臺銀、渣打、合庫
環電		0.45	3	臺北花旗
臺泥		5.35	3	荷銀、中銀、臺銀

資料來源：FR。

2003 年境外分行第一筆簽約的美元聯貸案，是由荷蘭銀行、中國國際商業銀行和臺灣銀行共同主辦的臺灣水泥子公司——TTC International 5,350 美元聯貸案。臺泥總經理辜成允指出，這筆美元聯貸案主要是因應海外投資需求，政策開放水泥業者可以前往大陸投資，大陸也是臺泥要佈局的市場之一。（經濟日報，2003 年 3 月 31 日，第 2 版，邱金蘭）

㈣香港作為海外財務中心

為了避免客戶落跑，轉而投入大陸的銀行業或外商銀行懷抱，臺灣的銀行業積極遊說其境外分行客戶，選擇在適當的海外分行開戶。

在海外分行方面，最受臺商青睞的據點當然是香港；因為此處可方便透過其他同業提供人民幣業務，也形成眾多臺灣的本地銀行重兵以待的兵家必爭之地。（工商時報，2003 年 3 月 13 日，第 5 版，林明正）

趁著香港金融局放寬臺灣的銀行申設據點，建華、北銀、台新和中國國際商銀等接連在 2002 年設立香港分行。香港據點成為境外金融中心以外，銀行的另一個外幣財務操作中心。(工商時報，2003 年 3 月 13 日，第 5 版，李玉玲)

大陸臺商經由第三地公司可以向境外分行取得融資。2003 年 4 月，財政部金融局發出 9 家臺灣的銀行境外分行對臺商辦理授信的核准函，今後將增加一個管道，臺商大陸公司可直接向境外分行貸款。這 9 家銀行為：玉山、建華、中國商銀、交銀、一銀、上海、世華、土銀和台北銀行。

多家銀行派人赴大陸開拓市場，應收帳款收買業務最被看好。

(五)臺灣財政部的五道防火牆

財政部對境外分行對大陸臺商的放款，設計五道防火牆，避免臺灣資金大舉外移到大陸，其中總量管制的有下列二項。

1.境外分行對臺商授信總餘額不得逾上年度境外分行決算後資產淨額的 30%。

2.無擔保授信須低於資產淨額的 10%。

銀行指出，財政部的五道防火牆中，最讓業者耿耿於懷的，當屬「境外分行對大陸臺商放款，應以臺商在境外分行存款為基礎」。因為大陸採取外匯管制，臺商存款難以匯出到境外分行，大陸臺商在臺灣的銀行境外分行的存款根本是「零」，也就是說，境外分行在爭取到存款前，無法對大陸臺商授信。

將來臺商大陸公司在境外分行開立存款帳戶後，仍有一定的業務空間，初期比較沒有量的問題。(經濟日報，2003 年 4 月 10 日，第 7 版，邱金蘭)

(六)大陸的外匯管制

銀行比較顧慮的是，大陸臺商公司直接向境外分行貸款，將來償還本息時須匯出款項，屆時可能涉及大陸地區外匯管理規範，即臺商可能須取得外匯匯出登記等。

(七)上有政策，下有對策

境外分行初期礙於存款限制，會避免直接對大陸臺商從事現金放款，資產淨額的相關限制短期內不會成為問題。

有的銀行境外分行主管表示，初期可能透過開立保證函和擔保信用狀的方式，由我方銀行境外分行提供擔保，便於大陸臺商向當地銀行貸款。(經濟日報，2003 年

4 月 10 日，第 7 版，傅沁怡）

四、臺商聯貸

亞洲知名金融資訊刊物 *Basis Point* 的統計，跟臺灣相關的大陸投資聯貸案，2002 年共有 5 件，金額近 12 億美元，1999 年僅有 1 件，金額為 6,300 萬美元，詳見圖 6-2。

圖 6-2　臺灣相關大陸聯貸案的變化

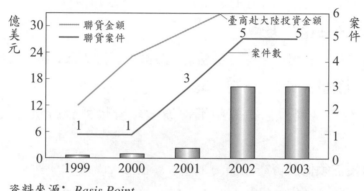

資料來源：*Basis Point*。

2002 年臺灣相關的大陸聯貸案激增，跟臺灣電子業加緊在大陸投資佈局有關，備受矚目的案子首推臺塑集團旗下南亞電子昆山廠；薄膜電晶體液晶顯示器 (TFT–LCD) 業者如華映、友達等，也有舉借美元和人民幣的聯貸案。

2003 年第一季，聯貸市場有關臺商赴大陸投資的案子就有 5 件，規模達 6.85 億美元。台積電獲准赴大陸投資設立 8 吋晶圓廠的 9 億美元投資案外，矽品和日月光都有意赴大陸設廠，資金需求是以美元和人民幣為主。（經濟日報，2003 年 4 月 1 日，第 17 版，白富美）

2003 年 4 月 11 日，花旗集團和 3 家中資銀行透過視訊會議系統，跟正隆紙業公司簽訂上海紙廠 7 年期 1 億美元的聯合授信案，有助於正隆紙業盡快取得銀行團融資、推動上海的大陸投資建廠案。

正隆紙業在上海的新投資案為「上海中隆計畫」，投資額 1.48 億美元，正隆將動用自有資金 0.48 億美元，其他則靠銀行團聯貸。由於這項投資將引進世界先進

的紙廠計畫，聯貸案獲得中資銀行踴躍參貸，認購金額超過原本預定額度 20%，但是正隆並未擴大聯貸的規模。

正隆上海廠 1 億美元聯貸案，分為三種授信額度：

1. 聯貸銀行為正隆開立 2 年期 1 億美元信用狀，作為進口造紙機械設備所需。

2. 2 年期人民幣 9 億元的進口貸款。

3. 前兩者到期後再轉作為 5 年期人民幣 9 億元的長期固定貸款。

銀行團給予正隆貸款成本相當優惠，1 億美元進口開立信用狀，僅收取 7.5 個基本點的成本；人民幣貸款部分，銀行團給予最優惠貸款利率，以中國人民銀行基放利率減碼一成為底限。

大陸四大行庫之一的中國農業銀行，在這次聯合授信案中提供最高的授信額度承諾，顯示大陸大型銀行對正隆公司的前景和發展策略的支持。（經濟日報，2003 年 4 月 12 日，第 2 版，白富美）

◆ **本章習題** ◆

1. 找一份國際聯合貸款契約，來跟本章一一比對。

2. 以圖 6-1 為架構，看看第 1 題的契約條款是不是這麼分類。

3. 詳細分析貸款契約中借款公司的陳述與保證的內容。

4. 具體分析「限制公司生產／投資政策」條款。

5. 承上題，詳細分析融資政策條款。

6. 詳細分析本息支付型態條款。

7. 詳細分析約束條款。

8. 詳細分析交叉違約條款。

9. 詳細分析「同一地位條款」。

10. 詳細分析準據法條款。

第七章

全球股票上市

微軟及英特爾之所以成就今日的霸業，地位無可取代的首要原因，便是由於能夠在最適當的時刻，出現在最正確的地方。

——安迪·葛洛夫　美國半導體龍頭公司英特爾的董事長

學習目標:

站在董事長（決策者）、財務長（財務專業幕僚主管）立場考慮全球股票上市事宜，包括由誰上市、老股海外上市（例如 GDR、ADR）。

直接效益:

有些公司聘請財務顧問公司規劃全球員工入股制度，看完本章第六節，這筆顧問費可以省下了。

本章重點:

· 跨國股票上市的好處。圖 7–1
· 在臺灣、海外募資的優缺點比較。表 7–2
· 全球企業股票上市決策流程。圖 7–2
· 上市狀態和募資方式。表 7–3
· 全球主要股市對境外公司發行股票的規定。表 7–4
· 香港、新加坡和臺灣股票上市相關條件比較。表 7–5
· 大陸股票上市條件。表 7–6
· 香港主板、創業板和深圳創業板上市資格。表 7–8
· 發行全球存託憑證申請流程和時間表。圖 7–3
· 存託憑證的分類。表 7–9
· 全球主要股市發行全球存託憑證的優缺點分析。表 7–10

前言：馬跟兔子誰大？

臺灣前十大集團企業、電腦王國宏碁公司董事長施振榮，在 1995 年曾提出一個目標口號，即 "2,000 in 2000, 21 in 21"，前者是指 2000 年時營業額超過 2,000 億元，1997 年時達到目標，所以提昇為 4,000 億元（即 4,000 in 2000）；後者是指二十一世紀時，集團內有 21 家子公司股票上市。要是這目標能夠達到，宏碁將成為全球超大型集團，而這也是臺灣籍全球企業首次如此明確揭露其全球股票上市目標。

不同層級的人士都有個共同的願望「股票上市」，股票上市涉及三層意義，詳見表 7-1。

表 7-1　公司三個層級人員對股票上市的看法

公司層級	把股票視為	目　標
股東	商品、投資工具	股價越高、財富越大
董事會、營業、採購、人事⋯⋯等部門	資源，把股票上市視為創造資源的主要方式	多多益善
財務人員	生產因素	同上，而且成本越低越好

一、學者的看法

紐約證交所的上市成本 (listing cost) 不低，至少包括下列二項：

1. 初次上市費，10 萬美元以上。

2. 年費 1.6〜3 萬美元。

上市費用跟「兔子」大小一般，上市的好處可用馬的大小來比喻，餓死的馬都比最大的兔子大，所以瑕不掩瑜。自然有很多公司飄洋過海，尋求跨國上市。

學者對跨國股票上市的研究很多，詳見圖 7-1。

大部分公司發行海外存託憑證主要係基於價優、量大的考量。綜合學者的結論，企業股票海外上市的動機有下列幾項。

1. 海外發行價格較高：海外存託憑證的發行價格不受臺灣法令限制，不像臺灣發行增資股時，承銷價須依一定公式訂定，只是在拍賣競標制度下沒有此問題，但公開承銷仍有此問題；也就是承銷價可能比市價低二成。

圖 7-1　跨國股票上市的好處

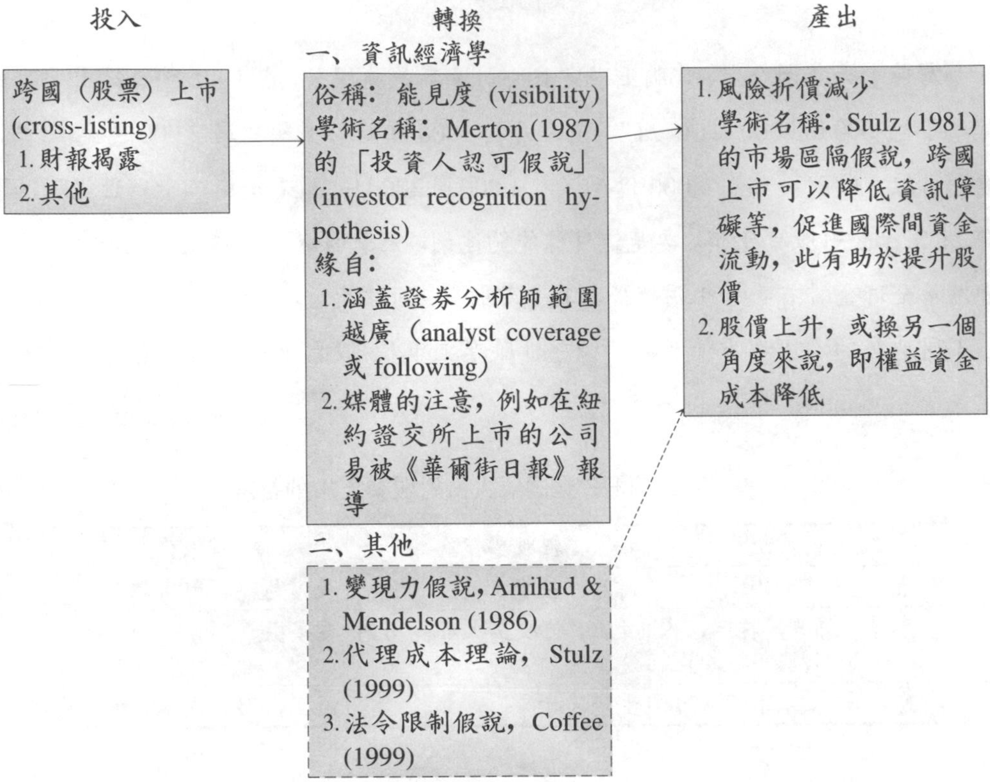

投入	轉換	產出

一、資訊經濟學

跨國（股票）上市
(cross-listing)
1.財報揭露
2.其他

→

俗稱：能見度 (visibility)
學術名稱：Merton (1987)
的「投資人認可假說」
(investor recognition hy-pothesis)
緣自：
1.涵蓋證券分析師範圍
　越廣（analyst coverage
　或 following）
2.媒體的注意，例如在紐
　約證交所上市的公司
　易被《華爾街日報》報
　導

→

1.風險折價減少
　學術名稱：Stulz (1981)
　的市場區隔假說，跨國
　上市可以降低資訊障
　礙等，促進國際間資金
　流動，此有助於提升股
　價
2.股價上升，或換另一個
　角度來說，即權益資金
　成本降低

二、其他

1.變現力假說，Amihud &
　Mendelson (1986)
2.代理成本理論，Stulz
　(1999)
3.法令限制假說，Coffee
　(1999)

資料來源：整理自 Baker (2002)，pp. 495–497.

　　2.增加資金來源：由於海外市場胃納較大，而且或可減緩臺灣股價的賣壓。例如臺灣第一家發行全球存託憑證的中國鋼鐵公司，1992 年 5 月發行的全球存託憑證，共計 3.6 億股，承銷價 22.7 元，共募集 82 億元。6 月擬發行 5.1 億股，承銷價 21.14 元，募集 108 億元。這二筆合計募資近 200 億元，是中鋼第三次官股釋出。

　　據當時經濟部國營事業委員會執行長王鍾渝表示，由於當時股市日成交量僅 200 億元，恐怕無法吸收中鋼的巨額發行量。此外，全球存託憑證的承銷價也比國內承銷價格高出 7.4%，扣掉承銷費 3.5%，海外售價比臺灣高出 4 個百分點。

　　3.行銷和公共關係動機：財務行動也有助於公司知名度的提昇，進而有助於產品銷售、人才召募等。

　　4.政治動機：藉由擴大股東基礎，以增加政治槓桿 (political leverage)。

　　5.勞資關係動機：可讓海外員工認股。

二、實務人士的看法

上市公司在臺灣辦理現金增資的條件限制很多,例如帳上閒置資產不能超過募資的六成,證交所會審核前幾次增資的效益。加上必須準備公開說明書、評估報告等手續複雜,在證券市場瞬息萬變下,常會錯過最佳的籌資時機,一旦股價走勢反轉,往往會影響企業資金籌措。

證期會對上市公司申請辦理現金增資和海外籌資的管理不一,尤其在海外的審核「鬆」很多,因此已吸引部分小公司利用海外私募的方式籌措資金。自 1994 年來,臺灣現金增資案的金額逐漸萎縮,海外籌資卻逐年增加。(經濟日報,2002 年 3 月 1 日,第 21 版,詹惠珠)

三、結　果

2001 年上市公司從海外籌資總金額,首度超過在臺灣籌資,2002 年超過更多。

本章跟一般國際財務管理書籍不一樣,詳細討論全球企業的股票上市、募資,既涉及策略規劃,也討論上市的執行過程。

◆ 第一節　全球權益募資決策

全球企業在規劃權益資金的來源時,縱使在分權的財務組織下,這項權力可能還是操之在母公司手上,尤其是公司要想股票上市須符合一些積極要件,這些可藉由水到渠成的方式達到,也可藉由集團內部協助(例如內部資金流通)的方式加速達成;本節說明如何擬定全球企業財務策略中的「全球權益募資策略」。

一、權益負債資金來源的抉擇

雖然在第一章第二節全球企業財務政策中,我們已討論了資金結構規劃,對於實際在執行時,針對各項募集工具的成本、時效、數量,又會更仔細斟酌;表 7-2 為全球企業常用二處募資地區的優缺點比較。

表 7-2　在臺灣、海外募資的優缺點比較

地區 優勢	在臺灣募資	海外募資
一、價格 　1.即募資成本	現金增資承銷價格通常會有折價，且幅度在一成以上	發行 GDR，則可使折價的幅度縮小，ECB 因有債券價值的保障，在轉換價格方面甚至可以溢價，上市公司來自增資而使股權稀釋的效果降低
2.募資費用	比較省	比較貴
二、資金用途	在臺灣所募集的資金不得投資大陸	海外取得資金的 40% 可以投資大陸
三、對大股東的 　　影響 　1.經營權		海外發行案無須提撥一定比率給散戶認購，發行公司可以選擇機構投資人，有助於籌碼的穩定
2.認股的資金 　　壓力	現金增資規定 80% 以上須由原股東優先認購，即使詢價圈購也有 50% 是原股東優先，這使得大股東有資金壓力	公司赴海外籌資，沒有原股東要出錢的困擾，因此對大股東來說，公司在海外籌資操作的靈活度提高 在配售對象沒有限制下，海外籌資案有時也是大股東增加持股（成為「假外資」）或是策略聯盟夥伴購買股權的另一管道，而且證期會無法追查
四、發行時機		私募手續都比在臺灣現金增資公開承銷要方便許多，一些小公司發行金額小，通常只要幾位特定的法人便可包下整個承銷案，使公司更能掌握發行的時機，取得想要募集的資金

資料來源：整理自詹惠珠，〈海外籌資，靈活度較高〉，經濟日報，2002 年 3 月 1 日，第 21 版。

二、全球企業股票上市決策流程

在評估一個海外投資案時，應該把該子公司股票上市的事宜一併列入考慮，也就是採取計畫上市。全球企業內究竟由誰、在那裡股票上市，其決策流程請見圖 7-2，接著將詳細說明。圖中所稱「夠格」是指股票上市的積極條件，詳見本章第二節。至於「上市」是廣義的，包括上市、上櫃（含報備股票）。

商品要設法賣到價格最高的國家，同樣的，股票也應賣到「最高價」（以本益比來衡量）的股市，即「本益比套利」。換句話說，把權益資金當做生產因素，應

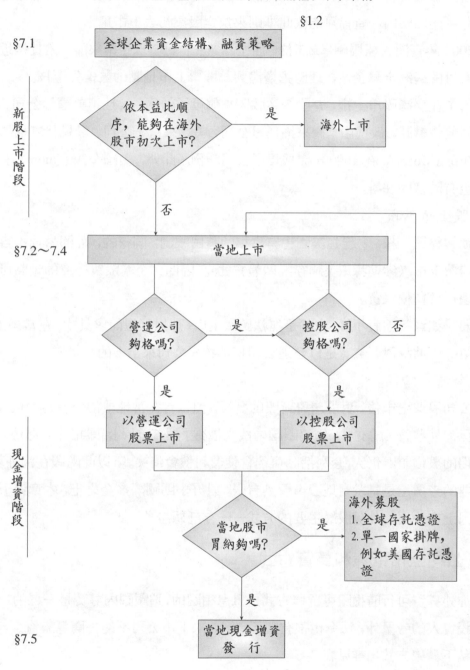

圖7-2 全球企業股票上市決策流程和本章架構

該取自於「最便宜」（以益本比來衡量）的股市。全球企業內的各公司無論地處何地，在可能範圍內，宜盡可能依此準則來決定股票初次上市地點。

2002 年臺灣大盤周轉率 2.5 倍，居全球第三；對全球企業來說，尤其是近水樓臺先得月的臺灣全球企業，理應把臺灣列為股票上市地點的最優先選擇。

為了在臺灣股市上市，有些企業乾脆來個母子顛倒，索性把美國母公司、臺灣子公司偷龍轉鳳，改成由臺灣來擔任母公司，美國來當子公司。最具代表性的企業便是茂矽 (Mosel)，在 1990 年完成母子公司顛倒。此外，美國奎茂 (Quem) 在 1989 年時也有同樣的安排。

㈠新股上市階段

就跟移民一樣，甚至連美國也有嚴格的移民限制；同樣的，外國公司不容易在美國股票上市（縱使採取美國存託憑證方式）。因此，企業股票募資的地點可選擇範圍遠低於負債融資。

要是如意算盤打不響，也就是無法跨國上市；那只好退而求其次，在當地上市。本章第二節將探討，究竟是以營運公司抑或控股公司來上市的決策。

㈡現金增資階段

公司股票上市後，對於增資新股的發行，照樣有在當地或海外發行的機會，由於一旦海外發行（或交易）價格跟國內成交價有「顯著差異」，即扣除交易成本後，兩市場的股價差距仍大，套利活動可能會使套利機會消失。所以此階段在海外募股，最主要的考量還是基於當地股市胃納有限，只好求助國際多金之士，本章第五節將詳述已上市公司海外募股最主要的方式——存託憑證。

三、公司上市狀態和募資方式

海外募資可行時機跟可選擇方式是息息相關的，這跟國內募資是一樣的；當然，除了投資人的考量外，法令也很有關係，例如未上市公司不能公開募集資金，只能採取私下募集方式；詳見表 7–3。

㈠未上市時

未上市公司因背景不同，在找國外投資人方面也有天壤之別。

1.著名公司的合資案：例如臺灣最大飼料廠大成長城跟全球最大飼料公司美國

表 7-3　上市狀態和募資方式

募資方式 上市狀態	募集方式		仲介者
	私下	公開	
未上市時	√	較難	投資銀行業者
上市時和上市後	√	√	證券公司、銀行等承銷商

藍雷 (Land O'Lakes, Inc.) 合資成立大成藍雷公司，很容易便拍板敲定。(工商時報，2003 年 3 月 14 日，第 4 版，陳彥淳)

2.白手起家的新公司：除非經營團隊人脈、能力很國際化，否則很難找到外國投資人來入股。終究這些老外連自己國內企業都不見得信得過，憑什麼跨海把錢交給外國人。在這種情況下，往往只有即將（或稱「準」）上市股，才有吸引力，而期限是 3 年內將上市。

此時頂多只能透過投資銀行業者（例如創投公司、專業投資仲介）來進行私下募集。由於未上市股票有變現力差等缺點，股票比較難賣，所以投資銀行業者索費也會比已上市的募股案高。

㈡已上市時

已上市的公司，股票比較容易賣，而且法令也准其公開募集資金。

1.私下募集：在海外募集時，可以採私下募集方式，至於採公開或私下募集方式何者比較合適，詳見第四章第三節。

2.公開募集：公開募集時又可分為二種方式：

⑴上市：股票掛牌在知名股市，雖然比「不上市只掛牌」要多付一點費用，但知名度較廣些，不是只有專業投資人才知道。

⑵不上市：不見得必須在股市掛牌上市，也可選擇僅在電子交易系統中掛牌，如此可省掉上市申請和維持費用。其考量因素可能是該公司毋須藉上市方式來打全球知名度，或股票來自大股東，毋須花錢替公司打知名度。

四、在那裡上市？

有關上市地點的考量，主要基於資金成本、上市容易程度、費用的考量，詳見

表 7-4。臺灣上市公司海外證券的發行地集中於盧森堡，主要還是基於後二者的考量，至於初次股票上市則偏重於權益資金成本的考量，詳見第二節。

1.上市手續寬鬆：以財務報表來說，下半年發行全球存託憑證時，並不需要提供上半年年報等期中報表。也因為如此，上市審核期間非常短，特例情況下，甚至只需 1、2 週便可。

2.費用相當低廉：上市掛牌費用約 9 千美元，每年的最低維持費用為 2 千美元。

在資金無國界的情況，上市地點跟市場胃納相關性極低，縱使在盧森堡掛牌上市，可能有不少投資資金來自美國、日本。例如 1994 年 6 月和成興業發行 8,450 萬美元的全球存託憑證，根據主辦承銷商英商柏克萊臺灣代表李榮文表示，認購中有 40% 來自美國。所以在公開說明會的行程安排上，常常涵蓋全球六大金融市場（香港、新加坡、倫敦、蘇黎士、紐約、東京）。當然，上市地點也是免不了的；此外，還可能包括一些地點，例如美國芝加哥、加拿大多倫多、德國法蘭克福等。

五、交易地點

上市地點只是個店面，就跟商品也有無店舖銷售一樣，海外證券交易地點可促進流動性。

㈠震旦行全球存託憑證交易地點

1995 年震旦行公司大股東發行 3,000 萬美元的全球存託憑證，其交易地點計有：

1.美國境內櫃檯交易。

2.美國證券公會指定的自動連線交易網路 (PORTAL)。

3.在倫敦證券交易所透過路透社 (Reuters) 報價系統交易。

4.在新加坡證交所透過 CLOB International 報價系統交易。

此外，上市地點盧森堡證券交易所也是當然的交易地點。

㈡伊藤榮堂在美申請下市

跟其他企業拼命想股票上市大異其趣，日本 7-11 的母公司伊藤榮堂卻在 2003 年 5 月從美國那斯達克股市下市，背後原因如下。

表 7-4　全球主要股市對境外公司發行股票的規定

	歐　洲		亞　洲		美　國
	倫　敦	盧森堡	香　港	東　京	紐　約
上市主要前提	1.倫敦證交所原則上並不允許外國發行公司以憑證公司上市，但允許以實際股票上市 2.發行公司獲指定依據推薦券商(sponsoring broker)和送件顧問(adviser)	1.允許外國發行公司以憑證或實際股票上市 2.發行公司須指定一家盧森堡證管會核准的銀行為代理銀行，協助送件，及辦理未來永續事宜	1.並沒有特別的規定來規範GDR的發行，因此其對GDR的上市規定仍以目前既有之上市發行規範為基礎 2.能夠為臺灣證交所或香港證交所所接受	1.東京證交所並不承認臺灣證交所，因此並不允許臺灣發行公司至該處上市 2.東京證交所並不把存託憑證視為有價證券，因此不接受發行公司以憑證在該處上市	1.允許外國發行公司以股票或公司參與型 ADR 上市 2.在該處證交所上市的存託憑證能夠自由兌換原股票 3.承銷商必須向 NYSE 承諾該股票或 DR 至少有 2,000 位持有人
創立費用	約 14,380 美元	約 12,300 美元	約 19,300 美元		100,000 美元
年費	約 8,900 美元	約 1,230 美元	約 4,250 美元		16,000～30,000 美元
申請迄核准	約 14～15.5 週	最少約 6 週	最少約 8 週		最少約 8 週
所須揭露的主要資訊	1.發行公司須揭露的財務資訊主要為年度財務報表，須依符合英國或美國的財務會計準則編製，企業集團並須檢送合併財務報表 2.公開說明書	1.發行公司須揭露的財務資訊主要為年報及半年財務報表 2.公開說明書	1.發行公司須揭露的財務資訊主要為年報。一旦獲准上市，每半年須提供查核財務報表，每年並須提供合併和非合併財務報表 2.公開說明書		1.發行公司須揭露的財務資訊主要為經會計師簽證後的財務報表，如果發行公司當地會計原則與美國有明顯的差異，則須揭露該差異及其影響 2.每年須提供年報及半年財務報表 3.公開說明書、財務報表

註：美國部分費用有更新。

資料來源：杜德成，〈企業發行海外存託憑證〉，第一屆海峽兩岸證券暨期貨法制研討會，1993年 6 月，第 10 頁。

為了擴大版圖、籌措資金，1977 年伊藤榮堂在那斯達克上市。

2003 年 4 月 10 日，日本《經濟新聞》報導，伊藤榮堂 14 日申請中止在那斯達克市場掛牌，5 月將終止交易。該公司在那斯達克的平均成交量只有東京證券交易所的 1% 左右，就股票流動程度來說，在美國上市已失去意義。

伊藤榮堂根據美國會計標準製作財務報表，2003 年上半年度（2003 年 3 到 8 月）起將改採日本標準。日本會計制度也開始實施重視集團業績等一連串改革，以提高財報透明度，因此伊藤榮堂認為縱使改採日本會計標準，資訊揭露也不至於開倒車。美國國內股東人數減少後，最快 2004 年夏季起，該公司就不再依照美國會計標準向美國證管會提出財報。

此外，日本零售業中唯有伊藤榮堂只以美國標準發佈財報，投資人不易跟同業比較業績，這也是該公司中止在美國上市的考量。日本共有 33 家公司在美國掛牌，其中紐約證交所 19 家、那斯達克市場 14 家。(經濟日報，2003 年 4 月 11 日，第 11 版，孫蓉萍)

❖ 第二節　全球企業股票初次上市決策

股票是無形的金融商品，所以商品行銷的道理也可適用。對於想申請股票上市的公司，在上市規劃時已挑選出可行的股市，並努力符合上市的要件。此種 A 國公司卻在 B 國股市初次上市，和 C 國公司在 C 國股市初次上市，這二種不在母國（例如臺灣）股票上市募集權益資金的方式，便是本節討論的跨國股票上市。本書不討論「借殼上市」，有興趣者請參見拙著《企業突破》（中華徵信所，1994 年 5 月）第五章第三節。

一、股票全球上市已成趨勢

海外投資後自然的面臨收割方式和股票募資，於是海外子公司在當地或其他金融中心股票上市，已成為全球經營的一種趨勢。

臺灣全球企業海外子公司在地主國股市上市，就地取「財」的案例漸成趨勢，主要起於 1992 年以後。例如：

1. 東帝士泰國化纖廠在 1993 年 6 月正式上市，首創臺灣企業在泰國上市的先例。

2. 燦坤集團大陸燦坤公司，1993 年於大陸深圳股市 B 股上市，成為大陸第一家外商獨資上市公司，也是臺灣第一家企業子公司先在大陸上市後，母公司股票於 1997 年 5 月再於臺灣上櫃的案例。

海外上市，募資用途卻可能無國界，例如 1996 年 5 月新加坡的宏碁國際信息公司發行公司債和認股權證，總額 6,800 萬美元的資金中，有 20% 資助（母公司）興建臺灣的一座工廠和倉庫。

二、上市目的和上市地點的搭配

股票在海外股市初次上市至少有兩種方案可選擇，著眼點各不相同。

㈠先上壘再得分

有些公司抱著先上壘再得分的心態，先找了最容易上壘的股市（例如加拿大的溫哥華股市），有些股市上市條件寬鬆到只要公司有遠景可期便可，那怕還處於公司剛成立的概念階段。

這類股市的這些類股大都有行無市，也就是周轉率很低。在這類股市上市可說口惠大於實利，然而發行公司或許抱著「沒魚蝦也好」的想法，反正上市費用是可衡量的，負擔得起的，而上市的利益（知名度等）卻是不可衡量的。以 1996 年 10 月在加拿大溫哥華股市以 RTO（即借殼上市）上市的臺灣太普科技，打的如意算盤便是未來轉往美國掛牌。

㈡一次便求全壘打

就跟有些企業的上市決策一樣，寧可拼上市，也不願退而求其次的「先上櫃再轉上市」；在海外上市的考量也是相同，寧可延後，卻希望揮棒就有全壘打，也就是在全球主要股市股票上市。

三、控股或營運公司股票上市？

在計畫上市的情況下，母公司總會衡量究竟是以控股公司或營運公司（operation company) 來申請股票上市，因為這涉及盈餘配置規劃（詳見第一章第二節五）、控股公司註冊地的選擇——因為有些租稅庇護區的公司不為世界股市所接受。

不過，要想抱著營運公司、控股公司重複上市的如意算盤，可能不容易得逞。這是因為絕大部分股市都不允許此一物多賣情況。以新加坡股市來說，對於控股公司的上市資格，其中有一項便是如果佔其營收、獲利一半以上的子公司已股票上市，則此控股公司並不符合上市資格。此外，要是股票上市前未出現此情況，但是上市後才發生，則該控股公司必須下市，要是你選擇不讓其旗下子公司下市的話。

至於究竟以控股公司或營運公司來上市，何者較佳？採取控股公司方式，至少其子公司們可以很有彈性的跟不同投資人合資，不會發生「有你沒有我」的投資人排擠效果；而且對子公司的處置（例如併購、出售）也比較有彈性。當然，有時祖父公司的大股東也可以持有不少孫公司持股，先賺一筆，然後再從控股公司處賺資本利得，可說左右逢源。

四、海外股市上市條件

臺股股票上市的條件算比較嚴格的，但是各國股市上市條件、審核程序卻是大同小異，股票上市條件大抵可分為消極和積極要件，前者不用多花力氣便可達到。

1.消極要件：例如公司成立年限（至少 3 年）、專業或獨立董事人數（泰國股市規定至少需 2 人）、股權分散程度。

2.積極要件：主要包括實收資本額（例如 2 億元）、獲利能力，少數有考慮營業額。

由表 7-5 看來，臺灣除了不准產業控股公司上市外，表面上的上市要件並不比香港、新加坡嚴格多少。資深承銷人員表示，重點在於上市、上櫃審核準則對於不宜上市、上櫃的負面要求頗嚴格，這才是門檻所在。此外，上市申請公司須有 2 年輔導期（上櫃為 1 年），對於一些等不及的公司，雖然明知臺灣股市上市利益大，但卻不得不往外發展。

營運公司要想股票上市卻無法達到積極要件的，只好透過團結力量大的道理，由幾家營運公司護送其控股公司達陣得分。例如 1996 年 5 月間在新加坡股市上市的旺旺控股公司，其母公司臺灣宜蘭食品（以生產旺旺仙貝聞名）公司，不符合臺

表 7-5 香港、新加坡和臺灣股票上市相關條件比較

地區標準	香 港	新加坡	臺 灣
承銷商輔導期	沒有明文限制	沒有明文限制	2 年上市輔導
財務審核基本要求	主要掛牌市場（main board，或主板） 1. 主體企業設立或從事主要業務時間應在 3 年以上 2. 近 1 年盈餘不低於港幣 2,000 萬元，再前 2 年總和不低於港幣 3,000 萬元	1. 營運 5 年、沒有累積虧損 2. 上市前 3 年，每年稅前盈餘超過 100 萬新元，3 年合計超過 750 萬新元（以新元上市者） 3. 上市前 3 年每年稅前盈餘超過 200 萬新元，3 年合計超過 1,500 萬新元（以外幣上市）	1. 5 年的財報或經中央目的事業主管機關證明的科技事業 2. 最近 1 年決算沒有累積虧損
資產、淨值的要求	沒有規定。但是在下市時申請企業的資產淨值佔上市公司的市值比例一般約為 40% 左右。以申請企業的市值不少於港幣 5,000 萬元計算，有形資產淨值應約為 2,000 萬元（按：市值 = 發行股票總數 × 每股發行價，發行價 = 每股盈利 × 市盈率）	1. 上市前實收股本至少 1,500 萬新元（星國公司以新元上市，即在 main board 上市） 2. 上市前實收股本至少 3,000 萬新元（外國公司以外幣上市，即在 foreign board 上市）	1. 最近 2 年決算的實收資本額均在 3 億元以上 2. 科技類上市股票：實收資本額在 2 億元以上者
獲利能力	沒有規定，但是須具成長性	沒有規定	符合其中一項即可： 1. 營業利益和稅前純益佔年決算的實收資本額比率，最近 2 年均達 6% 以上，且最近 1 年的獲利較前一年度為佳 2. 上述比率最近 5 年均達 3% 以上

灣上市條件，但其新加坡控股公司卻符合新加坡股票上市條件，於是便在新加坡上市。當然，往上游創立此控股公司，並且設在新加坡，皆是證明此計畫上市有備而來的。

由表 7-5 可見香港、新加坡、臺灣股票上市條件，由此看來，新加坡上市條件

較具彈性，想在新加坡股票上市不見得非在新加坡設籍不可，例如在其他國家股市上市的公司，大都可以在新加坡第二線上市 (secondary listing)。

總的來說，大陸臺資無法在臺股上市的臺灣企業想在海外上市，多數承銷商建議上市地點的選擇依序如下：

1.香港：本益比尚可，而且周轉率佳，成交值比臺股差一點，最大的變數是政治風險。

2.新加坡：初次上市本益比約 6～12，以外幣掛牌，年周轉率常未達 1 倍。

3.上海、深圳：以 B 股上市，周轉率差，而且老股 3 年內不能釋出，股票上市主要是有集資、打知名度的功能。

五、上市地點的選擇

在可行上市地點的選擇方面，除了考慮本益比、周轉率外，還有二項因素，根據美國華盛頓等大學二位教授 Saudagaran & Biddle (1995) 針對 459 家全球企業跨國上市 (multiple listing) 的研究，指出在 1992 年年底以前在八大國家股市上市的考量因素：

1.財務揭露要求越少越好。

2.最好母國有出口到該海外股票上市國，即以股票上市知名度來帶動出口業績。

六、包銷或代銷

無論是債券或股票發行，發行公司和承銷商主要關切在於市場接受性 (market receptivity)，這些又決定於承銷價和承銷股數。

在銷售相同股數情況下，發行公司常常比承銷商樂觀，也就是預期承銷價會高一些。縱使發行公司能正確估計其股價，承銷商基於降低等待風險 (waiting risk)、定價錯誤風險 (pricing risk) 和行銷風險 (marketing risk)，常希望承銷價能適當低估 (underpricing)，也就是把折價部分作為應付「發行風險」(flotation risk) 的墊底，把大部分發行風險移轉給發行公司。

要是發行公司跟承銷商對承銷價、承銷股數談不攏，有經驗的承銷商不會拂袖

而去，而會放棄包銷（包括餘額包銷），跟發行公司談代銷事宜；在此情況下，發行風險完全落在發行公司肩上。大部分發行公司不會冒這麼大的險，不是另洽承銷商，便是只好向原接洽承銷商妥協，例如爭取餘額包銷方式。

七、發行費用和折價

在第四章第一節中我們已詳細說明國際債券發行的費用，因此發行公司能拿到的金額是發行金額減掉發行費用後的餘額。這情況也適用於股票在海外發行，但是比債券發行還增加一項，即在其他情況不變下，股票的發行常會造成盈餘稀釋。這是因為發行公司宣佈發行新股時，隨著股票上市日期越來越接近，因為股數將增加所產生的供給效果 (supply effect)，使得股價折價情形越來越嚴重。再加上發行費用等，使得發行公司約只能拿到發行金額 94% 的現金。

㈠承銷費用

以承銷差價（underwriter's spread 或 compensation）來表徵的承銷費用主要包括下列項目和比重。

1.銷售費用折讓 (allowance)，又稱自營商折讓 (dealer concession) 或銷售折讓 (selling allowance)，佔 60%，一般來說，如果是公開承銷，這部分由承銷商賺走；要是承銷商洽特定人認購，這部分由特定人賺走，即 98.50–（60%×4.50）=95.80，也就是特定人只要用定價的 95.80% 便可向承銷商買到股票。

2.主辦承銷商的管理費，佔 20%。

3.承銷費用折讓，佔 20%，其中 5 個百分點是實際的承銷費用。

㈡其他相關費用

這些費用包括證期會申請核准費用 (SEC fees)、證券交易所上市費用 (listing fees)、印花稅 (federal revenue stamps)、州稅與費用、股務代理機構費用 (transfer agents fees)、印刷費、律師費、會計師費用，以及雜支。

◆ 第三節　大陸股票上市

大陸佔臺灣企業對外投資金額的一半，人員僱用從 2001 年起已逐漸本土化，

資金來源本土化也是必然趨勢，只是股票上市這條路因大陸政策的緣故，只有燦坤一家「先大陸，後臺灣」的兩岸股票上市，可說是惟一例外。2002 年下半年，大陸政策漸有鬆動跡象，20 餘家臺商企業摩拳擦掌，底下詳細說明。

一、滬、深上市的優點

對大陸臺商來說，在滬、深交易所上市應該是優先選擇。由於大陸 A 股市場的本益比較高，可以籌集到較多的資金。如果臺商的產品是在大陸市場銷售，在大陸股市上市，對於提高企業的知名度也有相當的幫助。

二、上市只是紙上富貴

大陸上市公司中法人股還不能在市場流通，使得有意上市的外資企業股份談判相當困難，在投資人有限（買方意願不強）和價格談不攏（價格太差）的情形下，有些外資企業已宣佈放棄 A 股上市計畫，像已完成股份制改造的柯達和聯合利華都暫停上市計畫。(經濟日報，2003 年 2 月 17 日，第 11 版，張運祥)

三、大陸股票上市

美商麥肯錫顧問公司新出爐的大陸證券承銷和經紀市場研究，大陸股市在1993～2002 年的快速發展，股票的發行是亞洲第三大、股市成交量在日本除外的亞洲股市 (Asia ex-Japan) 排名第二大、營收第一大。

大陸股票大量發行，市值 5,820 億美元，約等於 2000 年臺灣國內生產毛額的兩倍，股票發行公司中大型類股是在海外掛牌為主，大陸掛牌的是以中型股為主，並以 A 股為主，以 2000 年來看，A 股的平均市值是 1.4 億美元。

大型股以在香港和美國掛牌為主，主因有二：一是大陸資本市場的胃納無法吸收 10～20 億美元的大量釋股計畫，二是海外掛牌的無形益處，包括名聲、引進國外的公司治理、取得外幣資產。

物以稀為貴，大陸 A 股的本益比高，近來吸引越來越多發行公司從海外轉回大陸，期望在 A 股掛牌上市，股票承銷到次級市場交易，兩個市場間存在很大套利空間，吸引散戶蜂湧而入，從大陸股票認購率可達 200 倍，遠高於新興市場的水準，可見一斑。

　　大陸首次掛牌承銷市場，由十大中國券商掌控 80% 的承銷規模，海外承銷市場是由華爾街知名券商掌控或合資券商才可以取得主辦承銷商的資格。

　　大陸證監會透過嚴格的監理，主導大陸股票的發行、證券市場的發展，但是這些管制逐漸鬆綁，例如 1999 年取消首次掛牌發行的最高本益比 15 倍限制，股票海內外發行從申報到上市的時間，承銷費率、股票發行承銷的方式，大陸管制比其他亞洲和國際嚴格。但是預期證監會在審核、定價、承銷方式將會越來越自由化，詳見表 7-6；簡單的說，大陸證券規定有濃厚的臺股色彩。

表 7-6　大陸股票上市條件

A　股	B　股
1. 股票經國務院證券管理部批准已公開發行 2. 實收資本額人民幣 5,000 萬元以上 3. 公司設立經過 3 年以上，且近 3 年連續出現盈餘 4. 票面人民幣 1,000 元以上股票的持有股東人數為 1,000 人以上，公開發行股數不得低於已發行股數的 25%；或實收資本額超過人民幣 4 億元的股份有限公司，公開發行股數不得低於已發行股數的 15% 5. 過去 3 年以內沒有違法情事發生，且在財務報表上沒有任何虛偽記載 6. 由一至兩名證交所會員（即推薦券商）推薦 7. 符合國家機關所公佈法律、法規、規章或證交所的規則等條件	1. 所籌資金用途符合國家產業政策、國家有關固定資產投資項目的規定、國家有關利用外資的規定 2. 發起人認購總額不得低於已發行股數總額的 35% 3. 發起人出資總額不少於人民幣 1.5 億元 4. 取得國務院證券委員會和證監會核准，且股票正進行公開發行 5. 實收資本額在人民幣 5,000 萬元以上 6. 公司設立經過 3 年以上，且近 3 年連續出現盈餘 7. 票面人民幣 1,000 元以上股票的持有股東人數為 1,000 人，而且公開發行股數，不得低於已發行股數的 25%；或實收資本額超過人民幣 4 億元的股份有限公司，公開發行股數不得低於已發行股數的 15% 8. 過去 3 年內沒有違法情事發生，且在財務報表上沒有任何虛偽記載 9. 由一至兩名證交所會員推薦 10. 符合國家機關所公佈法律、法規、規章或證交所的規則等條件

資料來源：金鼎證券、日盛證券。

　　展望到 2005 年大陸新發行的股票金額約 2,000 億美元，約佔日本除外亞洲股市的一半發行量，相當於今日英國發行的規模。（經濟日報，2002 年 4 月 4 日，第 10 版，白富美）

　　倍利證券董事長黃顯華指出，大陸 2002 年加入世界貿易組織 (WTO) 後，承諾

5 年內全面開放市場,因此在 2006 年以前,臺商想要在大陸掛牌上市的難度仍然很高。不過,大陸可能在 2006 年以前,開放約 10 家以內的臺商企業在大陸「試點」上市。鴻海、華映和臺塑等產業龍頭公司,率先獲准的機率極高。依照作業時程估算,最快 2005 年可望出現首宗臺商大陸 A 股上市案。(經濟日報,2002 年 5 月 26 日,第 1 版,夏淑賢)

黃顯華指出,臺商在大陸上市,固然優點很多,但是也必須留意負面衝擊。因為臺商一旦在大陸上市,臺灣上市的母公司可能就形成控股公司化,享有的本益比會被壓縮,外資券商的投資評等也可能調降。(經濟日報,2002 年 5 月 26 日,第 2 版,夏淑賢)

四、優質臺資企業 A 股上市

大陸支持外資(含臺資)企業 A 股上市,2003 年 7 月,國祥制冷工業獲得大陸證管會核准,使得臺資企業 A 股上市頭等,2004 年 4 月前掛牌。(經濟日報,2003 年 8 月 6 日,第 11 版)

㈠潛在黑馬

在大陸投資的臺資企業,包括由臺灣和桐化學轉投資的南京金桐石化公司、從事磁磚生產的斯米克建築陶瓷公司、中華映管、成霖企業和統一企業都被視為最有上市潛力的企業,而統一企業被傳是中共有意培植臺資 A 股上市的企業;詳見表 7–7。

㈡高清愿的如意算盤

統一企業集團總裁高清愿表示,統一將把在大陸已獲利的公司合併為一家控股公司,在大陸申請 A 股上市,由美商高盛證券輔導中。

高清愿把統一在大陸 A 股上市當做集團重要事件辦理。高清愿的想法是「臺資企業在大陸上市,可以吸引外資進入大陸市場投資,也可以跟消費者拉近距離,提昇統一企業形象和知名度」。

㈢政策最重要

政策因素會影響最後上市時間,外資企業能否在大陸 A 股上市成功,大部分取決於商務部而不是證交所,臺資企業還要取決於國臺辦的意見,申請過程相當繁雜。

表 7-7　擬在大陸上市的臺商企業

行業類別	企　業	概　況
食品業	旺旺集團 頂新集團 統一集團 龍鳳食品	食品業臺商均以內銷為主要市場，其中，以康師傅打響名號的頂新有意將頂益快食麵、飲料子公司和頂通控股安排在大陸上市統一預計 2004 年內由武漢、昆山等績優子公司在上海 A 股掛牌；旺旺已在新加坡上市，擬把旗下其他子公司在大陸掛牌
自行車	捷安特 （巨大機械）	以生產捷安特自行車聞名的巨大機械，看好大陸自行車市場潛力，預估 2003 年在大陸內銷量可達 130 萬臺，自 2002 年開始籌備上市事宜，預計 2004 年下半年可掛牌
電子業	楠梓電（滬士電子） 中華映管	楠梓電在大陸投資的滬士電子以生產印刷電路板為主，早已有意在 B 股掛牌
光纖光纜	華新麗華	大陸廠 2002 年獲利較 2001 年大幅成長逾五成，漸成營運重心，曾評估在 A 股或 B 股掛牌，後仍傾向 B 股
廚具	櫻花	以「免費換網」在大陸廚具市場打出一片江山的櫻花由於內銷競爭日趨激烈，已積極開展外銷。屬意由櫻花（中國）爭取 2004 年在上海掛牌
建材	信益陶瓷	大陸廠營收已高於臺灣廠 3 倍，並較 2001 年成長一至二成，大陸市場已成公司獲利主力，有意在當地籌資擴展市場
製藥	中國化學製藥	位於蘇州高新開發區的合資廠已有不錯的內銷成績，曾表達在大陸上市的意願

上海證交所主管人員說，從來沒有這樣的先例，即沒有規則可循。

第四節　香港股票上市

　　臺商企業在大陸上市面臨困難，而這些困難來自官方政策。而由於企業又正好處於擴張階段，亟需募金時，前往境外上市可能就是惟一的途徑。

一、上市地點，三選一？

　　大陸臺商前往境外上市，主要的選擇有香港主板、香港創業板、新加坡證券市場，以及美國那斯達克市場。

㈠美國那斯達克上市的缺點

　　如果缺乏一定的國際知名度，在缺乏地緣關係，那斯達克股市投資人不熟悉該

公司的情況下，往往會造成企業上市後流通不佳的問題。

㈡新加坡上市的缺點

新加坡股市也不是太理想，以旺旺集團、亞細亞磁磚等臺商企業為例，儘管在大陸市場的獲利頗佳，但股價表現卻一直不是十分理想。

比較港、新兩地的股市，簡單地說，香港是大中華概念股的主要舞臺，而新加坡是東南亞營運股的主要舞臺。如果臺商的生產基地、物料或市場是在臺灣、香港或大陸的話，到香港上市是比較好的選擇，將成為大中華概念股。（經濟日報，2002年7月25日，第27版，王皓正）

㈢香港快又不麻煩

香港證券市場的上市和增資規定比較寬鬆，在主板上市只要滿6個月，就可以辦理現金增資；對於企業想利用資本市場籌集低成本資金，會有立竿見影的效果。

二、香港上市的條件和成本

㈠上市條件

大陸臺商選擇前往境外上市,鄰近大陸的香港主板或創業板應該會是比較好的選擇，詳見表7-8。

表7-8　香港主板、創業板和深圳創業板上市資格

	香港主板市場	香港創業板市場	深圳創業版市場（規劃中）
市場的目的	目的眾多，包括為較大型及基礎較佳的公司籌集資金，為投資人出售股權，提昇企業的知名度等	新興高科技或高增長性企業提供上市集資管道	高新技術或高增長型中小企業
業務紀錄	3年業務紀錄	須顯示公司最少1年從事「活躍業務活動」的紀錄和未來2年業務目標及達成計畫	2年以上營業紀錄
盈餘要求	盈餘5,000萬元，最近1年須達2,000萬元，再之前2年合計則須達3,000萬元	沒有最低盈餘要求	最近二會計年度經查核的主營業務盈餘合計達人民幣500萬元，最近一會計年度經查核的主營業務盈餘達人民幣300萬元

資料來源：香港京華山一企業融資有限公司。

對於公司上市的條件,香港主板市場要求企業上市前 2 年的稅後盈餘必須達到 3,000 萬港幣以上, 上市前 1 年則必須達到 2,000 萬港幣以上。創業板對於申請上市企業則沒有最低盈餘要求,只需具備最少 1 年活躍的營業活動紀錄,以及未來 2 年的業務目標。

香港創業板看重的是企業未來的前景, 適合創業不久的高科技及高增長性企業。香港主板的上市門檻相對較高,本益比低於創業板,比較適合大型股申請上市。

由於主板市場對於上市企業有最低盈餘要求,因此許多海外基金都限定只能購買主板的股票。此外, 主板上市公司的股票可以向銀行質押,創業板上市公司的股票則不行。

㈡上市成本

在港上市的成本,包括會計師、財務顧問費用、保薦人費用、會計師簽證成本,以及大股東和經營階層的租稅規劃費用。如果想在香港創業板上市,平均掛牌成本約為 1,000 萬港幣,香港主板整個上市成本則約需 1,300～1,500 萬港幣。(工商時報,2002 年 9 月 20 日, 第 11 版, 蔡沛恆)

三、達陣成功的臺商企業

亞洲金融中心之一的香港,具有交通便捷且籌資成本較低的優點,而成為臺資企業掛牌的熱門地點。

英普達、自然美分別在 2002 年 1、3 月在香港掛牌,頂益(康師傅)、臺泥國際、三商行、乾隆科技、唯冠國際、松景科技、冠捷科技、天鷹電腦等, 也均是臺資企業, 至 2002 年 7 月總計約有 21 家臺灣業者在香港上市。

㈠還是非主流股

臺資永恩集團雖然以「達芙妮」品牌在大陸女鞋市場佔有一席之地,然而因為香港主板市場主要是以金融、地產等大型藍籌股為主,因此永恩集團在香港上市後,並不太受到香港投資人的重視。(工商時報, 2002 年 3 月 2 日, 第 10 版, 林則宏)

㈡達陣方式

臺灣公司赴港掛牌,可區分為四種方式,其中又以「透過成立海外公司擁有臺

灣業務再公開上市」的方式成本最低。由在海外免稅天堂登記設立的公司,出面到香港股市公開發行。香港股市僅准許設於大陸、香港、百慕達和開曼群島的公司赴港上市。在維京群島設立的公司,只需在上市前轉由開曼群島登記的公司持有,就能合法在港股掛牌交易。

第五節　現金增資和老股釋出決策
——股票出口銷售方式

對於已在某國上市股票,而想擴大海外權益資金來源,至少有下列兩種方式可資考慮,這兩種皆屬於多重上市 (multiple-listing)、交叉上市 (cross-listing) 或國際上市 (international-listing)。

一、二條路可以選

如何利用國際資本市場來取得權益資金呢?

無論是現金增資發行 (secondary public offering, SPO),或是大股東老股釋出,要想利用國際資本市場取得權益資金,至少有下列二種途徑可循。

(一)原股跨國上市

原股跨國上市已是世界潮流,對當地投資人來說,不需要出國也可以買賣外國金融商品。例如隨著 1997 年香港歸還大陸,新加坡便極力吸引香港上市公司到新加坡第二次上市。

大陸企業在國際募資方面並不遲緩,1997 年 3 月 24 日,北京大唐電機公司發行境外上市外資股,在倫敦證券交易所掛牌第二次上市,成為首家在倫敦上市的大陸公司。

在 1997 年 7 月以前,臺灣證期會還不允許臺灣上市股票在外國上市,上市公司只能以存託憑證方式到外國股市上市。之後,證期會新發佈的「發行人募集與發行海外有價證券處理要點」,允許上市公司以部分股本(原股)到外國上市,上市公司以外的公開發行公司則可以全部股本到外國上市。

此外,證期會也於 1997 年 7 月開放外國上市公司原股「登臺」,也就是允許原

股來臺股市掛牌交易，即臺灣存託憑證 (TDR)，首支 TDR 福雷電子已於 1998 年 1月 8 日掛牌交易。

㈡採取存託憑證方式

有些國家限制外國人直接投資其股票，但卻允許間接方式，也就是投資人可以拿到「表彰公司股票所有權的憑證」，即存託憑證。此外，基於上市條件的不同，上市地點股市也許不准海外股票原股上市，只能以存託憑證方式上市。1992 年 4 月證期會公佈實施「上市發行公司參與發行海外存託憑證審核要點」，允許海外存託憑證發行。

㈢臺資企業回臺發行臺灣存託憑證？別傻了！

依現行公司法、上市相關法令規定，臺商企業回臺灣股票上市的方式可分為以下兩種，其一為發行臺灣存託憑證，其二為在臺灣成立投資控股公司取得外國上市公司的股權並於臺灣申請上市。

不過，前者可說 mission impossible（不可能的任務），除非兩岸關係改善，否則連簡單的兩岸直航都做不到，更何況是「肥水（此處為臺灣資金）落外人田」的大陸股票來臺銷售呢？

㈣分二次發行就沒事了！

不過，現金增資國內、國外同步發行的可能性不存在，這是因為法令規定不得歧視投資人，也就是國內外投資人認購價格應該相同。由於國內外定價方式不同，要想做到海內外價格一致並不容易，撇開這項技術性因素不談；在策略性的考量上，全球存託憑證主要還是基於價優、量大考慮。如果全球存託憑證募資尚不足以支應的部分，隔 1、2 個月，再來一次現金增資也是可行之道，只要不是同時發行便可。

2003 年 3 月 31 日，證期會宣佈，開放上市公司可以增資發行的新股，參與發行海外存託憑證方式，受讓外國公司股份或併購外國公司，以鼓勵企業進行股份受讓和跨國併購。(經濟日報，2003 年 4 月 1 日，第 25 版，馬淑華)

二、發行海外存託憑證的顧慮

水可載舟也可覆舟，一物多處賣的顧慮，便是除非有差別取價的先決環境存在，否則套利活動將使國內外價格趨於一致，這就是單一價格法則 (one price law)。但

對上市公司來說，更擔心一旦海外投資人看得比臺灣投資人悲觀，海外價格大跌或國內價格大漲，於是海外投資人便會要求發行公司贖回，贖回賣壓進而衝擊國內股價。有些上市公司老闆會擔心全球存託憑證成為股價的不定時炸彈。

以中鋼 1991 年發行的全球存託憑證來說，全球存託憑證贖回賣壓一直如影隨形，揮之不去。當然，這個贖回賣壓有部分來自臺灣投資人，到海外低價購買全球存託憑證，然後要求保管（或稱存託）和轉換股票機構贖回。

❋ 充電小站 ❋

存託憑證 (depositary receipts, DR)

存託憑證是指國內發行公司把股票委託國外存託銀行代為保管，憑證所表彰的權利相當於國內發行的股票，也就是說持有人可享受的權利義務跟國內普通股東相同。在美國證券市場掛牌流通的稱為美國存託憑證。

一張存託憑證所代表的持股數，端視國內發行公司跟國外委託銀行間的換股比例，像宏碁、台積電、台揚的美國存託憑證為 1 比 5，代表 1 單位美國存託憑證換 5 股普通股，中鋼美國存託憑證則是 1 比 20。

存託憑證所表彰的有價證券並不限於股票，包括債券和新股認購權證等皆可用來發行存託憑證。

第二個顧慮來自未來臺灣股市對外資幾乎全面開放——最後僅剩未在臺灣設籍的外國人不能直接買到臺股。1990 年代以來，外國人可透過臺灣股市共同基金，直接購買公司或概念類股認股權證，甚至股價指數期貨。全球存託憑證的稀有性便被這些競爭工具逐漸稀釋掉了！

三、全球存託憑證發行程序

全球存託憑證的發行程序跟海外債券是大同小異的（詳見第五章第六節），只是在臺灣申請核准的過程中，多了「目的主管機關核准」這一階段，詳見圖 7-3。

要是老股提撥發行的全球存託憑證，由存託銀行代替發行公司向證期會申請，申報的書表項目附件也比較簡要。

四、發行公司的條件

不論中外，股票投資人偏好相似，特別喜歡藍籌股，也就是如果發行公司不是績優股（例如過去 3 年每股盈餘 2 元以上），最好不要自討沒趣。此外，還宜具有下列特性：

圖 7–3 發行全球存託憑證申請流程和時間表

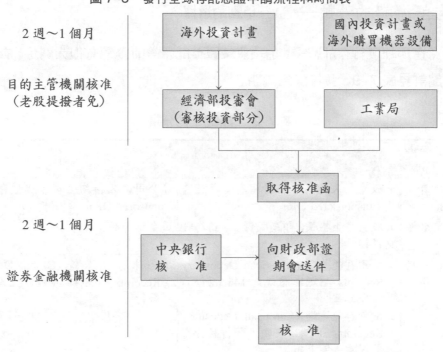

1.產業展望良好：1995 年以來，許多海外承銷商對營建類股敬而遠之，甚至連接洽都懶，誰也料不到房地產市場是否已到谷底。反之，電子類股則成為票房保證；此外，只要沾得上大陸概念股或其他流行概念股（例如大哥大概念股），也有特定買盤。

2.股價合理：本益比太高（例如比大盤指數高），則顯見股價不合理，除非能自圓其說，例如有隱藏的土地重估增值利益或來自子公司即將上市的資本利得。否則，本益比太高的股票會嚇壞不少老外。

3.財務結構健全：負債比率 50% 以上者，老外常會怕怕，60% 以上者則乏人問津。站在老外的觀點，這家公司其實是債權人的，而不是股東的（要是自己也入股的話），財務風險高的公司老外寧可敬而遠之。

4.投資案報酬率具吸引力：發行全球存託憑證最好是用於（至少要大部分）投資，否則要是只是消極的用於還債——美其名說改善財務結構，老外的興致可能就缺缺。

五、存託憑證的分類——發行地點的選擇

究竟在那裡發行存託憑證，這項決策跟存託憑證的分類有很大關係，存託憑證的分類請詳見表 7-9，接著詳細說明。

表 7-9　存託憑證的分類

頻率 種類	低	高
一、發行者 (issuer)	大股東，又稱為非公司參與型存託憑證 (unsponsored DR)	該公司，又稱為公司參與型存託憑證 (sponsored DR)
股票來源	大股東手上持股，即老股釋出，稱為股東提撥	現金增資股
二、發行市場和計價幣別	1.美國存託憑證 (American Depositary Receipts, ADR)：依規則 144A 和 S，採取私募 2.歐洲存託憑證 (European Depositary Receipts, EDR)：在歐洲發行且於倫敦或盧森堡上市	3.全球存託憑證 (Global Depositary Receipts, GDR)：在歐、亞或美同時發行

㈠依發行公司身分來分

證期會於 1992 年 4 月 16 日正式公佈實施「上市發行公司參與發行海外存託憑證審核要點」，上市公司於法有據可以發行全球存託憑證，從此展開臺灣上市公司股票出口的大門。

如同認股權證的發行公司可分為上市公司、大股東一樣，存託憑證的發行者如果是該上市公司，稱為公司「參與型」存託憑證 (sponsored DR)，屬於現金增資的新股釋出。由大股東所發行的稱為非公司參與型 (unsponsored DR)，前述中鋼 GDR 的發行便是屬於此型，即老股釋出。

大股東發行存託憑證的動機之一為避稅，利用發行存託憑證方式，採私下募集洽特定人認購，把股權轉手給海外控股公司，而此控股公司董事長往往是大股東的子女。藉存託憑證方式，既規避龐大贈與稅、遺產稅問題，又可保住對公司的控制權。

㈡依發行地區來分

在美國發行的存託憑證稱為美國存託憑證，跨國發行的稱為全球存託憑證。臺

灣上市公司遲至 1996 年才有 2 家電子類股發行美國存託憑證:

　　1.旺宏電子於 1996 年 5 月,在美國最大店頭市場那斯達克(美國全國證券自營商自動報價協會)上櫃掛牌,首開臺灣企業在美上櫃先河。

　　2.台灣積體電路公司於 1997 年 6 月,在紐約證券交易所掛牌上市,發行金額 5 億美元,股票來源為大股東飛利浦手上老股釋出。

　　至於究竟在那裡把存託憑證掛牌,臺灣企業最常選擇的是盧森堡,因其要求少、時效快、費用低;全球主要股市對於存託憑證上市的相關規定參見表 7-10。

表 7-10　全球主要股市發行全球存託憑證的優缺點分析

歐　洲		亞　洲		美　國
倫　敦	盧森堡	香　港	東　京	紐　約
倫敦證交所在國際間極具聲望,其交易規模居歐洲之首,如果能取得上市,對公司國際知名度和資金之募集有相當助益。然而其上市規定相當繁瑣嚴苛,申請手續費時,對財務報表規定嚴格(須符合美國或英國的國際會計原則綱要)	盧森堡證交所對上市條件的規定較為實際,上市手續較為寬鬆,發行公司所須揭露之資訊也較少,費用低廉,國際投資人多已認可該所。歐盟國家也多習慣交易於該處上市的金融產品,加上存託憑證的投資人多為法人機構,且係送進營業報價系統來進行交易,雖然其交易規模比不上倫敦和紐約證交所,但是不會影響資金的籌措和交易的流動性,是最佳上市參考地點	香港證交所尚未有一套對全球存託憑證上市的完整規範	由於東京證交所法規的限制,臺灣發行公司不可能於該處上市	對發行公司業績、義務的要求相當繁瑣(例如發行公司須揭露董事會和高階主管的酬勞)

(三)盧森堡最紅

　　由於在美國發行存託憑證門檻比較高,成本費用較高,所以臺灣上市公司大都以全球存託憑證方式發行為主,主要上市地為盧森堡、倫敦等。

　　臺灣公司發行美國存託憑證,存託銀行主要是紐約的花旗銀行;保管銀行主要是中國商銀。因此,到海外募資的企業似有偏好具經驗、口碑佳的銀行作為存託或保管銀行。

六、發行條件的決策

跟海外轉換公司債一樣，存託憑證發行條件的主要內容如下：

1. 承銷價：以發行前 5 個交易日平均價來加減價（稱溢價或折價率）。

2. 閉鎖期間：2003 年 7 月 16 日，證期會取消「發行後前 3 個月內投資人不能要求贖回」的閉鎖期規定。

3. 兌回標的：開放國外投資人可以直接投資臺灣股市，則可兌回臺灣股票。

4. 發行金額：0.3～8 億美元。金額太小，承銷商無利可圖；金額太大，又怕市場吃不下來，所以太大或太小都不合適。

5. 單位規模：一般 1 單位全球存託憑證換臺股 10 股，例如震旦行全球存託憑證；少數為 20 股，例如 1991 年中鋼全球存託憑證；也有 5 股，例如 2002 年 1 月發行的台積電全球存託憑證。單位規模取決定價策略，即著眼於把每張存託憑證價格控制在 10～20 美元之間，不太高也不太低。

七、第一金控 ADR 的實例

2003 年 7 月 23 日，第一金控發行 10 億股全球存託憑證，由德意志銀行主辦承銷，共募得 5.15 億美元，可提高資本適足率，外資持股比重由 2.32% 提高至 22.59%，是外資持股第四高的金控。

德意志銀行指出，第一金全球存託憑證每單位定價 10.30 美元，轉換後相當於每股 17.72 元，以 7 月 23 日第一金在臺股收盤價 20 元算，約折價 11.4%。據瞭解，第一金全球存託憑證獲市場達 2 倍的超額認購。

第一金全球存託憑證一波三折，國際投資人要求第一金全球存託憑證須折價 30% 以上才願意申購，之後因證期會取消新股發行存託憑證閉鎖期規定，才讓折價幅度縮小。有關人士指出，第一金原本堅持折價率不能超過 10%，但是結果仍折價逾一成，主要是因為某大型避險基金價格「很硬」。

外資圈原本不看好第一金股價，曾預期要折價 20% 以上才有外資買，但也有外資認為折價一成以上就有套利機會。因此，7 月 23 日第一金全球存託憑證的定價結果算是「雖不滿意，但是可接受」。不過，在預期折價和套利盛行下，第一金

股價近來明顯下跌。(經濟日報，2003 年 7 月 24 日，第 1 版，白富美、武桂甄)

◆ 第六節　全球企業員工入股制度

對於絕大部分全球企業來說，實施員工入股制度 (employee stock ownership plan, ESOP)，其目的不在於擴展資金來源、作為抗拒敵意併購的工具。中山大學財管系教授馬黛認為主要著眼還在於把它當做激勵措施，是薪酬制度的一部分，以留住好員工、降低代理成本，甚至鼓勵員工參與公司經營（例如產業民主制），可以改善勞資關係。

這層考量在下列三種情況下又特別明顯：

1. 臺灣母公司外派人員，雖然身在外，但是仍希望享受母公司的激勵措施。

2. 海外子公司的高階（甚至中階）管理者，他們也不喜歡當企業殖民地的二等企業公民，也盼望享受「國民待遇」。

3. 來自國家（例如員工入股在美流行成風，有一成企業實施）、產業（尤其資訊電子業）的環境壓力，大勢所趨，身在其中的公司也只能順勢而為罷了。

此外可舉兩家全球企業在臺子公司實施員工入股的成功案例。

1. 1984 年，美國麥當勞來臺發展，督導級以上幹部視績效，可獲贈或認購美國麥當勞公司股票。弄得日本摩斯漢堡來臺打天下，也考慮開放臺灣員工認購日本母公司股票。

2. 1994 年時，匯豐銀行臺灣分行員工得以參與匯豐全球認股行動，認股對象為匯豐控股公司。

不少書刊（例如拙著《創業成真》（遠流出版，1996 年 3 月）第八章）專門討論員工入股制度，本書則從財務管理角度，以美國的 ESOP 來說明，如何作好員工入股制度的財務管理。

一、員工入股制度的租稅利益和限制

企業贊助員工入股制度可享受一些租稅利益，但也有一些不利之處。

(一)員工入股制度的租稅利益

　　美國為鼓勵企業實施員工入股制度，對銀行、公司、員工都提供租稅利益作為誘因。

　　1. 銀行：美國 Deficit Reduction Act of 1984 規定銀行放款給員工入股制度，50%利息收入免繳各種稅收 (tax exemption)；此租稅優惠反映在貸款利率比相同貸款利率低 20%。因此，銀行樂於放款給債信良好公司的員工入股制度。

　　2. 股份發行公司：對股份發行公司來說，實施員工入股制度可享受下列租稅優惠：

　　⑴公司因出售股票給員工入股制度的資本利得，如用於再投資，則可延遲繳稅。

　　⑵支付給員工入股制度持股的現金股利，發行公司可享受租稅扣減 (tax deduction)，因為國稅局把員工入股制度視為公司給予員工薪資費用的一部分；為了充分享受此薪資費用抵減租稅的好處，公司的薪資費用佔總費用應有相當分量；否則薪資費用太低，抵稅效果將微不足道。

　　⑶在融資員工入股制度 (leveraged ESOP) 的情況下，由公司出面向銀行申請員工入股制度貸款，用以購買公司股份，借款人是員工而不是公司，不過由於公司是保證人，因此到最後往往是由公司先替員工還款。這種融資買股票的員工入股計畫，稱為融資員工入股制度。要是屆時公司代替員工入股基金會償還利息、本金，也都可以作為費用，所以有抵稅功用。

　　3. 參與入股員工 (participating employees)：員工入股制度可作為經營者買下（MBO，或經理人買下）的工具，使員工成為名副其實的老闆。如果由員工入股制度擔任公司收購時的買方，在租稅方面可享受下列優惠：

　　⑴員工入股制度持股所收股利免稅。

　　⑵多餘提列退休基金轉入員工入股制度，免稅。

　　⑶對於舉債參與員工入股制度的員工，每年償還貸款本金部分，在申報個人所得稅時，每年還本金額最多可從薪資所得扣減 25%。

　　此外，在有些情況，有些公司以員工入股制度來換取員工薪資讓步；對員工來說，員工入股制度變成為延遲給付的薪資和退休金計畫，也就是把繳稅時間往未來延。

㈡員工入股制度不利於公司之處

實施員工入股制度對公司至少有六大缺點。

1.公司須滿足員工入股制度受託機構所提的要求。

2.在特定情況下，公司須向員工入股制度購回股票；除非公司股票是公開交易股票，否則入股員工有權把持股賣還給公司，也就是員工有賣權，這跟一般股票有所不同。

3.有關證券法問題，把公司登記為員工入股制度所有，也就是員工入股制度型買下 (ESOP buy-out) 公司情況，極可能觸發內線交易問題。

4.公司提撥給員工入股制度可能跟出售給其他股東的股價不同。

5.股權稀釋。

6.一開始建立此制度的成本可能很高，主要為律師和其他專業費用。此外，還可能曠日耗時，因此要是希望建立員工入股制度以作為權益資金的來源，必須提早作業，否則可能遠水救不了近火，尤其在併購需錢救急時。

二、員工入股制度的資金來源

員工入股制度資金來源可分為二大部分。

㈠公司贊助

美國 1974 年的勞工福利金法規定員工入股制度投資合格雇主公司股票的比率不受限制，股票主要為普通股、轉換特別股（當普通股交易市場存在時）。既然公司贊助員工入股制度有一堆好處，因此公司自然樂於動支相助。

㈡銀行貸款

在融資員工入股制度情況下公司成立一個合於稅法規定的員工入股制度信託（tax-qualified ESOP trust, ESOT），由銀行放款給此信託以購買雇主股票，以此購進股票為抵押品，並由公司擔任保證人，由公司每年存進信託帳戶股票或現金的給付 (contribution) 來償還貸款本息。

在還款前，員工入股制度所購股票置於暫記帳戶 (suspense account)；還款後，才依各員工薪資佔總薪資比重分配至各入股員工 (plan participant) 帳戶，員工離職或退休時才能領到股票。

當公司出售時，由於員工入股制度認購股票的賣方公司可能不繼續存在，此時員工入股制度受託機構只好終止此制度，把證券分發到各入股員工的帳戶內，或是受託機構受命把證券賣掉以取得現金，償還貸款後，把剩餘款項分發各入股員工帳戶內。

比較有吸引力的認股對象還是上市公司股票，對海外員工來說，1997 年 7 月宏碁發行全球存託憑證，其中 10%（即 100 萬股）由宏碁海外子公司 Acer Worldwide（宏碁全球公司，在英屬維京群島註冊）來認購，再由宏碁全球公司對高階員工給予認股權證（即臺灣所指的現金增資股），以解決外國自然人不准持有臺灣上市股票的限制。

最後，對於美國員工入股制度有興趣的讀者，由於這題目很熱門，不難找到書刊參考。例如美國 *Financial Management* 季刊 1990 年春季號，以整期篇幅討論員工入股制度，*Journal of Financial Economics* 月刊 2000 年 7 月，整期討論經營者股票選擇權 (executive stock options)。

三、成霖的附認股權特別股

2003 年 3 月 24 日，成霖 (9934) 董事會決議辦理私募，發行甲種附認股權特別股，創下發行附認股權特別股的先例。此次私募特別股張數為 1,470 張，每股私募價格均為 38 元，募集資金總額為 5,586 萬元。

成霖為了激勵海外員工，本來想發行附認股權普通股，然而因為法令尚未開放附認股權的普通股，於是經折衝私募甲種附認股權特別股。成霖指出，此次私募甲種附認股權特別股，認股價格均係依董事會決議日（不含）前 10 個營業日收盤價之算術平均數之 115% 為計算基準。

新發行的特別股附有認股權，每一認股權得認購 4 股普通股。該認股權須於私募限制轉讓期間 3 年屆滿後，才得以行使，且應於特別股發行日起 7 年內行使完畢。惟特別股部分或全部轉換為普通股時，要是所附的認股權還有未行使者，該認股權於特別股轉換時全部消滅。（工商時報，2003 年 3 月 25 日，第 20 版，鄭淑芳）

◆ 本章習題 ◆

1. 跨國股票上市跟商品國際行銷有何異同？

2. 把過去 5 年臺灣上市公司在海內外募資金額找出來，分析一下為何會有此結果。

3. 以圖 7-2 為基礎，找一家上市公司的實例來說明。

4. 何時採取私下募集？找一家上市公司的實例來說明。

5. 把表 7-4 更新 (update)。

6. 把表 7-5 更新。

7. 把表 7-6 更新。

8. 把表 7-8 更新。

9. 以圖 7-3 為基礎，找二家上市公司的實例來說明。

10. 把表 7-10 更新。

第三篇

資產、風險管理和租稅規劃

第八章

全球企業資產管理

當股市開始搖擺不定時，一些人就停止投資，於是好股票就這麼被擱在一旁，我們喜歡從這些股票中蒐羅、尋找那些即將捲土重來的公司。

——喬威廉　基金經理

學習目標:

站在母公司財務長 (§8.1)、資金調度部經理 (§8.2) 和稽核主管 (§8.4) 立場, 如何做好全球企業資產管理工作。

直接效益:

「國際應收帳款受讓業務」有專門研討會, 看完本章第五節, 這研討會可以免上了。

本章重點:

· 全球企業資產配置策略。§8.1
· 全球企業的現金管理只是比國內企業多涉及不同幣別, 採外匯淨額交易即可。
　§8.2 一㈠
· 重開發票中心。圖 8-4
· 全球企業現金管理稽核作業。§8.3
· 兩岸直接通匯流程——境外公司部分。圖 8-5
· 臺日韓外匯相關規定。表 8-1
· 國際應收帳款管理。§8.5

前言：從整體到局部

全球企業資產管理跟國內公司資產管理的原則是一致的，只是更複雜罷了。本章中，我們在第一節沿用國際金融投資的觀念，提綱挈領的說明如何做好全球資產配置。

在全球資產配置策略此一指導方針下，我們以第二到五節來討論流動資產的管理。

至於流動負債的管理可由流動資產管理的原則同理可推，本書不再贅敘。

第一節　全球企業資產配置策略

全球企業的資產管理始於第二章第一節中所談的「全球企業財務部組織設計」。如何做好全球企業資產配置，此取決於全球企業的投資哲學策略。我們可以沿用 Hautes Etudes Commercials-Institut Superieur des Affaires 教授 Bruno Solnik (1988)，在其著作 *International Investments* 中所提及五大考量的因素，來看這個議題。

一、主動或被動的投資哲學

在被動方法 (passive approach) 下，全球企業的投資經理只是消極的複製市場指數，例如依摩根士丹利公司的歐洲、澳洲和遠東指數 (EAFE) 或世界指數，在債券市場如 Lombard Odier 或所羅門兄弟國際債券指數。採取此法最基本的理由為當基金經理不具備採取主動策略所需有超過市場平均水準的預測能力時，也就是說投資經理無法「打敗市場」(beat the market)。

二、「由上往下」或「由下往上」

一般投資策略可細分為三項：資產配置（那些國家、金融市場）、證券選擇和市場時機，決定前二者的投資過程可分為二種不同的方法。

1. 由上往下方法 (top down approach)：即先決定投資的地區、國家、金融市場（如證券、債券、貨幣市場），再決定投資的工具名稱。

2. 由下往上方法 (bottom up approach)：跟由上往下方法正好反其道而行，基金經理先挑出有利可圖或風險分散的投資工具，以組成投資組合，最常用於國際權益

投資。

不過「由下往上」應該是較差的方法，因為一般來說，各金融工具仍受其所屬市場、國家的影響，美國 Ibboston & Brinson (1987) 等學者證實，光是決定那些資產類別（股票、債券、現金）已佔全球投資組合績效中的 93%，各投資工具（如 GM 股票、三菱債券、歐元）對總投資績效的影響很有限。而且採取由下往上方法須要有頗強的產業分析研究能力，除非是大型金融投資機構,否則一般公司是玩不起的。

詳細來說，由圖 8-2 可見，以全球權益投資決策為例，首先應考慮投資的目標——被動、消極以求分散風險，還是主動、積極尋求賺取超額報酬的機會；接著才是如何分配資金於各類資產等依序決策的問題。

圖 8-1 說明以「由上往下」方法來擬定全球投資政策的六個層次的決策問題，而圖 8-2 只是其中權益資產類的投資決策過程罷了！

圖 8-1　由上往下的全球投資政策——六個層次的決策

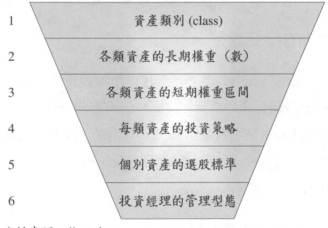

1	資產類別 (class)
2	各類資產的長期權重（數）
3	各類資產的短期權重區間
4	每類資產的投資策略
5	個別資產的選股標準
6	投資經理的管理型態

資料來源：整理自 Brian Scott-Quinn, *Investment Banking— Theory and Practice*, Euromoney Publications PLC, 1990, p. 329.

三、全球或專業

例如歐洲的基金經理向來採取全球全包制，他的投資範圍無限；反之，美國投資機構基金經理則非常專業分工，例如專攻日本股市、歐洲債券或能源股。

圖 8-2 全球權益投資決策樹

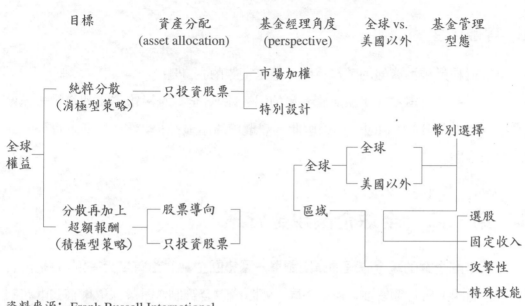

資料來源：Frank Russell International.

鑑於世界金融市場太複雜，所以專業的 (specialized) 投資管理是國際趨勢，除非企業規模太小只好仍採全球式管理方式，或是二者混合制。

四、幣 別

一種是被動的決定投資工具的幣別，如果計算匯兌損失後仍有滿意的報酬率，則願意投資以該幣別計價的投資工具，此稱為「通貨─資產配置方法」(currency-asset allocation method)。

另一種極端則為自信能預測匯率的長期波動，採取主動的賺取匯兌利得的作法，然後以外匯選擇權、期貨、遠期市場來選擇性對沖或套利。

針對國際投資「通貨─資產配置」問題，尤其是固定收益（主要是債券）市場，美國 JP 摩根投資管理公司副總裁 Adrian F. Lee (1987) 的研究結果指出，針對 1971～1985 年期間，以美、英、日和德等 10 國債券為研究對象，得到一個值得參考的全球資產和通貨配置的建議：

「分別考慮資產、通貨幣別可顯著改善國際固定收益投資組合的績效，而對匯兌風險則透過遠期市場加以規避，因此無須對未來匯率走勢有任何預測能力。」（另

詳見參考文獻 §14.8 齊仁勇，第 17–18 頁）

五、客觀或主觀

決策過程是依據客觀的數量資料，還是主觀的判斷呢？

這些是在設計財務部組織時應考量的因素,隨著全球金融市場越趨複雜——尤其是投資理財部分，如何設計出因應此多變環境的組織結構，便成為高階管理者經常面臨的課題。

◆ 第二節　全球企業現金管理

全球集團企業的現金管理的原則跟單一國集團企業並沒有多大差別,只是前者較複雜，此因通貨種類變多、稅率不同、外匯或現金管制。對於採取集權式財務制度的全球企業，當集團內資金有淨供給時——透過淨額交易，由母公司或地區總部扮演資金調度中心，把閒置資金統一投資。反之，當有資金淨需求時，則統一向銀行、貨幣市場籌資。詳見圖 8–3。

圖 8–3　（全球）集團企業集權式資金管理方式

此時，母公司財務部扮演「企業內銀行」角色，所需條件便是把「現金彙總制度」(cash-pooling system) 作好，再輔以淨額交易制度、集團內各成員的現金預估。

如同第二章第一節「全球企業財務部組織設計」所談的，為了貿易上方便起見——例如「臺灣接單、大陸生產、香港押匯」，有些全球企業也設立重開發票中心。

並進而反客為主的，財務功能（尤其是現金管理）凌駕其貿易功能。

本節便探討全球企業現金管理的二大機制：淨額交易、重開發票中心。

一、外匯淨額交易

「淨額交易」(netting) 是指公司在某一期間內對流入和流出的通貨所進行的交易。例如以 7 月 2 日來說，公司有 200 萬元進帳，但同時也有 500 萬元的資金流出；如此公司資金調度只需借進 300 萬元便可。

當集團內各子公司間互有外匯供需時，也可採取淨額交易的觀念；例如 7 月 2 日 A 公司有 200 萬美元進帳，B 公司有 500 萬美元外匯需求，其總流量是 700 萬美元，但淨流量只有 300 萬美元——即 A 公司可支援 200 萬美元給 B 公司。這是雙邊抵銷 (bilateral netting) 情況，比較常見情況是多邊抵銷 (multilateral netting)，衍生出來的會計結果便是三角債。

1980 年代開始，臺灣不少集團企業各子公司間已採取淨額交易，互通有無；以某電子集團來說，每週一的集團內各財務主管的聚會，其中一項功用便是交出該週內各子公司外匯（或更廣的資金）供需表，再由母公司財務人員彙總，只針對外匯的淨額跟外匯銀行打交道。

㈠淨額交易的優點

淨額交易的優點主要包括下列二大類。

1. 減少交易成本：減少外匯交易相關成本，主要有下列五項。

⑴買賣價差：在臺灣，一般小額外匯的買賣價差高達 0.36%，此種幣別轉換成本在淨額交易情況下將減至最低。

⑵買賣匯率：因採中央集權統一跟外匯銀行議定匯率，所以買賣匯率較佳。

⑶資金移轉成本：此包括電匯等成本。

⑷浮游時間成本：同一集團內各子公司間淨額交易，採取帳上沖抵時，便無所謂資金移轉成本，也無所謂資金在途時所造成的浮游 (float)。

⑸減少工作量：指買賣外匯、電匯等的工作時間。

2. 減少管理問題：對管理活動的好處包括：

⑴集團內各子公司間支付交制、整合更有紀律。

(2)盈餘規劃、預測更有效率。

(3)對於現金和風險管理更有控制。

(4)更佳和有一致的銀行轉帳管道。

(二)淨額交易的適用環境

要享受淨額交易的好處，必須具備下列二項條件。

1.必要條件：以全球性銀行作為往來銀行，如此才可享受在該銀行體系內免費轉帳的好處。至於母公司則扮演集團內票據、外匯交換所的角色，當然，這外匯是無實體的，只是帳上轉帳罷了。

2.充分條件：法令對外匯管制鬆綁，以臺灣來說，公司間外匯轉換、交易皆必須透過外匯銀行，否則便屬於非法交易。不過，上有政策，下有對策；全球企業仍可以跟同一外匯銀行談妥淨額交易內的轉帳不能視為真外匯交易，只能作為轉帳，省掉買賣匯差等費用。

二、重開發票中心

全球企業的「重開發票中心」(reinvoicing centres)，是指全球企業為了節稅與集中外匯交易的考量，在低稅率國家所設立的銷售公司（例如宏碁的香港子公司），其作用之一在於向負責生產的子公司（例如宏碁的美國子公司）或第三者，把盈餘集中於低稅率國家子公司，詳見圖 8-4。至於貨物的流程則無須經過重開發票中心所在的國家，而是直接由各生產子公司運交各銷售子公司或第三者。

重開發票中心又稱再報價中心（再發貨單中心），其功能不少，計有下列各點。

1.財務由重開發票中心集權控制，所以享有集權控制的優點。

2.此外，它也可以扮演所有子公司的統一採購代理。

3.促進變現力管理，本中心對各子公司扮演進出口批發商角色，所以可透過提前和延後支付方式改善子公司們的資金變現力，例如利用當地幣別移動公司間的帳款。

4.改善出口貿易，有時本中心真的不只是轉開發票罷了，甚至還配置一些貿易專才（例如擅長跟東歐、奈及利亞等打交道的人才），此有助於各子公司拓展貿易，否則可能小廟難容大神。

圖8-4 重開發票中心和匯兌風險集中管理

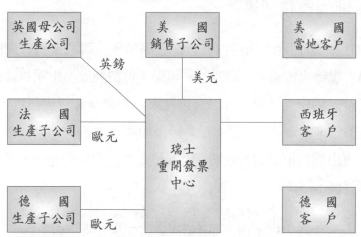

資料來源：Austen & Reyniers, *The Price Waterhouse/Euromoney International Treasury Management Handbook*, 1986, p. 38, Figure 4.2.

5.創造租稅好處，由於本中心往往位於低稅率國家（或地區），因此可以在此地把售價提高，而營業稅、營所稅也增加不了多少。接著，它的下手（即各國的銷售子公司）進價跟著增高，在售價不變情況下，盈餘自然降低，營所稅可少繳些；全球企業營運的租稅規劃將於第十、十一章詳細說明。

第三節 兩岸直接通匯

財政部為吸引臺商資金回流，2001 年中起，分兩階段推動國際金融業務分行開辦兩岸直接通匯業務，幾經波折，但是大陸主管機關（中國人民銀行）2002 年7 月 3 日終於同意大陸四大國有銀行跟臺灣的銀行業通匯，兩岸金融業務往來跨入新紀元。

境外分行可以直接匯款進臺商大陸的帳戶，信用狀也可以直接開給大陸銀行，程序簡化，臺商減少心理負擔，由於境外分行資金調度方便，臺商大可以把錢放在身邊就近管理，不必再存到瑞士、香港。

一、經第三地的直接通匯

2003 年 1 月，臺商從上海搭包機，在香港落地，再飛臺灣，開啟兩岸包機直接通航的序幕，媒體大幅報導。同樣的，兩岸「直接通匯」也跟直接通航一樣，也是須經過第三地。兩岸通匯雖然可以直接往來，大陸的銀行也已經和臺灣的 40 幾家銀行，建立了代理行關係。問題在於，兩岸的銀行並沒有相互開設帳戶，此部分還是需要透過香港或美國的銀行代勞，也就是資金清算機制的配套處理，仍要在第三地完成，詳見圖 8–5。

圖 8–5　兩岸直接通匯流程──境外公司部分

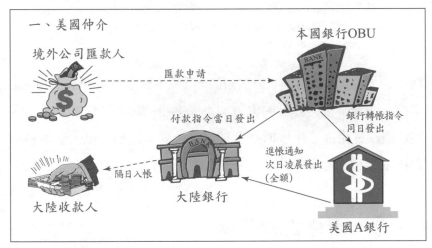

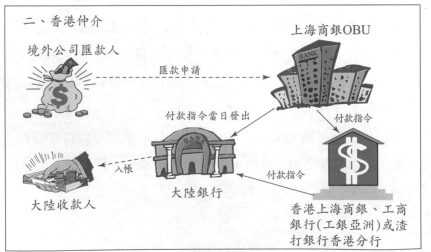

一般人誤以為兩岸直接通匯可節省可觀匯款手續費和時間,實際上匯美元要經美國清算,金流還是經過第三地,因此境外分行向客戶收取的手續費不變,並不會因而減半,好處只是匯款不必再轉到外商銀行過水,兩岸匯款的收款人可收到較多的匯款。

㈠經過香港只需 24 小時

香港因為跟兩岸沒有時差問題,比美國處理起來更為方便。因此,利用香港的工銀亞洲公司作為兩岸通匯的中介,即只要臺灣的銀行,在香港的工銀亞洲公司開設帳戶,負責處理一些 book transfer 的工作,透過工銀辦理的通匯業務,都可以把時間壓縮到 24 小時以內完成。

中信銀、第一銀行和上海商銀等銀行,都利用此一管道處理兩岸通匯業務。

㈡境內分行對境內分行仍不通

兩岸通匯雖然已經開放直接往來,但是除了資金清算的問題外,還有一些實務上的困難,有必要進一步完善。例如,臺灣的銀行業客戶,利用境外分行和外匯指定銀行的比重,約為 1 比 9。但目前申請辦理境內分行通匯的銀行,政策上還沒有全面性的核准,導致許多要匯往境內分行的信用狀,因為臺灣的銀行不敢收,而不能予以處理。(工商時報,2002 年 11 月 1 日,第 11 版,陳駿逸、康彰榮)

二、錢放在境外分行的好處

開放兩岸直接通匯,儘管對臺商在資金管理上有幫助,但是臺商也擔心政府藉此查稅。財政部對臺商在大陸未做盈餘分配的資金,不列入課稅範圍。換句話說,臺商放在境外分行的盈餘,只要不以盈餘名義匯回境內分行母公司的帳戶,不論是轉投資或是單純存放銀行,都不列入課稅範圍。

境外分行業務從來不曾碰過財政部查帳,政府在這方面十分尊重企業的機密,不論是公開表態或是私下的場合,財政部一貫的態度都是只要不涉及非法,絕對不會對臺商做查稅動作。

三、通匯後,大陸融資更方便了

臺灣的銀行仍然無法對大陸臺商提供放款業務,也無法提供大陸的銀行臺商的

徵信資料，但是在開放兩岸銀行直接通匯之後，兩岸銀行的往來增加，臺灣的銀行可以站在協助臺商的立場，根據往來經驗，推薦臺商適合的銀行，也間接擔保臺商的往來信用，讓臺商更容易在大陸的銀行取得資金。（經濟日報，2002 年 7 月 8 日，第10 版，武桂甄、江今葉）

四、地下金融匯兌

兩岸的地下匯兌管道是透過「地下匯款公司」，由臺灣母公司把臺幣匯到指定戶頭，然後在大陸臺商所在地取人民幣，以「一手交臺幣、一手交人民幣」的方式完成通匯。只要是在大陸臺商聚集較多的地區，就幾乎存在著從事兩岸匯兌黑市交易的據點。經過幾年的運作下來，雙方早已培養出互信默契，只要先到臺灣的銀樓、旅行社接頭，交了錢，便可以從臺灣匯臺幣到大陸，再從大陸的合作單位取得等值的人民幣，效率相當地高。

兩岸地下金融之所以能存在的原因，在於大陸臺商數量不斷的增加，而兩岸金融業務往來還沒有全面開放，加上正常合法匯兌管道時效緩慢，又得付上一筆手續費的情形下，才導致以銀樓、旅行社為主體的兩岸地下金融業者日益壯大。標榜「無紙化的黑市交易」已有規模化經營的趨勢，除了匯率優渥外，短短數小時即搞定的時間掌控，更是吸引臺商的主因。

由於地下金融匯兌的利潤豐厚，除了可以賺取手續費，在幾年前美元搶手之際，官價跟黑市之間差價頗高，來回之間即可獲取接近二成的價差利潤。因此也有部分臺商在大陸以互助會的形式，協調各公司把打算匯出的人民幣交給需要匯入的公司，做起資金仲介的工作。不過專家提醒，以類似的地下金融管道進行匯兌，不僅缺乏法律保障，隨時有觸法之虞，更需自行承擔偽鈔氾濫的風險。（工商時報，2003年 2 月 16 日，第 10 版，康彰榮）

㈠違反外匯法，刑罰伺候

外匯管制是各國的慣例，表 8–1 第 2 欄是臺灣的法令規定，至於大陸就更嚴格了。

㈡未來期望

目前唯一問題在於兩岸貨幣還互不流通，直接通匯無法直接匯入人民幣或臺

表 8-1　臺日韓外匯相關規定

項　目	臺　灣	日　本	韓　國
基礎法律規範	外匯法	外匯及對外貿易法	外匯交易法
外匯收支或兌換申報	50 萬元以上等值外匯收支或交易應依規定申報	500 萬日圓以上外匯收支和兌換須申報	外匯交易超過 1,000 美元須向韓國銀行申報
攜帶金額出入國境規定和相關罰則	依外匯法第 7 條規定，違法者超出部分將予以沒入	外匯及對外貿易法第 19 條規定，違法者可處 3 年以下有期徒刑或科 100 萬日圓以下罰金或併科	外匯交易法第 17 條規定，違者處 3 年以下有期徒刑或科 2 億韓元以下罰金
違反行政院對匯率緊急處分罰則	處 300 萬元以下罰鍰，其外匯和價金沒入，經處罰再犯者，處 3 年以下有期徒刑、拘役併科 300 萬元以下罰金	處 3 年以下有期徒刑或科 100 萬日圓以下罰金或併科之，但違反行為的標的物價格的 3 倍超過 100 萬日圓時，罰金調整為價格 3 倍以下	處 3 年以上有期徒刑，或科 1 億韓元以下罰金，唯罰金額度不得超過價金的 3 倍

註：本表僅供參考，實際情況依各國法律規定為準。
資料來源：中央銀行。

幣，仍須經過香港或美國等第三地金融機構，結算成美元再轉入兩岸，增加時間和金錢的成本。未來一旦開放人民幣自由兌換，兩岸直接通匯相信將更沒有阻礙。

第四節　全球企業現金管理稽核作業

現金管理是財務部的例行工作，如同工廠生產線作業一樣，必須經常檢討，才能日益精進；而在全球企業現金管理作業來說，實施現金管理稽核的步驟如下（跟一般問題解決程序一樣）：

一、診斷（找出問題）

政治大學企管系教授司徒達賢曾說，大部分企業的問題皆有解答，就看能不能發現、承認問題。必須診斷正確才能對症下藥；這才是現金管理稽核的第一大步驟。
(一)找出潛在問題點

從現金管理金額最大的子公司下手，往往效益最大；其次則為金額不小且處於

銀行體系不發達國家（包括義大利、日本）的子公司。

接著則界定從現金管理範疇的那一部分下刀。現金管理的範疇包括：

　　1.商業授信和收款，包括出口而得到的應收帳款。

　　2.現金回報，例如呈給母公司的現金日報表、銀行的自動轉帳回報等。

　　3.應付票據和帳款管理。

　　4.銀行關係。

　　5.短期投資。

　　6.短期借款，例如出口融資。

　　7.跨國現金管理，即通貨管理。

(二)搜集所有內部相關資訊

　　就跟醫生看病先看病人病歷與對患者做基本檢查一樣,要判斷某一子公司現金管理是否妥當，宜從母公司、地區總部、子公司財務部搜集相關資訊；這些資訊包括：

　　1.組織圖、工作職掌。

　　2.5年營運計畫和預算。

　　3.年報，包括財簽、稅簽。

　　4.現金流程圖、現金作業程序和政策手冊。

　　5.銀行對帳單、分析表、存摺，和其他銀行往來相關資料。

　　6.融資、投資資料。

　　7.現金日報表。

　　8.上一次現金管理稽核報告。

(三)瞭解當地營運環境

　　跨國企業財務管理作業有許多得入鄉隨俗，所以要判斷管理效率的高低，不能忘記其所處環境。

　　除了聽子公司財務主管的簡介外，也得聽財務顧問、當地其他公司財務主管、金融界人士的意見，才比較能瞭解當地的營運環境。以美國人的觀點，很難理解臺灣實務所用的期票，以他們的憨直腦筋：「支票就是現金，那有 90 天票的道理？」此外，有些美國人無法接受「寄賣」的觀念，既然已經「一手交貨」了，為何「另

一手收不到錢」呢? 而這些不得不隨俗的部分，對於現金管理的效率往往有很大影響。

㈣母公司財務長的承諾和子公司相關人員的配合

子公司配合的相關部門不僅限於財務部（例如財務規劃、授信和收款、出納），跟現金流程有關的部門都應列入訪談，包括採購、業務、會計，甚至高階管理者。

當然，要是沒有母公司的尚方寶劍和重視，有時稽核人員做得要死，但財務主管或總經理都不當一回事，這樣虛應故事的現金管理稽核不做也罷。

跟任何稽核作業一樣，稽核人員應運用行為科學，讓子公司相關人員樂於配合，而不至於把稽核人員視為紅衛兵、把稽核活動視為鬥爭。這個步驟就如同「問診」一樣，病患願意配合把症狀說得越清楚，越有助於醫生迅速針對病因下藥。

㈤觀察子公司現金管理制度

實地的遵循測試（抽樣幾張單據跑全程）看似浪費時間，但是不得不如此；因為不能光信子公司財務主管片面之詞。有時，你可能會訝異，原來客戶支票入帳慢，問題竟然出在收發室分送郵件慢，而不是財務人員偷懶；要是你不老老實實的全程跑個幾趟，還真的不容易發現問題所在以及病因。

㈥把現金制度記錄下來

把子公司財務工作流程、程序等全面系統記錄下來，這可說是完成診斷的程序。

二、對因下藥

望聞問切的診斷結束，接著就是會診以提出解決之道，步驟如下:

1. 跟標準（或標竿）相比: 當地子公司現金管理績效究係好或壞，可把前述結果拿來跟當地甚至其他國家的標準來相比較；此即解決問題中的「尋找替代方案」步驟。

2. 發展新又有效果的現金管理程序: 除非發現子公司現金管理有大缺失，否則就不要枝枝節節更改，以免牽一髮而動全身，此即解決問題的「決定解決方案」步驟。

3. 撰寫改善建議: 稽核人員把改善建議撰寫成報告，以讓母公司財務主管甚至總裁制定決策。當然，口頭簡報往往是免不了的。

◆ 第五節　國際應收帳款管理——兼論出口融資

對於全球企業來說，由於各國經營環境差異，所以要想訂定一套放諸四海皆準的授信政策無異癡人說夢。所以就跟第四節「現金管理稽核」一樣，母公司在審核子公司授信政策、稽核其應收帳款管理效能時，宜先入境隨俗。

就跟國內的授信政策一樣，必須在收款、業績拓展兩方面取得均衡。

由於付款管理 (disbursement management) 跟「授信暨收款管理」是一枚硬幣的正反兩面，所以為了節省篇幅起見，本書只討論全球企業的應收帳款管理，至於應付帳款管理等同理可推。此外，國際財務管理實務書籍大都至少有一章討論出口融資，本書擬以本節同時說明出口融資 (export financing) 的主要工具。

此外，全球企業可透過背書保證等各種信用延伸方式，提昇當地子公司的債信，進而強化子公司透過商業授信所能創造的競爭優勢，尤其是當地客戶信用可靠但是卻缺現金時。

一、貿易融資

由境外公司向臺灣的銀行國際金融業務分行以「進出口融資」為借款用途，藉此額度貸得資金後再匯出，輾轉支援大陸子公司營運所需。

貿易融資也是臺商最常使用也較易取得的信用額度，臺商有進出口融資需求時，可以境外公司名義向臺灣的銀行境外分行、第三地銀行或是大陸銀行申請。但是為了避免臺灣或大陸政府查稅，臺商仍多以境外公司名義向第三地銀行申請進出口融資。

如果是經營頗有規模的臺商企業，營運周轉金更不成問題，可以直接在當地取得，透過向銀行融資，或是營運獲利的再投入。有的臺商企業日益壯大，中資也有興趣入股，分一杯羹。

昆山滬士電子總裁吳禮淦說，他就已經把個人的部分股權賣給蘇州市政府和昆山市政府，現在中資持股比率達 20%，這樣既可分散股權，達到日後股票上市的目的；有了政府當股東，做起事來也方便。(*經濟日報，2002 年 6 月 14 日，第 4 版，應翠梅*)

二、需求因應而生

臺灣每年近 1,700 億美元的出口總額中，信用狀使用比率已降至 16.3%，其餘超過七成都是利用貨到再收款、付款交單和承兌交單等方式交易，因此對放帳融資的需求大增，再加上近年來國際情勢不靖，金融風暴、九一一事件等重大事故頻傳，幾乎每個出口公司都有嚐到呆帳的經驗，出口公司使用放帳方式的風險極高，在企業規避風險需求下，近年來應收帳款受讓業務大幅提昇。

三、應收帳款「受」（或售）讓業務

應收帳款受讓業務 (factoring) 又稱為應收帳款受讓和管理業務，其實是「應收帳款受讓公司」（factors 或 factor company）給予出口公司（在國內交易時，則稱賣方）的信用額度，出口公司在跟管理商訂立應收帳款受讓契約之前，須提供進口公司的有關資料給管理商以辦理徵信，藉以決定信用額度。

出口公司出貨後，便把貨運單證交予管理商，管理商扣除貼現息和各種手續費後把款項付給出口公司；管理商到期憑單證請進口公司付款，詳見圖 8-6。

圖 8-6　應收帳款受讓流程

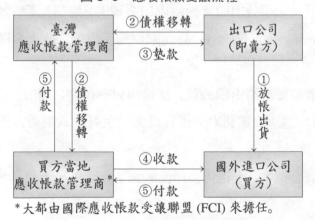

* 大都由國際應收帳款受讓聯盟 (FCI) 來擔任。

應收帳款管理商通常會採取「雙邊帳款受讓管理系統」(two-factor system)，即出口（公司當）地管理商 (export factor, EF) 會在進口公司當地，尋求共同合作的管理商 (import factor, IF)，由進口地管理商負責向進口公司收款，並承擔進口公司的

信用風險，出口公司當地管理商則提供其所承諾應收帳款受讓服務給出口公司。

在手續費方面，進口公司的信用狀況、平均發票金額大小、預期交易額大小和付款條件長短是影響費率的因素，國際貿易通常是收取放帳金額的 0.8～1.5% 的手續費。

四、應收帳款受讓業務的分類

應收帳款受讓業務依其性質有幾種分類方式。

㈠依國別

可分為國內和國外二種。

㈡依有無追索權

有追索權應收帳款受讓業務 (with recourse factoring)，當進口公司（即債務人）屆期無法償款給管理商時，管理商有權向出口公司追索事先付給出口公司的墊款。

無追索權應收帳款受讓業務是管理商扛下所有的倒帳風險，當然，管理商也不會充英雄，自然是有把握進口公司債信良好，所以管理商才會比較大膽的跟出口公司簽下此交易。

㈢依有無預付款

當管理商先墊付大部分出口貨款給出口公司時，這稱為「墊款應收帳款受讓業務」(advance factoring)，有利於出口公司購料雇工周轉，此大多屬於無追索權應收帳款受讓業務。

應收帳款管理商墊款給出口公司，或是換另一角度，出口公司拿「應收帳款」向管理商「貼現」，這「讓售利率」是管理商的主要收入來源，所以並不便宜，這包括三項：

　1.管理商的資金成本，跟租賃公司比較接近，所以最大租賃公司中租迪和，也兼營此項業務。

　2.（出口公司）信用風險加碼。

　3.管理商的利潤加成。

以出口來說，管理商以 LIBOR 或 SIBOR 利率再加上 1 個百分點以上利率作為貼現利率。

　　當管理商並未給予出口公司墊款時，只是幫出口公司做帳務管理、帳款管理（催收和收款）或進口公司資力保證，對出口公司並沒有融資功能；所以稱為「屆期日應收帳款受讓業務」(maturity factoring)。

㈣依短、中長期來區分

　　這項出口融資業務跟應收帳款受讓業務很類似，也是授信者 forfaiter 給予出口公司的中長期信用額度。只是此類業務大都是無追索權，所以出口公司沒有倒帳風險；而且一般來說，每次貼現匯票或本票的金額都沒有打折。

　　factoring 和 forfaiting 的比較詳見表 8-2。

表 8-2　factoring 和 forfaiting 的比較

	應收帳款受讓業務 (factoring)	中長期應收票據受讓業務 (forfaiting)
適用情況	消費性商品的出口	資本財的輸出
期限	6 個月以下	6 個月～10 年
成數	80%	100%，但須扣掉貼現息和其他費用
利率風險	有	無
保證	不需要	必須有政府或銀行保證
追索權	可以對出口公司追索	免除對出口公司之追索權
債權形式	應收帳款	匯票、本票
適用法令	民法、國際公約、factoring 契約	票據法、forfaiting 契約
其他服務	應收帳款的收款、催討、記帳、分析	沒有左述服務

五、對進出口公司的好處

　　站在「應收帳款受讓」業務的融資、租賃公司總會「老王賣瓜、自賣自誇」，認為此項業務對進口公司（或買主）、出口公司（或賣方）都有利。

㈠對出口公司

　　可以節省信用調查、帳款回收和帳務管理等成本，並且可避免呆帳風險。

　　應收帳款受讓業務就是管理商扮演「開狀」銀行的角色之一，即保證付款。例如大眾電腦、映泰電子因德國經銷商 Schadt 倒閉而倒了帳，所幸透過帳款受讓而獲得保證付款。

相形之下，致伸公司因美國買方 Storm 倒帳，損失金額約 400 萬美元，可說傷得不輕。（工商時報，1998 年 12 月 15 日，第 21 版，李洵穎）

跟輸出入銀行提供的輸出入保險相比，比較具有彈性而且時效強。例如，要是國外進口公司倒帳，輸銀會要求出口公司負舉證責任。然而進口公司從發生財務危機到向法院聲請破產，以及出口公司向輸銀提出理賠申請，都得等上 2 年左右。

㈡對進口公司

免除開信用狀費用，如此當然也不會動用到銀行的信用額度，使資金調度更加靈活。

六、收費水準——天下沒有白吃的午餐

不管管理商如何舌燦蓮花，但他絕不是聖誕老人，羊毛還是出在羊身上，由表 8-3 可知，跟其他收款方式相比，它還是比較貴。難怪，以 2002 年來說，只佔出口總額 1‰，只有 150 億元而已。

表 8-3　各種收款方式的手續費比較

收款方式	出口商需負擔的手續費
信用狀 (L/C)	押匯 0.1% 轉押 0.2%
承兌交單 (D/A) 付款交單 (D/P)	0.2% 上下
輸出保險	0.8～1%
應收帳款售讓 (factoring)	1～1.5%

2003 年 3 月 18 日，由臺灣最大貿易商特力公司跟世華、建華和花旗 3 家銀行共同建構的兩岸三地線上融資金流計畫，即特力電子交易市集宣告成立，特力上千家供應商將逐步納入此一計畫。

特力電子交易市集是由特力代表供應商跟銀行談判利率加碼優惠，並由特力出面協調供應商分批跟三銀行連線，避免三銀行間殺價競爭。銀行業者認為，以這樣的方式推動線上融資，效率將更高，銀行也更能掌握業務量。3 家銀行以交易量計算為三分天下，利率加碼後約在 2 至 3% 多水準，比起一般企業融資利率，有可能

降低達 3 個百分點。由於特力有 400 家供應商在海外和大陸，因此這部分的交易量分配，必須視銀行資源而定。

這項計畫主要是提供供應商在企業對企業 (B2B) 電子商務的環境中，在交易流程的多重階段，都能線上即時取得所需資金，供應商透過電子商務平臺，不僅可以明確查詢帳款資料，更可以進行線上融資。也就是供應商可以在線上以特力的訂單或是出貨證明資料向銀行貸款，做到無紙化，出貨後，又可申請幾近貨款的融資。手續簡便也大量降低作業成本，加上優惠利率融資，對企業和銀行都有利。(經濟日報，2003 年 3 月 19 日，第 5 版，夏淑賢、李淑慧)

中資供應商或臺商大陸廠可以透過特力這個平臺，直接在線上申請融資。但是臺灣的銀行不會直接跟對岸接觸，銀行可以透過早先建立好的合作關係，例如世華目前跟深圳開發銀行、上海埔東開發銀行、香港中信嘉華銀行都有合作關係；建華銀跟大陸華一銀行、上海埔東開發銀行的合作；花旗銀行可以透過其亞洲網路，都可以架構出「臺灣申貸、大陸撥款」的融資管道，然而是否真的能做到，銀行視政府政策而定。(經濟日報，2003 年 3 月 19 日，第 5 版)

(一)難道中釉不知道？

或許你看到下則新聞：1998 年 10 月中國製釉公司外銷東南亞釉料中，有一批因客戶無力付款而退貨，金額達 1,600 萬元。你會好奇的問：為什麼中釉這麼大的公司不懂得運用應收帳款受讓業務呢？答案是，債信不好的國家（如東南亞），不列入管理商的營業區域，所以客戶只能自求多福了。所以此工具較適用於下列二種情況。

1. 出口頻率不高者。

2. 應收帳款來源散居世界各地，要由出口公司自己來收款可能曠日費時，倒不如委託管理商去收款。

至於對於出口頻率高、金額大的全球企業，則不妨把應收帳款受讓業務內部化，即成立專屬受讓公司 (captive factor)。

(二)專屬應收帳款受讓中心

有些全球企業大到足以成立專屬應收帳款受讓公司，來扮演「公司內應收帳款受讓」(in-house factoring) 功能，也就是出口融資媒介 (export finance vehicles)。應

收帳款受讓中心 (factoring center) 的功能不少，詳細說明如下：

　　1.扮演集權式的財務管理中心。

　　2.減少移轉計價問題和法律障礙，重開發票中心具有白手套功能，有時令人有「此地無銀三百兩」的感覺，會受到許多國家審查其價格是否合理（尤其是銷售子公司所在國）；專屬應收帳款受讓中心只是把出口公司的應收票據加以貼現罷了，並沒有介入商品交易過程。

　　本中心跟重開發票中心有些同異之處，詳見表 8–4。發展到極致，二者間幾乎不容易區分；也就是一家公司扮演這二種功能。其實，也沒有必要單獨成立一家公司來負責應收帳款受讓業務。

表 8–4　重開發票中心和應收帳款受讓中心功能比較

功　能	重開發票中心	應收帳款受讓中心
1.變現力	比較有彈性，因可採提前或延後支付方式	比較缺乏彈性，因買斷交易已確立日期
2.成立成本、營運成本	較高，一進一出需要開二張發票	較低，只需開一張發票
3.租稅利益	較高，因買賣價差會比應收帳款買斷的貼現利息高	
4.借貸成本或投資收益	二個中心相同，皆具有規模經濟效果	
5.出口融資	二個中心皆有同樣功能	

七、業者競爭激烈

　　商業銀行搶食信用保險商機的動作更是積極，中信銀、建華、北商銀等商業銀行紛紛加入國際應收帳款聯盟 (FCI)，提供出口公司確保海外債權的避險管道，總部位於阿姆斯特丹的 FCI 是全球最大跨國性應收帳款管理組織。標榜能夠為出口公司百分之百確保海外債權。同時付款時程比較快，廠商在 60 日內一定能取回應收帳款，並可透過銀行墊款和融資服務，活絡營運資金流動性。銀行還會指派專人對進口公司進行信用調查、貨款催收和貿易糾紛調解，替出口公司省卻許多困擾和無謂的開銷。

　　面對競爭者眾，輸銀表示，輸出入保險仍是國際放帳交易的避險主流，而 FCI

會員銀行等於是左手買進企業海外債權，右手轉賣給 FCI，FCI 再轉售給國外的債權承購商，在重重仲介下，手續費用驚人。

輸銀所提供的國際債權承購業務，是以公司的輸出入保單作為擔保，直接由輸銀向國外進口公司收取帳款，比較具成本優勢。

輸銀主管表示，該行具公營銀行的穩定保障色彩，比較符合臺灣企業的避險需求。而 FCI 聯盟雖在全球 50 幾個國家擁有 150 餘家會員金融機構，但卻無法在沒有債權承購商的國家進行服務，因此在韓國、南美洲、非洲、中東地區幾乎都無法通行。

但是輸銀在協助拓展臺商貿易觸角的政策使命下，一向是「沒人要去的地方也得去」，因此在世界各地的據點更多。（工商時報，2003 年 2 月 28 日，第 8 版，王相和）

八、國外進口公司的優惠融資

在出口融資方面，宜多利用輸出入銀行的「優惠」美元貸款，利率詳見表 8–5，不過，此項貸款的借款公司是國外進口公司，交易範圍僅限國外進口公司向臺灣企業購買機器設備或工程施工。

此項貸款的借款公司是國外進口公司，所以其是否符合授信資格是此項貸款能否核准的關鍵。此項優惠貸款可降低海外進口公司的資金成本，如此一來，將有助於臺灣出口公司的國際核心能力。

中長期輸出融資直接嘉惠出口產業為經濟部策略性推動的出口工業產品，包括汽機車、自行車、電腦、電機、電子、紡織機械、關鍵零組件和塑膠包裝機器等，其中電機、電子和電腦相關產業，受惠最大。

中長期輸出融資申請手續：臺灣出口公司跟國外買方先簽訂買賣契約，進口公司先付出口商 15% 訂金，其餘 35% 可由出口公司代為向輸銀申請該項融資；申請通過後，進口公司開據商業本票給出口公司，出口公司把本票背書轉讓給輸銀，便完成中長期輸出融資申貸手續。

表 8–5　中國輸出入銀行美元融資利率一覽表

項目　　年利率　　期限	1年(以內)	1至3年	3至5年	5至8年半	8年半以上	收息期間	附　註
181 至 360 天輸出融資	按撥貸日前 3 個營業日的 3 個月期 LIBOR 為基礎加碼計息					每3個月收息一次	自撥貸日起,每3個月調整一次,並按調整日前 3 個營業日的 3 個月期 LIBOR 為基礎加碼計息
裝船後短期輸出融資	按撥貸日前 3 個營業日的 6 個月期 LIBOR 固定計息					同上	固定利率
中長期輸出融資參考利率*	–	–	2.75%	3.52%	4.07%	每半年收息一次	按貸款契約簽訂當時利率固定計息
海外營建工程施工期間融資及完工後遞延付款融資	按撥貸日前 3 個營業日的 6 個月期 LIBOR 為基礎加碼計息					每3個月收息一次	自撥貸日起,每半年調整一次,並按調整日前 3 個營業日的 6 個月期 LIBOR 為基礎加碼計息
海外投資融資	同上					同上	同上
中長期輸入融資	同上					每個月收息一次	同上

*加入世貿組織後，依 OECD 的商業參考利率 (changes in commercial interest reference rates, CIRRs) 來加碼。（0.2 個百分點）

相關問題請洽輸出入銀行 (Tel. No. (02)23210511) 業務部授信一科。

◆ 本章習題 ◆

1. 以一支全球基金為例，說明其資產配置是採取由上往下或由下往上方式。（以圖 8-1 為底）

2. 有此一說，先決定資產再決定國家，你同意嗎？

3. 以圖 8-2 為底，說明一支全球基金如何配置其資產。

4. 以喬治‧索羅斯的對沖基金為例，是消極還是積極想賺取匯兌利得？

5. 以圖 8-3 為基礎，以一家上市公司（例如台積電）為例來說明。

6. 以一個實際案例（即一家上市公司）來說明淨額（外匯）交易。

7. 同上題，說明圖 8-4。

8. 以一個實際案例，說明圖 8-5。

9. 把大陸外匯法補充入表 8-1。

10. 以表 8-2 為底，說明中租迪和的行情、報價。

第九章

全球企業風險管理

股市大崩盤的前一天，投資人擔心會崩盤，結果應驗了。存活下來的人，因為害怕歷史重演，匆匆逃離股市，但是這些人錯過了股市回升的機會，等於又蒙受了一次災情。

——彼得・林區　前美國富達投信公司哥倫布基金基金經理

學習目標：

站在母公司董事長、風險管理部主管（§9.2 指狹義的買保單）角度，來看全球營運的風險管理工作如何做好。

直接效益：

全球風險管理（金融面以外）此一主題很少有商業性課程推出，但想瞭解這方面碩士論文或教學，倒可以先參考本章。

本章重點：

- 風險控制的五種手段。表 9–1
- 產業不確定性圖解。圖 9–1
- 公司經營不確定性圖解。圖 9–2
- 全球營運風險管理程序。§9.2 二
- 臺灣的國家主權評等。表 9–3
- 企業對環境不確定的策略風險管理方法。表 9–5
- 政治風險保險。§9.2 二㈢
- 輸出保險融資流程。圖 9–3
- 申請信用保證流程。圖 9–4

前言：背叛傳統、引進創新

數十年來，國際財務管理書中所談的風險管理，花費無數篇幅討論國家（或政治）、匯兌風險，而後者有很大部分集中於「國際匯兌」、「國際金融」的技術層次即計算匯率。

本書不擬率由舊章，而擬從策略（本章第一節）、總體（第二節）層級，綜覽全局來討論全球企業如何作好風險管理。

匯兌風險管理是國際財務管理的重頭戲，本書以第四篇，其中 5 章，讓你一次看個夠，而不致於見樹而不見林。

最後，我們可以由二種角度來看本章的架構：

一、風險控制的手段

風險控制的二大類、五中類手段詳見表 9-1，至於採取獨立公司組織以隔離風險，詳見第三章第三節第二段二。

表 9-1　風險控制的五種手段跟本書相關章節

降低風險方法 大分類	風險分散 (risk diversification)			風險移轉 (risk transfer)	
中分類	隔離 (separation)	損失控制 (loss control)	組合 (combination)	迴避 (avoidance)	移轉 (transfer)
降低風險工具	獨立公司組織	提列損失準備	投資組合保險	遠期市場、選擇權、資產交換、期貨	保險
風險管理的對象	純粹與投機風險	純粹與投機風險	投機風險	同左	純粹風險
	§9.2 全球營運風險管理	同左	§15.1 自然避險	Chap.16 遠期市場、Chap.17 換匯、Chap.18 選擇權、保證金	§9.1 全球策略風險管理

二、資產負債表、損益表

1. 資產負債表中權益面：第二節全球營運風險管理。

2. 資產負債表中資產面、負債面：第十四章第五、六節避險決策和避險工具的選擇。

3. 損益表：第二節全球營運風險管理。

◆ 第一節　全球企業策略風險管理

行船三分險，更何況是開公司做生意，本章不擬站在財務部風險管理經理的角度，來討論風險成本分析 (cost of risk analysis) 等戰術性問題，而是站在集團企業、公司層級，來討論全球（企業）風險管理 (global risk management)。

一、風險管理者在策略管理中的角色

正確的風險管理，一如任何策略決策，繫於下列二環。

1. 正確的決策方法：不管是那種風險，一旦疏於管理，便如同俗語所說：「牙痛不是病，痛起來要人命」；同理，風險管理應納入策略管理的範疇，並且採取預應的風險管理 (proactive management) 方式。

2. 正確的組織設計和用人：公司風險管理的最後權責必須由負擔公司成敗的執行長負責，然而為了專職分工起見，因此有風險經理一職的設立。基於「事前的一針勝過事後的九針」，所以風險管理宜特別注重事前防範，也就是前述預應式風險管理。鑑於風險管理工作專業程度甚高而且企業環境變化甚快，風險管理已不是定型的保險方案 (insurance programs) 所能處理；所以風險經理最好有機會參與策略規劃過程，以便適時提供意見，不要到了事後才亡羊補牢，可能「來不及啦」!

二、全球策略管理的內容與目標

全球風險管理策略的內容共包括下列三項:

1. 公司風險管理功能。

2. 經營者的緊急狀態授權書，以便於當各子公司遭受重大損失後，管理者能有效率的採取復原、營運措施。

3. 風險管理政策，以落實風險管理策略。

(一)風險規劃和控制

在進行風險管理的規劃時，希望能達成下列目標。

1.該公司內各項保險同時到期，如此在決策、執行（例如跟保險公司磋商續保）時皆可採取批量處理；當然，最好集團企業各子公司的保單也同時到期。

2.可資比較的風險涵蓋標準。

3.低成本的保費。

4.共同性的費用因素。

5.保險公司在當地（如地主國、子公司營業所）有提供損失預防服務，例如維修服務。

6.當地索賠服務，以及索賠賠償 (claims settlement) 效率越快越好。

為了達到這些目標，在進行風險管理規劃、控制時往往係透過下列活動：

1.發掘、衡量風險的範圍和金額。

2.分析避免風險的最佳技巧，多少風險自留，又有那些風險應移轉出去。

3.執行風險管理方案，包括下列因素。

⑴公司風險管理哲學。

⑵損失涵蓋的差距和重疊。

⑶涵蓋的合法性。

⑷保費與租稅抵減。

⑸保險公司損失賠償的租稅抵減。

⑹當地子公司的風險管理部如何管理。

4.監督風險管理方案的執行績效。

5.當損失發生時，選擇適當的風險融資方式。

確保這些活動能在各地子公司妥善進行的關鍵因素，便是全球集團企業應採取中央集權式的風險管理組織設計。

㈡從地方分權到中央集權

為了落實全球企業風險管理策略，成功的關鍵在於採取中央集權的風險管理規劃和控制。要是一開始時，風險管理已授權給各地子公司自行決定，那麼如何把授出的權收回來呢？

美國 John L. Worthan & Son 保險公司的經紀人 (account executive) Peter T.

Clark (1990) 建議，此種涉及公司變革的活動宜循下列程序進行。

　　1.標準化（第 1 年）：由母公司在其主保險契約的架構下，要求各地子公司採取預防風險的共同標準，尤其是在選擇保險公司方面。

　　2.合併（第 2～3 年）：針對標準化續予強化，而且替下一階段作好準備，尤其須克服當地子公司風險管理部的抗拒。

　　3.集權與控制（第 3 年）：為了在中央集權控制下，仍能為各地子公司作出最佳決策，母公司有必要發展風險管理資訊系統，此時全球風險管理策略可說已屆成熟階段。母公司盱衡整個全球企業後，決定全球自留 (global retention) 的額度和承保的保險公司。為了方便作業和議價，母公司在找尋保險公司時，一定會找國際性保險公司。

第二節　全球營運風險管理──兼論政治風險管理

　　甚至連美籍全球企業的海外子公司，都會遭遇反美情緒所帶來的損失，而不要說有些國家（例如拉丁美洲、非洲、東歐）本身政權本來就不穩。大陸一直遲遲未跟臺灣簽訂投資保障協定，這個臺灣對外投資幾佔 50% 的地區，可說是具有高度政治風險；至於印尼、菲律賓也都有排華的歷史紀錄。因此，對於臺商全球企業來說，全球營運風險的考量也就更加重要。

　　有關全球營運的風險管理的討論，大都僅討論某特定的風險項目（尤其是政治風險），缺乏整體的分析架構與因應之道。美國普渡大學企業管理研究所教授 Kent D. Miller (1992)，在《國際企業研究季刊》(*Journal of International Business Studies, JIBS*) 的文章適足以解決上述問題。

一、全球營運風險的層級

　　如同一般的行銷或投資學中的基本分析，有關全球營運風險的來源，由大至小共分為三個層級：

(一)一般環境不確定性

　　環境不確定性的項目如表 9-2 所示，明顯易懂，無庸贅言。

表 9-2　一般環境不確定性

一、政治不確定
　　1.戰爭
　　2.革命
　　3.軍事政變 (coup d'état)
　　4.政權的民主變化
　　5.其他政治騷動 (turmoil)
二、政府政策不確定
　　1.財政（如稅率）和貨幣政策改變
　　2.物價管制
　　3.貿易限制
　　4.國有化
　　5.政府管理（如營業項目）
　　6.限制盈餘匯出
　　7.公共服務（尤指基礎建設）不足
三、總體經濟不確定
　　1.物價上漲率
　　2.匯率
　　3.利率
　　4.貿易條件
四、社會不確定
　　1.社會關切 (concerns)（如信仰、價值觀）
　　2.社會不安
　　3.暴動
　　4.示威
　　5.小規模恐怖活動
五、大自然不確定
　　1.雨量、氣溫變化
　　2.地震
　　3.颱風
　　4.其他天災

(二)產業不確定性

　　依據策略管理大師麥克·波特在其名著《競爭策略》中，所提出的五力競爭架構，可以把產業不確定性項目整理如圖 9-1，五個方格即是企業面臨的五種競爭力量的來源，而細項則是 Miller 的歸類。

(三)公司不確定性

　　針對因個別公司對資源掌握程度的不同，公司也面臨特有的風險，從波特的公司創造生存價值的價值鏈 (value chain)，把公司面臨的不確定性彙總於圖 9-2。

圖 9-1 由麥克・波特五力競爭架構來分析產業不確定性

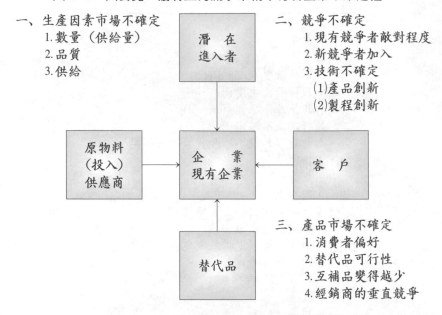

一、生產因素市場不確定
　1.數量（供給量）
　2.品質
　3.供給

二、競爭不確定
　1.現有競爭者敵對程度
　2.新競爭者加入
　3.技術不確定
　　(1)產品創新
　　(2)製程創新

潛 在
進入者

原物料
（投入）
供應商

企　業
現有企業

客　戶

替代品

三、產品市場不確定
　1.消費者偏好
　2.替代品可行性
　3.互補品變得越少
　4.經銷商的垂直競爭

圖 9-2 公司不確定性分析──從價值鏈的方式分析

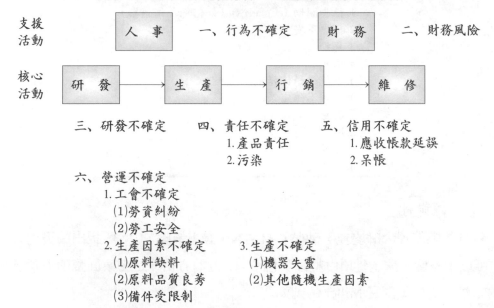

支援
活動

人　事　　一、行為不確定　　財　務　　二、財務風險

核心
活動

研　發　→　生　產　→　行　銷　→　維　修

三、研發不確定

四、責任不確定
　1.產品責任
　2.污染

五、信用不確定
　1.應收帳款延誤
　2.呆帳

六、營運不確定
　1.工會不確定
　　(1)勞資糾紛
　　(2)勞工安全
　2.生產因素不確定　　　3.生產不確定
　　(1)原料缺料　　　　　(1)機器失靈
　　(2)原料品質良莠　　　(2)其他隨機生產因素
　　(3)備件受限制

二、全球營運風險的管理

如同一般的「規劃、執行、控制」的管理程序，來自環境不確定對全球營運所帶來的風險，風險管理的過程：

㈠分析、規劃

包括下列二個步驟：

1. 環境掃描 (environmental scanning)：包括監視、預測，以瞭解環境現況和未來可能發展。

2. 環境風險評估 (environment risk assessment)：有關環境本身性質的瞭解，可透過資源多寡 (munificence)、動態（穩定與否）、複雜（同質與否）、地區集中、驛動（成員間關係強弱）和共識等六項屬性，透過適當評分，把各不同經營領域的風險程度加以評估、比較。

政治風險常見的評等指標有三種：

⑴主權評等：一般來說，信評公司重新檢視一國主權評等後，將宣佈最新評等結果，如果評等展望為「負向」，可能進一步調降評等等級，或把評等展望調為「穩定」。穆迪信評公司國家評等小組 2002 年 9 月中旬來臺、惠譽 10 月中旬來臺，標準普爾則第四季來臺。

三家信用評等公司中以標準普爾授予臺灣國家主權評等的評級最高，為 "AA"，在亞洲國家中僅次於新加坡，居第二名，不過評等展望為「負向」，顯示未來被調降評等的機會高。穆迪授予臺灣 "Aa3" 的主權評等（相當於標準普爾和惠譽的 AA–），比標準普爾低一個等級，但是評等展望為「穩定」。

惠譽是三家評等公司中對臺灣主權評等最悲觀的，僅給臺灣 "A+" 的評等，位居亞洲第四名，次於新加坡、日本和香港，評等展望為「穩定」。

標準普爾國家主權評等分析師周彬表示，2002 年臺灣主權評等展望被調為「負向」的三項理由，包括銀行業體質轉弱、財政彈性降低以及政策執行效能不彰等，皆未見明顯改善。

由於「政治穩定性」是影響一國主權評等的重要項目，這三家信用評等公

司國家主權評等小組都密切觀察兩岸情勢變化。惠譽信評表示，以前進行臺灣主權評等時，就已經把兩岸關係不穩定列入評等考量，因此，除非大陸有更激烈的反應，否則評等不會因為這次事件（一邊一國論）有所調整。

（經濟日報，2002 年 8 月 1 日，第 4 版，李淑慧）

2002 年 12 月 18 日，標準普爾把臺灣主權評等稍微調降，由 AA 降為 AA–，詳見表 9–3。

表 9–3　1989～2002 年標準普爾對臺灣主權評等的調整

	本國貨幣			外國貨幣 *		
	長期評等	短期評等	評等展望	長期評等	短期評等	評等展望
1989.4.20	–	–	–	AA	A–1+	–
1989.6.24	–	–	–	AA	A–1+	正向
1991.8.2	–	–	–	AA+	A–1+	穩定
1998.6.24	AA+	A–1+	穩定	AA+	A–1+	穩定
2000.12.6	AA+	A–1+	負向	AA+	A–1+	負向
2001.7.26	AA	A–1+	負向	AA	A–1+	負向
2002.12.18	AA–	A–1+	穩定	AA–	A–1+	穩定

* 外國貨幣評等把匯兌風險考慮在內，本國貨幣評等則沒有。
資料來源：標準普爾公司。（經濟日報，2002 年 12 月 19 日，第 4 版）

臺灣主權評等被調降將提高公司 2003 年海外籌資成本，多家券商指出，上市公司暫定 2003 年發行海外轉換公司債金額 50 億美元，發行海外存託憑證金額約 19.42 億美元，上述合計約 70 億美元的募資案成本將受衝擊而被風險加碼。

發行海外轉換公司債的企業包括大同、和鑫及訊碟，票面利率均介於 0 到 0.5%，溢價幅度皆在 20% 以內。券商主管指出臺灣主權評等被降等，公司發行的公司債等級也會一併被降，加上外資機構對投資債券有一定的信評等級規定，難免會影響外資對臺灣公司公司債的投資意願。

券商指出，由於臺灣債信等級是 AA– 級，還算是不錯，而且一些發行海外債券的企業本身信用評等等級也高，外資在這次臺灣主權評等下降後，不致於立即處分手中已持有的海外轉換公司債，而是採取自然到期原則處理，新

券買進部位可能受限，因此以後發行勢必要提高收益才能吸引投資人。

也有券商認為，發行海外轉換公司債或是存託憑證，多數是被券商或是上市公司自己在海外第三地成立的紙公司買回，因此臺灣主權評等被降，對公司海外籌資的影響可能有限，頂多是短線衝擊海外轉換公司債和存託憑證股價，只要發行公司體質好，在全球低利環境下，成本應該高不到那去。（經濟日報，2002 年 12 月 19 日，第 4 版，傅沁怡）

·充電小站·

國家主權評等

「國家主權評等」是信用評等公司針對各國政治經濟未來前景進行評等，可分成外國貨幣和本國貨幣兩種，外國貨幣評等把匯兌風險考慮在內，評等結果反映國家信用情況和展望，並影響公司和銀行的國際籌資成本。

一般來說，國家主權評等的觀察項目包括：國家財政收支、外債和外匯存底、政治穩定度、經濟發展、民間企業強弱、國家財政政策和貨幣政策等。信評公司每年對被評國家例行訪視，並隨國家債信改變調整評等。如果有突發狀況，也可能隨時宣佈調整評等。

除了評等等級以外，信評公司會另外授予「評等展望」，說明評等未來可能的變動，包括「正向」、「穩定」和「負向」；「正向」表示評等可能升級，「負向」表示可能被降級。

(2)國家貿易風險評等：法國出口信用保險公司科法斯集團 (Coface Group) 是全球主要的信用保險服務和商業信用資訊供應商，每 3 個月就會為全球 140 個國家進行國家風險評等。科法斯大中華區總經理畢李查 (R. Burton) 表示，臺灣前十大貿易出口國家中，2001 年屬於 A1 評等者包括美國、香港、日本、德國、荷蘭和英國等，臺灣也在此範圍內。不過到了 2002 年 12 月，仍維持此評等者只剩下英國和荷蘭，其他國家均被調降，臺灣也是從 A1 降為 A2，顯示臺灣企業欠款的平均風險升高。主要是因為全球經濟未全面復甦，德國、美國破產個案大增；臺灣受全球景氣衰退、電子業低迷重擊，均使得欠款風險增加，詳見表 9-4。

A2 評等者還有新加坡、南韓和馬來西亞，A3 評等者為大陸。畢李查說，臺灣前十大貿易出口國家中，值得注意的是德國和大陸。（工商時報，2003 年 7 月 11 日，第 8 版，洪川詠）

表 9-4　臺灣十大出口國家貿易風險評等

出口國家	2002 年 12 月	2003 年 7 月
美　　國	A2	A2 正向觀察名單
香　　港	A2	A2
日　　本	A2	A2
大　　陸	A3	A3
德　　國	A2	A2 負向觀察名單
荷　　蘭	A1	A1
新 加 坡	A2	A2
英　　國	A1	A1
南　　韓	A2	A2
馬 來 西 亞	A2	A2
臺　　灣	A2	A2

註：A1 表示國家政治和經濟情況相當穩定，企業付款能力良好，延遲付款情況少見。
　　A2 表示國家政治和經濟情況尚稱穩定，企業付款能力尚可，延遲付款情況偶見。
　　A3 表示國家政治和經濟情況較不穩定，企業付款情況常受國家政治和經濟因素影響，延遲付款情況偶見。
　　國家貿易風險評等另外還有 A4、B、C、D，臺灣前十大貿易出口國家都不屬於這些評等。
資料來源：科法斯 (Coface)，工商時報，2003 年 7 月 11 日，第 8 版，本書整理。

(3)商業環境風險指標：商業環境風險指標 (business environment risk index, BERI) 是專家試著綜合所有不同的經濟、社會和政治上的因素，就整個企業和政治環境所主觀評估出來的。

全球企業宜發展出經營環境的風險評估表或方法，以利於內部溝通、制定決策和評估。

㈡管　理

針對環境不確定的因應之道，可分為財務風險管理、營運風險管理二大類因應之道，本處將詳細說明後者。此外，財務風險管理有黔驢技窮處，例如缺乏可用的避險工具、而且避了一險也可能製造另一風險，因此為求風險管理效果極大化，二大類風險管理的方法宜搭配使用。環境風險管理的決策宜由公司統籌擬定，不宜授權功能或事業部各行其是，以免效果抵消或以鄰為壑。

當然，並不是所有風險都應加以降低，必須看是否可以接受和降低。如果無法接受且可以降低，那麼公司可以採取適應或控制的方法來管理風險，美國威斯康辛

一麥迪遜大學企業管理研究所二位教授 Aldag & Stearns (1987)，在其著作 *Management* 書中有專章整理歷年的文獻。以此為基礎，再來看 Miller 綜合建議，彙總於表 9-5，便很容易比較二者間大同小異處。

表 9-5　企業對環境不確定的策略風險管理方法

學　者	公司適應			環境控制	
Aldag & Stearms (1987)	1. 預測 2. 緩衝 (buffering) 例如廣告、存貨 3. 平滑 (smoothing) 例如淡旺季採差別取價 4. 分配（配給） 5. 環境偵測 6. 組織設計 7. 經營傳承		一、建立有利連結 1. 廣告 2. 徵聘高手 3. 董監聯結 4. 合資 5. 合併	二、操縱環境 1. 更改經營環境的構面，例如改變市場 2. 市場或產品遊說 3. 公會，例如商業結盟	
Miller (1992)	一、規避 1. 撤資 2. 延後投資 3. 定位在低風險性的利基市場區隔	二、模仿 1. 市場 2. 產品 3. 技術	三、彈性 1. 多角化 (1)市場（地理） (2)產品 2. 營運彈性 (1)彈性資源來源 (2)彈性員工數目 (3)彈性員工技能 (4)彈性工廠和設備 (5)跨國生產	四、合作 1. 授權或外包協議 2. 連鎖加盟 3. 競爭自我設限 4. 長期供料契約 5. 參加公會 6. 董監聯結 7. 結盟合資 8. 跨公司人員交流	五、控制 1. 擴大市場佔有率 2. 政治因素 3. 水平併購、垂直整合

資料來源：整理自 Aldag & Stearns, *Management*，華泰書局，1987 年，Chap.4.
Miller (1992), p.321, table 4.
蘇鵬飛，〈經營環境與風險對抗之研究——以大陸投資風險為例〉，政治大學企業管理研究所碩士論文，1994 年 6 月，第 248 頁。

值得特別強調的是，對於採取那種風險管理工具，除了看其是否符合「邊際效益大於邊際成本」此邊際分析法則外，還要看對整個企業的影響，例如從「衝擊分析」(impact analysis)，以瞭解對其他風險項目的連帶影響，並從加總分析的角度來看是否合宜。

1. 投資前的政治風險管理措施：這些方法大都可歸為三類。

　　⑴調整進入市場方式 (entry mode)。

　　⑵拉當地人（尤其是國營事業）入股，拿他們當人質。

　　⑶挾洋以自重，包括以第三國（例如新加坡）子公司名義進行投資，或股東結構多國籍化，最好能拉美國大公司入股,許多國家都不敢得罪山姆叔叔。

如果你的實力夠，還可跟地主國政府談判，以針對下列各項議題取得協議：

　　⑴未來資金跨國移轉所依據的基礎。

　　⑵訂定轉撥計價的方法。

　　⑶出口到第三國市場的權利。

　　⑷課稅方法，最重要的是敲定租稅優惠。

　　⑸能否使用當地金融市場。

　　⑹當地原料的使用量問題。

　　⑺當地銷售是否有價格管制。

　　⑻就業政策和對外籍人員的雇用有沒有限制。

　　⑼有關雙方爭執的仲裁規定。

2. 投資後的政治風險管理措施：這些都跟表 9–5 一樣，其中有二項值得說明。

　　⑴適應：縮短還本期間或降低投資金額，以前者來說，即想盡各種辦法，明賺或暗賺，而且要快點把錢弄回國，先立於不敗，剩下的都是淨賺的，這是大陸臺商最管用的方式。

　　⑵經濟上的嚇阻 (economic deterrence)：掌握關鍵資源（例如根留臺灣的研發、原料、品牌）、跨國性整合、以計畫性撤資 (planned divestment) 作為防禦、累積自身實力以增強談判力量。

有些學者把這些風險管理措施區分為二類：

　　⑴防衛性／保護性，適用於地主國政治環境對外資企業有負面情結時。

　　⑵整合，即跟當地整合，成為地主國社會的一部分，適用於地主國政治環境屬於正面時。

3. 被徵收或國有化後：可依程度不同，選擇下列四種善後措施。

　　⑴談判。

　　⑵尋求法律補救或其他辦法。

(3)立即採取危機處理措施，尤其對人身安全。

(4)認命，只求取得殘值等補償。

(三)一般環境不確定的風險移轉──以政治風險保險為例

有關政治風險的管理，風險移轉的措施之一便是採取政治風險保險 (political risk insurance)。鑑於保費費率不低、保險涵蓋範圍有限，因此公司惟有去低度開發國家或有特定政治風險地區營運時，才宜考慮購買此類保險。

1.美國「海外私人投資公司」的收費：僅以美國政府成立的「海外私人投資公司」(overseas private investment corporation, OPIC) 所提供的政治風險保險為例。

投保人資格：合格的投資人 (eligible investors)。

保障範圍：國際營運，包括契約承包 (contractors)、出口石油與天然氣計畫、機構放款、製造與服務（含租賃）。

涵蓋國家：90 餘國。

險種類別：

(1)外匯匯出限制 (inconvertibility)。

(2)沒收 (expropriation)。

(3)戰爭、革命、暴動 (insurrection)，合稱政治波動 (political violence)。

(4)上述險種的混合，如(1)和(2)、(1)和(2)和(3)。

保險費率：

(1)已使用的保額部分，約為 0.25 至 1.50%。

(2)未使用的部分（承諾保費費率），約為 0.20 至 0.25%。

保費付款方式：每年年初預繳。

2.輸出入銀行的收費：在臺灣，出口公司可利用中國輸出入銀行的託收方式 (D/A, D/P) 輸出綜合保險來規避下列二種風險，其承保範圍如下：

(1)政治風險：輸出目的地政府變更法令或發生戰爭、天災等貨物不能進口或不能匯兌，以致貨款不能收回所引起的損失。

(2)信用危險：進口公司不依約付款，不依約承兌或承兌到期不付款等所致損失。

保額依國外進口公司信用等級而定，在 70～90% 之間。

保費費率依保險期間（10 至 420 天）、進口地區和進口公司信用狀況而定。

保險的代價不便宜，以費率表上最低的基本費率來說，10 天期付款交單為0.164%。還好，保險還有其他好處，使出口公司便於向銀行申請外銷融資，增進其拓銷能力。

1997 年 3 月，承保業務範圍延伸至記帳方式 (open account, O/A) 輸出風險，保額以保險價額的九成為限。

1997 年 7 月，承保業務範圍延伸至「中小企業輸出綜合保險」，包括輸出融資保證、政治風險保障。

　　3.輸出保險的融資功能：輸出保險不只是保險，更是資金調度的方法，尤其碰上類似美伊戰爭這樣不確定的政治風險，公司可以利用輸出保險把保險權益轉讓給融資銀行，先取得最高九成的貨款，使資金調度更為靈活，而不必整天擔心貨款無法到手。已經有許多家竹科和南科公司對伊朗出口，循此管道向三商銀和世華銀等銀行取得資金。

以輸出保險向銀行融資的方式，是公司向輸銀申請輸出保險並獲核保後，由輸銀開出「保險證明書」，公司可持該證明書，把保險權益轉讓給銀行，由銀行先給付約貨款九成的融資予公司，如果不幸出險（進口公司未付貨款），則輸銀把款項賠給銀行。

銀行把輸銀開具的輸出保險證明書，當做公司融資副擔保品。有些跟銀行往來許久且信用良好的公司，甚至不需要另提擔保品，僅需提供輸銀開具的輸出保險證明書，銀行即願意提供高額融資，詳見圖 9-3。

許多公司未採取此輸出保險融資方式，一旦國外進口公司未按期付款，押匯銀行往往立即要求出口公司把押匯款吐回，公司只好乖乖地先籌一筆款項給押匯銀行，再向輸銀申請理賠，耗時較久，不利於公司資金調度。

公司利用輸出保單向押匯銀行申請融資，則公司可先取得最高九成的貨款，現金先入袋。一旦國外進口公司未按期付款時，輸銀先把貨款賠給押匯銀行，再向國際再保公司或國外進口公司索賠；此種方式使臺灣出口公司資金調度方便許多。

以輸出保單向銀行融資，不僅信用狀，包括記帳託收也可適用。為了避免出險後，銀行同時向出口公司和輸出入銀行要求賠付，輸銀接獲此類案例後，會正式行

圖 9-3　出口公司利用輸出保險向銀行融資流程

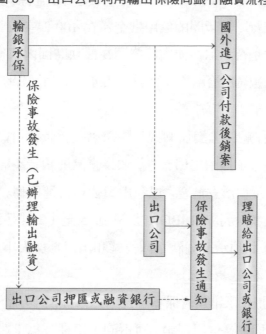

資料來源：輸出入銀行。

文給銀行，請銀行以公函回覆實際情況，作為憑證。（工商時報，2003 年 2 月 11 日，第 4 版，劉佩修）

⑴以承兌交單為例：承兌交單屬於銀行的託收業務，但是如果出口公司有提前資金調度的需求，銀行可先墊款融資，並按日計息，形式跟押匯業務類似。利率按各銀行的外幣放款利率減碼計息，以華南銀行為例，2003 年 7 月融資利率是以 5.05% 減碼計息。銀行最多可辦理成數八成的融資，針對比較不知名的國外買主，或進口公司位於動亂地區，銀行多半會要求出口公司加辦輸出保險，以避免銀行辦理融資後卻收不到款。

輸出入銀行表示，60 天期承兌交單的輸出保險，國外買主如果屬於 A 級、風險較低的國家，標準費率為 0.461%，輸銀並提供多項折扣。如果進口公司發生信用風險，出口公司或融資銀行最高可獲輸銀 85% 的理賠；如果是政治風險，最高理賠金額為九成；出口公司屬於中小企業時，則可獲百分之百的理賠。（經濟日報，2003 年 2 月 11 日，第 17 版，武桂甄）

(2)以中東地區為例：輸銀承保中東地區，更針對中東地區銀行淨值排名全球
五千大的銀行，其所開的信用狀金額在 100 萬美元以內者，輸銀將在 24
小時內答覆是否承保，使出口公司在最快時間內取得保險。

至於承保成數，政治風險為百分之百承保，商業保險則視個案而定，最高
成數為九成五。

在融資方面，輸銀強調加強提供國際應收帳款業務，凡是經過該行或國外
專業保險機構承保的出口案件，如果臺灣的銀行不願融資或押匯，輸銀將
予以承購，提供預支價金，以利出口公司營運周轉。預支價金的利率為倫
敦銀行隔夜拆款利率 (LIBOR) 加碼 0.75 至 1.25 個百分點不等，手續費約
0.1～0.3%，這項承購業務不限行業和出口金額大小。(工商時報，2003 年 2
月 11 日，第 4 版，劉佩修)

4.雙重保障降低出口風險：信保基金長期以來提供中小企業出口公司外銷貸款
信用保證，其中「出口押匯信用保證」可保到出口押匯為止，也就是到國外銀行付
款為止，最高保額為 1,700 萬元，包含出口押匯 1,000 萬元和外銷貸款 700 萬元。

輸出入銀行提供的東南亞專案輸出保險，每戶最高保額 100 萬美元，出事理賠
保額的七到九成，信保基金可負擔九成呆帳責任，其餘一成為銀行的呆帳責任，不
過，信保基金在理賠之後，仍會繼續追索呆帳，輸出保險則不會要求還款。

信保基金提供的信用保證主要是保出口公司風險,輸銀的輸出保險可說是保國
外進口公司風險，出口後如果對方沒有錢支付貨款，輸出保險就會理賠。但是如果
在臺灣裝船前發生問題，信用保證就派上用場，其申請流程詳見圖 9–4。

信保基金鼓勵中小企業出口公司以信用保證搭配輸出保險,在風險增高的情況
下，增加一點手續費的負擔是值得的。銀行業者則認為，透過雙重保險，企業多了
保障，銀行的呆帳責任也被分擔了大部分，大家都有好處。(經濟日報，1998 年 3 月
31 日，第 5 版，黃登榆)

圖 9–4　申請信用保證流程

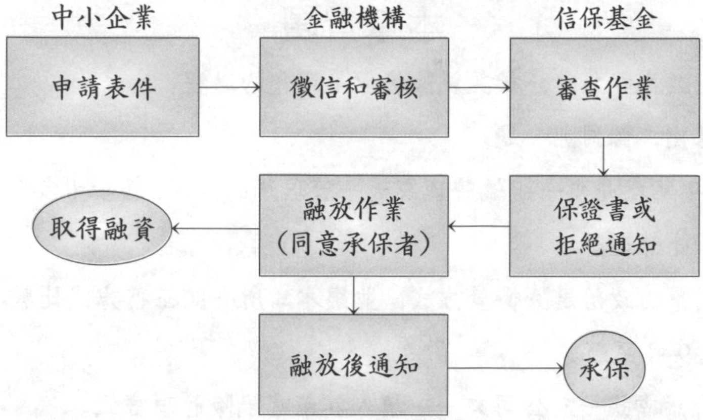

中小企業　　　　金融機構　　　　信保基金

申請表件 → 徵信和審核 → 審查作業

取得融資 ← 融放作業
（同意承保者） ← 保證書或
拒絕通知

融放後通知 → 承保

資料來源：中小企業信用保證基金。

◆ **本章習題** ◆

1. 以一家全球企業為對象，分析其風險管理集權化的過程。

2. 以表 9–1 為基礎，餘同上一題。

3. 表 9–2、圖 9–2 雖然是碩一組織管理或大一管理學的內容，請參考其他國際財管的書，看看如何分析此課題。

4. 請找出其他機構的政治風險衡量方式，並跟本章所介紹三種方式比較其適用時機。

5. 把表 9–3、表 9–4 更新。

6. 把表 9–5 更新，或找一家公司來一一填入其策略風險管理方式。

7. 以一家公司 (例如裕隆或中華汽車) 為例，分析其進軍大陸前對政治風險的管理措施。

8. 承上題，說明進軍大陸「後」的政治風險管理措施。

9. 以圖 9–3 為底，找一個具體案例來分析。

10. 以圖 9–4 為底，找一個具體案例來分析。

第十章

全球租稅規劃

當臺商對外投資時，除了經營策略，也要有全球租稅策略的概念，因為一個好的經營安排，有可能不是最佳的租稅安排，並可能使臺商碰到重重的跨國課稅問題。惟有預先妥善處理，才不會面臨各國愈來愈多的移轉計價課稅和雙重課稅困擾。

——吳德豐　資誠會計師事務所會計師

工商時報，2003 年 3 月 6 日，第 9 版

學習目標：

跨國企業如何透過套稅方式以追求稅後盈餘最大，這是財務長、稅務律師、稅務會計師的主要工作，也是本章重點。

直接效益：

很多國際稅務規劃顧問公司開授「租稅天堂紙公司」、「OBU 操作實務」、「三角貿易」等課程，唸完本章，這些課大都可以免上。

本章重點：

· 國際租稅規劃的對象、方式與本章架構。表 10-1
· 公司間移轉和租稅規劃的適法性。表 10-2
· 以債代股對母公司轉投資收入的影響。表 10-3
· 海外投資的商業組織型態決策流程。圖 10-1
· 海外設點的四階段發展過程。表 10-5
· 租稅協定下的課稅規定。表 10-6
· 臺灣跟他國所得稅租稅協定主要內容。表 10-7
· 中荷租稅協定的主要內容。表 10-9
· 荷蘭三明治的迂迴投資方式。圖 10-2
· 世界主要租稅庇護區稅制。表 10-11
· 租稅庇護區內設立公司的好處。表 10-13
· 套稅工具、租稅庇護區內公司營業範圍。表 10-14
· 四種國際資融公司的功能和設計。表 10-15

前言：錢入袋才算賺到的

套稅是企業國際化的動機之一，全球企業營運時租稅規劃，主要目的係套取租稅上的利益（套稅，tax arbitrage），也就是在高稅率國家盡量享受費用扣減，而把所得盡量在低稅率國家承認。

一、一事不煩二主

在拙著《財務管理》（三民書局，2002 年 9 月）一書中，開宗明義的說明，「財務」管理就是把財務報表管理好的工作，財報有四種，主要是資產負債表、損益表。

延續此看法，便可以發現套稅分析架構其實很簡單。套稅的目的在第一章第三節中已說明了，沿用該節的分析架構，本章把套稅的途徑分為下列三種：

1. 資產負債表中資產面、損益表，以第一節來說明透過關係企業間移轉計價來套稅。

2. 資產負債表（負債面為主），以第二節財務運作的租稅規劃來說明。

3. 資產負債表權益面，以第三節公司型態，第四節如何利用租稅協定，第五節說明如何在租稅庇護區成立紙公司、控股公司，這三種方式來避免跨國重複課稅（尤其是營所稅）。

㈠損益表方面的節稅

損益表代表營運的結果，營運是每天的事，資產負債表面的交易則是偶一為之，因此損益表方面的節稅空間也就比較大，在第一節中詳細討論。

㈡三種稅率

套稅方式的方向很明確，針對下列三種稅，在全球企業各成員間的交易所採的移轉計價，宜採取下列方式以節稅。

1. 貨物、營業、印花稅：轉撥價格進價應壓低，出價也應壓低，營收的稅則主要為營業稅，奢侈品（例如汽車）則為貨物稅。至於來自資產負債表方面的稅則，以不動產交易為例，主要是契稅、印花稅、土地增值稅（類似營所稅性質）。

2. 關稅：進口價格宜壓低，至於售價的高低可自由衡量。

3. 營所稅：營所稅率高地區的子公司進貨價宜高，把進貨成本拉高、售價拉低，其他情況不變下，純益就相對變低。

(三)二種租稅規劃情況

由表 10-1 第 1 列可見，依國內、跨國二種情況，共有利益輸送、商業組織型態和設籍地區三種節稅方法可供選擇，詳見表 10-1。

表 10-1　國際租稅規劃的對象、方式與本章架構

節稅項目　＼　投資地區	臺　灣	海外投資	
		直接投資	間接投資
一、投資關係	母公司—子公司 ｜ 聯屬企業	臺灣　—　外國 又名：　　又名： 1.母國　　1.地主國 2.投資國　2.被投資國	臺灣—租　稅—外國 　　　庇護區 又名： 1.控股公司 2.紙公司
二、節稅方式 損益表　　　　稅目 營收　　　←營業稅 1.技術服務、 　管理服務 　報酬 2.權利金 3.其他 －營業成本 ←（進口） （進口原物　關稅 料為主）		§10.1 營運面的移轉計價	
－營業外支出 （主要是利息）		§10.2 財務面的移轉計價	
稅前盈餘 －地主國營所稅 －外國股東股利扣繳稅率		(一)商業組織型態 　§10.3 (二)地區	
臺灣公司海外盈餘		§10.4 租稅協定 (tax treaty)	§10.5 租稅庇護區 (tax haven)

1. 國內：此時主要節稅方式有二：

　　(1)利益輸送（含非常規交易）：營運面的移轉計價詳見第一節，財務面的移轉計價詳見第二節。

　　(2)商業組織型態的抉擇：詳見第三節。

2. 跨國：跨國的租稅規劃比在國內時還多出一項工具，也就是設籍地點。

⑴直接投資：此時有二條租稅管道。

①租稅協定：詳見第四節；②間接投資：詳見第五節。

⑵間接投資：透過租稅庇護區等第三地公司，迂迴投資於地主國，詳見第五節。

二、避稅 vs. 逃稅

如同好人跟壞人的二分法一樣，合法的租稅規劃稱為節稅、避稅，不合法的租稅規劃稱為逃稅 (tax evasion)。租稅規劃必須以合法的常規交易為依據，而非常規交易、利益輸送等是違法的，不足為訓。

跨國聯屬集團企業間的「非常規交易」(non-arm's-length transaction)，是指為了達到規避或減少稅負，聯屬企業間藉彼此相互間收入、成本與費用的攤計，透過交易行為，所作不合營業常規的安排。「利益輸送」是指利用對價額不相當的交易，把財產利益從一家公司（或個人）移轉至另一家公司（或個人），因此廣義的利益輸送還包括無對價給付的捐贈或遺贈且不限於聯屬企業間。由此看來，利益輸送的範圍大於非常規交易，詳見表 10–2。

表 10–2　公司間移轉和租稅規劃的適法性

適法性 公司間移轉	合法：避稅	非法：逃稅	
一、交易 　㈠損益表	常規交易 (arm's-length transaction)	利益輸送	㈠非常規交易 1. 移轉計價 2. 俗稱五鬼搬運，美國稱甜心交易
㈡資產負債表			
二、交易以外 　1. 捐贈 　2. 遺產、贈與			㈡其他

　　針對聯屬集團 (affiliated group) 或關係企業間，透過內部交易，藉著操縱交易價格，以調配彼此間的收入、成本及費用的攤計，而達到規避或減少納稅義務的目的，這種非常規交易一直是企業集團利益輸送的首要管道。尤其全球聯屬集團因為具有下列二項特性，造成國稅局對非常規交易的稽查更加困難，以致大開逃稅之門：

　　1. 非常規交易發生在複雜的聯屬集團中，例如父子孫三級公司間接控制的聯屬關係中，或是母子公司間交叉持股 (mutual holding) 的聯屬結構中。

　　2. 跨國性聯屬集團結構，因其涉及二個不同國家、地區的稅法（稅制規定、稅率結構）。

三、逃稅，小心國稅局「總有一天等到你」!

　　2003 年 1 月底，美國報紙報導香港知名經濟學者張五常涉嫌販賣假骨董後，再遭美國政府控告涉嫌逃稅，短報從經營香港停車場和其他生意所得的收入近 1,000 萬美元，案件於 2 月 20 日在西雅圖審理。

　　根據美國法令，身為美國公民的張五常和妻子張蘇錦玲，在填報稅項時，應申報他們在全世界的所有收入，包括薪資和做生意盈餘。根據國稅局調查，發現張五常透過多間公司，包括在港經營停車場和張氏夫婦投資的西雅圖骨董店進行逃稅。

　　根據美國華盛頓州西區司法部的起訴書，張五常被控六項提交稅單時填寫虛假資料，和六項沒有列出自己在外地的銀行戶口資料，以及一項串謀逃稅欺騙美國政府。一經定罪，可判處入獄 83 年和罰款 475 萬美元。張蘇錦玲跟丈夫同被控一項串謀逃稅罪，最高刑罰為入獄 5 年和罰款 25 萬美元。

　　報導指出，美國政府在起訴書中透露，張五常從 1989 至 1998 年期間，在香港擁有西岸國際公司、西岸國際車場公司，透過經營停車場及其他生意，賺取了數百萬美元，並把一大部分盈餘轉到美國供他及其妻子使用。

　　他透過 10 家不同公司，把有關款項在美國投資，包括購買一家銀行的股票、收購一間飛機零件廠，又把在港賺來的 110 萬美元購買房地產自住，以及購入一座在西雅圖的房地產，他更花費 29.4 萬美元購買一艘 44 呎、名叫「西風」的帆船。（經濟日報，2003年 1 月 31 日，第 7 版，江今葉）

第一節　營運面的移轉計價

由損益表來看租稅規劃，在營運（即本業）面最大切入點有三種稅率。

1.（加值型）營業稅：這涉及零售價是否具有競爭優勢和進項扣抵。

2.關稅：主要是下列二種情況。

　⑴出口品在出口國大都零關稅，頂多是出口退稅，以利出口「創造外匯收入」
　　（簡稱創匯）。

　⑵進口原物料、機器設備，這將於第四節一㈡舉實例說明。

3.營利事業所得稅（簡稱營所稅）：這是企業經營的最大稅率，只要應稅所得
低，那麼再尋求適用較低稅率，自然跟瘦身一樣就會該瘦的地方瘦。

一、商品交易和勞務提供

㈠性　質

　利用商品或勞務的計價高低，可以影響不同國家的課稅所得金額，這種實務作
法相當普遍，可見各國法令還無法有效制止。

㈡經營上應考慮的因素

　1.歪曲投資報酬和經營績效數字。

　2.應賺而不賺影響公司員工士氣。

㈢租稅上應考慮因素

　1.關係企業間的交易條件與價格，應該符合常規交易的標準，也就是應該跟關
係企業以外公司間的交易條件（含價格）相同。為此，經濟合作暨發展組織 (OECD)
建議企業定價原則如下：

　　⑴可供比較而且未受控制的價格 (comparable uncontrolled price)：沒有聯屬
　　　關係的交易雙方，在真實無欺的市場和下列條件之下所協議達成的價格。
　　　這方法最受 OECD 推薦。

　　　①商品的品質。

　　　②不同的市場環境（競爭、匯率、運費）因素。

③採購數量。

④其他契約因素（零配件、維修……等）。

⑤起動 (start-up) 或擴大市場佔有率的策略。

⑵其他：

①成本加成。

②參考出售給經銷商的價格。

③參考當地同業的利率。

④參考公司的投資報酬率。

⑤參考公司歷年的獲利資料。

2.對於非常規的交易，各國除了調整價格以作為課稅基礎外，也可能有加重處罰的規定。

3.萬一交易價格在某一國家遭到調整，實務上很難在對方國家獲得相對性的調整；OECD 租稅協定範本雖然建議對方國家應作相對調整，但是有關程序曠日費時而且甚為艱難，因此難免會造成重複課稅。

4.一方國家的調整有可能會引發其他國家進一步的注意和調查，也就是引發骨牌效應。

5.有些國家把超額的價格視為發放股利處理，而其在地主國的股利扣繳稅款可能無法在母國作為扣抵。

6.關稅增加。

二、技術服務報酬、管理服務報酬

㈠性　質

因提供行政管理、財務、秘書、技術、工程、行銷、人事及其他商業性服務，對其他公司所收取的費用，屬於技術服務報酬 (technical service fee) 或管理服務報酬 (management fee)。

㈡支付時的稅負

1.提供服務的內容如跟商業、技術或產業諮詢有關，可能被視為權利金課稅。所得人如果係設有常設機構者，應依法申報課稅，否則，僅須扣繳，一般互簽租稅

協定國家的扣繳率為 10%。

　2.如果純粹是行政管理或秘書性質，則通常不會被看成是權利金，稅率可能比較低，一些國家甚至不扣繳稅款。

㈢費用減除

　技術服務費或管理服務費，如果注意下列各點，通常均能作為費用減除：

　1.公司實施「管理與控制」的地點，可能被視為子公司的另一個居住地 (residence)，而需要在該地依法申報納稅，宜謹慎規劃。

　2.提供的服務確實產生實際效益，並且可以證明。

　3.收費必須合理、一致，並符合常規交易標準；一般收取技術服務費的方法有三：

　　⑴以實際成本為基礎：以實際使用時間分攤成本並加計合理的利潤，此法最佳，由於必須備有「工作時間紀錄」作為基礎，行政作業上的負擔較重。

　　⑵以營業收入或資產為基礎：以營業收入、淨資產或其他類似比例作為基礎分攤成本，並且加計合理利潤。這方法最簡便，但是因為沒有考慮服務的時間價值，邏輯上比較不圓滿，而且可能被視為「發放」股利，而不被國稅局接受。

　　⑶以技術流量 (technology flow) 為基礎：以收取權利金的基礎來分攤技術服務成本，並加計合理利潤；前提是必須提供的服務大部分跟研發有關，才能利用此項基礎。

　4.效益僅及於母公司者（例如編製合併報表的費用），不宜向子公司收取。

　5.如果子公司相反地向母公司提供類似服務，則子公司也可以向母公司收費。

㈣在臺分公司分攤國外母公司費用

　依營利事業所得稅查核準則第 70 條規定：臺灣境內外國分公司，分攤其國外總公司的管理費用，須符合下列規定才可認定。

　1.總公司跟分公司資本未劃分者。

　2.總公司不對外營業，而另設有營業部門者，其營業部門應跟各地分公司共同分攤總公司非營業部門的管理費用。

　3.總公司的管理費用，未攤計入分公司的進貨成本，或總公司供應分公司資金

或其他財產，未由分公司計付利息或租金者。

管理費用分攤的計算，應以各營業部門（或分支營業機構）佔總公司營業收入百分比，作為計算標準。分公司在辦理當年所得稅結算申報時，應提供下列資料：

1. 國外總公司所在地合格會計師簽證。

2. 載有國外總公司全部營業收入和管理費用金額的國外總公司財務報告，須經臺灣駐在地使領館或臺灣政府認許機構的簽證或外國國稅局證明。

3. 國外總公司供應其在臺灣境內分公司資金經政府核准者，該分公司支付國外總公司的資金利息，准予認定，但是不得分攤其國外總公司的管理費用。

㈤扯遠了！所以不能核准

臺灣知名的行銷商永久公司申報 1995 年營利事業所得稅時，列報了一筆國外管理費用 7,900 萬元，從營收中扣除。

臺灣永久公司是香港永久的分公司，臺灣分公司之所以列報這筆費用，是因為香港永久要求臺灣分公司分攤美國公司的管理費用。但是財政部賦稅署指出，由財務報表顯示，香港永久有獨立的資本及股份，1995 年也有分配股利，香港跟美國公司之間各自獨立，並沒有總公司跟分公司的關係，因此臺灣永久跟美國永久之間，並無從屬關係，沒有分攤費用的必要。

臺灣永久公司不服賦稅署的核定，表示永久是全球性的直銷組織，雖然在法人登記上，香港永久跟美國永久是各自獨立的機構，但是實際上香港永久在技術、營運管理上皆須仰賴美國永久的支援、指導，所以香港方面也需支付美國公司的管理費用；臺灣永久為香港分公司，應該也可分攤管理費用。

臺北高等行政法院指出，香港永久跟美國永久在法人登記上為各自獨立的公司，所以臺灣永久非美國永久公司的分公司，自然毋須分攤美國永久公司的管理費用。此外，臺灣永久也未提供美國方面要求分攤管理費用的明細及其他資料。法官因此以 2001 年訴字第 2694 號判決維持臺北市國稅局原處分。（經濟日報，2002 年 3 月 28 日，第 15 版，李惟平）

三、權利金

㈠性　質

1. 權利金 (royalties) 是由於「使用」專利權、商標權、著作權、專門技術等資產而產生，已有許多國家擴張其適用範圍，把有關智慧財產、秘密方法、資訊或設備的租金、軟體維護支出、任何形式的給付或籠統給付等全部包括在內。

2. OECD 租稅協定範本的定義，可作為進一步參考：「權利金是指因任何文學作品、藝術作品或科學作品的版權（包括電影的影片）、任何專利權、商標權、設計或模型、計畫、秘密方式的使用或使用權，所收到任何方式的代價給付；或因工業、商務或科學設備、因有關工業或科學經驗情報的使用，或使用權所收到的任何方式的代價給付。」此定義雖然廣泛，但是下列給付不屬於權利金：

1. 純粹管理、秘書或財務性服務 (management services) 的報酬，屬於管理服務報酬的範圍，而不是權利金。

2. 為了發展產品或資訊而給付予「發明人」的酬勞，屬於國際貿易性質，也不屬於權利金的範圍。

㈡支付時的稅負

所得人設有常設機構者，應依法申報納稅；沒有設立常設機構者，通常只要扣繳稅款便可，扣繳稅率各國不同，一般租稅協定中的扣繳稅率為 10%。

㈢費用減除

1. 跟生產量或銷售量有關的權利金，只要是常規交易，一般均可作為費用減除。

2. 以銷售量作為基礎收取權利金，基本上雖然可以接受，但最好能證明沒有重複收費，也就是在產品移轉價格中，並未包含權利金在內。

3. 首期權利金 (upfront royalty) 或總額權利金 (lumpsum royalty) 可能必須遞延各期分攤認列。

4. 一些國家對於支付權利金給非住民，訂有事先核准的規定。

四、利　息

利息屬於營業外支出，將於第二節中詳細說明。

五、其　他

㈠保證手續費

子公司向外貸款時，母公司得予保證並向子公司收取保證手續費，通常它不被視為權利金或利息，因此不須扣繳所得稅。這項支出不一定可以作為費用減除，規劃時應予注意。

㈡資產出售

集團企業內資產（有形、無形）的移轉銷售，也可能有利於減輕租稅。例如，賣方得以市場價格出售而享受低稅，而買方得以享受比較高的折舊或攤銷；或因負債增加而享受利息的抵稅效果。此種安排應考慮下列因素：

1. 最高負債比率的限制。

2. 反制規避稅負的法令，例如澳洲的 "Non-resident Debt Creation Provision"。

㈢跨國租賃

跨國租賃已成為購置鉅額資本性資產的主要方式之一，值得注意的事項如下：

1. 首先應考慮的事項是出租公司在承租公司所在國內的活動，是否足以被視為設有常設機構經營業務。一般情形下，要是出租公司在承租公司國內，除了擁有產權外，並沒有維修或操作該項資產，就通常不會被視為在該國設有常設機構而負申報納稅的義務。但是承租公司所在國在承租公司支付租金或融資租賃的利息時，通常會就源扣繳。

2. 雙重折舊：營業租賃或資本租賃所能提列的折舊，各國可能不同。多數國家規定：在營業租賃的情形下，由出租公司提列折舊；而在資本租賃的情況下，則由承租公司提列折舊。有一些國家或因為對於資本租賃還沒有積極規定，或因其規定有機可乘，雖然實際上為資本租賃，但是仍可由出租公司提列折舊。因此，有些跨國租賃，便安排一方面由承租公司依資本租賃的規定提列折舊，另一方面也由出租公司依營業租賃的規定提列折舊，藉由「雙重折舊」(double dip depreciation) 而享受租稅利益。已有國家訂定法律，防杜此種雙重折舊的安排，應予注意。

㈣成本分攤

低稅率國家的費用經常被分攤到高稅率國家以套取租稅利益，一般來說，各國國稅局似乎比較注重公司間交易價格和條件的查核，而比較不重視成本分攤問題。由於各國情況不一，仍應謹慎規劃。

㈤中租迪和列報海外薪資費用官司敗訴

2000 年 9 月，最高行政法院判決中租迪和敗訴。中租迪和在 1995 年，派員工往香港和馬來西亞子公司工作並支付薪資，被臺北市國稅局以到海外工作員工薪資跟臺灣母公司無關的理由全數剔除，法院判決中租迪和敗訴。

中租迪和在 1995 年列報聘請外國人和支付到海外子公司工作，員工薪資共 518 萬元，被臺北市國稅局以這些員工長期在中租迪和海外子公司工作，應該屬於海外子公司的員工，中租迪和支付這筆薪資費用，顯然跟業務無關，依法不得列報。

最高行政法院在 2000 年第 2670 號判決中指出，中租迪和在海外設立的子公司是個別法人，會計獨立，並不是中租迪和的分公司，而且中租迪和派到海外的員工任期每期的時間長達 2 年，時間不短，這部分人員應該屬於海外子公司所聘人員，縱使海外員工仍有替臺灣母公司提供部分服務，這些海外人員的薪資，應該由海外子公司支付才合理，中租迪和公司支付這筆薪資，就不是屬於業務上必須的費用，國稅局不准列報並沒有違誤；最高行政法院判決中租迪和敗訴。（經濟日報，2000 年 9 月 22 日，第 11 版，林文義）

六、法令對移轉計價的逃稅行為防範

營所稅是各國主要稅收，因此各國政府對採取移轉計價的逃稅行為，一定會撒下天羅地網希望企業不要輕易觸法。

(一)政府對企業移轉計價的逃稅撒下天羅地網

美國早在 1970、1980 年代就已注意到移轉計價問題，只不過當時主要對象是大量傾銷商品的日本公司，美國在 1994 年完成了移轉計價的稅法規範。至於大陸對於移轉計價問題，也非常重視，分別在 1992、1998 年完成立法，甚至還派出 1,000 多人到美國國稅局學習查核技術。印度 2001 年通過法案，泰國也在 2002 年 5 月針對移轉計價問題，發佈相關指導原則。

臺灣的法令主要為關稅法以及所得稅法第 43 條之 1 規定，國稅局發現企業有不合營業常規的動作，企圖規避稅負，可報經財政部核准，按營業常規予以調整。財政部也正在規劃移轉計價新的立法，希望在所得稅法修正草案中加入認定標準、預先定價協議等機制；此協議機制，美國、大陸等地均已採行。（經濟日報，2002 年 11 月 21 日，第 8 版，李惟平）

　　如果政府認為價格不合理，逐漸採取一些衡平措施 (countervailing measures)，以防止公司濫用非常規交易，除了調整企業售價，另外課稅外，還可能會加處罰鍰，詳細步驟如下所述。

　　1.常規價格的認定：由於經濟現象瞬息萬變，各公司的交易情況也各不相同，因此對常規價格的確定並不容易。一般來說，各國對於非常規交易的認定採行下列二種標準。

　　　(1)內部比價法 (internal price comparison method)：以全球企業內部其他可資比較的交易價格，作為其關係企業間交易的價格。

　　　(2)外部比價法 (external price comparison method)：以其他公司跟正常客戶間的交易價格，作為全球企業從事交易的價格。但是因為交易時間、地點、數量和品質往往有差別，因此在適用上經常發生困難。

　　更具體的說，為了避免集團企業透過移轉計價方式來逃稅，美國稅法第 482 節和 OECD Report 依序採取下列方法，來認定移轉價格 (transfer price) 是否符合常規交易。

　　　(1)可比較未控制價格法 (comparable uncontrolled price method)。

　　　(2)轉售價減淨利法 (resaled price minus the margin method)。

　　　(3)成本加成法 (cost plus method)。

　　在實際應用上，第(2)、(3)個方法較常用。

　　2.單獨或合併申報：美國為了避免關係企業間藉非常規交易以節稅，在內地稅法的第 1501～1505 節 (USIRC 1501～1505) 中規定，凡是屬於同一集團的公司得選擇單獨所得稅申報或合併所得稅申報制 (consolidated income tax return)。

　　3.非常規交易項目的調整：當國稅局建議公司應針對非常規交易項目加以調整時，公司應於 30 天內加以沖平 (set-off) 調整。如果是跨國公司間的調整，則僅限於跟美國有雙邊租稅協定 (double taxation treaties) 的國家。

㈡企業的因應之道

　　由於各國稅法實務不同，因此美國 3M 公司執行董事 Merle D. Menssen (1988) 建議，在各公司的「契約價格政策」(contract price policy) 要付諸實行之前，最好都先跟稅務顧問諮商過，以免出錯。例如，在美國，你可以跟國稅局預先定價協議

(advance pricing agreement)，一旦協議成立，那麼國稅局將尊重各關係人移轉價格，在未來查稅時，不再逕行予以調整。

此外，企業可事先預備相關文件，例如合約書、移轉計價計畫文件，跟其他企業的價格比較等，如此比較能減少國稅局詳查的機率。

就長遠來說，企業最好還是早先做好整體的交易規劃，跟集團的整體營運結合在一起，比較能兼顧降低稅負以及風險管理。

㈢統一企業的作法

對於為了避免遭受「關係企業利益輸送」的調查或起訴，統一企業在內部移轉計價方面所採取的措施如下。

1.進貨：統一從聯屬公司進貨，跟一般客戶相同，除了向統用公司進貨以低於一般售價的 13% 計價，但是統用仍有正常毛利，而且收款期間為 2 星期。

2.銷貨：銷貨條件皆相同，除了統一售予聯屬公司的票期為銷售後 1 個月，一般客戶為銷售後 2 週。

在資金借貸方面：

1.資金貸與的對象：跟統一有業務交易行為而有融通資金需要的公司。

2.資金貸與的期限和計息：

　⑴最長以 1 年為期，並且可分期收回。

　⑵計息不得低於銀行短期貸款利率的下限。

七、國際租稅規劃 DIY

想自行進行國際租稅規劃的全球企業，可考慮採購像 World Tax Planner 這樣的個人電腦軟體，其主要內容有：

1.全球 200 個國家的租稅協定。

2.約 100 個國家的投資和稅務規定。

除了資料庫外，還加上專家系統，會提供你全球資金流通的最佳途徑，就跟汽車的全球定位系統 (GPS) 一樣。

公司編製同期紀錄文件，通常是一種有效的方法來舉證其內部價格的制定，是否符合常規交易原則，並在當期是經過合理努力，才產生符合常規交易原則的結果。

　　這份文件有助於全球企業跟國稅局在移轉計價稽查時溝通,因為移轉計價稽查往往是在所得申報後一段期間才開始,那時候的時空環境和交易發生當時的情形可能已發生些許變化。同時,當國稅局進行稽查而要求提示相關資料時,全球企業便可以迅速提供,而不會觸犯相關罰則。大體來說,同期紀錄文件至少涵蓋以下內容:企業的組織架構圖、關係企業間交易的描述、移轉計價政策的描述、用來解釋該政策的指引、跟交易有關事業體的功能分析及經濟分析、最佳方法的選擇原因與最後的決定和可證實的業界證據資料。

　　在建立關係企業間內部交易的移轉計價政策時,全球企業應證明已盡合理努力。合理努力包括:

　1.須進行功能上的分析,以確認那一單位負責製造、研發、設計、採購、生產、加工、銷售、行銷、經銷和售後服務等功能。

　2.進行所承擔經營風險分析。

　3.辨認所持有或使用的資產,包括無形資產。

　　資誠會計師事務所稅務及法律服務部會計師吳德豐和邱文敏認為,許多全球企業在處理移轉計價政策時,經常是以「救火」的形式來處理,即是其子公司的投資經貿活動在那一個國家面臨當地國稅局稽查時,就僅依當地法令制定相關的移轉計價文件,缺乏以母公司制高點出發,訂定全球核心文件與移轉計價政策,以統合和調整旗下子公司投資 / 定價政策的策略,而形成受制於當地子公司財務人員操控的局面,這是全球企業應引以為戒的。(經濟日報,2003 年 4 月 1 日,第 6 版,吳德豐、邱文敏)

🔷 第二節　全球企業財務面的移轉計價

　　對於全球企業債息、金融避險操作和股利等財務運作,如何作好租稅規劃,第一步驟仍為充分瞭解相關國家的稅法規定,本小節的著眼便在此。在下文,將以統一企業因併購美國威登食品公司而進行的國際融資為例,來說明如何才能處理好國際融資的租稅規劃事宜。

　　融資時租稅規劃的重點有四:

1. 稅法對借款公司的負債比率是否有上限限制？

2. 融資成本（尤其是貸款利率）是否有上限限制？

3. 國外銀行利息扣繳稅率如何？

4. 集團企業內融資成本的認定屬於跨國營運租稅規劃的範疇。

一、利　息

㈠性　質

聯屬公司之間安排的計息交易。

㈡支付時的稅負

設有常設機構者，應該依法申報納稅，沒有設立常設機構者，僅須扣繳，各國扣繳率不同，一般租稅協定的扣繳率為 10%。

㈢費用減除

1. 跟業務有關的利息費用，只要是常規交易，一般均可作為費用減除。

2. 有些國家規定負債比率（負債／權益）的限制，如果超過上限，超出的利息費用可能無法減除。此時應特別注意下列事項的安排：

　　⑴外國負債和外國權益的定義。

　　⑵關係人的定義。

　　⑶所得年度和認定負債比率的年度。

　　⑷對於金融機構或不動產投資有沒有比較高的負債比率。

　　⑸國外母公司保證下取得的負債，是否視為國外負債。

　　⑹背對背貸款的可行性。

雖然股東、關係企業可用商業授信或私人貸款（private loan，例如股東往來）方式，以取代權益來投資美國公司，但是美國內地稅法第 385 條 (section 385) 對美國公司負債比率卻有限制，一旦負債比率過高，稅法對超過比率的負債部分視同股本，對於所支付的利息視同股利。雖然稅法並沒有明確的訂出門檻比率，然而一般來說，關係人 (related person) 往來的授信條件須符合常規交易，此外，關係人往來對權益比率不宜超過 2（或 3）比 1。

3. 把聯屬公司的資產移轉出售給某一國外公司,是可以增加該子公司的負債及

因而增加利息費用的一種方法。

　　4.在資金調度方面，可以考慮在高稅率國家借錢支付股利，以增加利息費用，並在低稅率國家使用內部資金償還負債。

二、當利息扣繳稅率較低時

　　臺灣跟南韓之間沒有租稅協定，所以當南韓公司有盈餘時，要繳納 30.8% 的所得稅，又匯回臺灣時仍應繳納 27.5% 的扣繳稅款，所以該項投資收益的總稅率將高達 49.83%。如果在一個跟南韓簽有租稅協定第三地設立控股公司，再配合融資和負債權益比的規劃；股利和利息收入匯出的扣繳稅率可減低為 5～15%。由於以部分資本、部分融資形式投資南韓，公司可以藉由認列利息費用，降低當地所得稅。

　　南韓法律對於負債權益比的規定為不得超過 3，如果把三分之一的資金作股本投資，三分之二的資金以借款方式投資，將跟全數均作為股本投資最後的盈餘結果有所不同，結構假設因借款所產生的利息為 100 元，南韓子公司營業淨利也是 100 元，扣除利息費用後的淨利為 0。

　　由以上計算得知，如果公司透過簽訂租稅協定國家部分融資南韓，母公司每年的盈餘高於全部股權直接投資，詳見表 10-3。

三、併購融資利息的抵稅作用

　　如果用美國籍子公司擔任買方，以併購美國公司（80% 以上股權），那麼買方因併購而貸款所須支付的利息，在併購後，由於買方和併購後公司採取合併申報營所稅，因此買方舉債債息將有抵稅 (tax relief) 功能。

　　美國 1986 年的租稅改革法案 (Tax Reform Act of 1986) 對於融資買下時的買方也有不利的限制，尤其是對於併購而舉債的利息費用扣減，以及虧損的向前扣抵 (loss carry-forward) 的利用，前者特別是針對某些高報酬零息票債券和利息滾入本金證券 (payment-in-kind security, PIK)。

　　證管會對於賣方未完全賣斷情況，在 1989 年 4 月的 Staff Accounting Bulletin No. 81 中，限制賣方不得承認有立即利得。

表 10-3 以債代股對母公司轉投資收入的影響

項　　目	稅　率	100% 資本投入	由中間 國融資
收入		$100	$100
利息費用		0	(100)
應納稅所得		100	0
所得稅	30.80%	(30.8)	–
淨現金——南韓		69.2	–
匯回臺灣扣繳稅款	27.5%	(19.03)*	–
利息收入			100
匯回其他簽訂租稅協定國家	10%	–	(10)
淨現金——中間國			90
扣繳稅款——中間國	0%	–	0
臺灣應納所得稅	25%	0	(22.5)
淨現金——臺灣		$50.17	$67.5

*19.03 元 = 69.2 元 × 27.5%

稅額 = 應稅所得 × 稅率

四、統一企業國際融資的經驗啟示

1990 年 5 月，統一企業以 3.35 億美元併購美國第三大餅乾公司威登 (Wyndham Food Inc.)，除了承受 2 億美元債務外，剩下的 1.35 億美元，由橋樑貸款挹注，借款公司為統一企業的香港子公司——南佳投資公司，由統一企業擔任保證人，統一企業背書的本票作為擔保品。

1991 年 5 月時，橋樑貸款屆期前，需進行再融資，由於銀行團對於定期貸款喜歡有資產作為抵押品，因此紙公司南佳投資公司不再適合擔任借款公司。另一方面，威登的負債比率仍高，無力舉借如此高額的負債，再加上，統一企業希望威登在美國上市，因此由統一企業替威登出面貸款，再以比較低的利率轉借給威登，應可改善威登的獲利。統一企業貸款金額為 1.3 億美元，貸款利率為 LIBOR 加上 0.75 個百分點，以威登股票作為擔保品。

姑且不論由統一企業貸款違反本益比套利的原則，將造成統一企業股東約 32

億元的資本損失。以戰術上的錯誤來說，由於臺灣所得稅法對於外國人在臺利息所得的扣繳稅率為 20%，銀行自然會把這部分負擔轉嫁給借款公司，於是貸款利率便提高了。

正確處理此案的方式則為，把香港子公司南佳投資變質為行銷公司，統一企業的進口業務先經由南佳，因此南佳將擁有統一企業開立的信用狀等應收帳款流動資產；此外，帳上也有象徵性的盈餘，更強化其舉債能力。當然，統一企業的出口有透過南佳，不過 1 年金額不超過 3 億元，因此作用並不大。

這種處理方式最大的好處是可以完全免除利息扣繳稅，但是在財務規劃方面，則至少需要 2 年以上的前置時間，先把南佳投資公司的帳面由空殼子變成硬裡子；然而實際上，只是書面作業罷了！例如，統一企業的進出口皆經過南佳，但那只限會計、財務流程而已，至於物流流程仍然不變，例如「紐約出口、高雄卸貨」。

五、臺泥，好樣的！

2003 年 3 月 28 日，臺泥公司總經理辜成允表示，臺泥在香港註冊的臺泥國際公司，已經跟 12 家銀行簽訂 5,350 萬美元、為期 3 年的聯貸案，在各方銀行主動積極爭取下，融資利率僅 2.5～2.6%，創下臺泥近 10 年來取得聯貸案利率最低的紀錄。

香港臺泥國際公司是臺泥企業集團轉投資到大陸水泥研磨廠、預拌混凝土廠的香港註冊公司，此次獲得的美元資金，主要是因應海外投資需求，屬於新投資案，又是市場上難得的美元聯貸案，加碼利率（加計開辦成本）約在 102.7 個基本點。這個加碼幅度對不少參貸銀行極具吸引力，這也是中外銀行團僅 10 家就吃掉這個美元聯貸案的主因。

臺泥總經理辜成允在臺泥大樓與聯貸銀行正式簽約。此聯貸案由荷蘭銀行主辦，臺灣銀行和彰化銀行協辦。（經濟日報，2003 年 3 月 28 日，第 17 版，白富美）

六、股利匯出的租稅規定

有關外國母公司投資地主國子公司的股利匯出租稅問題，企業關切的重點有三：

1. 股利扣繳稅。

2. 母國跟地主國之間是否有簽訂租稅協定，以免重複課稅。

3. 盈餘匯出是否有上限限制，例如阿根廷規定匯出盈餘不得超過登記股本的 12%，超額部分將以累進稅率課徵，例如佔股本 12～15% 的匯出盈餘，須繳交 15% 的超額盈餘稅 (excess profit tax)。

在美國，為了避免對母子公司間因股利支付而造成「三重課稅」(triple taxation) 問題，因此針對「母」公司（或 shareholder corporation）持有子公司（或稱股利發放公司）股權程度的不同，規定母公司收受子公司支付的股利時，所能享受免稅的比率也不同，參見表 10–4。

表 10–4　母公司持股比率和股息免稅比率

母公司持有子公司股權比率	20% 以下	20～80%	80% 以上
子公司支付給母公司的股利，母公司可免稅的比率	最多 70%	80%	100%

資料來源：Reed & Edson, *The Art of M&A*, p. 243.

第三節　公司型態的租稅規劃

第一節中談及公司型態的設計可說是節稅的策略工具之一，本節將深入探討企業在國際化過程中如何選擇公司型態以達到節稅的目的。

圖 10–1 可說是最完整的全球化商業組織型態的決策流程，社會新鮮人一進歷史悠久的公司，往往已是海外子公司結實累累；但是萬丈高樓平地起，對新創公司來說，這個流程是「一步一腳印」慢慢走出來的。

一、己已巳三階段發展

「不會爬，就想跑」，這句話強調按部就班的重要性，同樣的，企業國際化進程的發展，大都照表 10–5 中第 1 列的過程：

1. 代表處：往往作為「進可攻，退可守」的灘頭堡用，主要是瞭解市場、拜訪客戶。

圖 10-1　海外投資的商業組織型態決策流程

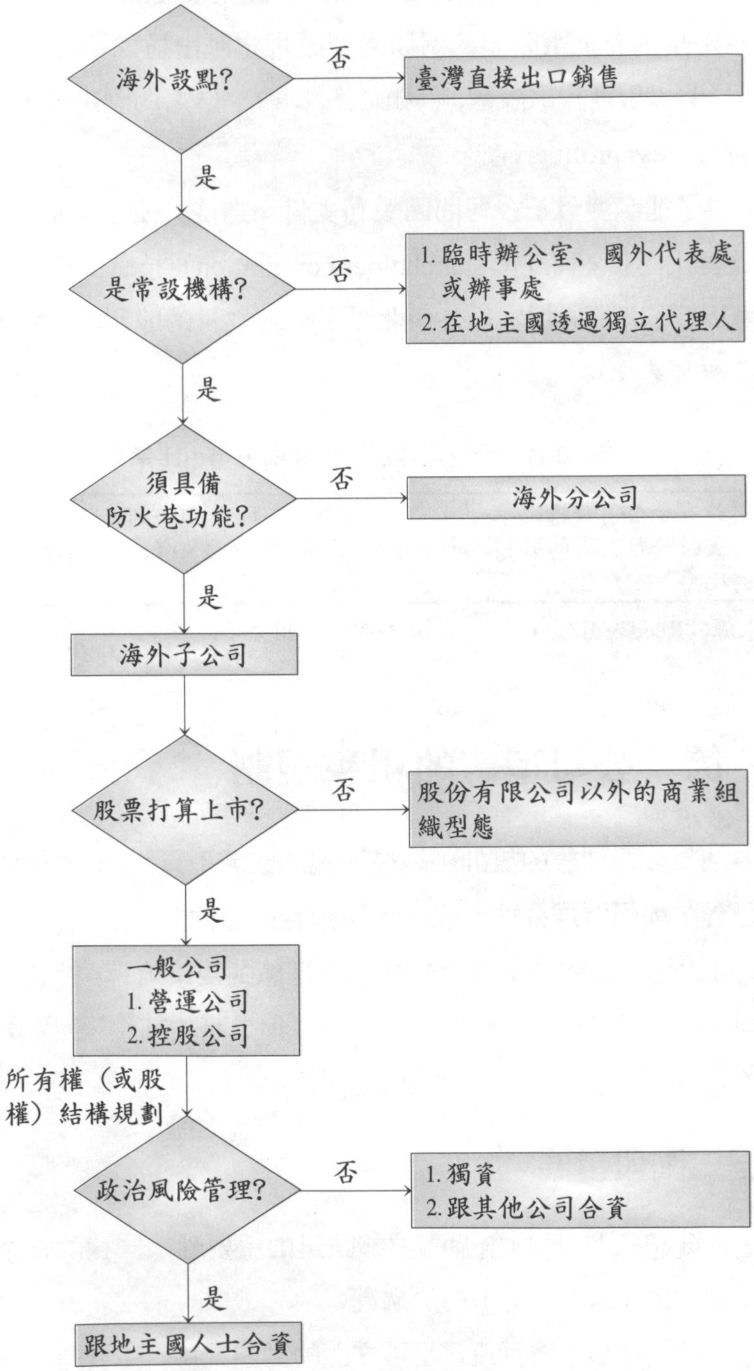

```
海外設點? ──否──→ 臺灣直接出口銷售
   │是

是常設機構? ──否──→ 1.臨時辦公室、國外代表處
   │是                  或辦事處
                      2.在地主國透過獨立代理人

須具備
防火巷功能? ──否──→ 海外分公司
   │是

海外子公司

股票打算上市? ──否──→ 股份有限公司以外的商業組
   │是                  織型態

一般公司
1.營運公司
2.控股公司

所有權（或股
權）結構規劃

政治風險管理? ──否──→ 1.獨資
   │是                  2.跟其他公司合資

跟地主國人士合資
```

表 10-5　海外設點的四階段發展過程

	代表處 (representive)	分公司 (branch)	子公司 (subsidiary)	聯屬企業 (affiliates)
一、法令要求	外商銀行來，前 2 年必須以代表處方式，不准營業	臺灣對外商銀行要求以分公司方式，以求國外總公司必須為臺灣分行的營運負連帶責任（即子債母還）	母公司持股 50% 以上	尤其是當地主公司股票擬上市時，（母國）母公司持股須降至 49% 以下
二、公司考量				
㈠營業	只能介紹，不能交易			
㈡防火巷：法律責任		沒有防火巷功能，詳見本欄最上面	透過公司型態，以隔絕法律責任	同左
㈢財務 　1.財務報表 　2.其他		跟總公司一起，沒有獨立財報，較難向銀行貸款	同左，因在母公司財報上採權益法來認列投資損益	聯屬公司須夠大才跟母公司合併報表，一般採成本法來認列投資損益
㈣租稅 　1.營所稅稅率 　　（美國為例）		30%，即分公司盈餘稅（美國 branch profits tax）	34%	
2.損益歸屬年度		當年	盈餘匯回才算數	同左
3.投資或租稅優惠		比較沒有，因為是「老外」之故	可	可

　　2.分公司：分公司並不是常態，因為臺灣總公司必須為「將在外，有所不從」的分公司行為負責任。

　　3.子公司：這時尚處於耕耘階段。

　　4.聯屬企業：又稱關係企業，主要是海外據點已羽翼豐滿，以臺商在大陸投資來說，可說是大陸收成股。

二、臨時 vs. 常設機構

　　前往國外設置「常設機構」(permanent establishment) 需要課稅，設置「非常設

機構」則不需課稅。

（一）什麼是常設機構？

　　住民（擁有居留權，但沒有該國國籍）應在地主國繳稅，同樣的，不管有沒有租稅協定，臺灣在國外的常設機構也該入境隨俗的就地繳稅。

　　僅以租稅協定情況時，對常設機構的定義來說明其意義。「一方領域企業於他方設有固定場所、從事特定活動且超過一定期間或設有營業代理人者」，均有可能於他方領域內構成常設機構。

　　以一方領域取代一國，因為租稅協定也可能以地區（像香港）、屬地（像英屬維京群島）為主體，不見得一定是國家。

　　1.固定場所：固定場所一般泛指管理處、分支機構、辦事處、工廠、工作場所、礦場或其他自然資源開採場所等企業從事全部或部分營業的固定營業場所，其涵蓋範圍跟所得稅法第 10 條有關「固定營業場所」的定義雷同。

　　固定場所的整體活動如果僅具有「輔助性」或「準備性」的功能，也不認為構成常設機構，例如專為儲存、展示、運送或專為供其他企業加工而儲存他方企業的貨品，專為他方企業採購貨品或搜集資訊而設置的固定場所等等。實際適用時，仍須從個案來加以判斷是否確屬輔助性性質。

　　2.從事特定活動且超過一定期間：這是指活動雖然跟設置固定場所無關，但是如果持續或在一定期間內合計超過一定日數者，仍應認屬構成常設機構。由於不同租稅協定對於構成常設機構的活動類別和期間長短可能會有所差異，因此必須根據各別租稅協定來加以判斷。

　　3.特定活動：在臺灣跟新加坡的租稅協定中，會構成常設機構之「特定活動」包括從事建築、安裝和裝配工程，以及從事跟建築、安裝和裝配工程相關的指導監督活動。在臺灣跟荷蘭的租稅協定中，除了上述活動外，還包括企業透過雇用人員提供包括諮詢服務等勞務在內。

　　4.營業代理人：「設有代理人」在不同租稅協定中的定義往往不同，例如在臺灣跟新加坡的租稅協定中，代理人對於所代理的企業，如果具有經常代表簽訂契約、經常代表供應訂貨的權力或經常為該企業爭取訂單者，均有可能構成常設機構，其涵蓋範圍跟所得稅法第 10 條有關「營業代理人」的定義相當類似。而在臺灣跟荷

蘭的租稅協定中，則只有代理人具有經常為所代理的企業代表簽訂契約的權力時，才認為構成常設機構。然而，一方領域企業透過經紀人、一般佣金代理商等具有獨立身分的代理人，以通常代理方式在他方領域營業，上述租稅協定都不認為該企業在他方領域構成常設機構。（經濟日報，2002 年 7 月 10 日，第 15 版，葉維惇、陳志愷）

㈡有害往往也有利

雖然到國外設置常設機構必須在地主國須繳稅，但是對臺灣母公司來說，卻可以享受一些租稅獎勵措施。臺灣政府對於企業對外投資的租稅獎勵措施，最直接的則為從 1991 年起實施的「促進產業升級條例」第 10 條：

1. 投資人：股份有限公司。

2. 獎勵資格：

　⑴配合政策進行國外投資。

　⑵股權佔地主國子公司 20% 以上。

　⑶經目的事業主管機關核准。

3. 獎勵內容：國外投資損失準備小於等於國外投資總額的二成。

4. 獎勵限制：

　⑴在國外投資損失準備提撥 3 年內，如果沒有實際投資損失發生時，應該把提撥的準備轉作第 3 年度盈餘處理。

　⑵當海外公司解散、撤銷、廢止或轉讓時，應把國外投資損失準備餘額轉作當年盈餘處理。

三、分公司 vs. 子公司

前面說到海外子公司是常態，分公司是無可奈何的，往往只是為了遵循地主國的法令，主要是針對金融業，希望發揮「子債母還」的連帶責任效果。

此外，表 10-5 中，分公司看似比子公司型態多一些優點，例如美國對外商分公司的營所稅比外商子公司低。但是這些都只能算是小優點而已，積小勝很難成大勝。

倒是以下說明「宏碁開倒車，想把海外子公司退化為分公司」，重點在於損益表中認列轉投資公司的盈餘的營業外收入，轉成分公司的營收、營業淨利等經營性、

本業項目。

為了讓臺灣宏碁的財報更透明、更好看，宏碁考慮把四大海外區域總部全部由子公司改為分公司，不過如果證期會可以接受臺商全球佈局的趨勢，不再只重視單一法人，那麼宏碁就不見得要直接收回子公司，宏碁董事長施振榮跟證期會溝通中。

上市公司法令都強調單一法人的表現，對於像宏碁這樣擁有許多海外子公司，卻難以直接以單一報表反映的公司比較不利。加上過去宏碁老是犧牲自己，顧全子公司，因此對宏碁更是雪上加霜。

宏碁開始強調要以宏碁公司為主體後，原本打算把所有海外子公司都改變為分公司，但是考慮到這麼做將相當複雜，而且可能產生分公司未來把責任推給總公司的副作用。因此改變想法，希望只把海外幾個區域總部，由現有的子公司改變為直轄的分公司；至於其他則維持是子公司，並由這些區域總部指揮。

區域總部變成分公司後，未來其營收就直接算是宏碁公司的營收，至於其他子公司的營收，則仍然在合併報表時才納入，對宏碁單一報表的直接貢獻只有佣金收入。

宏碁除了臺灣總部外，其他四個區域總部（詳見第二章第二節第一段）以及未來的大中華重鎮北京。（工商時報，2002 年 8 月 20 日，第 12 版，林玲妃）

2003 年 3 月 26 日，宏碁召開董事會，財測出爐，預估 2003 年營收目標為 570 億元，本業全球合併報表為 1,258 億元、稅前盈餘 63.5 億元、稅後純益 60 億元，除權後每股稅前盈餘 3 元、每股稅後純益則為 2.9 元。其中將有 20 億元獲利來自品牌（即本業）事業，大幅超越 2002 年本業獲利 7 億元水準，每股貢獻度達 1 元；處分關係企業持股的業外獲利挹注可達 40 億元，每股貢獻度約 2 元。（經濟日報，2003 年 3 月 27 日，第 25 版，林信昌）

四、一般公司 vs. 特殊商業組織

臺灣大家所熟悉的商業組織是股份有限公司，僅有商號（獨資）、專業事務所（合夥）二種少數特例。但是在國外，可選擇的商業組織種類比較寬廣，以美國為例，有下列四種。

　1.利用雙重稅籍 (dual residence) 重複扣抵虧損。

2.利用重新發行新股票、可轉讓股票等進行股利規劃 (dividend access planning)。

3.利用信託 (trust) 延緩、改變稅負。

4.採取免繳公司所得稅的公司型態。

㈠不適用公司稅的商業組織

下列公司型態不用繳公司稅（corporate tax，包括營利事業所得稅）、營業稅 (excise taxes) 和關稅，也就是受特殊條款管轄，因此稅率比較低。

1.S 公司 (S corporation)。

2.管制的投資公司 (regulated investment company)。

3.不動產投資信託。

4.免稅組織。

5. （財產）握有公司 (possession corporations)。

㈡S 公司

S 公司的公司型態精神跟合夥制很類似，而且適用於較多「合夥人」時，因此有必要詳細說明。美國稅法允許符合某些規定的中小企業以公司型態成立，藉此享受公司型態的利益，特別是有限償債責任；但是卻不必依照公司所得稅的規定來申報所得稅，只消以獨資或合夥的身分納稅便可，可以避免盈餘被重複課稅；而且在公司（資產）出售也不必繳稅。

另一方面，如果具有 S 公司身分的中小企業發生營運虧損，則各股東可按出資比率來分攤損失，可以在申報個人所得稅時，作為扣減項。因此，對開辦費用相當高的公司且個人邊際稅率高於營所稅率 (34%) 的股東來說，S 公司真是具有「進可攻，退可守」的租稅優點。

不僅如此，如果 S 公司適用投資租稅抵減 (investment tax credits)，則它也可以把租稅抵減的稅額交給股東使用，以替股東節稅。當然，須符合二項條件，首先，公司從事鉅額投資但由於甫成立，以致未產生足夠的稅前盈餘以充分利用租稅抵減；其次，公司股東有應稅所得，否則對無須繳稅的股東，任何扣減項目還真是英雄無用武之處呢！

那麼要怎樣才能符合 1986 年稅法 S 公司條款的規定呢？

1. 股東不超過 35 人。

2. 不准有公司法人股東，極少數情況下，允許信託法人擔任股東。

3. 股東必須是美國的公民或住民。

4. 只能有一種等級的股票。

5. 對子公司的持股不准超過 80%。

對於無法符合這些技術規定的公司，倒不妨考慮採取「主要有限合夥」(master limited partnerships, MLPs) 方式。

五、公司所有權結構的決定因素

有關全球企業在各地主國的所有權結構 (ownership structure) 的決策，一方面必須考慮地主國的政策，例如有許多國家鼓勵（甚至要求）本國企業跟外國企業合資，而不允許純外資企業，這可視為考慮所有權結構的限制條件。至於在公司內部，則為考慮那一種所有權結構比較能降低交易成本。

根據美國哈佛大學企業管理研究所教授 Benjamin Gomes-Casseres (1990) 的實證研究結果指出，當地主國市場吸引力越高，地主國談判力量越大。另一方面，當全球企業擬在地主國成立子公司規模越大，全球企業跟地主國談判的力量也越強；其他因素（例如行銷密集、研發密集）影響談判的能力並不顯著。

六、公司層級的決定——為什麼把曾孫公司升格為孫公司?

有關統一併購美國威登的國際租稅安排，後來統一向南佳買入其持有的統泰股票，使統泰升格為子公司，而威登也就水漲船高的由曾孫公司搖身一變成為孫公司。

這種安排對統一企業的股數及股東權益將無影響，但是其優點如下所述：

1. 節稅：香港等租稅庇護區的稅捐雖不高，但是控股公司層級太長，總是有損元氣。1990 年 5 月，透過南佳以作為統一併購威登的橋樑貸款借款公司，當橋樑貸款屆期，南佳自然可以下臺一鞠躬，省得威登匯回給統一的盈餘，在途中被跟臺灣沒有租稅協定的國家（地區）剝多次皮，雖然香港對企業的境外所得 (off-shore income) 並不課稅。

2. 會計記帳、簽證：在英屬維京群島設立統泰，其會計記帳、簽證皆可以在臺

灣處理；但是在香港則沒有這麼便利，而且簽證規定蠻麻煩的。

 **第四節　租稅協定**

不論是直接或間接（透過第三地）國外投資，如果能挑跟臺灣有簽訂租稅協定 (tax treaty) 的國家，則可以避免一條牛剝好幾層皮的重複課稅，這主要是指營所稅跟海外股東的股利扣繳稅。

如果再搭配移轉計價等租稅規劃工具，則可以把租稅協定的效果發揮到淋漓盡致。

一、它的好處，真多！

會計、法律文章常見冗長的行文，如果能用有意義的架構來作圖作表整理，則能以簡御繁，在表 10–6 中第 1 欄第二項課稅原則中㈠、㈡、㈢項是公司、合夥事業、個人三種組織型態的所得。

第 1 列則是乾脆依據課稅與否來分類，可說簡單易懂。

以中荷租稅協定為例，把表 10–6 中第二項局部放大，便得到表 10–7 的結果，可以看得更清楚。

㈠馬來西亞只省了股利扣繳稅

臺灣跟馬來西亞的租稅協定可說很陽春，以表 10–8 來看，僅省了馬來西亞對海外股東所課的股利扣繳稅罷了！

㈡關稅、配額考量的設點決策

全球第一大牛仔成衣代工廠的年興紡織公司，為佈建享有美國政府釋出的免關稅利多，降低成衣輸美成本，除了在賴索托擴建牛仔布廠，朝上游整合外，該公司也正在規劃尼加拉瓜廠朝上游生產牛仔布及胚布等設備的投資。

1.非洲機會成長法案：非洲機會成長法案 (AGOA) 在 2008 年 9 月底前紡織廠用當地布輸美享有免關稅和配額優惠。2003 年 2 月，美國跟撒哈拉沙漠以南五國（包括賴索托、史瓦濟蘭、那米比亞、波茲瓦那和南非）等關稅同盟國在模里西斯簽訂備忘錄，最慢在 2004 年底前，將簽訂自由貿易協定，將永久享有免關稅優

紡織品外銷美國形同無障礙，好處遠大於 AGOA 法案。

表 10-6　租稅協定下的課稅規定

課稅與否 在臺灣	不課稅	課　稅
一、適用對象 ㈠單一國籍者 ㈡雙重國籍個人 ㈢常設機構	無	有
二、課稅原則 ㈠營業利潤，例如 　1.技術服務報酬 (不屬於權 　　利金) 　2.管理諮詢費	外商公司在臺灣沒有常設機 構	
㈡執行業務所得 (針對專業人 士) 　1.醫師 　2.律師 　3.會計師 　4.工程師等	1.任何 12 個月內，在臺居住 　低於 183 天 2.在臺灣沒有固定處所	
㈢個人受僱勞務	1.同上 1. 2.在臺外商分公司 3.外資在臺以外付款	
㈣權利金、利息和股利		扣繳稅率依雙方約定

資料來源：整理自盧皓偉，〈租稅協定專業用語指南〉，經濟日報，2002 年 5 月 19 日，第 21 版。

表 10-7　臺灣跟他國所得稅租稅協定主要內容

租稅協定 稅率	沒　有	有
一、權利金所得	20%	1.10% 2.符合所得稅法第 4 條第 21 款 　時，稅率 0%
二、利息所得	利息扣繳稅率 20%	10%
三、股利所得	1.外國人：30% 2.外資股東：25%	適用「華僑回國投資條例」或外 國人投資條例，20%
四、海空運輸事業		免，可單獨簽訂「互免海空運事 業稅捐協定」

表 10-8　中馬租稅協定的好處示例

投資馬來西亞		
項　目	稅　率	股　利
稅前利潤		100.00
所得稅率	28%	
減：所得稅費用		(28.00)
		72.00
扣繳稅率	0%	
扣繳稅額		0
實得股利收入		72.00
臺灣：		
實得股利收入		72.00
所得稅率	25%	
所得稅費用		(18.00)
稅後淨利		54.00

資料來源：蔣宜月，〈善用租稅協定，有利跨國投
　　　　　資〉，經濟日報，2002 年 5 月 19 日，
　　　　　第 21 版。

　　賴索托工資低，又免關稅，年興在此設廠營運前景遠大於其他海外投資，將會
是最賺錢的金母雞。賴索托成衣三廠已投入生產，2003 年第三季全能量產，三座
成衣廠月產能達 12.5 萬打。積極建廠中的一座月產能 220 萬碼的牛仔布廠及月產
能 7,000 件針織紗，分別於 2004 年第二、三季投入生產。

　　2.中美洲五國：北美自由貿易協定 (NAFTA) 優惠延伸至中美洲五國的趨勢越
見明朗化，估計最慢在 2004 年底前，美國跟中美洲五國簽訂自由貿易協定。屆時
用當地布製成成衣輸美將享有免關稅及配額優惠，年興勢將朝上游整合，一旦簽訂
完成，年興將斥資 45 億元投資一座月產能 220 萬碼的牛仔布廠和月產能 250 萬碼
的胚布廠，不僅自足，甚至可外售獲利。

　　一旦尼加拉瓜牛仔布廠量產後，年興集團不僅是全球首屈一指的牛仔褲製造
廠，年產量 4,000 萬條，也是全球第一大的牛仔布大廠，月產能達 900 萬碼。(經濟
日報，2003 年 3 月 27 日，第 31 版，劉若妙)

二、跟 17 國簽訂租稅協定

跟臺灣簽訂雙邊互免所得稅協定的國家已有：新加坡、澳大利亞、甘比亞、印尼、馬來西亞、紐西蘭、巴拉圭、南非、越南、史瓦濟蘭、波蘭、塞內加爾、荷蘭、瑞典、英國、泰國和馬其頓等國。這些國家來臺投資的企業，均可享有比較低的所得稅負待遇。

三、中荷租稅協定

各國間的租稅協定並不是制式契約，惟有以一個具體的範例來說明，才能抓得住具體精神，謹以適用範圍最廣的中荷租稅協定為例來說明。

2001 年 5 月 16 日，中荷互免所得稅協定生效。荷蘭是歐盟第一個跟臺灣就避免所得稅雙重課稅和防杜逃稅等議題，簽署租稅協定並且已生效的國家。

(一)荷蘭可說是「大補帖」

由表 10-9，這一損益表的架構，可以很清楚看出荷蘭作為國際租稅規劃的設籍地點，真的是好處多多。

(二)以荷蘭為橋樑進軍歐盟

臺商透過荷蘭到歐洲投資，也可適用荷蘭在歐盟各國的租稅協定，以減輕稅負。根據歐盟租稅協定有關母子公司的條款規定 (parent-subsidiary directive)，歐盟 15 個國家內的母公司，分配股利給在另一歐盟內的子公司時，均可免稅。(經濟日報，2001 年 3 月 21 日，第 11 版，林文義)

假設臺商直接投資設立德國公司，當該公司獲利把股利匯回臺灣時，須扣繳 26.38% 稅款；然而透過荷蘭公司轉投資德國公司，將可享受下列優惠。

　1.依據荷蘭跟德國的租稅協定，在符合特定條件的情況下，股利從德國匯到荷蘭，免納德國股利扣繳稅款；而且運用荷蘭的「轉投資免稅」規定，匯回荷蘭的股利也免繳納荷蘭公司稅。該項股利從荷蘭發放給臺灣公司時，適用 10% 的扣繳稅率。在荷蘭扣繳的股利所得稅也可依臺灣所得稅法規定，適用國外所得稅抵減。

　2.依據荷蘭跟德國的租稅協定，荷蘭控股公司處分德國子公司股份所產生的資本利得，其課稅權屬於荷蘭。在荷蘭轉投資免稅的規定下，此資本利得也免繳荷蘭

表 10-9　中荷租稅協定的主要內容

所得項目	說　明
一、權利金扣繳稅	荷蘭不課徵利息和權利金扣繳稅，因此，利用荷蘭公司進行資金借貸和專利授權的業務活動非常有利
二、利息扣繳稅	同上
三、轉投資收入 　　1.荷蘭內	荷蘭控股公司及其被投資公司，如果其持股符合下列條件，則取自被投資公司的股利或處分該被投資公司的資本利得，荷蘭公司免納所得稅，稱為「轉投資免稅」規定 ⑴荷蘭控股公司投資額至少佔被投資公司發行資本的 5% ⑵荷蘭控股公司為荷蘭居住者公司 ⑶持股的目的不是用來作為庫藏股 ⑷被投資公司如果在外國，須適用地主國的所得稅法規定 ⑸持股的目的不是投資組合或消極投資，荷蘭控股公司對被投資公司　須享有直接的商業利益 轉投資免稅的規定也可擴大適用於融資購買外國持股所發生的匯兌損益。惟由於匯兌利得免稅，因此如有損失，也不得列為費用扣除
2.歐盟內	依歐盟的母子公司稅務協定，荷蘭控股公司取自其他歐盟國家子公司的股利，通常得免納子公司所在國的股利扣繳稅款；縱使須繳納，股利扣繳稅率相當低（例如 5%）
3.歐盟以外	荷蘭具有非常密集的租稅協定網，而且大部分的租稅協定都相當優惠，可以有效的降低匯入或匯出荷蘭的股利、利息、權利金的應納扣繳稅款
四、盈餘 　　1.保留盈餘 　　2.盈餘匯出 　　3.虧損	在荷蘭，公司可無限期保留稅後盈餘。因此，荷蘭公司（從子公司）所收取的股利可選擇保留於荷蘭公司，以供未來在歐洲或其他國家轉投資之需 公司稅務上產生的虧損可扣抵前 3 年所得，也可無限期扣抵以後年度所得

公司稅。在荷蘭公司發放股利給臺灣公司前，不發生課稅問題。（經濟日報，2002 年 7 月 23 日，第 15 版，張衛義、周莉寧）

四、「荷蘭三明治」的運用

許多國際租稅規劃運用「荷蘭三明治」(Dutch sandwich) 的觀念，以臺灣宏碁公司為例，假如不透過荷蘭三明治的方式迂迴投資美國，那麼美國宏碁公司一旦有盈餘，美國國稅局會先課 30% 的股利扣繳稅。但是透過荷蘭三明治方式，對臺灣宏碁來說，其投資美國宏碁的股利扣繳稅率合計只有 11.92% 左右，詳見圖 10-2。

圖 10-2　荷蘭三明治的迂迴投資方式──以宏碁集團為例

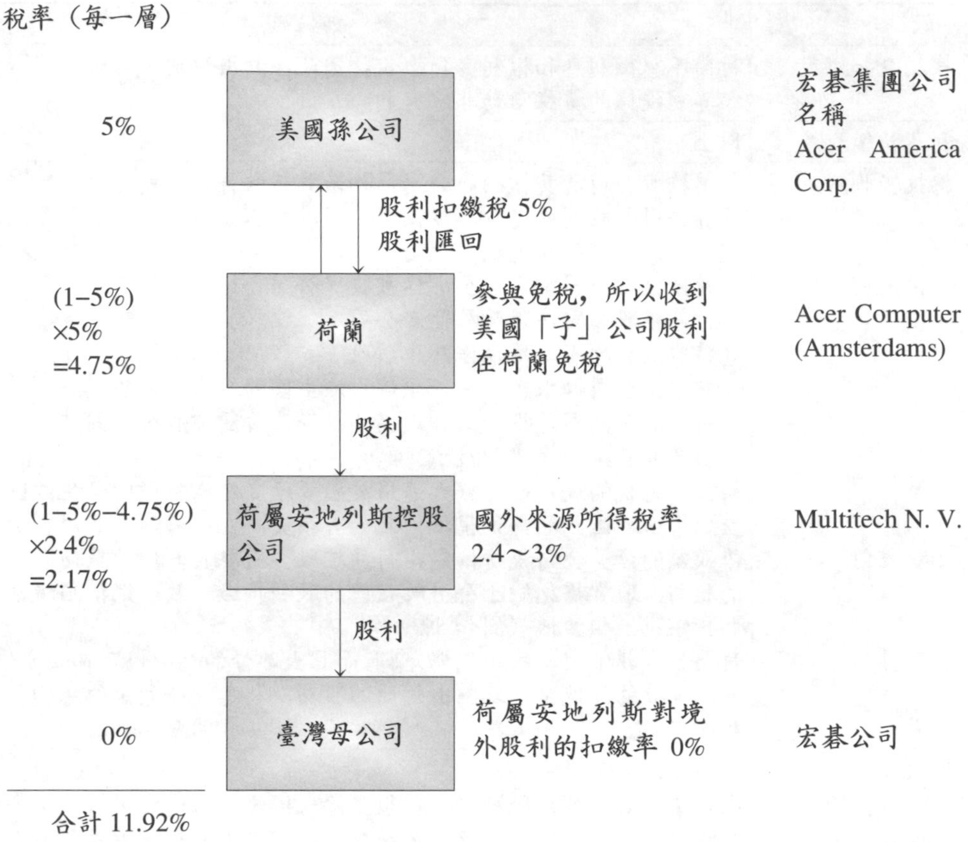

稅率（每一層）

		宏碁集團公司名稱
5%	美國孫公司	Acer America Corp.
	股利扣繳稅 5% 股利匯回	
(1–5%) ×5% =4.75%	荷蘭	參與免稅，所以收到美國「子」公司股利在荷蘭免稅
	股利	Acer Computer (Amsterdams)
(1–5%–4.75%) ×2.4% =2.17%	荷屬安地列斯控股公司	國外來源所得稅率 2.4～3%
	股利	Multitech N. V.
0%	臺灣母公司	荷屬安地列斯對境外股利的扣繳率 0%
		宏碁公司

合計 11.92%

臺灣企業對大陸投資常用的「荷蘭三明治」的國際租稅規劃方式如下。

第一層（母公司）：臺灣（上市）公司或個人。

第二層（子公司）：英屬維京群島、開曼群島，其功用主要在表 10–13 的延遲繳稅一項。即只要其盈餘不匯回臺灣母公司，後者便不需要認列轉投資利得實現而繳稅，但同時母公司帳上又可依權益法認列轉投資收入而美化帳面。這層是選擇性的，也可省略。

第三層（孫公司）：新加坡或香港，其功能主要為享受新加坡跟大陸間的投資保障協定、租稅協定，此外還可作為區域營運中心、國際財務管理中心，甚至在此地股票上市。

㈠荷蘭的角色

　　至於在常見的租稅庇護區（本例為荷屬安地列斯島）外還加上一層荷蘭，以此地的公司出資投資美國，主要的考慮則是套用租稅協定，即利用美荷二國間的租稅協定，以降低美國對外國股東所賺取股利課徵 30% 的扣繳稅。

　　在荷蘭，荷蘭宏碁公司可享受「參與免稅」(participation exemption) 的租稅利益，即表 10–9 中的轉投資免稅，性質如同臺灣對轉投資利得 80% 免稅。

　　此迂迴投資過程中荷蘭公司扮演導管公司，因為其在所得來源國和租稅庇護區間構成一條利益輸送的導管。

㈡荷屬安地列斯的角色

　　荷屬安地列斯扮演租稅庇護區功能，在這個設計之中，有二項值得特別說明的。

　　1.如何降低荷蘭公司的稅負：在這架構下，荷蘭公司主要所得來自美國子公司的股利，為了降低荷蘭公司的稅負，可以透過荷屬安地列斯公司以放款、專利授權方式，創造荷蘭公司的費用。

　　2.美國對「套用租稅協定」的反制措施：依據 1994 年生效的美荷租稅協定，荷籍公司在美國享受租稅優惠的前提是，該荷蘭公司實質上有運作，而不是一家紙公司。

㈢一個數字的例子

　　臺灣企業直接到美國投資，必須負擔美國的聯邦稅 34%、州所得稅 5 到 10%，稅後盈餘在股利分配時，國外股東股利還須負擔 30% 的扣繳稅款，匯回國內時，仍須併入母公司申報營利事業所得稅，由於臺灣稅率為 25%，所以前述 30% 的扣繳稅款一定無法全數扣抵。透過跟美國簽訂租稅協定國家（例如荷蘭、南非）轉投資，則可降低股利匯回時的扣繳稅率。

　　由表 10–10 可見，直接投資美國的盈餘少於透過南非和荷蘭。

◆ 第五節　租稅庇護區內成立紙公司

　　在企業國際化過程，為了減少各國子公司的稅負，以追求全球企業集團總合稅後盈餘的極大，利用租稅庇護區的節稅利益，此套利目的是全球企業財務部、會計部主動賺取財務利潤的一條途徑。

表 10–10　直接、間接投資美國的稅後盈餘

項　目	稅　率	股　利		
		直接投資	透過南非	透過荷蘭
稅前盈餘		100.00	100.00	100.00
州所得稅	6%	(6.00)	(6.00)	(6.00)
州稅後盈餘		94.00	94.00	94.00
聯邦所得稅	35%	(32.90)	(32.90)	(32.90)
聯邦稅後盈餘		61.10	61.10	61.10
股利匯出扣繳稅款	5%		(3.06)	(3.06)
	30%	(18.33)		
淨股利收入		42.77	58.05	58.05
南非				
股利所得			58.05	
公司所得稅	0%		0.00	
股利匯出扣繳稅款	0%			
淨股利收入				
荷蘭				
股利所得				58.05
所得稅	25%			(14.51)
退稅款	3%			1.74
淨股利收入				45.28
臺灣		42.77	58.05	45.28
加：上一層海外稅捐		30.00	0.00	12.77
課稅所得		72.77	58.05	58.05
所得稅費用	25%	(18.19)	(14.51)	(14.51)
可扣抵稅額		30.00	0.00	12.77
稅後淨利		42.77	43.53	45.28

本文有系統的討論在租稅庇護區內成立公司的各項課題。

一、租稅庇護區的好處

㈠租稅庇護區的類型和利益

　　租稅庇護區 (tax haven) 俗譯為租稅天堂 (tax paradise)，又稱為租稅避難所 (tax shelter)。

「租稅庇護區」並沒有統一的定義，一般是指免稅或低稅率的國家（或地區）。常見的是加勒比海的一些島國，例如英屬維京群島 (Virgin Island, BVI)、荷屬安地列斯島、巴哈馬、英屬開曼群島、百慕達、男人島和海峽群島。在歐洲，最常見的是荷蘭、盧森堡、瑞士、列支敦斯登、賽普勒斯和丹麥；在非洲則為賴比瑞亞、摩洛哥。

租稅庇護區往往具備下列租稅利益、特徵。

1.境內直接稅稅率低甚至零：對於在其境內的所得稅、利潤稅、資本利得稅或財產稅 (wealth tax) 等直接稅，往往不課徵或是稅率很低。

有些只是針對股本每年課徵資（或股）本稅，詳見表 10–11，本表我們做了一些修正：⑴第 1 欄以地區排列，也代表使用頻率的高低；⑵表內一些數字皆以 2003 年 5 月數字更新。

2.境外所得免稅或地主國所得對國外股東免扣繳稅：可分為下列二種租稅利益。

　　⑴租稅庇護區境外所得免稅：這些對所得來源課稅採屬地主義的包括哥斯大
　　　黎加、賴比瑞亞、馬來西亞、巴拿馬和菲律賓。

　　⑵避免重複課稅：租稅庇護區跟許多高直接稅國家有簽訂租稅協定，可免除
　　　跨國公司被重複課稅。

㈡租稅庇護區的利益

在租稅庇護區內成立各種不同營運性質的紙公司,主要著眼點是想利用租稅上和租稅以外的利益，詳見表 10–13。

至於許多個人也在租稅庇護區成立控股公司或家族信託 (family trust) 公司，皆基於節稅（包括資本利得稅、遺產稅、贈與稅）的考量，即利用所得稅法第 1 章第 2 條的規定，個人的境外所得免稅。

就因為在租稅庇護區內設立公司有這麼多好處,所以有許多人到租稅庇護區設立公司，因為這些公司大都是假資本、無實體，就跟為了越區就讀所設的假戶籍一樣，所以這類公司又稱為租稅庇護區內的「紙公司」(paper company，或譯為空殼公司)。

表 10-11　世界主要租稅庇護區稅制

	境內來源個人所得稅	遺產稅	境內來源公司所得稅	國外來源所得稅	資本利得稅	資本稅	扣繳稅		每年登記費或年費	租稅協定國家
							股利	利息		
英屬維京群島	5～12%	免	15%	免	免	－	15%	15%	資本5萬美元以內，每年300美元；以上，1,000美元	丹麥、日本、瑞士
英屬開曼群島	免	免	免	免	免	－	免	免	1,950～2,500美元，共十級	無
海峽群島	20%		20%	20%			20%	20%		英國
香港	15%	6～18%	16.5%	免	免	0.6%	免	免	港幣2,250	美國
新加坡	4～37%	5～10%	26%	免	免	新元1,200～35,000	0%	26%		臺灣、大陸等38國
荷屬安地列斯	最高50%	最高24%	27～34%有市區附加稅15%	2.4～3%	併入公司所得稅					荷蘭、挪威、蘇利南
盧森堡	最高57%	最高40%	34.7%	併入公司所得稅	併入公司所得稅	0.36%股本加上0.5%淨值	15%			歐洲主要國家、巴西、加拿大、南韓、美國
列支敦斯登	最高17.8%	0.5～18%	7.5～15%			0.2%	4%	4%		奧國
瑞士	最高11.5%，另有州稅	各州不同	3.6～9.8%，另有州稅	依所得人而不同	各州不同	0.0825%另有州稅	35%	35%		澳洲、歐洲大部分國家、加拿大、埃及、日本、南韓、馬來西亞、巴基斯坦、新加坡、南非、斯里蘭卡、千里達、美國

註：「資本（印花）稅」，設立登記或增資時才有。「免」，表示免稅。開曼、百慕達、巴哈馬條件幾乎一樣。

資料來源：吳宗吉，〈租稅天堂衍生租稅問題之研究〉，政治大學財政研究所碩士論文，1994年8月，第16、17頁，表2-1上半部。怡富證券公司，海外控股公司之節稅規劃，第8頁，表二。

表 10-12　世界主要公司註冊地區的管制規定

註冊地區	註冊資本額	無記名股票	最低人數 股東	最低人數 董事	法人董事	當地居民董事	公佈股東	中文名稱章程	年度稅務申報
英屬維京群島 (BVI)	5 萬美元	可	1	1	可	不需	不需	無	不需
英屬開曼群島 (Cayman)	同上	不可	1	1	可	不需	需要	有	不需
海峽群島 (Jersey)	1 萬英鎊	不可	2	1	不可	不需		無	需要
香港	1 萬港幣	不可	2	2			不需		
新加坡	10 萬新元	不可	2	2			需要		
模里西斯 (Mauritius) 1. 國際公司	10 萬美元	不可	1	1	可	不需		有	不需
2. 境外公司	同上	不可	2	2	不可	需要		有	不需
薩摩亞 (Samoa)	100 萬美元	可	1	1	可	不需	不需	有	不需

註: 1.合計簽證要求: 只有模里西斯的境外公司時需要。
　　2.政治穩定性: 全部地區皆安定。
　　3.外匯管制: 全部地區皆不管制。
資料來源: 1.經濟日報，2002 年 8 月 4 日，第 22 版，張豐淦。
　　　　　2.資誠會計師事務所。

二、套稅工具和公司性質的搭配

由於套稅工具（表 10-14 中第 1 欄）不同，所以在租稅庇護區成立的公司的「性質」（或營業範圍）也不同（詳見表 10-14 中第 2、3 欄）。

㈠境外貿易公司

臺灣企業在租稅庇護區設立紙公司最主要性質可能是控股公司，其次為貿易公司，以「臺灣接單、大陸生產、香港押匯」三角貿易為例，臺灣企業針對接單和下單間的差額，需以佣金收入列帳，來申報繳納營所稅。

但是不少臺灣企業連這部分稅也想避掉，即先到租稅庇護區設立一家紙公司，以紙公司來接國外買主的訂單，實際的押匯作業由臺灣企業在臺灣透過銀行的境外金融中心（或國際金融業務分行），以紙公司名義辦理，由於佣金所得掛在紙公司

表 10-13　租稅庇護區內設立公司的好處（利益）

利益（好處）	說　明
一、租稅利益	
1. 資本利得免稅	此時，紙公司扮演形式上的控股公司，投資利得免稅，出售旗下公司的資本利得也免稅
2. 降低扣繳稅率	紙公司對海外公司的各項收入（服務、專利授權、放款）在各地主國的扣繳稅率可降低
3. 延遲繳稅	此時紙公司扮演中介控股公司 (intermediate company)，孫公司盈餘暫放在此公司內，以延遲母公司承認海外盈餘的時點
4. 充分使用稅額和虧損扣抵	此適用於母國稅法採取「個別國家分計限額法」，所以先設立紙公司作為子公司，把孫公司們盈虧互抵，以求國外稅額扣抵極大化，紙公司的盈餘再匯回給母公司
二、租稅以外利益	
1. 規避國家風險、政治風險	即挾洋以自重，藉由紙公司此一外國公司的身分，以規避各地主國子公司可能遭遇的政治風險
2. 規避母國法令限制	例如母國（例如臺灣）的外匯管制、資金流出限制、轉投資限制……
3. 其他	擔任全球企業的國際財務管理中心 (MMCs)……

帳上，所以不用在臺灣申報繳稅。

方便之處還不僅於此，還可享受下列好處：

1. 由於是利用海外紙公司當白手套，可以運用境外銀行提供各項金融服務。

2. 對臺灣上市公司來說，透過海外公司進行衍生性金融交易，也可規避證期會要求每月揭露衍生性金融商品交易的規定。

㈡導管公司

上述租稅庇護區內子公司的基本性質是「導管公司」(conduit company)，類似蓄洪湖的功能，但是有時是由另一個租稅協定比較廣的國家內的子公司來擔任。例如，母公司在巴哈馬成立專利權控股公司，再在荷蘭成立「再授權公司」(second licensing company)，此公司扮演專利權、權利金輸送的管道，稱為權利金「導管公司」。由導管公司再授權給其他國家公司使用專利權，優點是由於荷蘭跟許多國家

表 10-14　套稅工具、租稅庇護區內公司營業範圍

套稅的工具	租稅庇護區 成立公司的性質	細分類
一、有形資產的移轉 　　（商品交易）	國際貿易公司	(一)國際銷售公司 (二)國際進貨公司 　1.租稅庇護區內 　2.自由貿易區內
二、有形資產的使用、 　　勞務提供	國際租賃公司 國際服務公司 專屬保險公司 (captive insurance company) 權宜船籍 (flag of convienience) 海空航運公司	
三、無形資產的使用 　　或移轉	專利權控股公司 (offshore patent (holding) company)	
四、資金借貸	境外金融機構 (一)國際資融公司 (二)共同基金、信託	1.雙重資融公司 2.雙重利息扣除公司 3.借款資融公司 4.放款資融公司
五、投資	境外控股公司	

資料來源：　1.楊欽昌 (1991)，〈租稅庇護所之運用與限制〉，《會計研究月刊》。
　　　　　　2.Richard B. Miller (1988), *Tax Haven Investing*.
　　　　　　3.Glautier(1987), *A Reference Guide to International Taxation*.
　　　　　　4.曾慶安 (1994)，〈談租稅庇護所之運用〉，《稅務旬刊》。

簽有租稅協定，而且比較不會被反制租稅庇護區的措施所卡住，所以可減免在各地主國的所得扣繳稅。

　　「專利權」的範圍包括專利權、商標權、著作權或其他工作技術、管理方面專門知識 (know-how) 的財產權利。

　　此外，企業可考慮把專利權作價以作為資本來進行投資 (equity approach)，來免除使用者給付權利金和有關的稅負。這種作法，特別對一些稅法上的優惠規定只限於股利所得而不包括權利金項目的開發中國家，尤其具有吸引力。

(三)國際資融公司

　　國際（或境外）資融公司（offshore finance company，有譯為境外財務公司）

的型態比較複雜，有必要詳細說明，詳見表 10–15。

表 10–15　四種國際資融公司的功能和設計

公司性質	功　能	設　計
一、雙重資融公司 (dual finance company)	節省利息扣繳稅和資融公司的營所稅	在租稅庇護區的資融公司，放款給在（荷蘭）的資融導管公司，再由後者放款出去
二、雙重利息扣除公司 (double interest deduction company)	使母（放款）、子（借款）公司皆能達到利息扣除	由母公司取得貸款，把資金移轉給放款資融公司，直、間接轉給荷蘭放款資融公司，最後再放款給位於其他國家的全球企業子公司
三、借款資融公司 (borrowing finance company)	海外銀行想放款給全球企業，但由於二國間無租稅協定，故全球企業須負擔海外銀行所須支付的利息扣繳稅	海外銀行放款給「借款資融公司」，後者再放款給全球企業內各成員，省掉在各成員國內須支付利息扣繳稅
四、放款資融公司 (lending finance company)	跟上述情況類似，母公司變成資金提供者	此情況下，放款資融公司成為全球企業的資金調度中心

三、租稅庇護區的抉擇

有關在那一個租稅庇護區設籍，主要考慮包括：

1. 成本效益因素：效益來自租稅利益，成本包括設立、維持紙公司的費用。

2. 成本效益以外因素：成本效益以外考量因素，主要有下列五點，詳見表 10–11。

(1)銀行保密的規定。

(2)外匯管制。

(3)是否需要財報揭露。

(4)政府穩定。

(5)支援服務。

(一)單純貿易考量

如果僅是單純作貿易往來，應該要以營運自由、法令規定優惠，並且又不需要審核帳目，只要按時繳交規費和維持費即可。

只在意成本低，營運靈活、自由的英屬維京群島是七、八成臺商企業的首選。

㈡規避政治風險考量

如果想要在商業糾紛時，能夠得到較公平的仲裁待遇，或是日後不願意有臺海兩岸重複課稅問題。此時，跟大陸簽訂了投資保障協定的新加坡、美國的德拉瓦州，即使公司註冊成本較高，但是對於內銷型的臺商在大陸長期發展，效果應該遠遠超過英屬維京群島。（工商時報，2002 年 11 月 27 日，第 6 版，李道成）

㈢股票上市的考量

英屬維京群島是租稅庇護區中最有名的地方，其他的租稅庇護區有些規定也是向維京群島學來的。

不過，維京群島太過有名，是優點也是缺點，因為有不少國家對於來自免稅天堂地區的投資，都帶有異樣的眼光，甚至於在當地申請股票上市時，也會受到比較嚴格的審核。

對於公司設立之初就規劃海外上市的臺商來說，同為英屬的開曼群島，由於法律規定比較嚴謹，香港和美國等地都可以接受以開曼註冊公司上市的申請。因而縱使開曼的開銷較大，但是仍有不少大型臺資企業在當地註冊。在香港上市的臺資企業，有很多家都是來自開曼，包括頂益食品、遠東化纖等。

雖然在維京群島設控股公司的費用比較少，並且公司註冊的門檻比較低，但是有意要在大陸境外上市的臺商企業往往都不選擇這裡。許多臺商的因應之道，都是採取先在維京群島註冊設立公司，上市前則移往費用較高的開曼群島。

安侯建業會計師事務所合夥會計師楊欽昌比較鍾愛開曼群島，因為其比維京群島多一項好處，即許多國家股市願意接受開曼群島的公司去掛牌上市，但是卻不允許維京群島的公司股票上市。此外，在開曼群島毋須每年把財報交給會計師簽證；可以在股票上市申請前，一次把過去幾年的財報簽證完。對於不想股票上市的公司，則可省下簽證費用，詳見表 10–12。

四、實　況

臺商常用作為緩衝的租稅庇護區共有 5 個，依序是英屬維京群島、英屬開曼群島、西薩摩亞、模里西斯、貝里斯；其中維京群島佔八成，因為該島手續最簡便、

費用很便宜。

(一)英屬維京群島

在維京群島的公司，當地政府收取的規費為資本額 5 萬美元以下者，每年收 300 美元；5 萬美元以上者，規費為每年 1,000 美元。此外，在公司維持上相當簡便。英屬維京群島 1997 年起，在香港設立辦事處，以中文處理臺商的申請文件。

(二)英屬開曼群島

英屬開曼群島收取的規費比其他地方貴，依照資本額分成十級，例如資本額在 51,200 美元以上者，每年規費為 2,950 美元，次年降為 1,950 美元，資本額越高收費越貴。

但是英屬開曼群島對於外商到該地設立紙公司者，當地代理人會要求要查閱股東身分，對外商公司管理比較嚴謹。因此，有些地方的股市，例如香港或美國那斯達克，允許來自開曼地區的控股公司可以申請上市。

(三)模里西斯

模里西斯對臺商的吸引力，則是因模里西斯跟大陸簽有租稅協定。因此，模里西斯對於外商到當地設立公司也分成二組，一組是想適用跟大陸租稅協定者，全年收取規費 4,000 美元；不想適用者則收 1,600 美元。

(四)西薩摩亞

西薩摩亞群島規費更便宜，不論外商的資本額多大，規費一律是 300 美元。而且公司的執照以及相關會議紀錄，可以採用中英文對照；不過，因為起步較晚，使用的公司不及維京群島多。(經濟日報，2002 年 11 月 27 日，第 6 版，林文義)

西薩摩亞群島也是新興地點，其優點：

 1.公司申請設立和各項手續文件得全部使用中文。

 2.跟大陸簽有投資保障協定。

所以滿適合臺商作為赴大陸投資的踏腳石。

五、設立公司相關細節

在租稅庇護區申請設立紙公司相當簡易，重點如下：

(一)申請時間

一般備妥文件由申請到拿到公司執照約需 2 週,要是趕時間只需要公司執照影本,那約只需 1 週,多出來的 1 週是正本郵寄的時間。

如果真是搶時間,而且不在乎名字的話,不少專辦此項業務的公司,手中皆有一些紙公司存貨,可以多花一點點錢,買一個「架上公司」(shelf company) 來用,應應急;先求過關,以後再改名。

(二)申請費用

申請費用是依登記資本額而定,不過不會差多少,2003 年一般案件行情是 3 萬元以上。

(三)公司設立股東

許多大型公司對外投資皆須董事會、股東大會的同意,甚至經濟部投審會(投資金額逾 5 千萬美元者)的核准,得費不少功夫。要是趕時間,權宜之計大都是臺灣公司大股東先用個人名義,自己先墊資,先申請成立海外紙公司。等到上述手續齊備了,再把海外紙公司股東由個人換成臺灣公司。

六、各國反制租稅庇護區逃稅的措施

許多先進國家對於其國內企業把盈餘滯留國外不匯回來,或進一步改變所得型態(例如把股利所得改變為資本利得)以規避稅負的問題,已逐漸採取下列措施加以約束。

(一)殺雞無法儆猴

1999 年,美國稅務法院判決,優比速公司 (UPS) 不應透過在百慕達設立子公司以達逃稅目的,要求優比速繳交數百萬美元的補稅款和罰款。(經濟日報,2000 年 6 月 21 日,第 2 版,王寵)

不過,找一、二家大企業下手,仍然無法遏阻歪風漫延。

(二)歪風大流行

2002 年 2 月 18 日,《紐約時報》報導,為了大幅減輕租稅負擔,越來越多美國企業把名目上的營運總部改登記在國外,成為外國企業,但是營運上則一切照舊。百慕達因為企業免課所得稅、政治穩定跟美國在地緣上接近及在法制上類似,而成為各法律、會計和投資顧問建議中的首選。對於這股風潮,美國朝野雖不無愛國與

否的質疑，主管機關財政部並沒有任何特別反應。

這股風潮，最早起於保險業，現在製造業和其他行業也都群起效尤。

以紐澤西州的 Ingersoll-Rand 公司為例，該公司每年寄籍在百慕達的成本僅 27,653 美元，每年卻可比設籍美國時最少少繳 4 千萬美元的營所稅，即從 1.55 億美元降到 1.15 億美元。（工商時報，2002 年 2 月 19 日，第 5 版，李鏘龍）

㈢真恐怖！

企業獲利在各個租稅庇護區所需繳納的稅負約在 1～12.5% 之間，平均為 5.8%，在其他國家的有效稅率卻高達 35.4%。整體來看，1999 年美國一萬大企業的全球獲利約 7,580 億美元，但是繳給政府的稅只有 1,540 億美元，約僅佔獲利的二成。

美國商務部資料顯示，1983～1999 年間，美國企業在百慕達、開曼群島等 11 個租稅庇護區的資產增加幅度，比在德國、英國等高稅負國家多出 44 個百分點。在此避稅手法操作下，美國企業在租稅庇護區的獲利也快速攀升，同一期間獲利激增 735%，達到 920 億美元。但是在其他地區則僅成長 130%，達到 1,142 億美元。以 1999 年來說，美國企業來自租稅庇護區的境外獲利約佔總境外獲利的 45%，但其資產僅佔總境外資產的 25%。（工商時報，2002 年 11 月 28 日，第 2 版，林正峰）

以 2002 年 4 月爆發財報弊端的泰可國際公司 (Tyco International) 為例，該公司在百慕達註冊後，2001 年節稅超過 4 億美元。（經濟日報，2002 年 2 月 19 日，第 2 版，黃哲寬）

㈣政府再也受不了啦！

由表 10–16 可見，美國政府 2002 年上半年遭大企業財報弊端所苦，只好於 7 月起採取一連串的強化公司治理措施；企業海外逃稅也被納入稽查範圍。

㈤反制租稅庇護區的立法（特別立法）

1. 母國對於累積在租稅庇護區的盈餘即時課稅，也就是在盈餘發生當年按權責基礎合併於國內母公司的所得予以課稅；但是為了避免重複課稅，其國外稅負准予扣抵。這些規定大多包含於各國所得稅法之中，例如美國俗稱 F 小節規定 (Subpart F Provision)、日本稱為租稅庇護區法 (Tax Haven Legislation)、澳洲稱為 CFC 法 (Controlled Foreign Corporation Legislation)。受這種法律約束的國外控股公司其控

表 10–16　反制租稅庇護區的國家和措施

國家、國際組織	說　明
一、OECD，2000 年 6 月 26 日的要求	公佈租稅庇護區名單，共有 35 個金融中心被點名。OECD 給上榜者 1 年時間決定是否改革稅制，否則將祭出懲處措施。(經濟日報，2000 年 6 月 27 日，第 9 版，官如玉)
二、六處租稅庇護區，2001 年 6 月 19 日的回應	百慕達、開曼群島、賽普勒斯、馬爾他、模里西斯及聖馬利諾等六處美商及歐商喜愛的租稅庇護區，打算在 2005 年以前終止租稅優惠。(經濟日報，2000 年 6 月 21 日，第 2 版，王寵)
開曼群島，2001 年 5 月，對 OECD 的回應	1. 2000 年制訂反洗錢條例 2. 2001 年 9 月制訂「金融管理及金融業服務指引」(Guidance Notes)，規範在當地註冊的公司，必須揭露相關資訊(包括最終受益人)，以防止有人利用在開曼群島所設公司作為洗錢或犯罪的工具。最終受益人是指持有公司股份 10% 以上的股東，或擁有處理公司資產主要控制權的人。(經濟日報，2001 年 7 月 31 日，第 1 版，林文義) 3. 2001 年 9 月，跟美國簽訂稅務資料共享協定，美國國稅局可以進駐查逃稅洗錢。(經濟日報，2001 年 11 月 28 日，第 4 版，劉忠勇)
三、美國 2002 年 　1. 3 月，財政部	注意美國公司把總部註冊在百慕達等可能造成稅收流失問題。(工商時報，2002 年 3 月 2 日，第 7 版，李鐯龍)
2. 7 月，國稅局和司法部	對協助企業避稅的會計師事務所、證券公司、銀行和律師，都予以處罰。7 月 9 日起訴畢馬威(KPMG)和 BDO Seidman 2 家會計師事務所。(經濟日報，2002 年 7 月 11 日，第 13 版，王寵)
3. 7 月 31 日，參議院	通過國防支出法案附帶條款，禁止 2001 年 12 月 31 日之後遷籍至海外租稅庇護區的公司承攬國防部合約。(工商時報，2002 年 8 月 2 日，第 6 版，李鐯龍)
4. 11 月，司法部	全面查緝專門協助民眾或企業逃漏稅的機構。(工商時報，2002 年 11 月 28 日，第 2 版，李鐯龍)

制股權須超過 50%，不過受其規範的所得僅包括消極性所得 (passive income，如租金、權利金、利息和間接投資的股利等) 和基地公司所得 (base company income，即由第三國匯入而累積於該公司的所得)；至於積極性所得 (active income，即在租稅庇護區營運所產生的盈餘) 則不受此法律規範。

　　2. 反制套用租稅協定的法令 (anti-treaty shopping rule)，例如美國 1993 年的 RRA (Revenue Reconciliation Act of 1993) 中的 956A 條款。

3.以實際營運和管理的處所作為公司的所在地,而不管公司在那裡登記、設籍。

4.國外租稅不准扣抵。

5.付給租稅庇護區的紙公司的費用不准列為支出。

(六)一般性的立法

1.公司間移轉計價的調整。

2.智慧財產權轉移限制。

3.司法判例的引用。

4.實質課稅原則的引用。

(七)其　他

1.從嚴審核至租稅庇護區的對外投資案。

2.行政處分。

3.外匯管制。

4.公眾輿論的揭發、制裁。

5.企業融資的限制。

不過「道高一尺,魔高一丈」,針對上述反制措施,專業的國際租稅規劃顧問仍會教你破解之道。

◆ **本章習題** ◆

1. 以表 10–1 為架構，找一家全球企業（像宏碁）來套用看看。

2. 移轉 (transfer) 的範圍大於交易 (transaction)，為什麼？

3. 以表 10–3 為架構，餘同第 1 題。

4. 以圖 10–1 為架構，餘同第 1 題。

5. 以表 10–5 為架構，餘同第 1 題。

6. 以表 10–9 為架構，以另一個跟臺灣簽訂租稅協定的主要內容填入。

7. 以圖 10–2 為架構，餘同第 1 題。

8. 把表 10–11 更新。

9. 以表 10–13 為基礎，餘同第 1 題。

10. 以表 10–15 為架構，看看能不能找到代表性案例。

第十一章 ─────────

大陸租稅規劃

我認為企業要想基業長青，首先公司要有「膽大包天」的目標，以這點來看，明基當年投入手機、TFT-LCD 領域，就相當大膽，明基董事長兼總經理李焜耀的長處就是大膽。

此外，企業要長青，也要有教派般的文化、自家培育成長的經理人，以及認為永遠不夠好的決心。

──林家和　國碁電子董事長，宏碁集團旗下關係企業

經濟日報，2002 年 9 月 30 日，第 34 版

學習目標:

以大陸地區為例,具體說明第十章全球租稅規劃原理原則如何運用。

直接效益:

大陸租稅規劃課程是稅務、會計師事務所附設管理顧問公司的招牌菜,唸完本章後已八九不離十了,剩下只是一些特定地區、產業項目的特殊規定罷了!

本章重點:

- 2001～2003 年臺灣公司登陸投資金額。表 11-1
- 間接、直接投資大陸的租稅優缺點比較。表 11-3
- 臺商到大陸投資稅負比較。表 11-4
- 大陸租稅優惠八大項目。表 11-5
- 大陸對外資企業的租稅改革趨勢。表 11-6
- 大陸個人(包括臺商)所得稅稅目和稅率。表 11-7
- 大陸境外人士(含臺商)所得適用稅率。表 11-8

前言：以具體解釋抽象

第十章是一般全球租稅規劃書刊的泛泛之論，只是我們加上個很好的架構（表10-1），然而要談真正瞭解，跟學微積分、會計一樣，一定得會做習題才算真懂。本章就有這樣的功能，藉由臺灣對外最大的投資地區（大陸），來實際說明如何運用第十章，除了第十章第二節外，第十章和本章各節是互相配合的。

在進入本文之前，先在前言處說明臺商西進的金額、佔比，基於80：20原則，所以我們以大陸為對象來具體說明全球租稅規劃。

一、臺商投資大陸 1,000 億美元

2003 年 3 月 12 日，中央銀行內部估算臺商赴大陸投資至少 600 億美元，詳見表11-1，比經濟部投審會審核通過赴大陸投資的 282 億美元，以及大陸官方統計實際到位金額 322 億美元，央行估計數字超出 1 倍以上，何以如此？

表 11-1　2001～2003 年臺灣公司登陸投資金額

央行提供資料時間	大陸對外經貿部統計實際到位數	經濟部投審會核准數	中央銀行外匯局估計
2001.3	255	170	500
2002.3	284	200	500
2003.3	322	282	600

資料來源：中央銀行。

有些學者統計，臺商透過海外「紙公司」等方式匯入大陸資金，早已經超過 1,000 億美元。為何不同單位公佈的數字差異如此大？

主因為許多臺商把出口所得資金，直接留在海外，再由海外轉進大陸。而中央銀行雖有大額結匯申報系統，如果資金不是從國內流向對岸，而是這筆資金根本沒回來過，直接從第三地流向對岸，央行就無從查起。

縱使資金從臺灣流出，但是投資人使用人頭戶結匯，只要不超過央行上限（個人每年自由結匯額度 500 萬美元，公司 5,000 萬美元），央行也很難掌握何者為人頭。

就算投資人使用本名，但是匯入目的地為第三地，政府也很難認定該筆款項是否流

入大陸，因為錢匯出後，經過第三地、第四地再流向大陸，政府不能掌握該資金流向。

所以，單單上述三個管道，就使得官方想掌握實際臺商投資大陸金額，難上加難。（工商時報，2003 年 3 月 13 日，第 1 版，劉佩修）

二、大陸佔對外投資一半以上

經濟部 2002 年核准臺商赴大陸投資金額達 38.5 億美元，比 2001 年成長 38.6%，創歷年新高，佔整體海外投資比重達 53.3%，首次破五成。

第一節　大陸對移轉定價的快易通

大陸對查稅可說不遺餘力，而且罰則很重。然而針對移轉定價方面，跟全球倒還同步，第十章第一、二節的內容可綽綽有餘的用於抓住其法令精神。只是跟臺灣用詞略有不同，詳見表 11-2，本章將採取大陸用詞。

表 11-2　兩岸相關租稅用詞對照

地區 用詞	臺　灣	大　陸
關聯企業 交易	關係企業、從屬公司 移轉計價	關聯企業 關聯交易、轉讓定價、移轉定價
稅捐機關	稅捐機構、國稅局	稅務機關、稅務局

一、逃稅問題嚴重

安侯建業管理顧問公司副總經理江丁課分析,大陸官方對關聯企業交易規定日漸嚴謹，主要是因為過去許多來料加工、進料加工企業的套利洗錢行為多半透過關聯企業進行，企圖逃漏稅。2002 年 9 月更明確訂出規則，主要是希望能制止企業的不法行為，阻止外商獨資企業透過關聯企業套匯、騙匯。（經濟日報，2002 年 9 月 18 日，第 11 版，江今葉）

二、法令高牆越築越高

㈠母　法

在大陸的外商投資企業和外國企業所得稅法第13條中，明文規定，外資在大陸設立的生產機構，跟關聯企業間業務往來，需按照一般企業以公平價格收取價款，否則大陸稅捐機關有權合理調整。

法令再進一步規定，當外資被認定有以移轉定價規避稅負時，大陸稅捐機關可以調高外商公司所得的依據和方法。調整方式可按同業類似交易的價格、外資將相同產品再銷售給無關係的第三人的價格，或按成本加合理的費用和利潤為依據，調整外商企業在大陸公司的所得課稅。

㈡1992年的法令

大陸稅務總局在1992年底制定關聯企業間業務往來稅務管理實施辦法，並在1993年執行。

㈢1998年的法令

1998年發佈的關聯企業間業務往來稅務管理規程規定，對關聯企業有八大規範。

㈣2002年10月的新法

2002年9月17日公佈新版「稅收徵收管理法實施細則」，10月15日起實施。新細則對跨國企業影響最大的部分，在於對關聯企業、企業調整關聯企業應納稅額計算方法，有更明確的規定，以有效規範跨國公司利用關聯企業的非正常業務和資金往來，從事非法避稅行為。

新細則共分9章113節。

　1.關聯企業的定義：細則規定，資金、經營、購銷等方面，存在直接或間接擁有或者控制關係；直接或間接同為第三者所擁有或控制；在利益上具有相關聯的其他關係者，便是「稅收徵管法」所稱的關聯企業。

根據三資企業所得稅法第52條規定，只要和大陸的外商投資企業或外國企業在中國境內設立的營業機構場所有下列之一關係的公司、企業和其他經濟組織，就是關聯企業：

⑴在資金、經營、購銷等方面，存在直接或者間接的擁有或者控制關係。直接或者間接的同為第三者所擁有或者控制。

⑵其他在利益上相關聯的關係。

可見無論是股份的控制或占有，或實際的經營方面的控制關係，均為關聯企業。依據 1998 年發布的關聯企業間業務往來稅務管理實施辦法第 2 條規定，有八種關聯關係形態，這八種形態織成密密的天羅地網，讓臺商在大陸的所有經營行為都逃不開「關聯交易」的天地之間。

2.移轉定價的範圍：移轉定價的範圍有五項：

⑴購銷業務沒有按照獨立企業間的業務往來定價。

⑵提供勞務，未按照獨立企業間業務往來收取或支付勞務費用。

⑶融通資金所支付或收取的利息超過或低於非關聯企業所能同意的數額，或者利率超過或低於同類業務的正常利率。

⑷轉讓財產、提供財產使用權等業務往來，沒有按照獨立企業之間業務往來定價或收取、支付費用。

⑸未按照獨立企業之間業務往來定價的其他情形。

3.政府的衡平措施：公司有義務就其跟關聯企業之間的業務往來，向當地稅捐機關提供有關的價格、費用標準等資料，對關聯企業間發生非法避稅的非正常的業務往來和資金往來，稅捐機關可以按照有關規定調整其計稅收入額或所得額。

4.四種調整方式：大陸有關轉讓定價的具體操作方法，在「外商投資企業和外國企業所得稅法實施細則」為此專設一章，即第四章「關聯企業業務往來」，第 52 至 58 條共計 7 條。

第 54 條規定移轉定價的四種調整方式，並嚴格規定各種方法的使用順序。跟國際通行的作法相比，⑴實質上就是可比照非受控交易法，⑵轉售價格法，⑶成本加價法，⑷其他合理的方法，前三種方法跟 OECD 準則所提倡的方法可逐一對照。

但是細則中對第四種方法，沒有明確的規定。在大陸的徵管實務中，出於便利的考慮，稅捐機關比較偏好使用核定利潤率法，來對關聯企業轉讓認定價進行調整。

實施細則對各種移轉定價調整方法的規定過於簡單，僅是把這些方法列舉出來，並沒有對各種方法實際內容的規定，使稅務人員在處理移轉定價問題時，難以

從稅法和細則中找到明確的答案來把握執法尺度。(經濟日報，2002年11月16日，第20版，王泰允)

三、稅務人員依法辦事

2001年時，大陸訓練了500位稅務人員，查核近3,000件外商企業利用移轉定價方式規避稅負的案例。(經濟日報，2001年4月20日，第11版，林文義)

四、因應之道

上有政策，下有對策，對於官方上緊發條，企業可同時採取下列因應之道。

(一)戰術作為：預約定價法，避開關聯交易查稅

為了避免日後可能引發的關聯企業間移轉定價問題的調查，漢邦管理顧問公司會計師史芳銘建議，可採預約訂價，在稅務年度開始前，主動跟地方稅捐機關討論出合理價格，共同訂定「預約訂價確認申請書」，雙方約定未來只要關聯企業往來價格在此一價格區間內，稅捐機關便允諾不查稅。此主要適用於企業所得稅、增值稅，可以免除稅捐機關查帳的麻煩，最大好處在企業可以清楚掌握公司年度利潤。不過，在跟稅捐機關商談預約訂價，公司應先估算，確定這個金額會帶給公司多少利潤，公司該繳多少稅。(經濟日報，2002年12月5日，第11版，江今葉)

(二)策略作為：再投資退稅，享受免稅避免查稅

史芳銘指出，大陸稅捐機關最喜歡查稅的是連年虧損，或微利卻不斷擴大規模的「長虧不倒」企業，尤其是營業額逾人民幣1億元的大企業，這類企業多半少報盈餘，幾乎可以抓到逃漏稅的事實。

臺商可以適度反映大陸企業盈餘，依照企業規模大小，在關聯企業間合理分配利潤，同時考量同業利潤、當年市場景氣，適度申報利潤。

申報利潤並繳交稅款後，臺商可以用外商投資人的名義，透過再投資，把利潤轉投資到原企業增加註冊資本，或投資其他關聯企業。只要經營期不少於5年，投資人可以向大陸稅捐機關申請，退還再投資部分的已納所得稅。

根據相關規定，如果企業是進出口公司或有七成以上產品外銷的企業，將可全部退回已納所得稅；其他企業也可退還四成的稅款。更重要的是，由於稅款是退給

外國投資人，這項稅款得以匯出國外，不受大陸外匯管制。

　　許多臺商利用關聯企業交易，讓大陸公司出現虧損，希望免繳所得稅，並匯出利潤。但是日後擴大大陸工廠規模，還是得辦理現金增資，資金仍須匯進大陸。帳目表現不佳，日後查稅時還可能面臨逃漏稅的處罰。(經濟日報，2002 年 12 月 5 日，第 11 版，江今葉)

五、這些企業最可能被查帳

　　中共對關聯企業的調查目標,是針對生產經營管理決策權受關聯企業控制的企業、跟關聯企業業務往來數額較大的企業、長期（2 年以上）虧損的企業、長期微利或虧損都不斷擴大經營規模的企業、跳躍性營利的企業、與設在避稅港的關聯企業發生業務往來的企業、比同行業盈利水平低的企業、集團公司內部比較，利潤率低的企業、巧立名目，向關聯企業支付各項不合理費用的企業、利用法定減免稅期或減免稅期期滿，利潤陡降進行避稅的企業，以及其他有避稅嫌疑的企業。

六、稅務局查帳程序

　　1.先挑選對象：稅務局先行選出重點調查對象，再從中挑出 30% 調查。先就企業存在的疑點問題，編製企業轉讓定價稅收審計調查呈批表，經主管審批後，交由調查審計人員組織實施檢查。

　　2.案頭審計：調查人員先對關聯企業的功能進行綜合分析，並全面熟悉被查企業的生產經營活動內容、方式、收入確定、財務核准、定價方法及報稅情況等，並向企業調閱納稅有關資料，包括設立時的審批文件，工商、稅務登記文件，可行性研究報告，年度財務，會計決算報表及註冊會計師的審計報告、有關帳冊、憑證等。再依據審計內容作「案頭審計」，分別填製各項費用分析。案頭審計後，再實施現場審計。

　　3.現場審計：現場審計是調查人員對企業申報資料和價格、費用標準等資料實行案頭審計時難以查清的問題，派員直接深入企業進行現場查驗取證，對企業各管理部門、車間、倉庫進行實地察看，審核帳冊、憑證、購銷合同等有關資料，聽取企業有關人員的情況介紹和問題解釋，說明的工作。進而要求企業提供有關交易的

價格、費用標準等資料，主要包括:

(1)與關聯企業以及第三者交易情況，如購銷、資金借貸、提供勞務、轉讓有形和無形財產及提供有形和無形財產使用權等。

(2)價格因素構成情況，如交易的數量、地點、形式、商標、付款方式等。

(3)確定交易價格和收費依據的其他有關資料。對企業與其關聯企業間的業務往來，不按照獨立企業間的業務往來收取或者支付價款、費用，而減少其應稅收入或應稅的所得額的，稅務局應根據關聯企業間業務往來類型，選用相應的調整方法。(經濟日報，2003年7月22日，第6版，盧淑)

❖ 第二節　直接 vs. 間接投資大陸，何者較佳?

2002年7月31日，經濟部修正「在大陸地區從事投資或技術合作許可辦法」，刪除有關臺商赴大陸投資必須經第三地的規定。除了8吋晶圓廠須以專案直接投資外，臺商得直接赴大陸投資。直接投資或間接投資那種投資方式對臺商有利? 國際通商法律事務所資深會計師吳國樞和大陸事務組主管王悅賢在這方面有精闢的分析，但是先看結論: 臺商經由第三地間接投資大陸比直接投資較好。

一、政治風險很有可能

這可從下列二方面來分析，但是挾外援以自重的間接投資可以避免投資「被吃了」的政治風險。

㈠臺灣同胞投資保護法

兩岸沒有簽訂任何雙邊投資保護協定，臺商在大陸投資，適用的是大陸的「臺灣同胞投資保護法」。從法律位階來說，該法是大陸的國內法，修訂和執行與否屬大陸政府權限。另就保護範圍來說，僅就不予國有化和原則上不徵收等問題有所規定。

由於大陸政府瞭解臺灣在2002年7月之前僅准許間接投資，只要其最終投資人是臺商，均可申請「臺資企業證明書」。因此臺商直接或間接赴大陸投資，並不影響適用該法。臺商受該法保護的實質效益不容易評斷，甚至只是聊備一格。

㈡國際投資保護協定

　　大陸跟全球 20 餘國簽有投資保護協定，該協定在位階上屬於層級較高的國際條約，簽訂程序比較嚴謹，保護範圍也比較廣。

　　以新加坡跟大陸投資保護協定來說，除了就投資給予最惠國待遇外，也明訂不予國有化和徵收；對於發生動亂而受到損失時，將依市價予以恢復、賠償或補償。在臺灣跟大陸間缺乏國際條約級的相互保障投資協定前，臺商透過新加坡等第三地間接投資大陸，應可比直接投資在法律位階和內容上獲得更確實的保障。

二、沒有合併報表問題

　　在財務報表的透明度方面，間接、直接投資的透明度是一模一樣的。

㈠關係企業

　　依臺灣公司法第 369 條之 1 規定，關係企業是指獨立存在而相互間有控制和從屬關係之公司。第 396 條之 2 規定，從屬公司的從屬公司也屬於控制公司的從屬公司。因此，臺灣公司直接或間接赴大陸投資，都不會改變大陸子公司是臺灣從屬公司的關係。

㈡合併財務報表

　　依據財務會計準則公報第 7 號：合併財務報表的規定，母公司直接或經由子公司間接持有一公司超過半數者，應編製合併報表，而不限於母公司或子公司是否為公開發行公司。

　　雖然在一些例外情形下可以不編製合併報表，此例外情形不因子公司係第一層子公司（直接投資的情形下）或第二層子公司（間接投資的情形下），而有所不同。

　　換句話說，當臺灣母公司必須編製合併報表時，無論是直接或間接投資，皆必須包括其所投資大陸子公司的報表；合併報表應揭露事項也不因直接或間接投資而有所不同；因此直接或間接投資不會改變公司財務透明化程度。

三、沒有重複課稅問題

　　不管間接、直接投資大陸，都沒有重複課稅問題，在這方面，這二種投資方式「棋逢對手，不分勝負」。

㈠直接投資時，缺點多多

依 2002 年 7 月 1 日修訂生效的臺灣地區與大陸地區人民關係條例（簡稱關係條例）第 24 條規定：「臺灣地區人民、法人、團體或其他機構有大陸地區來源所得者，應併同臺灣地區來源所得課徵所得稅。但其在大陸地區已繳納之稅額，得自應納稅額中扣抵。」

「臺灣地區法人、團體或其他機構，依第 35 條規定經主管機關許可，經由其在第三地區投資設立之公司或事業在大陸地區從事投資者，於依所得稅法規定列報第三地區公司或事業之投資收益時，其屬源自轉投資大陸地區公司或事業分配之投資收益部分，視為大陸地區來源所得，依前項規定課徵所得稅。但該部分大陸地區投資收益在大陸地區及第三地區已繳納之所得稅，得自應納稅額中扣抵。」

「前二項得扣抵數額之合計數，不得超過因加計其大陸地區來源所得，而依臺灣地區適用稅率計算增加之應納稅額。」

因此個人直接投資大陸所獲得股息收入，屬於課稅所得，應課徵所得稅。然而大陸地區並沒有針對股息課徵扣繳稅，因此實際上並沒有可資扣抵的稅款。

1.大陸沒有股利扣繳稅：大陸對分配股息並不扣繳任何稅款，所以臺灣公司無論是直接或間接投資，都沒有可茲扣抵的稅款，使得關係條例中對於投資收益的扣抵規定，形同具文。

一旦大陸改革稅制對股息的匯出扣繳稅款時，無論採取直接或間接投資，前述扣繳稅款都可扣抵。

由於關係條例准許間接投資大陸投資收益（即股息）所扣繳的稅款得抵扣臺灣營所稅，顯然優於所得稅法對一般國家投資的扣抵規定，後者僅准直接投資所扣繳的稅款得以扣抵。

2.未蒙其利，先受其害：在直接投資情形下，大陸子公司有盈餘而資金過多時，只得直接匯回臺灣母公司，再行分配該資金的用途。資金匯回時，臺灣母公司將沒有可扣抵的款項（大陸目前對股息並不課稅），而必須全額繳交 25% 的營所稅。

㈡間接投資多一層好處

臺灣因採取實現原則認列所得，在間接投資的情形下，大陸子公司的獲利可滯留第三地公司予以運用，而不需把它匯回臺灣立即繳交 25% 的營所稅，在決定何

時匯回和匯回金額的彈性上,比直接投資有利。(*經濟日報,2002年8月29日,第6版,吳國樞、王悅賢*)

依據營利事業所得稅查核準則第30條規定,投資收益是以實現為原則,如果被投資公司不分配盈餘時,得免列投資收益。

在直接投資情形下,當大陸子公司分配股息時,即屬臺灣公司的獲利,而必須併入所得課稅。如果經由第三地間接投資,則屬於第三地公司的所得,在該第三地公司分配股息回臺灣公司之前,均不需要課稅。因此,在課稅的遞延效果上,間接投資顯然比直接投資有利。

關係條例為了避免重複課稅雖訂有扣抵規定,但是僅對於大陸子公司「分配的投資收益」(即股息)予臺灣母公司或第三地轉投資公司時就該股息部分所繳納的稅款,臺灣公司才可以扣抵。大陸子公司在大陸所繳納的「外商投資企業所得稅」,不能扣抵;只有跟臺灣簽有租稅協定的國家得就被投資公司所繳公司所得稅抵扣臺灣的營所稅。

㈢個人、公司名義投資比較

從表11–3的課稅內容來看,臺商對大陸的投資方式:間接投資方式要優於直接投資方式,以個人名義要優於以公司名義。但是未來在下列三種情況改變時,上述的結論可能有所改變:

1.兩岸訂定租稅協定,使得大陸子公司在當地繳納的所得稅額可在臺灣扣抵。

2.大陸對外國投資人的股利所得不再免稅,一般繳稅率為10～20%。

3.臺灣的個人所得稅改為境內外所得均須課稅(即屬人主義)。

四、其他好處

依現階段兩岸法令和國際形勢,採取間接投資大陸似乎更有利。因為還沒有任何直接赴大陸投資的好處,是間接投資所沒有的;反之,有些間接投資的優勢卻是直接投資所無法享受的。(*經濟日報,2002年9月5日,第6版,吳國樞、王悅賢*)

表 11-3 間接、直接投資大陸的租稅優缺點比較

投資大陸方式	大陸投資收益 在臺課稅規定	法令依據和說明
一、以個人名義間接投資	大子陸公司分配盈餘時，毋須併入臺灣所得課稅	所得稅法第 2 條規定，個人境外所得免稅，因此來自第三地的股利所得不需要課稅
二、以個人名義直接投資	應在大陸子公司實際分配盈餘時，併入臺灣所得課稅	兩岸人民關係條例第 24 條規定，臺灣人民、法人、團體或其他機構有大陸來源所得者，應併同臺灣來源所得課徵所得稅，但其在大陸已繳納的稅額，得從應納稅額中扣抵 由於大陸對外國投資人的股利所得並未課稅，沒有可扣抵的稅額，因此大陸子公司分配的盈餘在臺灣須全額納稅
三、以公司名義間接投資	應在第三地公司經股東大會（董事會）議決分配盈餘時，併入臺灣公司的所得課稅	所得稅法第 3 條規定，公司的總機構在臺灣境內者，應就其境內外全部營利事業所得，合併課徵營利事業所得稅 營利事業所得稅查核準則第 30 條規定，公司投資於其他公司，如果被投資公司當年經股東大會議決不分配盈餘時，得免列投資收益 雖然大陸投資收益在大陸和第三地已繳納的所得稅，得從應納稅額中扣抵，但是大陸對外國投資者的股利所得並未課稅，而且如果是經由租稅庇護區公司間接投資，是無可扣抵稅額
四、以公司名義直接投資	應在大陸子公司經股東大會（董事會）議決分配盈餘時，併入臺灣公司的所得課稅	兩岸人民關係條例第 24 條規定，臺灣人民、法人、團體或其他機構有大陸來源所得者，應併同臺灣來源所得課徵所得稅，其在大陸已繳納的稅額得從應納稅額中扣抵 由於大陸對外國投資人的股利所得並未課稅，沒有可扣抵的稅額，因此大陸子公司分配的盈餘在臺灣須全額納稅

資料來源：史芳銘，〈前進神州個人名義、間接投資較宜〉，經濟日報，2002 年 8 月 10 日，第 8 版。

🔷 第三節　租稅協定、租稅庇護區的運用

　　兩岸人民關係條例為了吸引臺商資金回流，在第 24 條規定，臺商到大陸投資，在大陸繳納的股利所得稅與在第三地的營所稅均可扣抵，實際上，這項規定對於減輕臺商稅負並沒有幫助。在此架構下，臺商不論透過新加坡等租稅庇護區或直接投資，把大陸的獲利匯回臺灣，稅負其實是相同的（詳見表 11–4），這項規定無法增加臺商把資金匯回的誘因。

　　資誠會計師事務所會計師高文宏表示，這是因為大陸對外資的股利所得匯出稅率為零，而臺商透過新加坡等租稅庇護區都不需要在第三地繳納營所稅。因此，按照兩岸人民關係條例的規定，臺商根本沒有稅可抵所致。要達成減輕臺商稅負，吸引臺商資金回流的目的，政府須考慮准許臺商在大陸當地繳納的 33% 營所稅，可以拿回來扣抵。

一、直接投資──臺商股利分配沒有緩衝

　　臺商到大陸投資的型態，如果改採直接投資，即由臺灣公司直接投資大陸公司，一旦臺商把大陸子公司股利匯回臺灣，依照兩岸人民關係條例規定，因為臺商沒有在大陸繳納股利所得稅，也沒有在第三地繳納營所稅，並沒有可扣抵稅額可抵稅。

　　以表 11–4 的例子來說，假如大陸子公司獲利 400 萬元，在大陸須繳納 33% 的營所稅率，即 132 萬元，稅後盈餘 268 萬元。這個時候，臺商到大陸直接投資，跟透過新加坡和租稅庇護區到大陸投資，有很大的差別。

　　如果臺商直接投資大陸，一旦大陸公司決定分配股利，臺灣公司就要申報這筆大陸所得。大陸公司決定把稅後盈餘 268 萬元，以分配股利方式匯回臺灣公司，股利匯出大陸時，依照大陸稅法規定，不必在大陸繳稅。

　　臺灣母公司收到這筆股利 268 萬元，須在臺灣繳納 25% 的營所稅率，即 67 萬元，因為臺商在大陸沒有繳稅，而因屬直接投資，也沒有在第三地繳營所稅，因此，也沒有可扣抵稅額。總投資的應納稅負即為在大陸繳納的 132 萬元稅款，加上在臺灣繳納的 67 萬元，總共 199 萬元。

表 11-4　臺商到大陸投資稅負比較

單位：萬元

編號	投資模式 項目	透過新加坡轉投資大陸	透過開曼群島轉投資大陸	直接投資
①	大陸公司稅前盈餘	400	400	400
② = ①×33%	繳納大陸營所稅、稅率33%	(132)	(132)	(132)
③	大陸公司分配股利稅款，稅率為0%	0	0	0
④	大陸公司實際分配股利金額	268	268	268
⑤	第三地公司應向當地政府申報的來自大陸公司所得	400	268	－
⑥	營所稅稅率	新加坡 25.5%	開曼群島 0%	－
⑦ = ⑤×⑥	可扣抵稅額	102	0	－
⑧	應納第三地營所稅額	0	0	－
⑨	第三地公司稅後利潤	268	268	－
⑩	匯回臺灣公司股利金額	268	268	268
⑪ = ⑩×25%	臺灣應納營所稅，稅率25%	(67)	(67)	(67)
⑫ = ③＋⑧	兩岸人民關係條例允許可扣抵的稅款	0	0	0
⑬	稅後利潤	201	201	201
⑭ = ②＋⑪	投資大陸獲利總稅負	199	199	199

註：1.本表不考慮匯率因素，假設大陸公司稅前盈餘400萬元。
　　2.新加坡與大陸有租稅協定，公司在大陸繳的33%營所稅可在新加坡扣抵，所以要申報400萬元獲利，因而在大陸繳納的營所稅大於在新加坡的稅款，所以在新加坡應納營所稅為零。
資料來源：資誠會計師事務所會計師高文宏。

二、開曼群島間接投資

當臺商先在租稅庇護區（例如英屬開曼群島）設籍，再到大陸投資，則假設大陸子公司獲利 400 萬元，這筆獲利匯到臺灣的總稅負仍為 199 萬元。

這 400 萬元須先在大陸繳納 33% 的營所稅即須繳納 132 萬元，剩下 268 萬元，大陸公司以分配股利的形式，匯到臺商在英屬開曼群島的公司，同樣依大陸的稅法規定，這筆股利匯出大陸時，不必在大陸繳稅。

臺商開曼公司須申報的來自大陸公司匯進的股利金額為 268 萬元，由於開曼群島對境外所得免稅，因此，臺商開曼公司來自大陸的股利所得 268 萬元，不必在當地繳稅。

當開曼公司決定把這 268 萬元利潤，再以分配股利的形式，匯回臺灣母公司，依照臺灣稅法，臺灣公司須把這 268 萬元列為海外所得來繳稅。須課 25% 的營所稅率，即 67 萬元。因為此時，臺商在大陸把股利匯出時，並沒有在大陸繳納股利所得稅，在開曼公司也沒有繳納營所稅，因此，這筆 268 萬元的境外股利，依照兩岸人民關係條例規定也沒有可扣抵稅額。

因此，總計臺商透過開曼公司到大陸設立公司，臺商把大陸公司獲利匯回臺灣，應納的稅額仍是在大陸繳納的 132 萬元，加上在臺灣應納的 67 萬元，合計 199 萬元。

三、新加坡間接投資

臺商在新加坡設立公司，再到大陸投資設立大陸公司，假設大陸公司在當地獲利 400 萬元，不考慮幣別和匯率因素，大陸公司須在當地繳納 33% 的營所稅率，即 132 萬元，剩下 268 萬元，匯出大陸時，依照大陸的稅法規定，不必再於當地繳納稅款，因此，268 萬元可以匯至新加坡公司。

由於新加坡跟大陸訂有租稅協定，新加坡公司在大陸繳納 33% 營所稅，可以全數在新加坡扣抵，但是扣抵的金額不得超過在新加坡應納稅額。

臺商大陸公司實際匯到新加坡公司的稅後盈餘，雖然是 268 萬元，但是由於大陸公司在大陸繳納的稅款可以全數在新加坡扣抵,因此臺商新加坡公司須向新加坡

政府申報來自大陸公司的海外所得 400 萬元。

　　新加坡的營所稅率是 25.5%，因此，400 萬元須在新加坡繳納 102 萬元稅款，但這 400 萬元在大陸已繳納 132 萬元稅款，大於 102 萬元稅款。因此扣抵後，臺商新加坡公司申報這 400 萬元來自大陸公司的所得，不必在新加坡繳稅。因此，臺商的新加坡公司的實際稅後盈餘，仍為 268 萬元。

　　新加坡公司把這 268 萬元匯回給臺灣母公司，後者必須把這 268 萬元列為海外所得課稅，臺灣營所稅稅率為 25%，須繳納 67 萬元稅款。由於臺商這筆獲利在大陸繳納的股利所得稅為零，在新加坡也沒有繳納營所稅，因此，依照兩岸人民關係條例規定的可扣抵稅額是零。

　　當新加坡公司或開曼公司在收到大陸公司分配的股利後，如果決定暫時不分配股利給臺灣公司，那麼臺灣公司就不必申報這筆境外所得，也就不用在臺灣繳稅。

（工商時報，2002 年 10 月 7 日，第 9 版，林文義）

四、間接投資比較好

　　基於大陸的政治風險、外匯管制和利潤保留的考量，臺商以設立境外控股公司結合境外分行的模式，讓臺資企業得以在大陸境外保留盈餘，同時還達到節稅的目的。

　　2002 年 8 月，陸委會開始執行臺商直接投資大陸的規定，不過實際上，臺商企業大多數仍會選擇在租稅庇護區設立控股公司。

　　這種情況在大陸外匯仍處於管制，租稅優惠逐步縮減，並且臺商希望在大陸境外上市的情況下，應該仍會是臺資企業進軍彼岸的主流投資方式。

　　臺商嫻熟地運用這些租稅庇護區進行三角貿易，利用關聯交易來節稅，不僅可以把獲利留在境外分行內，還能夠調整把資產（例如應收帳款）留在強勢貨幣，把負債（例如應付帳款）留在弱勢貨幣，對於臺資企業在大陸的經營，發揮很大作用。

　　很多企業便利用移轉定價方式，把大部分的貿易所得留在開曼等島國，令歐美等高稅率國家十分頭痛。

　　臺商會選擇租稅庇護區作為第三地，因為透過間接投資方式，臺商在海外的獲利，在財務和租稅上，可以獲得緩衝的效果，只要不分配股利給臺灣公司，就不用

課稅，獲利可囤積在海外，增加運用的彈性。

 ## 第四節　大陸營所稅快易通

大陸官方努力扶持外商投資製造業，大陸透過減免關稅的優惠政策，其實影響外商在大陸發展最重要的稅則是所得稅（即臺灣的營所稅）。1994 年大陸官方定義跟外商直接有關的十多種稅則開始，所得稅一直是外商最關心也是投資談判的焦點。

一、營所稅稅率 33%

外商企業一般的所得稅稅率為 33%，其中企業所得稅為 30%、地方所得稅為 3%。地方政府可以直接裁量地方所得稅，也有權不向外商收取，以作為吸引外商投資當地的鼓勵條件，雖然當地政府也可以跟外商協議，以超過中央統一規定的兩年免稅三年半稅的優惠政策吸引外商，但是外商要注意的是這種承諾必須要取得官方公文才產生效力，同時還要瞭解其中超出中央規定的優惠政策部分，地方政府都必須以財政返還的方式履行諾言。也就是外商還是得先繳稅後再獲得退稅，即「先徵後退」，不可以直接免繳。從繳稅到退稅的時間落差有時長達 1 年以上，外商應當先瞭解，才不會在現金的周轉安排上產生問題。

為了吸引臺外資企業，2000、2001 年，江蘇的蘇南和浙江的杭州、寧波等地，掀起了一股空前狂熱的招商熱潮，不僅招商團頻頻出征，接待各地的考察團。根據許多臺商指出，一些城市公佈的優惠政策好得讓人不敢相信。然而在這股過度競爭的歪風下，卻出現承諾跳票的案例比比皆是。

一位瞭解內情的臺商認為，在許多地方流行搬出的五免五減半，在財政收入欠佳的情況下，跳票的機率極高，企業在營運後應該要有心理準備，獲利預估不要過於樂觀，尤其是規模較大的股票上市公司，屆時可能連年財務預測都要因此而修訂。

縱使企業所得稅的優惠，能夠完全履行超過國家政策的兩免三減半，不過熟悉內情的臺商都瞭解，既給了政策又便宜了土地的一些蘇南城市，對於臺商公司獲利的要求日趨嚴苛。一般作法是，第 1 年虧損可以容忍，第 2 年要求至少損益兩平，如果第 3 年還不賺錢，可能會招來查稅的行動。

臺商企業要想像從前以作帳方式，保持長期虧損，規避企業所得稅的方法，在規範程度高的蘇南地區難度極高，因而許多人認為，五免五減半縱使真的執行，具體意義也不大。(工商時報，2001 年 7 月 11 日，第 4 版，李道成)

二、營所稅八大優惠對象

大陸官方對外商的所得稅優惠政策，詳見表 11-5。(經濟日報，2001 年 8 月 13 日，第 11 版，劉芳榮)

㈠生產掛帥

外商到大陸投資享受稅收最大的優惠，便是「外商投資企業和外國企業所得稅法」(簡稱「所得稅法」) 第 8 條的規定：「對生產性外商投資企業，經營期在 10 年以上的，從開始獲利的年度起，第 1 年和第 2 年免徵企業所得稅，第 3 年至第 5 年減半徵收企業所得稅」，和第 19 條的規定：「外國投資者從外商投資企業取得的利潤，免徵所得稅」。

企業的生產產品銷售收入達企業總收入的 50% 以上，才可稱為「生產性企業」；同時只要其合同、章程上經營期在 10 年以上的，就可給予享受「二免三減半」的稅收優惠。

㈡門越來越窄

第 8 條的「二免三減半」的優惠，在適用上必須是「生產性企業」。大陸稅務總局要求各地稅務局加強檢查企業所得稅稅率，有關減免稅優惠政策的執行上，是否有非生產性企業卻享受了生產性企業的優惠。要求生產性企業的確定，一定要按照稅法和有關規定辦理審批手續，特別是不准室內外裝修、裝潢的安裝測試，和一般維修業等非生產性項目，混作生產項目。

臺商在租稅規劃時，會利用稅法上定義不清的條款，試圖把某些服務業「硬ㄠ」認定為生產性企業。然而稅務總局已陸續對稅法上含糊不清的部分，進一步明確規定，因此有些投資案在規劃時認為被視為生產性企業的機會很大，只要跟稅務局關係好，應可如意地成為生產性企業。從 2003 年起最新補充規定，已確定不能被視為生產性企業。

「外商投資企業和外國企業所得稅法實施細則」(簡稱「所得稅法實施細則」)

表 11-5　大陸租稅優惠八大項目

	說　明
一、特定地區	
(一)經濟特區	經濟特區、經濟技術開發區或是浦東新區一類經官方核定的特別區域,所得稅按 15% 的稅率徵收
(二)其他指定	指定的 30 多個沿海開放區、各省會城市,所得稅按 24% 的稅率徵收,其他例如民族自治區、西部地區
二、特定產業	
(一)基礎建設	外商投資銀行、能源、交通、港口等或在經濟特區和國務院批准的地區投入資金超過 1,000 萬美元;或設在經濟開發區內,從事知識密集或技術密集的項目,按 15% 的稅率課徵
(二)農業	對從事農、林、牧業的外商,在原所得稅減免的優惠期繳的所得稅上再給予減少課徵 15 到 30% 企業所得稅優惠
三、相關產業	
(一)製造業	從事生產製造業的外商,從獲利年度起可享受 2 年免稅
(二)銀行	外商在大陸成立銀行,獲利年度起可享受 1 年免稅 2 年減半徵收
(三)港口	從事港口碼頭建設的外商,獲利年度起可享受 5 年免稅
四、外銷和技術先進產業	外商在大陸投資設立生產製造業,所得稅優惠期限屆滿後,如果當年出口產品的產值達到當年產品總產值的 70% 以上,則可按現行的所得稅稅率 10% 稅率徵收),對於被認定是先進技術的外商,則可以在所得稅減免期限屆滿後,再延長 3 年減半徵稅的期限
五、先進技術	對在農、林、牧業,或科研、能源、交通和重大技術領域方面,外商因移轉專有技術而創造的效益,所得稅部分可按 10% 的稅率徵收,如果經國務院認定為技術先進者甚至免稅
六、再投資	外商把在大陸投資所取得的利潤直接再投資回該企業,用來增加註冊的資本,可退還 40% 再投資部分已繳納的所得稅;如果投資的行業是產品出口產業,甚至可以全部退還再投資部分已繳納的企業所得稅
七、購買大陸設備	外商在投資總額內購買國產設備,如果該設備不屬官方規定的「進口設備不予免稅範圍」內,則購買該機器設備款的 40% 可以抵免當年度所新增加的企業所得稅
八、彌補虧損	外商投資企業當年發生的虧損,可在往後的 5 年繼續抵扣。如果限期屆滿後,往後 10 年內可在應扣金額內扣除

對生產性事業規範的第 72 條中的第 9 項規定, 生產性企業包括直接為生產服務的科技開發、地質普查、產業信息諮詢業務。因而此項成為許多從事類似行業的臺商,在租稅規劃上想引用的對象。(經濟日報, 2003 年 1 月 11 日, 第 26 版, 王泰允)

(三)不可以「先徵後退」

在為了支持西部開發,增加國家稅收情況下,實行所得稅共享是必要的;但是

共享直接減少了地方稅收。

此外，2001 年中央政府明文規定地方政府不可以「先徵後退」，例如先徵收 33% 的所得稅，投資後再退 15% 的款項，目的在避免各地方政府惡性競爭吸引外商投資。(經濟日報，2001 年 7 月 7 日，第 7 版，羅嘉薇)

三、2003 年以後的稅改趨勢

㈠世界貿易組織的原則
世界貿易組織的宗旨在於消除國際間的貿易壁壘，以實現全球貿易的自由化，因此訂定有「最惠國待遇原則」、「國民待遇原則」、「透明度原則」等多項規範。這些原則反映在世貿組織協定的各項基本涉稅原則之中，並要求各成員國必須嚴格遵循。

㈡重外輕內
大陸內外資企業法定稅率均為 33%，實際負擔的稅率內資企業為 28%，外資企業僅約 8%，外資企業在稅收上享有超國民稅收優惠待遇。由此看來，大陸企業所得稅法顯然跟世貿組織的規定有很多抵觸。

㈢國民待遇的稅改趨勢
2001 年年底，大陸加入世貿組織，為了跟國際接軌，2001 年 7 月，大陸稅制改革計畫已提交人大審批，詳見表 11-6。初步擬把中資、外商企業所得稅合併，所得稅稅率大約為 25% 左右；稅率減免按行業訂定。(經濟日報，2001 年 7 月 7 日，第 7 版，羅嘉薇)

第五節　臺籍員工的個人所得稅申報

臺商企業派駐海外人員的薪資費用該如何申報，對公司、駐外人員都很重要，接著將以大陸臺商為對象來說明。

一、一份薪水，二邊入帳

臺籍幹部離鄉背井赴大陸打拼，臺灣母公司為了體諒和獎勵他們的辛勞，多半提供比在臺灣更優渥的薪資，現在雖不如 2001 年前動輒數以倍計，行情至少仍高

表 11-6　大陸對外資企業的租稅改革趨勢

稅　目	現　況	改革方向
關稅	逐步調降，平均關稅 2001 年已從 16.4% 降到 15.3%	入會後將進一步下調，預計 2004 年平均關稅降至 9～9.5%，每年調降 2 個百分點左右
企　業所得稅	深圳、浦東等五大經濟特區外資企業稅率為 15%；沿海和省會等 400 個城市的外資生產性企業稅率為 24%，中資企業一律 33%	中、外資企所稅將統一，稅率定為 25%，原屬國家稅收的企所稅可能改為中央（佔 75%）、地方（佔 25%）的分享稅。
個　人所得稅	外籍居民所得稅免稅額為 4,000 元人民幣，最高稅率為 45%	入會後可能調高稅額，並考慮調低最高稅率
營業稅	設於浦東新區、蘇州工業區和所有經濟特區內，臺外商企業得享 5 年免徵營業稅	取消免徵的優惠
增值稅	現行增值稅未涵蓋所有商品和勞務，不許抵扣購進資本品所含稅款	生產型的增值稅可能改為消費型的增值稅，可以抵扣
其他	外資企業及個人應繳稅種：外商企業所得稅、個人所得稅、增值稅、消費稅、營業稅、資源稅、印花稅、土地增值稅、城市區地產稅、車船使用牌照稅、屠宰稅、契稅、關稅和船舶噸稅	未來可能新增：城鎮土地使用稅、房產稅、車船使用稅、固定資產投資方向調節稅、城市維護建設稅和筵席稅

資料來源：工商時報，2001 年 8 月 5 日，第 5 版。

出在臺每月薪資的五成左右。

　　通常這筆薪水並不是全數在大陸領取，而是分兩地、甚至三地（兩岸境外的第三地）支付，其中只有一小部分匯往大陸，作為臺籍員工生活必需，其他大部分仍匯入臺籍員工在臺灣的銀行薪水帳戶中，成為員工的安家費或存款。

二、大陸個人所得稅

㈠個人所得稅稅率

　　大陸個人所得稅法是採分離課稅，把個人所得種類分為 11 種，詳見表 11-7。

㈡老外適用的稅率

　　至於老外適用的稅率請見表 11-8。

㈢申報日期

　　大陸的個人所得稅採每月和年度申報的「雙軌並行制」，主因是大陸人口太多，

表 11-7 大陸個人（包括臺商）所得稅稅目和稅率

稅　目	稅　率
工資、薪金所得	適用 5 至 45% 的超額累進稅率
個體工商戶的生產、經營所得和對事業單位的承包經營、承租經營所得	適用 5 至 35% 的超額累進稅率
稿酬所得	適用比例稅率，稅率為 20%，按應納稅額減徵 30%
勞務報酬所得	適用比例稅率，稅率為 20%。對勞務報酬所得一次取得的應納所得超過人民幣 2 至 5 萬元部分，加徵五成，超過 5 萬元部分加增 1 倍
特許權使用費所得，利息、股息、紅利所得，財產租賃所得，偶然所得和其他所得	適用比例稅率，稅率為 20%

表 11-8 大陸境外人士（含臺商）所得適用稅率

單位：人民幣

級數	全月工資、薪金收入總額		稅率(%)	速算扣除數（元）
	含稅級距	不含稅級距		
1	不超過 4,000 元的部分	不超過 4,000 元的部分	免	0
2	超過 4,000 至 4,500 元的部分	超過 4,000 至 4,475 元的部分	5	200
3	超過 4,500 至 6,000 元的部分	超過 4,475 至 5,825 元的部分	10	425
4	超過 6,000 至 9,000 元的部分	超過 5,825 至 8,375 元的部分	15	725
5	超過 9,000 至 2.4 萬元的部分	超過 8,375 至 20,375 元的部分	20	1,175
6	超過 2.4 至 4.4 萬元的部分	超過 20,375 至 35,375 元的部分	25	2,375
7	超過 4.4 至 6.4 萬元的部分	超過 35,375 至 49,375 元的部分	30	4,575
8	超過 6.4 至 8.4 萬元的部分	超過 49,375 至 62,375 元的部分	35	7,775
9	超過 8.4 至 10.4 萬元的部分	超過 62,375 至 74,375 元的部分	40	11,975
10	超過 10.4 萬元以上的部分	超過 74,375 元以上的部分	45	17,175

註：1. 表中所列全月工資、薪金收入總額是指還沒有減除有關費用的每月收入總額。
2. 含稅級距適用於納稅人負擔稅款的工資、薪金所得；不含稅級距適用於由他人（單位）負擔稅款的工資、薪金所得。
3. 經大陸財政部、稅務總局批准免稅或可減除的所得項目包括，外籍個人以非現金形式或實報實銷形式取得的住房補貼、伙食補貼、洗衣費、搬遷費。但應由納稅人提供有效憑證，由主管稅務機關審核認定，核准確認後免稅，或就其合理的部分免稅。

必須每月分期處理。

　　包括臺商在內在大陸工作的境外人士，以及大陸的納稅人，須在每月 7 日以前

申報、繳納個人所得稅。每年 3 月 10 日，還要作一次整合性申報，把過去一年所得作個總結；同時向稅務局申請認定住房補貼、伙食補貼、洗衣費和搬遷費等費用，排除在所得之外。去年減免的費用，可在今年扣抵個人所得稅。

三、議定薪資金額

由於兩岸個人所得資訊和文書認證管道不暢通，大陸無法掌握臺商企業臺籍幹部薪資所得的真正數目，雙方多以議價方式繳納個人所得稅，也增加許多討價還價空間。

以前，大陸地方政府為了吸引臺資企業投資，除了提供各項租稅優惠減免，個人所得稅也可以議價方式繳納，被臺商企業主及臺籍員工視為一項「福利」。

少數大型臺商企業自行跟稅務局「議價」個人薪資所得，大多數中小型臺商透過各地臺商協會以「包裹」方式，跟當地政府或稅務局「協商」，找出雙方都能接受的數字。薪資行情大致如下：董事長和總經理級每月每人人民幣 6,000 至 12,000 元；經理、副理或工程師每月每人 4,000 至 6,000 元，再依照這個數目折換適當稅率繳稅。

四、嚴格查稅

大陸為了確切掌握稅源，部分地方已開始嚴查臺商的個人所得稅，連帶嚴格執行所得稅申報和證明程序。

2003 年 3 月 10 日截止的個人所得稅申報，嚴格要求外商、臺商必須申報國內外所得，項目之細，還包括探親費、費率、語言訓練費和洗衣費等；更重要的是，個人還須出具母公司有關薪資給付的證明。(經濟日報，2003 年 3 月 10 日，第 11 版，李惟平、李國彥)

五、稅額平衡化

漢邦會計師事務所會計師史芳銘表示，嚴打逃漏稅在大陸往往像推動政治運動般，已成為大陸解決財政困難的一種政策手段，每年都有新花樣，包括查關聯交易、嚴抓逃漏增值稅，2002 年年底起，則要求各地稅務局必須狠抓逃漏的個人所得稅，連富婆劉曉慶都鋃鐺入獄。

史芳銘說，所有臺籍員工在內的境外人士都被大陸視為「重點納稅人」。他們現在不追究，只是睜一眼、閉一眼，隨著大陸法令和稽查機制日漸完善，未來的執行力道必然逐漸增強，臺商宜早思對策。

以日商和美商為例，這些全球企業因為擁有豐富的全球營運經驗，公司早已替員工和公司訂定好在外國繳納所得稅的制度，不管領多少錢，都按規定繳稅。這不是說外商比較老實，而是他們已建立「生存是靠業務、技術跟同業公平競爭，而不是靠逃漏稅來降低成本」的思考方式，不要將來得不償失。

史芳銘建議臺商企業，為了使員工合法納稅，並且不會因為派赴大陸工作而增加員工稅負，公司可提供員工稅額平衡化 (tax equalization) 的福利。稅額平衡化計畫已成為許多全球企業提供外派員工的一種福利措施，由公司委託全球會計師事務所執行，不僅使公司和員工稅務申報時，可以符合當地稅法規定，也可使員工不致因派駐國外的所得稅負擔，而減少稅後所得金額。(經濟日報，2003 年 3 月 10 日，第 11 版，李惟平、李國彥)

六、稅額平衡化

臺灣個人綜合所得稅採屬地主義，然而依據「臺灣地區與大陸地區人民關係條例」規定，臺灣人民有大陸來源所得者，應該併同臺灣來源所得課徵所得稅；但是在大陸所繳納的稅額，得從應納稅額中扣抵。

依據大陸個人所得稅法第 1 條規定，在大陸有住所或沒有住所而居住滿 1 年的個人，從大陸境內或境外取得的所得，應繳納個人所得稅。

根據兩地稅法，臺灣公司派赴大陸工作的臺籍員工應分別向兩地國稅局申報繳納個人綜所稅。如果個人只向兩地稅務局分別申報在該地所支領的所得，甚至不申報時，會有被國稅局要求補稅罰款的風險。為了使員工可以合法納稅，而且不因為派赴大陸工作而增加員工稅負，公司可提供員工稅額平衡化的福利。

◆ **本章習題** ◆

1. 中央銀行、經濟部對公司海外投資金額的計算為什麼有重大差異？

2. 以表 11–2 為基礎，繼續擴充，

3. 以表 11–3 為基礎，還有那些重大項目可以加入？

4. 找二家公司，一家由新加坡、一家由開曼群島間接投資大陸，分析其考量因素的不同。

5. 以表 11–5 為基礎，予以更新。

6. 以表 11–6 為基礎，予以更新。

7. 表 11–7 是否須更新？

8. 表 11–8 是否須更新？

9. 以表 11–9 為基礎，詳細列出大陸臺幹的課稅金額的計算過程。

10. 詳細說明個人所得稅的衡平措施。

第四篇

匯兌風險管理

第十二章

匯率第一次就上手

如果我們以為匯率（貨幣）是刺激經濟的一杯酒，那麼我們必須提醒自己，在酒杯和嘴唇之間，可能發生許多滑脫的事故 (slips)。

——凱因斯　總體經濟學之父

學習目標:

開門見山的瞭解（臺幣）匯率如何決定的，以及如何判斷匯率高低估，進而推論未來匯率的走勢。上至董事長、下至交易人員等必須讀本章。

直接效益:

如果僅為瞭解匯率的決定、預測，光看本章和第十三章匯率預測就夠了，不用花錢到企管、財務顧問公司去受訓。

本章重點:

- 由匯率的功能來看匯率如何決定。表 12–1
- 國際收支帳。§12.1 三
- 決定匯率的二股力量。表 12–3
- 匯率報價分成直接、間接二種。§12.2、表 12–4
- 看懂外匯行情表。表 12–5、表 12–6、表 12–7
- 從購買力來衡量匯率的四種方法。圖 12–4
- 購買力平價假說舉例和公式。表 12–8
- 實質有效匯率指數。表 12–10
- 實質有效匯率指數有衡量誤差。表 12–11
- 利率平價假說對遠匯匯率的決定。§12.4
- 匯率制度。表 12–14
- 匯率失衡情況下的判斷方式。表 12–15
- 以麥香堡指數衡量臺幣匯率。表 12–17
- 臺幣批發價的決定方式。§12.6 三
- 臺幣參考匯率（零售價）的決定方式。§12.6 四

前言：只談匯兌避險，不談其他

匯率（或匯兌）風險管理是企業的大事，影響損益甚大，因此本書以一篇八章的篇幅，深入淺出的說明，相信你看完以後，會有「耳目一新」的感覺，這包括瞭解匯率原來這麼簡單、看懂各匯率行情表很 EASY，最後，作好匯兌風險管理並不難。

為了「深入淺出」，所以一些非必要的理論表達方式，包括購買力平價假說、利率平價假說的公式我們全改了，專用的圖形也不說明。而國際費雪效果 (international Fisher effect) 跟現實差異較大，乾脆不予說明，不僅你不會錯過什麼（包括考研究所），而且不會被搞得迷糊，甚至對匯率相關課程反感。

為了跟其他學程做好分工以免篇幅重複，本書只討論匯兌風險如何規避，其他內容只好割愛，詳見圖 12-1。例如，匯率如果失衡，該如何恢復均衡，這屬於國際經濟學、國際金融的範圍，不是三言兩語就可以說得清楚，因此不在本書中交代。

圖 12-1　本書中有關外匯課題的章節和相關學程關係

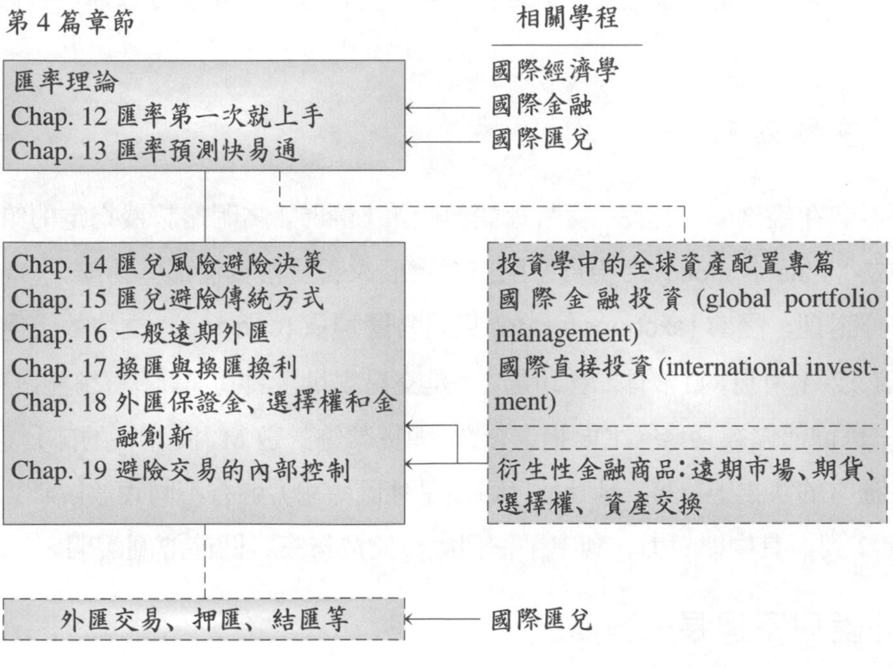

```
第 4 篇章節                          相關學程

┌─────────────────────────┐      國際經濟學
│ 匯率理論                  │      國際金融
│ Chap. 12 匯率第一次就上手  │◄──   國際匯兌
│ Chap. 13 匯率預測快易通    │◄──
└─────────────────────────┘

┌─────────────────────────┐      ┌─────────────────────────────┐
│ Chap. 14 匯兌風險避險決策  │      │ 投資學中的全球資產配置專篇      │
│ Chap. 15 匯兌避險傳統方式  │      │ 國際金融投資 (global portfolio │
│ Chap. 16 一般遠期外匯      │      │ management)                  │
│ Chap. 17 換匯與換匯換利    │      │ 國際直接投資 (international invest-│
│ Chap. 18 外匯保證金、選擇權 │      │ ment)                        │
│          和金融創新        │◄──   ├─────────────────────────────┤
│ Chap. 19 避險交易的內部控制 │◄──   │ 衍生性金融商品：遠期市場、期貨、  │
└─────────────────────────┘      │ 選擇權、資產交換              │
                                  └─────────────────────────────┘

┌─────────────────────────┐
│ 外匯交易、押匯、結匯等      │◄──   國際匯兌
└─────────────────────────┘
```

------虛線表示本書不討論。

至於見仁見智的安排則是國際權益投資 (international investment) 究竟應該擺在那裡，我的處理方式在投資管理中以一篇二章來說明國際金融投資。詳見拙著《投資學》（三民書局，2003 年 8 月）第二十章全球資產配置、第二十一章全球投資組合管理。

第一節　匯率是什麼？

匯率跟每個人生活息息相關，沙拉油、奶粉在 1998 年 4 月漲價，進口公司說那是為了反映臺幣匯率貶值所造成的進口成本上漲。阿公阿婆到東南亞旅行，1990 年時，1 泰銖折合 1.1 元臺幣，2003 年只剩 0.8360 元，14 年貶值 24%，二次都去過的人，會說臺幣變大了。

「匯率就是外國錢嘛！」這是一般人對匯率的看法，我們生活跟匯率息息相關，但是匯率是怎麼決定的？恐怕不是很多人知道，本章先回答這問題，尤其是本節先開門見山的讓你看到整個樹林的全貌。知道匯率是什麼力量決定的，便比較可以預測，進而採取相對應的匯兌風險避險措施；當然，另一方面也可以進行投機交易，發匯兌財。

一、什麼是匯率？

記得我在經濟碩士班修「貨幣理論與政策」課時，高明瑞教授指定的第一篇文獻標題是 "What is money?" 從貨幣的歷史發展來看貨幣具備那些功能。

同樣道理，匯率 (exchange rate) 只是各國通貨 (currency) 交換的比例關係罷了。由表 12-1 可見，貨幣有二種功能，一是交易支付工具功能，即貨幣總計數 M_{1a}、M_{1b}；一是價值儲存功能（主要指定存），即貨幣總計數 M_2 減 M_{1b} 的部分。

在匯率的決定上，這二種功能（可說是外匯需求）各有不同理論解釋，參見表 12-1 第 2 列，其中購買力、利率平價假說，將於第三、四節詳細說明。

二、外匯只不過是一種商品

把外幣當做一種商品來看，那麼「匯率」就是外幣的價格，由圖 12-2 可見，2003 年 7 月 18、21 日二天銀行間外匯供需決定出當天的收盤匯率。

表 12-1　匯率的功能和決定因素

貨幣功能	交易支付工具功能，M_{1A} (medium of transaction)	價值儲存功能，M_2 (store of value)	合　計
功能來源 解釋理論	決定貨幣 $P_d = eP_f$ 購買力平價假說 (PPP)，匯率反映二國實質購買力（例如物價）	存款利率，世界的錢往利率高的存款走 利率平價假說 (IRP)，匯率反映二國（存款）利率差	國際收支餘額說，適用於浮動（自由）匯率
均衡匯率決定前提	經常帳維持均衡，即沒有巨額貿易順差、逆差	金融帳近乎均衡	國際收支帳 (balance of payment, BOP) 維持均衡
失衡的調整	1. 所得調整（即所得吸納法， income absoption approach），順差國人民所得提高，對出口需求增加；外國對其出口品需求減少，到最後順差國貨幣會升值 2. 彈性分析法 (the elasticities approach)		貨幣分析法 (monetary approach)，對國際收支順差國家的貨幣需求增加，即貨幣超額需求；所以，匯率升值

e：匯率
d：本國 (domestic)
f：外國 (foreign)

圖 12-2　臺幣兌美元匯率供需圖形──銀行間外匯交易

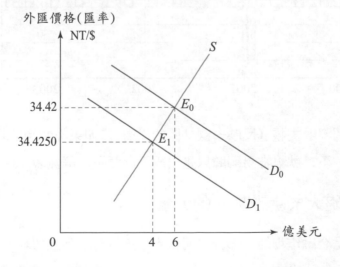

那你又會問:「什麼力量決定外匯供給、需求呢?」

對美元有超額需求,那麼美元就升值、臺幣比較不值錢了;反之,美元供給增加,美元兌臺幣就不吃香了。這也是表 12–1 中第 3 欄第 2 列中「國際收支餘額說」的主要涵義。國際收支順差的國家,其貨幣將升值 (因外幣多起來了,穀賤傷農);反之,國際收支逆差 (或赤字) 的國家,其貨幣將貶值 (因外幣不夠了,物以稀為貴)。

三、國際收支帳只是結果

由圖 12–3 可見匯率反映國家收支的結果,不過就如同發燒、咳嗽是感冒的癥狀一樣,國際收支匯率皆只是結果,不是原因。

圖 12-3　2000〜2003.QI 各季國際收支帳跟臺幣匯率

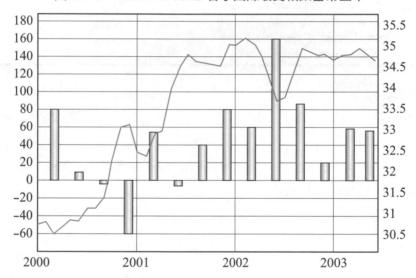

要想知道國際收支帳 (反映一國外匯的供需),如果你知道公司現金流量表,那麼互相比較一下,就更容易明瞭只是用詞不同罷了,詳見表 12–2。

四、商業基礎大於金融基礎的力量

外匯市場是金融市場的一部分,而後者大抵具有下列性質。

(一)需求包括商業、金融二種

表 12-2　國際收支帳明細 vs. 公司現金流量表

公司現金流量表	國家國際收支表
營業活動	一、經常帳 (current account) 　＋商品貿易順差 　－勞務貿易逆差 　（三角貿易、海運公司佣金支出） 二、資本帳 　－移民匯出款
投資活動	三、金融帳 (financial account) 　－海外直接投資 　＋外人來臺直接投資 　－證券投資淨額 　－銀行資金
理財活動（融資）	＋國際聯貸淨額 ＋海外證券發行淨額
	國際收支順（逆）差

以表 12-3 中來看，我們用房屋、農產品期貨來跟外匯比較，應該相差不遠。就近取譬，比較容易進入情況。

表 12-3　決定匯率的二股力量

市場	商業基礎 (commercial base)	金融基礎 (financial base)
外匯	一、經常帳 (+) 　1. 出口－進口 　2. 勞務、觀光 (−)	二、金融帳 (−) 　1. 對外投資－外資來臺 　2. 外幣存款 (−) 　3. 外匯存底孳息 (+)
房屋	自住（1 年約 12 萬戶）	投資（最高時 1 年 20 萬戶）
期貨	佔一成	佔九成

＋(−) 表升值（貶值）壓力。

㈡商業基礎凌駕金融基礎

農產品期貨市場交易只有一成是農戶和農產銷售商進行的避險交易，剩下的九成都是「沒有遮蓋」(naked、uncovered) 的投機交易，這些人是衝著獲利而來的。可是，真正決定期貨交易價格的力量還是來自商業基礎 (commercial transaction)，這些人「打死不退」、「有本支撐」(covered)；相形之下，投機交易者便顯得心虛一些。

　　再來看個生活中的例子，在理性時代，房價是由自住型買屋族決定的，雖然在1986～1990 年房市泡沫年代，投資型買屋族力量凌駕於自住型，但終究不持久。

　　同樣的，外匯現金一點孳息能力也沒有，硬把匯率炒翻天，也是悲劇收場。由表 12-3 可見，主要影響匯率因素依序如下：

　　1. 經常帳決定匯率趨勢： 1995 年以來，出超金額雖然有時萎縮至百億美元以內，但至少經常帳 (current account) 還是正的，持續性的增加外匯存底的金額。套句會計的觀念，經常帳就是一個國家來自營業活動的外匯現金流量。

　　2. 金融帳決定匯率起伏：「資金外移」這句話最足以描寫臺灣國際收支帳的狀況。套用會計上現金流量表的觀念，金融帳 (financial account) 包括二個項目：

　　⑴投資活動的現金流量：臺灣對外投資金額遠高於外資來臺投資(包括直接、股市投資)。

　　至於短期投資則是見風轉舵的，1995 年 2 月臺海軍事危機到 1998 年 10月，外幣存款曾高達 200 億美元（折合 7,000 億元），2002 年 7 月，外匯存款創紀錄高達 360 億美元或 12,616 億元，主要是投資人為賺取臺幣貶值所建立的外匯部分。這跟 1980 年代臺幣快速升值時，熱錢快速流入，真是天壤之別。

　　⑵理財活動的現金流量：主要是臺灣企業國際聯貸、證券發行，募集海外資金、結算成臺幣。至於外資來臺募資，金額則不大。

◆ 第二節　看懂外匯行情其實很 EASY

　　匯率行情表可能是金融行情表中最混亂、最容易把人搞迷糊的。首先是名詞一堆，包括即期匯率（其中包括銀行間外匯交易收盤匯率、中心匯率、參考匯價）、遠期匯率（又有三種表達方式，常見的有二種行情表，詳見 §16.1）。即期匯率行情表又分為直接、間接報價二種，亞洲、紐約美元匯率行情表和交叉率表又是二者夾雜。

　　誠如演員李立群在寶島傻瓜鏡片廣告中的一句臺詞：「把複雜的東西簡單化，貢獻」，在本節和第十六章第一節中，我們將分別說明即期、遠期匯率行情表；相

信應該可以讓你 "see better, look better"。

即期市場（買賣後，2 天內交割）的匯率報價，可分為直接、間接二種，但常用的則為「一外幣兌多少臺幣」的直接報價。

一、以中央伍為準的報價：直接報價 (direct quotation)

我們在電視、電腦、報價行情表上看到的匯率報價，絕大部分是直接報價，例如 1 美元兌 34.50 元臺幣，日圓兌 0.2974 元臺幣；或換另一個角度來看，要買 1 美元，「大約」需要 34.50 元臺幣。詳見表 12–4 中第 1、2 欄。

表 12–4　即期匯率的直接、間接報價

報價方式 說　明	直接報價 以外幣為主	報價方式 說　明	間接報價 以臺幣為主
(1)美元兌臺幣	34.50	(1)臺幣兌美元	0.029
(2)美元兌日圓	116		–
(3)日圓兌臺幣			
＝(1)／(2)		(2)臺幣兌日圓	
①完全報價	0.2974	①完全報價	3.36
②百元報價	29.74	②百元報價	336
＝①×100		＝①×100	

註：以「百元」為單位的還有韓元、印尼盾，因其幣值較小。

這種報價方法從 1978 年起世界各國兌換美元時所採用，其他幣別也就跟著這樣用了。

直接報價的結果跟我們對股票的習慣正好相反，例如昨天美元兌臺幣匯率為 34.6，今天為 34.5，我們說今天臺幣升值 1 角，但價位都往下來，也就是匯率走勢圖上，匯率越低，代表臺幣越漲（或稱多頭）。

在第十六章第一節中我們還將說明遠期匯率跟即期匯率間升水、貼水、平價關係。

看記者寫匯率，有時被搞迷糊了，有些人用臺幣升值、有些人說美元貶值，又是看空美元、看多臺幣的。其實，萬變不離其宗，我都採取講一邊的評估，「臺幣匯率」其實是指美元兌臺幣匯率，是站在美元的立場，你把「美元」當一支股票來

看，匯率從 34.50 變成 35，可以說美元漲價了。而在 1 比 34.50 元時，正港臺幣（兌美元）匯率應該是 0.029，即 1 元折合近 3 美分，這就是下述的直接報價。

二、以我為準的「間接報價」(indirect quotation)

站在本國貨幣的觀點來報價，反倒稱為間接報價，例如表 12-4 中第 3、4 欄，表示 1 元臺幣值 0.029 美元、3.36 日圓，只需把直接報價匯率取倒數就可以了。

大部分人都已習慣直接報價，看到間接報價反倒覺得彆扭；不過，有二種機會會看到間接報價情況：

㈠國際（如亞洲、紐約）匯市美元匯率表

例如英鎊匯率 1.6，是指 1 英鎊等於 1.6 美元。也就是一個匯率表上，夾雜著直接、間接報價匯率。

除了英鎊外，還包括澳幣、紐元、歐元，前三者皆屬大英國國協國家，汽車靠左開的，它們採取「以我為尊」的原因也很單純，因為第二次大戰前，英國國勢強，英鎊自然成為國際通貨。第二次大戰後，美元取代英鎊的國際地位，但是英鎊報價方式則成為慣例；歐元也延續此精神。

㈡交叉匯率表

在報上常會看到「國際主要貨幣交叉匯率」、「臺幣及國際主要貨幣兌換點」，除了第 1 欄常以美元表示（即直接報價），其他欄（例如港幣、英鎊）可說是間接報價，省得你去換算。

三、買價／賣價

銀行掛出的匯率行情表，上面有買入、賣出匯率，那都是站在銀行的立場，以表 12-5 為例，臺灣銀行以 34.42 元向客戶買入美「元」（不是美鈔），至於客戶向銀行買美元的匯率為 34.52 元。1 美元買賣價差 0.1 元，這是銀行的利得，這價差也是多年的習慣。

至於每家銀行買賣匯率皆不同，跟銀行存放款利率不同一樣，主要是反映其收入成本結構。至於每家銀行中心匯率怎麼決定的，我們將在圖 12-6 中說明。

表 12-5　銀行即期美元參考匯價

2003.7.22　　　　　　單位：臺幣

銀行名稱	即　期	
	買入 (bid)	賣出 (ask、selling 或 offer)
臺灣銀行 ⋮	34.375	34.475

四、交叉匯率

由表 12-6 可看出，只要知道：

‧臺幣兌美元匯率。

‧美元兌日圓匯率。

就可知道臺幣兌日圓匯率，這種臺幣對「雜幣」匯率計算方式經過美元換算方式，稱為交叉匯率 (cross rate)，舉一個例說明，詳見表 12-6。

表 12-6　三種貨幣間的交叉匯率

	臺幣	美元	日圓	
臺幣	1	0.029	3.36	直接報價
美元	34.5	1	116	
日圓	0.2974	0.00862	1	
間接報價				

用以計算交叉匯率的是各幣別的銀行間外匯市場的收盤匯率，不過這也只是大致參考用，實際掛牌匯率則各銀行皆不同。

跟著交叉匯率來的「套匯」觀念，一旦同一市場中各幣別的買入、賣出價沒報對，就會出現三角套匯機會，例如「買美元、賣日圓」賺匯率。

要是你專門配備有人進行套匯率賺錢，那鐵定是有套利機會的，像張永清 (1995年) 以美元、英鎊、日圓、瑞士法郎相互報價，發現套匯空間存在；每 1 美元約有 1 到 500 個基本點的套匯利潤，而且套匯機會存在時間超過 3 分鐘；不過量並不大，所以無法大賺。

五、不同的「錢」型態，價錢有差

雖然都是「錢」，但是不同的「型態」(form)，銀行的交易價格也有差別，由表 12–7 可見。銀行對「現鈔」比較不喜歡的原因主要是它沒利息收入，而且還得運輸處理，主要是在臺灣各分行彙總後，再航空送到國外（例如香港）的銀行去存，存入後才有利息收入。

表 12–7　銀行間對客戶外匯交易

臺灣銀行參考匯價			(2003.7.21)	
幣　別	買　入		賣　出	
	即　期	現　金	即　期	現　金
美　元	34.3750	34.0750	34.4750	34.6100
港　幣	4.3840	4.2820	4.4440	4.4800
澳　幣	22.1700	21.9400	22.3700	22.6300
加　幣	24.3400	24.0700	24.5400	24.7800
英　鎊	54.4400	53.5500	54.8400	55.4600
星　幣	19.4900	18.9900	19.6700	19.8700
日　圓	0.2884	0.2817	0.2924	0.2924
瑞典幣	4.1300	3.7600	4.2300	4.1800
瑞士法郎	25.1400	24.4800	25.3400	25.6200
南非幣	4.4600	–	4.5600	–
歐　元	38.5900	37.9400	38.9600	37.3800
紐　幣	19.5800	19.2900	19.7800	19.9800
印尼幣	–	0.0038	–	0.0044
菲　幣	–	0.5959	–	0.6856
泰　銖	0.8160	0.8012	0.8360	0.8714

這表示：

1.買進價低：如同前述，銀行向客戶買進外幣現鈔的處理成本比旅行支票、電匯等高，所以出價就較低，買入 34.075，低於 34.375。

2.賣出價高：銀行留外幣現鈔在手上等客戶買，此期間沒有利息收入，難怪賣出價較外幣支票高，買入 34.61，高於 34.475。

第三節 貨幣交易功能時的匯率決定
——實質有效匯率指數

「錢」主要的功能在於作為交易媒介,藉由它,一個月薪 41,400 元的上班族,便可以吃 436 次麥香堡餐(一餐 95 元),勞力付出的收入跟食物支出,透過「錢」有了公正的換算單位,這跟物質的比重以水作為基準 1 的道理是一樣的。

「匯率」更是抽象的,它只是代表二種通貨 (currency) 間的購買力的關係罷了,如同 1 英里等於 1.66 公里中的 1.66 一樣。只是,由於雙方物價、購買力經常在變,所以匯率是變動的。

接著,由圖 12–4 可見,我們將從最簡單情況(只有 2 國、1 種商品)來說明匯率是怎麼決定的,然後擴大到 3 國、N 國(無數種商品),跟高一數學中演繹法的推理一樣,應該讓你輕而易舉的瞭解匯率是怎麼決定的。

圖 12–4 從購買力來衡量匯率的四種方法

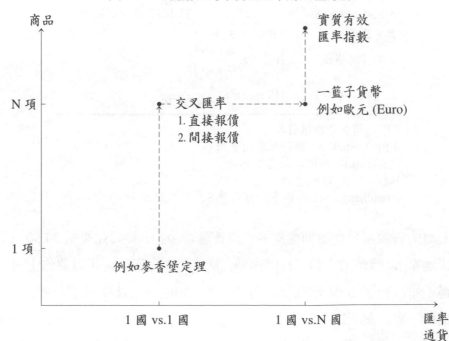

一、從最簡單情況開始

我們從一個最單純情況來瞭解匯率是怎麼得到的，由表 12–8 來看：

1. 只有 2 國，臺灣、美國；2 種通貨，臺幣、美元。

2. 一種商品，土司麵包，假設這是維生基本食物——「麵包與愛情」。

3. 每年物價上漲率，臺灣為 1%、美國平均為 2%，由於只有一種商品，那麼「物價上漲率」其實只是麵包價格上漲率。為了切合當前匯率，所以我們假設在 2003 年元旦時，臺灣土司麵包價格 34.50 元、美國的 1 美元，而且價格調整可以以「角」、「分」為單位。

4. 以一年變動來舉例，省得由期間變動率來換算成年變動率。

表 12–8　購買力平價假說舉例和公式

日期　匯率	2003.1.1	2004.1.1	2005.1.1
(1)臺灣 (CPI 1%)	34.50	34.845	35.193
(2)美國 (CPI 2%)	1	1.02	1.0404
(3)匯率 (e) = (1) / (2)	34.50	34.1617	33.826

實質匯率	相對購買力
1. 事實（事後）	$e_{t+1} = e_t \cdot \dfrac{1 + CPI_d}{1 + CPI_f}$
2. 預期（事前）	$E(e_{t+1}) = e_t \cdot \dfrac{1 + E(CPI_d)}{1 + E(CPI_f)}$

CPI：消費者物價指數
d (domestic)：本國，此處指臺灣
f (foreign)：外國，此處指美國
E (　　)：取期望值
e (exchange rate)：匯率，有人用 S、有人用 π

由上面的假設可見在這個虛擬的經濟實驗室中，1 美元兌臺幣 34.50 元，這就是臺幣「匯率」，抽象的字有了具體內涵，即 34.50 元到美國可以買條土司。

經過 1 年，到了 2004 年元旦，由於中美二國的麵包都漲價了，美國漲得比臺灣多，這麼一來，美元比 1 年前「不值錢」了，臺幣匯率升值為 34.1617 元，1 美元只值臺幣 34.1617 元；這時須要 1.02 美元才能在臺灣買到跟美國一樣的土司

麵包。

再過了 1 年，到了 2005 年元旦，臺幣匯率變成 33.826 元了。

㈠不「平價」就有套利空間

如果匯率無法真實反映二國商品價格，例如 2003 年元旦時匯率為 36 元，那我們將會看見下列情況：

1. 美國人會大量向臺灣買商品，因為比美國自製的便宜嘛！久而久之，臺灣商品會因缺貨而漲價，美國商品會因進口品增加而價格下跌。

2. 將會出現外匯黑市交易，美國人來臺觀光將不再到銀行換臺幣，可能連飯店的服務生都私下兼作「倒爺」(大陸的用詞，指地下外匯交易商)。最極端的發展是像印尼等，發生「寧愛美元，不愛國幣」的通貨替代 (currency substitution) 情況，這是「套匯」(currency arbitrage) 的一種。

這二股力量會把「錯誤的」匯率推向正確的、均衡狀態下的匯率，至於時間表 (進程) 倒不容易估計。這便是「購買力平價假說」(purchasing power parity hypothesis, PPP) 的精神所在。

㈡誰的錢大，誰的錢小？

偶爾聽到別人說：「臺幣變得比較大，比較好用」，這當然是指臺幣升值了，難怪外幣就顯得「小」了。

此外，還有個有趣現象，匯率高低跟國民所得呈正相關——除了少數例外，詳見表 12-9。也就是國民所得比臺灣高的國家，其 1 元貨幣比臺幣 1 元還「大」，例如新加坡國民所得為臺灣的 2 倍，1 新元約折合 20 元臺幣。

表 12-9　幣值大小跟國民所得的關係

國民所得比臺灣高或低	低	高
例如		四小龍中的香港、新加坡
例外	大陸 馬來西亞 南非	日本、比利時 義大利 西班牙

各國幣值的大小跟歷史比較有關，前述「所得高，錢就大」也是有道理的。

二、從 2 國 1 商品到 2 商品

剛剛只討論「2 國、1 商品」，如果稍微複雜，變成下列情況。

1. 2 國「2」商品：那就如同股價「加權指數」一樣，匯率反映的是 2 項商品的加權平均價格。

2. 3 國 1 商品：增加 1 國，並不會使匯率計算更複雜，例如增加了日本，1 條土司日圓 116 元，那就可得到 3 國間的匯率關係。

三、從 2 種貨幣到多種貨幣

從最簡單的「1 對 1」到「1 對多」便是「一籃子通貨」，足以衡量臺幣對某些通貨貶值、對某些通貨升值，總的來說究竟是升值還是貶值呢？

實際情況，歐元 (Euro) 是 12 個歐洲國家的加權平均匯率下的通貨，只是臺幣並沒有對外公佈一個「臺幣實質有效匯率」罷了，因為這看不出多大意義。那麼，要怎麼做才能簡單明瞭看得清楚臺幣匯率究竟是漲或跌、離「目標區」有多遠？只需多一道功夫就可完工，那就是把實質有效匯率「指數化」。

四、實質有效匯率指數

就跟行政院主計處拿四百多樣食衣住行育樂消費的價格來編製消費者物價指數，以讓我們能抓住民生物價的全貌一樣。

購買力平價假說涉及多個國家的物價比較，如何才能衡量臺幣和其他通貨間的合理匯率，全面性的衡量工具便是「實質有效匯率指數」（index number of real effective exchange rate 或 real effective exchange rate index）。

㈠實質、有效

此指數有二個用詞須特別說明。

1. 實質 (real)：任何「實質」一詞皆指經過物價指數平減，大部分以消費者物價指數作為平減因子，但是經建會的則以躉售物價指數為準。

2. 有效 (effective)：這個字跟「加權平均」的意思一樣，例如以出口比重來說，美國佔 24%，此「出口比重」又常稱為「市場集中度」，臺灣出口對美國市場依賴

程度已越來越小，反倒是香港（轉口貿易）、大陸異軍突起，這反映出貿易地區結構的改變。

㈡一言以蔽之

簡單的說，實質有效匯率指數就是「臺幣匯率的物價指數」，它衡量跟基期比，臺幣究竟是「更值錢」還是「更不值錢」了。它以基期時為 1（即 100%，但指數化時去掉 %）。當此指數為 95 時，表示臺幣匯率比基期時下跌了 5%。這跟物價指數一模一樣，我們看到物價上漲了 1%，物價指數其實是 101。

由表 12-10 可見，消費者物價指數在衡量臺幣對國內商品的相對購買力，101 的消費者物價指數表示基期 100 元的東西，今年得用 101 元才買得到。同樣的，實質有效匯率指數衡量臺幣對多個國家商品的購買力，只是意義稍微需要解釋一下。它比較的是跟基期比究竟是高估 (overvalued)、升值或低估 (undervalued)、貶值了。

表 12-10　消費者物價、實質有效匯率「指數」比較

項目 ＼ 指數	比較對象（成分）	「指數」的一般內容		
		基　期	編製方法	權　數
消費者物價「指數」	400 樣核心消費商品和「服務」（公車票價、托嬰費用、學費……）	第 10 年為基期年，例如 90 年	幾何平均	依消費支出比重
實質有效匯率「指數」	12～17*國匯率	同上，或「定基」（如股價指數以 55 年為基期）	同上	1. 雙邊貿易 2. 出口貿易，每年更新 1 次

* 以行政院經建會編製的指數來說，便包括美元、日圓、港幣、歐元、英鎊、韓元、星幣、菲律賓披索、馬來西亞幣、泰銖、印尼幣和人民幣等作為「通貨籃」（一籃子通貨）。

㈢不能再局部推論

瞭解了實質有效匯率指數的性質後，你就不會再相信有些銀行業者、記者，只抽一、二個通貨，便說「從今年以來，臺幣升幅不若日圓，因此還有升值空間」。

這個道理就如同你不能由燒餅油條漲價，就推論物價全面飆升一樣。

五、實質有效匯率指數有點測不準

就跟消費者物價無法精準抓住物價的全貌一樣，實質有效匯率指數基於表 12-11 中所載原因，衡量誤差更大，不過雖不中亦不遠矣！

表 12-11　實質有效匯率指數不足以衡量實際匯率的原因

	理想狀況	實際狀況	說　明
經常帳	均衡	出超（即貿易順差），即失衡	1.當政府維持貿易出超目標時，幣值本來就會被低估 2.貿易雙方對出超金額認定不一 3.非價格因素，造成出超（或入超）存在，不受匯率影響
物價衡量	GDP deflator	CPI（消費者物價指數）	有衡量誤差，即 CPI 並不足以代表整個國家的物價；此外，CPI 是否足以代表消費者物價，也有爭議
衡量國家	所有貿易往來國家	挑重點，15～17 國	不過，這方面所造成的衡量誤差小到可略而不計，因為 17 國的貿易額已佔了臺灣對外貿易額 98% 以上
衡量期間	每天、隨時	每月，而且上月 CPI 係本月 20 日才公佈，有些國家更晚	
權數	每月變動	每年變動	每月變動權數比較不妥，有時因季節性因素會有較大影響。每年更新一次，往往貿易結構已有大變動

㈠根本上的問題

匯率主要反映國際收支帳的結果，經常帳雖然是最大、最重要的部分，但是終究不是全部，所以根據經常帳（例如權數）計算出的實質有效匯率指數難免無法代表全貌。

㈡基期仍有貿易順差

挑選基期可有二種方式，但是以變動基期為主。

　1.固定基期。

　2.變動基期。

就跟 1998 年 11 月 18 日觀看獅子座流星雨要挑「光害」最小的地方（例如澎

湖、墾丁、七星山）一樣，最適合當基期年的首推貿易平衡，但是由於臺灣皆處於經常帳順差，所以只好挑順差最小的一年。這也難怪中央銀行挑 1994 年，經建會的原基期為 1992 年，在 1998 年時調整為 1994 年，以便跟中央銀行一樣。至於外匯發展基金會的以 1993 年為基期，《經濟日報》的以 1995 年為基期。

㈢消費者物價指數是落後資訊

每天指數的編製其實很容易：

1. 輸入當天的收盤匯率。

2. 每月 20 日左右輸入剛公佈的各國消費者物價指數，如果有些國家沒有此項資料，那就用其他物價指數替代。

3. 每年 1 或 2 月輸入剛公佈的上一年度臺灣跟 17 個貿易國外貿交易，進而計算出的二種權數，即出口比重、雙邊貿易比重。

由上述資訊看出，實質有效匯率指數包含了二個落後近 1 個月的資訊。

㈣編製單位

市面上看得到實質有效匯率指數有《工商時報》、《經濟日報》、行政院經建會和外匯發展基金會編製的，至於中央銀行制訂匯率政策所參考自編匯率指數則不對外公佈。

不管你參考那一家的數字皆可以，只要不歧路亡羊就可以了。

六、難怪仍停留在「假說」階段

不論是購買力平價假說或利率平價假說，皆無法百分百無誤的解釋匯率的變動。這也難怪，以前者來說，早於 1918 年由瑞典經濟學者 Gustav Cassel 提出，歷經 90 年，在學術領域仍未能由羅漢修成正果，無法進階成為理論，而一直停留在尚待驗證的「假說」階段。

第四節　價值儲藏工具時的匯率決定
——利率平價假說

「賺錢無國界」、「人往高處爬，錢往利字去」，這些都在形容天下有賺不完的

錢。那麼來看一下，表 12–12 的情況，如果你是美國人你會怎麼辦？既然臺灣存款利率高於美元 0.8 個百分點，那就乾脆開個外幣存款帳戶，用美元買臺幣（即美元兌換成臺幣），然後再存入臺幣定存。

表 12–12　無套利機會時的匯率決定方式

時　間 套利狀況	2003.1.1	2004.1.1 無套利機會時
（美元兌臺幣）匯率	34.5	？
臺幣存款利率	1.4%	同左
美元（存款）利率	0.6%	同左
利率差距	0.8%	同左

如果很多人都這麼「套利」（賺取利差），那麼臺幣匯率絕對不會文風不動。2004 年 1 月 1 日，臺幣匯率（其他情況不變下）將會貶值 0.8%，而成為 34.776 元；這麼一來，2003 年 1 月 1 日存臺幣定存的美國人所賺到的兩國利差，將被臺幣匯兌損失所完全抵消。

這種匯率是兩國利率差的「調整項目」的學說，便稱為「利率平價假說」(interest rate parity hypothesis, IRP)。

一、遠期匯率就是這麼決定的

由於不讓投資人有套利機會，所以銀行的遠期外匯的報價基本上反映的就是利率平價假說。

二、遠期匯率絕不是未來即期匯率的不偏估計值

有沒有聽過這樣的說法「你想知道你太太 20 年以後會長得什麼樣子，看看她媽媽就知道了」。同樣的道理，有些學者主張，「遠期匯率是未來即期匯率的不偏估計值」，可惜，實證並不支持，套個公式說：

$$S_{t+90} \neq a_t + F_{t,\,90}$$

90 天後的即期匯率並不等於今天 90 天期遠匯匯率，上式你可以跑迴歸分析去驗證，證明利率平價假說站不住腳。為什麼會這樣？最重要的還是回到基本面，利率平價假說並無法回答今天「1 美元兌臺幣 34.5 元」是怎麼來的，而這主要（趨

勢）決定於經常帳。

三、利率平價假說是違反直覺的

相信你常會看到下列報導：

‧1998 年 8 月，美國聯邦準備理事會調低聯邦基金利率半碼，由於美國利率走低，美元匯率走勢將走疲。

‧南非為了支撐其匯率，1998 年 7 月時，3 個月期定存利率高達 19%。

貿易赤字國家（主要是美國）無異舉債向外國借錢買東西，為吸引外國投資人買它發行的公債，所以債券利率很有吸引力。因此，透過金融帳順差以彌補其經常帳逆差，匯率才不致一洩千里。

由實務上短中期的資金往利率高的貨幣去走，根本沒有利率平價假說所主張「今天賺利差，明天賠匯差」的情況。

㈠利率不影響匯率

利率對匯率的影響極其有限，但是匯率升貶卻仍是金融投機客炒作匯率的好題材。一國利率較高，是否真的會導引國際資金流入，而促使匯率上揚？理論上確實有可能，然而事實上以熱錢流速之快，會流入銀行體系長期存放套利者很少，顯然微薄的利差根本不是熱錢獲利的標的；藉著利差這一題材強化一國幣值升值的預期心理，以在短期賺取豐厚的匯差，恐怕才是熱錢在國際上竄流的真正目的。

在狂飆的年代，二國利差極容易被充作匯率升值的藉口。由表 12–13 可見，舉例來說，南韓從 1990 至 1991 年金融風暴前的基本利率一直在 9～11% 間，比臺灣高出 2 至 4 個百分點，更比日本高 5 至 7 個百分點。但是 1990～1996 年卻未見升值，反而貶值 15%。同樣的，臺灣在 1986 年基本利率僅 5.5%，遠低於美國 8%、英國 9.5%、法國 9.45%，理應不是熱錢覬覦的對象（因熱錢匯入的利息遠不如留在美、英），臺幣應該沒有升值的條件才是，但是靠著「貿易順差」過大的題材，臺幣匯率 1 年間照樣由 35 兌 1 美元升至 28 兌 1 美元。

日本從 1996 年以來已幾近零利率，如果利率真對匯率有絕對的影響力，資金理應大舉出走賺利差，日圓匯率豈不該大貶特貶，惟 2002 迄 2003 上半年來日圓竟升值 10%，道理何在？

表 12-13   1985～1996 年匯率跟基本利率

年	匯 率			基本利率 (%)			
	日圓	臺幣	韓元	日本	臺灣	南韓	美國
1985	200	39.8	890	5.7	7.0	10.0	9.5
1986	159	35.5	861	5.0	5.5	10.0	8.0
1987	123	28.5	792	4.2	6.2	10.0	8.2
1988	125	28.2	684	3.4	6.2	10.0	8.7
1989	143	26.2	679	3.4	10.5	10.0	10.5
1996	116	27.7	844	1.6	7.0	11.1	8.2

資料來源: 各期經濟統計指標速報。

　　顯然, 長期來說, 利率跟匯率沒有因果關係, 利率過高理應只是會吸引長期的資金, 而不可能吸引短期的熱錢, 因為期間太短, 存款利差有限, 而從 1980～1990 年代的主要國家資料也顯示兩者的關係極微弱, 因此, 一國央行有否必要為固守匯率來調降利率, 不無疑問。

　　美國麻州理工學院著名經濟學者克魯曼對於匯率跟總體經濟的關聯性曾經相當失望的表示:「我對金融市場從有信心變為沒信心, 一個重要原因是 1984～1985 年初期美元急劇升值 (之後廣場協議, 美元開始走貶), 期間並沒有伴隨明顯的經濟基本面消息。」這些沒有規則可循的經濟現象, 也許就是凱因斯所說的在酒杯跟嘴唇間所發生的許多滑脫事故吧! (工商時報, 2002 年 7 月 7 日, 第 11 版, 于國欽)

㈡「借美元存港幣」套利空間

　　利率平價假說不被支持的例證之一為表 12-14 所舉的實際情況。由表可見, 由於香港採取釘住美元的聯整匯率政策, 所以便產生套利空間。以 1998 年 12 月為例, 在香港借美元, 利率 6%; 存港幣定存, 利率 6.25%, 有 0.25% 的套利空間。

表 12-14   牌告匯率的決定方式

	暫停交易	固定匯率	釘住美元	管理匯率	浮動或自由匯率
國家或地區		開發中國家, 例如馬來西亞、大陸	香港、大陸	臺灣	已開發國家

　　由於遠匯匯率並未反映出此利率差, 所以今天借美元存港幣, 並立刻預購美元 (償還 6 個月後美元貸款), 完全沒有匯兌風險。(經濟日報, 1998 年 12 月 8 日, 第 5

版，仝澤蓉）

四、利率平價假說適用情況

當預期臺幣將大幅升值（或貶值）時，遠期匯率不僅不反映二國通貨利率差距，甚至還豬羊變色，最明顯的莫如 1998 年 10 月起，臺幣從 34.5 元價位快速升值，依利率平價假說（表 12-14 中情況），臺幣遠匯報價應是比即期匯率貶值（俗稱貼水，不過我們不喜歡這名詞），但你看外匯行情表，遠匯竟然呈現升值（俗稱升水），可見利率平價假說只適用於一個理想情況，那就是經常帳幾乎平衡時，例如 1993～1995 年時。

就這觀點來說，利率平價假說比較適合放在遠匯市場一節中討論。只因所有匯率理論皆會著重此說，我們也只好從眾了。

第五節　真實匯率在那裡?

雖然匯率是市場交易的自然產物，但是不少開發中國家中央銀行覺得可以透過匯率政策 (foreign exchange rate policy) 來達成經濟目標。尤其是壓低匯率（幣值低估），例如 1986 年以前的臺幣匯率維持在 1 比 40。如此一來，有雙重效果：

1. 刺激出口，具有出口補貼效果。

2. 壓抑進口，因幣值太低，進口成本高，相形之下，較難跟國產品在價位上競爭。相較之下，進口關稅只有單面效果，而且常常會被外國人「釘」。許多開發中國家還採取匯率政策來作為「保護傘」。大陸稱有此心理的企業為「懶漢心理」。

當然，事情總有正反二面，大部分開發中國家壓低幣值以便「賤價出口」（有時稱為流血輸出）。另一方面，不少債務國打腫臉充胖子硬把匯率撐在那邊，尤其是採取高利率（例如 1998 年的俄羅斯、南非）支撐匯率，以免匯率一洩千里，變成 1982、1994 年時的拉丁風暴或 1997 年的東南亞金融風暴。

人為扭曲的官定匯率，偏離市場的均衡匯率，如何才能找到真正匯率? 以免到時官定匯率撐不住了，壓傷了自己。

一、四種匯率制度

由上面的分析，依自由化程度，可以把外匯市場分成四大類，詳見表 12-14。

全世界國家沒有一個採取純粹的浮動匯率制度 (pure exchange rate system)，許多國家央行為了維持市場穩定，遇到特殊情況時會進場調節，甚至採取多國聯合干預行動。有些國家，例如 1980 年代的日本，雖明言管理浮動匯率制度，但卻操縱日圓貶值以刺激出口，並使出口競爭國面臨極大貶值壓力，因此被國際間稱為骯髒浮動 (dirty floating)。

央行指出，臺灣從 1979 年起採取管理式浮動匯率制度至今，臺幣匯率能因應國際收支進行調整，避免因為美元對日圓、歐元大幅貶值，而臺幣係釘住美元，導致臺灣出口大幅增加，引發物價上漲壓力；此外，管理式浮動匯率可以因應國內外經濟金融情勢調整，受國際熱錢攻擊的機率相對較小。

2001 年 7 月 10 日，針對部分媒體報導臺塑集團董事長王永慶建議採取固定匯率制度，中央銀行外匯局長周阿定表示，臺灣採取管理浮動匯率制度 (managed floating exchange rate system)，最高原則即尊重市場，但是有季節性、偶發性和不正常預期心理時，央行會進場調節，以兼顧國際收支變化與金融市場穩定，此匯率制度目前不擬改變。(工商時報，2001 年 7 月 11 日，第 4 版，劉佩修)

二、如何判別幣值高估或低估

不需要對任何國家經濟、國際收支帳有所研究，光在入境時填寫申報表單時，大抵可以判斷這個國家通貨匯率是高估還是低估，由表 12-15 可見，像海地、俄羅斯盧布等幣值高估貨幣，限制外人帶進外幣金額。

反之，幣值偏低的貨幣，在國外則是人見人愛，例如 2003 年時，海外 33 元兌 1 美元，然後到臺灣，銀行匯率 1 美元兌 34.5 元臺幣。錢只要出入境一次，33 元便可變成 34.5 元，期間報酬率 4.545%。難怪連大陸風景區，攤販賣紀念品收 4 種外幣，臺幣是極受歡迎的外幣。中央銀行只好限制國人出境時帶出臺幣的數量，當然對外幣現鈔限額這是各國慣例，以防止黑錢的流通。

表 12-15　匯率失衡情況下的判斷方式

失衡說明	幣值高估	幣值低估
特色	連本國人都不想要，大家喜歡外幣，產生「通貨替代」現象	連外國人都搶著要，通貨大量外流，中央銀行趕印
舉例	馬幣，官定匯率 1 美元：3.8 馬幣，黑市 1 美元：4.2 馬幣	
政府外匯管制措施	1. 禁止人民持有、買賣外幣 2. 處罰，海地抓到黑市交易 1 美元就關 1 天 3. 使用外匯券 4. 限制外人帶進外幣金額	4. 限制國人出境帶出臺幣的數量

三、管制匯率制度時的真正匯率——以臺幣為例

　　管得了即期市場，往往管不了遠期市場，尤其是無本金遠匯 (NDF)，可說是「無本生意」(只限跟銀行往來良好的客戶)，此時的匯價便表達著零資金成本時的預期。

　　為了去除「時間不確定性」(在選擇權稱為時間價值) 的影響，所以比較以最短天期來看，無本金遠匯最短報價天期為 30 天，由表 12-16 可見，無本金遠匯跟一般遠匯換匯點的差異。

表 12-16　2003 年 7 月 21 日 NDF、DF 報價差距

	30 天		90 天		180 天	
	買進	賣出	買進	賣出	買進	賣出
(1) NDF	0	0.03	0.035	0.065	0.1	0.15
(2) DF	0.03	0.12	0	0.13	-0.03	0.13
(3) = (1) - (2)	-0.03	-0.09	0.035	-0.065	0.13	0.02

註：7 月 18 日美元收盤匯率 34.468 元。

四、幣值高估的匯率——以馬來西亞幣為例

　　馬來西亞為了避免馬幣進一步貶值，所以於 1998 年 10 月起實施外匯管制，報紙稱為貨幣鎖國政策；具體的說便是採取固定匯率：1 美元兌 3.8 元馬幣。(工商時

報，1998 年 9 月 2 日，第 5 版，徐仲秋）

外匯管制的第 1 週，外匯交易黑市逐漸形成，匯率為 1 美元兌 4.2 元馬幣。

任何有管制價格的商品（例如國寶），往往會有黑市價格出現；同樣的，官定匯率跟實際匯率相去甚遠的情況，黑市外匯市場應運而生。

㈠只知道方向，但是數值仍然不知

我們不能說黑市匯率就代表真實匯率，因為它還包涵二項：

1.政府處罰的成本：買賣黑市外匯，跟走私很像，被警察逮到，不僅交易款項沒入，而且還會被判刑或罰款，因此匯價中已把此項風險溢酬考慮進去。

2.「倒爺」的利潤。

㈡大約在中間

大約的說，黑市匯率、官定匯率間二一添作五，用來衡量真正匯率，以馬幣來說，黑市價 4.2、銀行價 3.8，那麼 4 可說是可能的真正匯率，約比銀行價低 5.26 個百分點。

由黑市交易猖獗程度，也可看出銀行匯率「離譜」的程度，如果大街小巷、火車站或是小吃店都有人在當「倒爺」，那可見銀行匯率「僅供參考」。

五、到了人生地不熟的國家怎麼辦？ ——麥香堡定理的運用

很多開發中國家不僅沒有編製實質有效匯率指數，而且黑市又不流行（像越南），那麼你怎麼判斷官定匯率是高還是低？低多少？

購買力平價假說最簡易的運用方式便是拿各國麥當勞的麥香堡餐的定價跟美國相比，來反推各國匯率是高估或低估，這便是麥香堡指數 (Big Mac index)。

㈠麥香堡指數的緣起

英國《經濟學人雜誌》一年一度編製「漢堡經濟報告」，這本雜誌從 1986 年開始發佈「麥香堡指數」，藉此檢視世界各國的幣值是否合理。

「漢堡經濟報告」的基礎是購買力平價假說，這種理論是最古老的國際經濟概念之一。該理論認為兩種貨幣之間的匯率會逐漸向特定匯率緩慢趨進，達到特定匯率後，數量相同的貨物和服務在每個國家的交易價格都一樣。換句話說，1 美元在世界各地可以買到的商品數量都一樣。

　　這份報告研究的商品是麥當勞的麥香堡,約 120 個國家的麥當勞店都提供這種漢堡。在「麥香堡購買力平價」的匯率下,每個國家的麥香堡價格相同。把實際匯率跟購買力平價匯率加以比較,就可以得知幣值被低估或高估。

　　可能有人覺得「麥香堡指數」讓人無法接受,這是因為購買力平價假說的前提是需要很長一段時間實現,而且用漢堡價格進行研究也不恰當。牛肉貿易障礙、銷售稅金和店面租金成本不同,會影響各國漢堡的售價。但是一項針對麥香堡指數進行的學術研究指出,在每年最被低估的主要貨幣上投資,是一項不錯的獲利方式。

　　麥香堡指數最大的成就是追蹤歐元幣值波動,1999 年 1 月歐元正式啟用時,幾乎所有人都預測歐元會對美元升值,但是麥香堡指數卻顯示,歐元一開始就被過度高估。索羅斯基金管理公司 (Soros Fund Management) 是全球最著名的避險基金,該公司就承認歐元啟用之初曾仔細考量「麥香堡指數」的賣出歐元信號,不久後卻決定忽略這項訊息;後來歐元果然大幅貶值。(*經濟日報,2001 年 4 月 21 日,第 8 版,黃哲寬*)

㈡麥香堡定理的吸引力

　　許多企業家都有判斷總體經濟景氣、產業(或行業)景氣的經驗指標,例如垃圾量、結婚人數。同樣的,1998 年 11 月中,美國《華爾街日報》有篇文章主張,只要觀察十個跡象,不必拿什麼經濟學博士學位,你自己也可以掌握世界經濟回春跡象。(*工商時報,1998 年 11 月 21 日,第 5 版,徐仲秋*)

　　一如前述《華爾街日報》的簡易法則,麥香堡提供了一個信手拈來就可比較的數字。它背後隱含的道理類似恩格爾係數(食物支出佔家戶消費支出的比率)的觀念,用最基本的「維生」價格來衡量兩個國民所得的購買力。而麥當勞恰巧是全球最普及的店,麥香堡餐又是成人餐中的招牌飯,這是麥香堡餐雀屏中選的原因。

　　不過在實際運用時須注意下列二點。

　　1.東吳大學國貿系教授鍾俊文表示,購買力平價假說係基於下列二個前提,即世界物價齊一、比較的商品必須是貿易財。但是麥香堡餐不是可以進出口的貿易財,尤其是其中的部分成本(例如房租、薪資)。

　　2.麥香堡餐售價反映的不僅是成本,還反映市場結構。英國 Micropal 基金評鑑公司前任總裁 Christopher Poll 認為,麥香堡在不同國家的需求彈性不相同,例如在

美國是主食，但是在臺灣還有休閒的功能，所以不能以一葉落而來知秋。

㈢ 2003 年狀況

2003 年 4 月 25 日，《經濟學人》雜誌報導，1986 年發明、用來衡量一國的貨幣價值是否適當的麥香堡指數，在預測匯率變動趨勢上具有相當的準確度，應該成為經濟分析師必要的參考數據。根據麥香堡指數，歐元兌美元匯價高估 10%，日圓低估近兩成，詳見表 12-17。

表 12-17　麥香堡指數

	麥香堡價格		隱含美元PPP	4 月 22 日美元兌當地貨幣匯率	當地匯率過高或過低
	當地貨幣	美元			
美國	2.71 美元	2.71			
大陸	人民幣 9.9 元	1.20	3.65	8.28	−56%
歐元區	2.71 歐元	2.89	1.00	1.00	+10%
香港	港幣 11.5 元	1.47	4.24	7.80	−46%
日本	262 日圓	2.18	96.7	120	−19%
新加坡	3.30 新元	1.85	1.22	1.78	−31%
南韓	3,300 韓元	2.63	1,218	1,220	
瑞士	6.30 瑞士法郎	4.52	2.32	1.37	+69%
臺灣	臺幣 70 元	2.01	25.8	34.8	−26%
泰國	59 泰銖	1.37	21.8	42.7	−49%

＋代表高估，－代表低估
資料來源：經濟學人雜誌。

但美元的跌勢恐怕無法就此停止，因為美國鉅額的經常帳赤字愈來愈難平衡，缺乏日本和歐洲的強勁國內需求，美國的赤字難以減少，美元所承受的貶值壓力就更大。其他值得注意的趨勢包括：2003 年澳元有可能出現最大幅的升值，英鎊兌歐元將持續貶值，而大陸人民幣匯率重估的壓力也愈來愈大。

2002 年 4 月麥香堡指數顯示美元匯率過高、達到顛峰，後來美元兌全球主要貨幣開始貶值，平均幅度達 12%。(經濟日報，2003 年 4 月 26 日，第 7 版，陳智之)

第六節　每天臺幣匯率怎麼決定的?

今天 1 美元兌 34.5 元臺幣，1 美元兌泰銖，這些數字又是怎麼決定出來的呢?

在本節中我們將運用前面介紹的基本知識，來說明每天臺幣匯率是怎麼決定的。

一、是不是國際貨幣沒關係——中央銀行只能順勢而為

臺幣並不是國際性貨幣，也就是沒有跨國集中市場交易，不過，這不代表中央銀行可以「關起門來做皇帝」的隨心所欲的決定匯率水準。

既然外匯是國際交易的一種媒介，那麼其價格便無法長期管制，雖然檯面上，銀行牌告匯率決定方式有 4 種，詳見表 12-14。不過討論匯率制度並沒有多大意義，因為「上有政策，下有對策」，在固定或管理匯率制度下，一旦牌告匯率被扭曲，那麼黑市力量會猖獗，至於公司則透過「出口報低、進口報高」方式把外匯盡量留在海外（1970 年代臺灣資金外流最主要方式）。

久而久之，低估的匯率也就在滴水穿石效果下宣佈失守。1997 年最明顯例子為 7 月 2 日東南亞金融風暴發生，各國匯率大貶，中央銀行力守 28.5 元價位，並且宣示不貶值。但民眾貶值預期強烈，資金外移、拿臺幣買美元結果，資金越形緊縮，利率攀高；股市從 8 月 10,256 點下滑。在一片哀鴻遍野聲中，央行只好「棄匯市救股市」，在 10 月 17 日棄守臺幣匯率。

連淺碟型外匯市場，銀行間成交額每天平均僅 4 億美元，央行外匯存底高達 1,700 億美元，但是跟市場逆勢而為，頂多只能「擋得住貶速，擋不住貶勢」。

二、一個看不見的腦——測不準定理

經濟學形容「市場（經濟）是隻不可見的手」，更準確的說，市場價格的決定更是「不可見的電腦」。碩士班畢業以前，一直認為有那麼多匯率理論，那麼每天匯率的決定，一定需要比 IBM「深藍」電腦還更大的超級電腦，才能精準的決定一個均衡匯率。

但是這是個「不可能的任務」，沒有人會這麼作的。尤其是當我碩士班畢業後，在《工商時報》擔任專欄記者，每週負責調查 12 家外匯銀行的首席外匯交易員，以預測下週的匯率；一方面也瞭解中央銀行「參與」外匯市場的匯率政策價位。

每天匯率的決定可用「測不準定理」來形容，外匯市場參與人士各自參考不同指標，參見表 12-18。

表 12-18　決定匯率的三種人士對合理匯率的判斷法則

人　士	判斷法則
中央銀行總裁	1.貿易出（入）超和經濟成長率 2.國際收支帳 3.實質有效匯率指數
投資需求的外匯交易員	1.當美元超額需求時，往「下」（貶值）測試，直至有賣盤為止；有超額供給時亦然，但方向相反 2.在管理匯率制度下，還得看中央銀行的態度 3.由 NDF 的價位、成交量來看（國外）客戶對臺幣匯率的看法
商業需求的進口公司、出口公司	國內外價格比較（比價），例如 1 部 PC 賣 800 美元，臺灣賣 25,600 元，電腦出口公司會認為匯率 32 元以上皆合理

至於今天銀行間外匯交易收盤匯率——例如 1 比 34.468，你問花旗銀行的首席外匯交易員是根據什麼理論，他會回答你「供需理論」，詳見圖 12-6。

至於套匯機會的存在，那可不需要什麼理論，只要手腦夠快，發現有「錯價」(mispriced) 存在，就代表有錢可賺。不過這還沒有回答前述收盤匯率是怎麼算出來的。

通俗的比喻，每天木瓜、豬肉零售價格的決定，何嘗不是跟匯率一樣，都是供需雙方（或其代表，例如消費者的代表包括批發商、零售商）推敲出來的，不會因為匯率是金融商品而使整個價格發現 (price discovery) 行為更富有學術味。

然而，雖然真正匯率沒人知道，但是成交匯率卻是「雖不中亦不遠矣」，以 34.468 來說，這只是收盤價，而一天中高低價常在 1% 的範圍內。所以開盤時匯率 34.475，到了收盤時也沒人說這個匯率是「錯的」，而收盤匯率 34.468 才是「正確的」。

測不準的精義反映在匯率價格上，正是像上述每天在某一百分比（例如 1%）

內「尋尋覓覓」。但在正常情況下，你不太可能見到如圖 12-5 中的大漲大跌的匯率走勢，除非是重大意外因素（例如美國出兵攻打伊拉克），否則經濟是連續的而不是「跳躍的」（例如單月出超金額由每月平均 6 億美元暴增為 12 億美元）。以臺幣匯率來說，正常情形下，每天會在小數點後二位數（即分）甚至三位數（即釐）變動，至於小數點後一位數（即角）升貶，那已是劇烈了。

圖 12-5　臺幣匯率個位、十位數改變所代表的漲跌幅

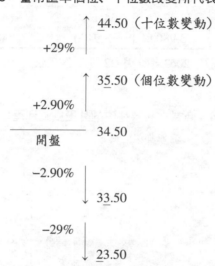

三、批發價的決定

匯率的決定方式跟果菜市場很像，有二個市場：

1. 批發市場。

2. 零售市場，根據批發市場價格再加成 (mark-up) 就成為零售價。

由於法令規定，只有銀行才能跟客戶買賣外匯，所以銀行便扮演類似股票市場中的證券經紀商的角色，幫大客戶透過外匯交易商去尋找交易對象（即人工撮合）。由圖 12-6 可見，臺灣共有二家外匯交易公司，老的稱為臺北外匯、新的叫做元太外匯，後者市佔率才二成。因此報紙報導的銀行間外匯交易（俗稱外匯市場）收盤價往往是指臺北外匯公司的。

外匯交易公司的角色跟證券交易所的功能是一樣的。

表 12-19　銀行臺幣對美元匯率

2003.7.21

	台北外匯		元太外匯	
	昨　天	前　天	昨　天	前　天
收盤	34.4250	34.4680	34.4170	34.4670
開盤	34.4750	34.4750	34.4500	34.4750
最高	34.4750	34.4850	34.4500	34.4850
最低	34.3800	34.4080	34.4000	34.4500
成交量最多	34.4230	34.4680	–	–
成交額（億美元）	3.9800	3.9400	1.6200	2.0300

資料來源：工商時報，2003 年 7 月 22 日，第 8 版。

圖 12-6　商業交易為基礎的外匯交易和匯率決定

昨天（2003.7.21（一））

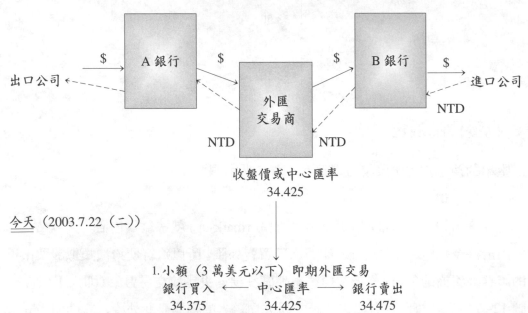

收盤價或中心匯率
34.425

今天（2003.7.22（二））

1.小額（3 萬美元以下）即期外匯交易
　銀行買入　←──　中心匯率　──→　銀行賣出
　34.375　　　　34.425　　　　34.475
2.大額交易（3 萬美元以上）
　(1)即期：議價
　(2)遠期：議價

四、零售價的決定

零售價（3 萬美元以下的外匯交易）是跟著批發價來的，每天各家「外匯銀行」（就是有外匯交易執照的銀行分行）開門，小額外匯交易大抵是依據昨天外匯交易市場的收盤價來作為中心匯率，只是各銀行稍微增減個幾分幾釐（四捨五入，只取小數點後二位數）罷了。

由圖 12-6 可見，當以 34.425 作為中心匯率，往下減 5 分（即 34.375）作為即期買入匯率，向上加 5 分（即 34.475）作為賣出匯率。買入和賣出匯率價差為 1 角，這是銀行的收入。

當天如果匯率大波動，銀行會隨時更改匯率，1998 年 10 月臺幣一天曾升值 7 角，有一家銀行一天最多時改 7 次，幾乎一小時一個匯率。

至於當天的大額交易，尤其是 50 萬美元以上的即期交易，銀行則向總行外匯交易室詢價，也就是匯率是「即時匯率」，至於遠期匯率也是以即時匯率去加換匯點而得到的。

許多大公司財務部皆有金融行情網頁，可以看得到銀行間外匯交易情形，並且可以去電給往來銀行總行外匯交易室的往來交易員下單，成交後會立即回報，並且討論交割日期（明天或後天二種，超過 3 天就變成遠期了）和帳戶。

個案：2002 年起美元匯率邁向空頭

美元是全球最主要貨幣，貿易（包括旅遊、留學，甚至買進口車）、金融（美元存款到股票投資）、移民，各國人士都跟美元息息相關。因此對於美元匯率走勢一如柴米油鹽醬醋茶一樣，必須了然於胸，不能「吃米不知米價」。

在長篇大論之前，先說明全篇結論：美元從 2001 年 7 月起開始走入空頭，預估 2004 年歐元兌 1.0 美元（詳見第十三章個案一）、美元兌 110～115 日圓（詳見第十三章個案二）。

一、1980 年以來 20 年好光景

1990 年代的經濟繁榮期，美元一直維持強勢，1980 年代的大部分時間也是如此。近代美國經濟政策最糟糕的時期要算 1970 年代，當時尼克森和卡特政府採納美國製造業協會 (NAM) 的建議，放任美元貶值，但是天堂並未降臨。

二、To be or not to be?

2001 年 7 月 9 日起，歐元兌 0.8325 美元，由最低點開始走強，顯示 1995 年以來的強勢美元似乎光芒漸弱。7、8 月時，美國辯論美國政府是否有必要繼續維持強勢美元的匯率政策；正反兩派的理由請見表 12-20。

表 12-20　強勢美元論戰

人名或機構	支持理由	人名或機構	反對理由
前美國財政部長歐尼爾	強勢美元可使美國龐大國際收支續獲挹注	英和法、德等歐元區國家	強勢美元增加歐洲進口商品、能源和其他以美元計價產品的成本，以致物價惡化、歐洲央行難以降息刺激經濟
前財政部長魯賓	修改強勢美元政策不利於物價控制、利率和資金流入	克魯曼	經常帳赤字惡化，美元貶值不致引發金融危機，有益於經濟
遠東經濟評論	強勢美元是支撐亞洲經濟的基本條件，即有助於亞洲出口	摩根士丹利經濟分析師詹恩與費爾斯	美國經濟復甦比預期差，應重新考慮強勢美元政策
外匯分析公司經濟分析師吉爾摩	美國經常帳赤字跟美元貶值無必然關係	高盛公司首席經濟分析師達德里	強勢美元削弱出口競爭優勢，縮小提振經濟成長的效應
德意志銀行分析師藍登	美元走強時，美國股市表現優於世界其他股市	通用汽車公司財務長狄萬恩等產業人士	強勢美元傷害製造業者的核心能力

㈠支持強勢美元

支持人士認為，強勢美元促使資金流向美國，可以使龐大的國際收支持續獲得挹注。此外，強勢美元壓低進口價格，有助於美國控制物價，1999～2001 年的經驗就是最佳佐證。再者，強勢美元是外國人對美國股票、公司債等美元資產需求增加，有利於美國公司降低資金成本。

(二)反對強勢美元

1.克魯曼把美元形容有泡沫味道：2001 年 8 月 11 日知名經濟學家克魯曼在《紐約時報》專欄指出，雖然美國財政部長歐尼爾 (Paul O'Neill) 一再替強勢美元政策背書，但是美元貶值可能來得比預期中快，而且對美國經濟有益。

克魯曼認為，強勢美元來日無多的原因是，美元長期升值的趨勢和科技泡沫破滅的過程相當類似。如同耶魯大學經濟學教授席勒 (Robert Schiller) 在《非理性繁榮》(Irrational Exuberance) 一書中所提，不斷上漲的資產價格就好比一場自然的「龐茲騙局」(Ponzi Scheme)，後繼投資人的資金成為先前投資人的獲利，但是這項過程終究會結束。

美元對其他工業國貨幣的匯率，從 1990 年代中期開始持續攀升，使得美國商品逐漸在全球市場喪失競爭優勢。克魯曼指出，從 1995 到 2001 年，美國的經常帳赤字暴增 4 倍，每年達到 4,500 億美元，毫無疑問地，這絕對是史上最龐大的赤字數目。更驚人的是，貿易赤字佔美國國內生產毛額的比率為 4.5%，比 1997 年亞洲金融危機爆發前夕的印尼和南韓還高。

在過去，如此龐大的赤字總會引發美元貶值，雖然有人認為這種規則已經改變。然而，1980 年代中期美元由高點開始貶值之前，也有人提出類似的論調，結果還是照跌不誤。克魯曼指出，1995 年墨西哥披索危機和 1997 年亞洲金融危機爆發前，他也聽過同樣的說法。(經濟日報，2001 年 8 月 2 日，第 2 版，陳智文)

IMF 和克魯曼主張美元須貶值的理由包括，1995 至 2001 年來美國經常帳赤字擴增 4 倍，資金缺口靠流入美國的龐大資金填補。現在美國生產力的改善不盡人意，維持強勢美元政策，致使美國經濟降溫無法像 1990 至 1991 年呈 V 型反轉，製造業競爭優勢不斷流失，並且抵消聯邦準備理事會 2001 年六度降息的效果。

2.企業界希望美元不要高估：除了國際金融機構和經濟學者外，多年來對強勢美元一直感到芒刺在背的美國產業界，包括通用汽車、刮鬍刀大廠吉列、化學巨人杜邦等公司也協力醞釀一股強大聲浪，要求政府重新考慮強勢美元政策。美國全國製造業協會主席瓦戈 (Frank Vargo) 抱怨說：「1996～2001 年 8 月美元兌各主要貨幣升值 30%，猶如在美國的出口產品上多課徵三成的進口稅。」未來幾月內，產業界勢將繼續向政府施壓，尤其在海外需求萎縮、全球競爭日趨激烈，以及企業大幅裁員情況下，美元高估對美國企業非常不利。(經濟日報，2001 年 8 月 27 日，第 8 版，林聰毅)

2002 年 5 月，新任主席傑西諾斯基 (Jerry Jasinowski) 再度向國會鼓吹他們的萬靈藥，表示

美元過高正在嚴重破壞製造業產品出口，刻意地剌激進口，並且讓數十萬美國勞工失業。(經濟日報，2002 年 5 月 5 日，第 2 版，陳澄和)

美國製造業協會估計，美元匯價過高已經導致美國企業過去 18 個月損失 1,400 億美元出口業績，並造成 50 萬人失業。該會從布希總統上臺後，就積極遊說改變美元匯率政策。(經濟日報，2002 年 5 月 31 日，第 2 版，陳智文)

(三)市場最大

1. 美元泡沫化? 華爾街券商裡，摩根士丹利是美元空頭總司令，2002 年安隆事件 (Enron)、泰科國際 (Tyco) 和 IBM 等會計報表遭質疑，衝擊美股。摩根士丹利指出，美元已經進入 1995 年以來多頭市場的末期，如同 2000 年初的股票市場一般，所有人都知道美元已經過度升值，惟一的問題在於這個泡沫何時破滅。美國經濟如果出現二度衰退，聯邦準備理事會在喪失利率政策的幫助下，匯率的調整將成為惟一手段。(經濟日報，2002 年 2 月 22 日，第 9 版，白富美)

2. 政府能逆勢而為嗎? 儘管美國財政部依法有權干預匯市，但是不少經濟分析師和外匯交易員卻都質疑，當一種貨幣已趨向某個大勢時，政府除了使其略微受阻外，還能扭乾轉坤嗎? (工商時報，2002 年 10 月 20 日，第 5 版，李鏘龍、蕭美惠)

(四)美國自己打敗自己

一般以為，市場對美國經濟減速程度的疑慮，是 2001 年 7 月 10 日～8 月 22 日促使美元重挫的主因；換句話說，美元走跌源自於美元人氣的轉變，而不是因歐元區或日本經濟基本面好轉。

2003 年 3 月 10 日，美國藍籌經濟指標 3 月份調查結果出爐，受訪經濟分析師基於認為美伊戰爭陰影抑制消費者支出和企業投資活動，對 2003 年全年的成長率，3 月時的預測值為 2.6%，2 月時的預測值為 2.7%，1 月時則為 2.8%，呈逐月下修 0.1 個百分點的走勢。(工商時報，2003 年 3 月 11 日，第 7 版，李鏘龍)

三、飲鴆止渴的強勢美元政策

1993～2002 年，美國在鉅額的貿易赤字下仍能維持美元的強勢地位，主要原因是金融順差：大量資金的流入美國，尤其 1994 年連續發生墨西哥金融危機、1997 年亞洲金融風暴、拉丁美洲金融危機等，導致大量避險資金湧入美國。因此，美國國內對貿易赤字迭創新高毫無懼色，不少著名經濟學者甚至認為以大量美元換取實質物資是美國國力的增長，何樂而不為! 然而，外資大量流入美國的情況，從 2001 年「911」恐怖攻擊事件以來，已出現逆轉。2002 年美國外人直接投資 (FDI) 僅 429 億美元，比 2000 年超過 3,000 億美元的水準，減少將近八成；外人投資美國股市金額從 2000 年的近 2,000 億美元跌到 2002 年的 556 億美元，跌幅達七成以上。所幸，因為各國尤其是對美國有大量貿易順差的亞洲國家，仍然對美國政府存有信心，再

加上各國利率已跌到歷史低點。因此，2002 年大幅增加購買利息相對仍比較高的美國政府債券，才使得美元不致因資金大幅撤退而急遽貶值。令人擔憂的是，美國債市的吸引力也正快速消退，美元對日圓的持續貶值，反映出美國公債的最大買家日本已把資金持續撤出美國；各國央行也紛紛減少對美元持有數量，這種趨勢將使美元繼續走貶，長達 10 年的美元強勢地位可能從此逆轉。更令人憂心的是，美元貶值對改善美國貿易逆差似乎起不了太大作用，2002 年以來美元對歐元和日圓皆有相當幅度的貶值，但是，美國貿易赤字非但沒有改善，反而再創新高，2002 年貿易赤字高達 4,352 億美元，比 2001 年上升 21.5%，連一向有貿易盈餘的農產品也出現赤字，顯示貿易結構性的問題比預期還嚴重。（工商時報，2003 年 3 月 3 日，第 2 版，社論）

四、貶值幅度多少？

不是未到，是時未到；浮動匯率下的美元會逐漸走貶，剩下的問題是貶值多少。

(一)柏格斯坦 2002 年 7 月說貶 25%

在第十三章第四節第四段中，詳細說明柏格斯坦的美元應對歐元、日圓等貶值 25% 的主張。

(二)高盛證券：2002.6～2004.6，美元需貶 34%

2002 年第二季，國際美元跌跌不休，資金持續外流，多數投顧公司紛紛發表報告，認為美元走弱格局成形。高盛證券 2002 年 6 月 28 日匯率報告指出，美元目前仍被高估 14%，而為了讓美國的經常帳赤字由 4,000 億美元降為 2,000 億美元，未來兩年美元仍需再貶 34%，顯示未來持續貶值的空間仍大。

過去美國經濟繁榮使全球投資人增加美元資產需求，但是隨著市場由多翻空，反而凸顯 1995～2002 年 6 月強勢美元對美國貿易核心能力的傷害。（工商時報，2002 年 6 月 29 日，第 5 版，洪川詠）

◆ **本章習題** ◆

1. 以表 12-1 為基礎，參考其他書刊補充本表。

2. 以圖 12-2 為基礎，分析國際收支對匯率的影響。

3. 以表 12-2 為基礎，第 1 欄以台積電、第 2 欄以臺灣去年的數字來比較。

4. 以表 12-3 為基礎，把去年的數字補入，判斷何者力量較強。

5. 歐元匯率是如何決定的？

6. 把表 12-4 更新。

7. 以表 12-6 為基礎，比較實質有效匯率指數跟股價指數。

8. 找出 1 個月遠期匯率，如何算出？

9. 把表 12-9 更新。

10. 以表 12-10 為基礎，參考其他書刊補充本表。

第十三章 ⋯⋯⋯⋯⋯⋯⋯

匯率預測快易通

2002 年 12 月 9 日，美國總統布希任命史諾 (John W. Snow) 接替歐尼爾擔任財政部長。

2003 年 3 月 4 日，史諾在華盛頓說「美元漲跌是常事」，引發匯市揣測美國政府準備放棄從 1990 年代中期魯賓擔任財政部長以來的支持強勢美元立場。雖然史諾 1 月被提名擔任財長時曾表示支持強勢美元，但是他也說這種立場應建立在「健全、促進成長的經濟政策」的基礎。財政部發言人佛拉托隨即澄清，史諾並沒有放棄支持強勢美元的立場。

史諾「不特別擔心」美元跌勢的談話引發美元新賣壓，美元兌歐元匯價 3 月 5 日跌破 1 歐元兌 1.10 美元的心理關卡，刷新 1999 年 3 月以來的新低價。

——經濟日報，2003 年 3 月 6 日，第 1 版

學習目標:

本章教你具備銀行外匯交易所需的觀念能力，至於實務則日久就摸熟了。

直接效益:

瞭解臺幣、他（例如人民幣）幣匯率如何預測，這是企管、財務顧問公司的熱門課程，本章大抵足夠「匯率預測」課程之用。

本章重點:

· 2003 年臺幣、歐元、日圓、人民幣匯率預測。表 13–1
· 效率市場假說圖和匯率制度。圖 13–1
· 股價指數和匯率影響因素比較。表 13–2
· 基本分析對於匯率預測黔驢技窮的原因。§13.2
· 實質有效匯率指數和臺幣匯率。圖 13–3
· 《工商時報》、《經濟日報》每週匯率預測。表 13–3
· 預測匯率大抵只要跟著出超數字走就差不多了。§13.4 三
· 如何預測某國匯市會崩盤。表 13–6
· 非常時期的美元兌日圓匯率。表 13–8
· 如何判斷匯市不理性的過度反應。§13.4 五
· 1970～2003 年美元匯率變化。表 13–9

前言：理論是拿來用的，不是拿來介紹的

匯率預測如同人類算命一樣，以求趨吉避凶，「趨吉」是投資人想賺匯兌利得 (currency gain)，而「避凶」則是公司為了避免遭受匯兌損失 (currency loss)，動機是不一樣的。

看了第十二章匯率理論，再來討論本章的匯率預測，那可就輕鬆多了。一開始時，我們想以表 13-1 2004 年匯率預測來作開場白。

或許你會好奇，究竟是什麼方法可以得到這個結論，也正是本章破題的設計理念：理論不是拿來介紹的，而是拿來運用的；教科書跟實務用書在這點應該零時差、零距離。

表 13-1　2004 年匯率預測

	美 元	美元兌臺幣	歐元兌美元	美元兌日圓	美元兌人民幣
年底匯率	2001 年 7 月起進入空頭	33.5	1～1.1	100～110	7.8634～8.2773
本書相關章節	Chap. 12 個案、§13.4 四 3	§13.2～13.3	Chap. 13 個案一	Chap. 13 個案二	Chap. 15 個案

◆ 第一節　匯率預測和效率市場假說

能預測未來才能趨吉避凶，匯率預測便是替匯率走勢算命、斷流年。

從邏輯角度，我們便可支持匯率是可以預測的，因此可以免掉許多無謂的理論鋪陳或正反皆有道理的各國匯市實證。

一、預測有用嗎？

每次談到預測有用嗎？教科書一定會再一次的介紹效率市場假說，然後用一堆實證來證明臺灣、美國外匯市場處於那一階段。由圖 13-1 可見，三個層次的效率市場假說跟相對應的分析（或預測）方法。

從邏輯角度，就可免掉許多無謂的探討，例如學者普遍看法是美國股市符合弱式效率市場假說，所以技術分析「無效」（無法獲得額外報酬）。

圖 13-1　效率市場假說圖和匯率制度

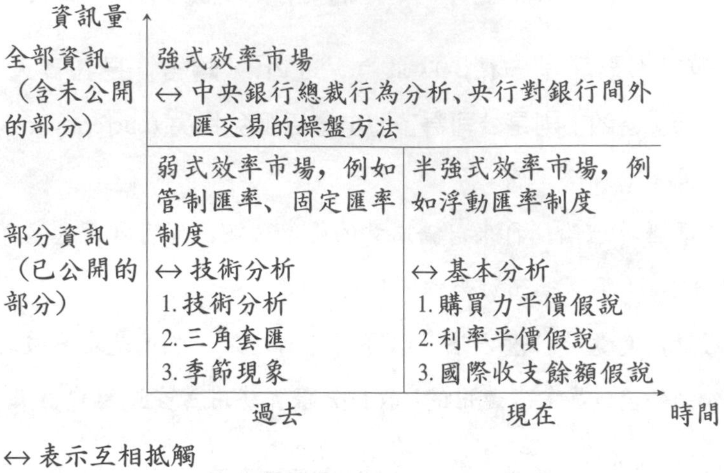

```
資訊量 ↑
全部資訊        強式效率市場
（含未公開     ↔ 中央銀行總裁行為分析、央行對銀行間外
的部分）          匯交易的操盤方法
             ┌─────────────────┬─────────────────┐
             │弱式效率市場，例如│半強式效率市場，例│
             │管制匯率、固定匯率│如浮動匯率制度    │
部分資訊      │制度              │                  │
（已公開的   │↔ 技術分析        │↔ 基本分析        │
部分）        │1.技術分析        │1.購買力平價假說  │
             │2.三角套匯        │2.利率平價假說    │
             │3.季節現象        │3.國際收支餘額假說│
             └─────────────────┴─────────────────┘ → 時間
                過去              現在
```

↔ 表示互相抵觸

這也難怪美國加州大學財務教授 Robert Haugen (1995) 在其書《新財務》(*New Finance*) 中開宗明義的說，「老財務管理」(old finance) 以金融市場符合效率市場假說為基礎，但是事實並非如此；我們只要用技術分析，照樣可以在股市、匯市賺取額外利潤。

美國甚至有財務博士身體力行，像 Cornelius Luca (1997) 撰書，說明技術分析如何在全球外匯市場應用，而且由 Prentice Hall 這種專業出版公司出版（詳見本節參考文獻）。

二、股價指數和匯率決定因素比較──匯率預測方法論

國際財管、國際金融教科書用很大篇幅討論匯率的影響因素，但是由於過度複雜，反倒容易令人歧路亡羊，無所依循。且實務上除了外匯交易員等少數人士外，對於匯率也常覺摸不清頭緒，有點瞎子摸象的感覺。

套用英國戰略學家李德‧哈特在其名著《戰略論》一書中序言的主張，以舊喻新常能令人一目了然。由於股市投資比較普及，所以，用股價指數的影響因素來跟匯率影響因素相比擬，可能會讓你比較容易進入情況，詳見表 13-2。

表 13-2 股價指數和匯率影響因素比較

影響因素	股價指數		匯　率	
	影響期間	觀察指標	影響期間	理論基礎
一、基本面 　(一)實質面	趨勢性影響 (一)景氣行情 　經濟成長率	1.本益比 　(1)國內 　(2)國際比較 2.每股淨值	趨勢性影響 經常帳(貿易出超)	1.購買力平價假說 2.實質有效匯率指數
(二)金融面	(二)資金行情 M$_{1b}$ 或 M$_2$	1.（短期）利率水準 2.國際股市連動	長期匯率水準 金融帳、外匯存底： 中期匯率水準 有本金遠期市場匯率	1.利率平價假說 2.國際資產組合理論
二、技術分析	趨勢、循環性影響 1.上檔（壓力） 2.下檔（支撐）	價 量	趨勢、循環性影響 同左	
三、消息面(心理面)	短期內過度反應：超漲或超跌	1.股價（指數）、期貨價格 2.認購權證、選擇權價格	短期匯率水準 1.無本金遠期市場匯率 2.外匯選擇權（權利金）價格	雜訊理論 (white noise theory)

三、技術分析有其適用空間

　　股價指數、匯率大都呈現「連漲」的多頭走勢、「連跌」的空頭走勢，短期1、2個月或許停留在原地盤整待變，但是不能斷章取義的因此推論匯率呈「隨機漫步」(random walk)。

　　連美國大型證券公司都配備技術分析師，甚至其發言還足以影響股市，可見實務界根本不承認美股符合弱式效率市場假說，否則，技術分析將退流行，有一天就絕跡了，但是事實不是如此。

　　研究人員的正確心態應向愛迪生看齊，他為了發明電燈，過程中找了一千多種物質，最後第 1,284 次才找到鎢絲，人家問他以前是否白忙了，他的回答是：「至少我知道這些物質不適合作燈材。」

(一)匯市技術分析簡單多了

　　跟股票技術分析相比，匯市技術分析只用到其中很小的一塊，主要集中於「價」的分析，這包括：

　　1. K 線。

　　2. 日線的趨勢分析，即自行判斷上升、下降趨勢線，以及如何判斷反轉等。

　　3. 移動平均線，仍然採黃金交叉來判斷多頭行情、死亡交叉來判斷空頭行情。

㈡智慧型短線分析

　　除了股市的技術分析方法外，計量經濟學也提供了二個「由過去看未來」的簡易方法：

　　1. 1980 年代的方法，單元時間序列方法 ARIMA，以陳心一（1997 年）的研究為例，ARIMA (0, 1, 1) 較優。

　　2. 1990 年代的方法，主要有類神經網路模式和一般化自迴歸條件異質變異數 (GARCH) 模式，以 GARCH (1, 2) 和 ARIMA (0, 1, 1) 相比，陳一心（1997 年，第 68 頁），得到前者較準。

　　3. 混沌理論 (fuzzy theory) 也想參一腳，既然匯率是個沒個準的東西，那麼研究「亂中有序」的混沌理論是否能夠一解神秘面紗呢？答案是派不上用場。

◆ 第二節　臺幣匯率預測㈠──基本分析、技術分析

　　瞭解匯率是怎麼決定的之後，要作匯率預測便得心應手了，在介紹臺幣匯率預測方法之前──由於係管理匯率制度，所以比浮動匯率制度稍微強調主力分析（即第三節的中央銀行對匯率走勢的態度）。擬先說明根據本節方法，我們用前言中的臺幣匯率預測來說明我們不放馬後炮來自許預測能力多高，而是敢把所學用出來。

一、研究機構的方法：計量模式

　　行政院主計處、中華經濟研究院、中央研究院經研所和臺灣經濟研究院等大型機構，比較會採取大型的聯立方程式（連結模式）來預測匯率、利率，進而得到經濟成長率、失業率等結果預測值，預測值頂多只能小到以季為期間。

　　在些大型銀行設有金融、經濟研究室，頂多用小型連結模式或縮減式 (reduced

form) 來預測匯率，預測值能小到以月為期間。

　　有些學者用計量模式、總體經濟數列而無法準確預測匯率，便推論外匯市場符合半強式效率市場假說，所以不用浪費錢去作基本分析。

　　這種不嚴謹的推論可說是少數，但是必須深究為何抓不住匯率變動呢？這跟股價指數的總體計量模式一樣，自變數（如經濟成長率、貨幣供給、消費者物價指數、1 年期定存利率等）皆呈窄幅變動，而匯率受預測心理因素影響，因此波動幅度相當大，有時 1 年可以貶值八成（像 1997 年印尼幣），這也難怪從變數的特性來說，比較難以預測匯率的水準值。這是計量模式的限制，而不是基本分析沒用。

二、基本分析㈠：長期趨勢——經常帳和實質有效匯率指數

　　中央銀行匯率政策主要目標在於透過匯率以維持貿易出超，進而達成經濟成長目標（例如經濟成長率 3.5%）；而進口物價對物價水準的影響，也是重要考量因素。

㈠出超對經濟成長率的貢獻值得重視

　　出超對臺灣經濟成長率的貢獻程度從 1991 年以後，約只佔一半。2001 年臺灣經濟 50 年來首次負成長，為 –2.18%，臺灣政府仿照日本，壓低幣值以求透過出超彌補內需不足，因此出超大幅成長，可說「外溫內冷」，此情況持續至 2003 年。

　　由圖 13–2 可看出，貿易出超水準對臺幣匯率的影響時差約為半年至 1 年。以 2002 年出超 180.5 億美元來說，可說是 15 年來最好的一年，但是平均匯率約為 34 元，2003 年預估出超 200 億美元，臺幣匯率可望持穩在 33～34.5 元。（經濟日報，2003 年 1 月 8 日，第 4 版，邱金蘭）

㈡找對指標

　　1995 年以前，外銷接單金額不僅是景氣領先指標之一，而且更是觀察出口金額的領先指標。不過，1998 年以來，外銷接單跟海關出口金額逐漸脫勾，主要就是臺灣接單、海外直接出口比重越來越大，2002 年約佔 21.4%。（工商時報，2002 年 12 月 25 日，第 2 版，于國欽）

　　如此一來，所造成的數字差異：

　1.經濟部預估 2003 年外銷「接單」成長 8%。

　2.主計處預估 2003 年「出口」將成長 6%。

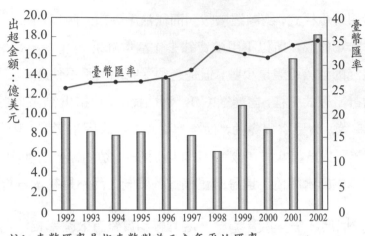

圖 13-2　貿易出超與臺幣匯率走勢

註：臺幣匯率是指臺幣對美元全年平均匯率。

　　二者各說各話，差距達 3 個百分點，這反映在出超金額的意義也不一樣。

㈢摸著石頭過河

　　找到正確的觀察指標之後，首先是看大趨勢，再來每個月、半個月來看是否有偏離趨勢，方法如下：

　　1.拿望遠鏡來看遠：先來看行政院主計處對於 2003 年預測值，商品出口成長率 6%、進口成長率 5%，全年貿易順差 170 億美元。主計處的數字習慣上會比行政院經建會所訂的經建目標低。不過，主計處是公務統計機構，以行政中立為主，還是以看主計處的數字為宜。

　　除了全年預測值外，也有各季預測值。外界也都是拿實際值跟預測值來比，以判斷出超是改善還是惡化，進一步修正對於匯率走勢的看法。

　　2.拿顯微鏡看出口數字：對於每個月出超金額成長或衰退，必須注意因颱風、選舉和臨時假日所造成工作天數的影響，所以變通之計則為採取「每日」（即平均）出口（或進口）通關總額。

　　此外，有些報紙為了提供更即時的資料，也會在 20 日左右，公佈「本月至 13 日」之類的數字。

㈣實質有效匯率指數說 2004 年匯率 33 元

　　由圖 13-3 可見，從外匯發展基金會編製的雙邊貿易加權的實質有效匯率指數

來看臺幣匯率的走勢，從 2001～2003 年 7 月可得到如下關係：

　　1.匯率指數 78 是下限：匯率指數向下滑落尚未觸及 78，匯率便開始升值。

　　2.匯率指數 90 是上限：匯率有可能過度反應，當匯率指數向上觸及 85，顯示匯率便有貶值趨勢。

　　3.匯率指數經常的游走空間為 78～85。

圖 13-3　實質有效匯率指數和臺幣匯率

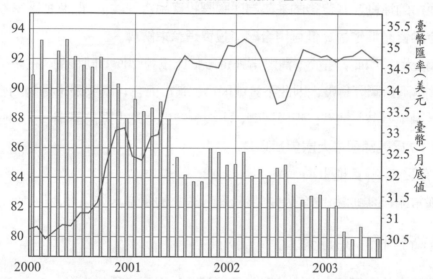

　　當然 2002 年是超低水準的一年，1 月時匯率指數曾跌到 78 的 30 年來歷史低水準，整年在 80 附近打轉。跟風暴以前正常區間 90～95 相比，顯示最多還有 15% 的升值空間。依 2003 年 7 月 34.5 元水準來看，2004 年底 29.35 元可說是升值最上限。

三、基本分析㈡：中期起伏──金融帳、利率平價假說

　　如果把匯率以 1 年降兩量來比喻，長期降雨有其長期因素（例如聖嬰現象）；而 3 至 6 個月中期水準，則受梅雨季影響，這是本小節重點；至於 1～3 個月短期水準，則受颱風等影響，下文說明。

㈠當有巨額外資進出時

　　臺灣金融帳 1997 年時首度出現逆差情況，當金融帳逆差大於經常帳順差時則

美元供不應求，臺幣便「不值錢」的貶值。

　　1.實質面資金淨流出：臺灣資本外流主因在於對外直接投資，每年至少 50 億美元。

　　2.金融面資金淨流入：從 1992 年央行允許外資投資臺灣股市以來，金融面資金流入；但是當股市預期不佳、匯率預期貶值時，外資可能對股市減碼、資金匯出，暫時出國避風頭，1997 年 6～10 月臺幣匯率主要受這因素影響。如果再考慮國際股市、匯市的連動，其背後的基礎為「國際投資組合理論」，此時把匯率視為一項資產，金融資產價值的高低可用金融、投資理論來解釋。

　　理論上雖然如此，鑑於臺灣股市外資所佔比重達 20%，同樣的，在臺幣匯率方面，臺幣也不是國際貨幣，因此不論就股市、匯市而言，跟國際市場連動性不高，只有在金融風暴時，透過心理面影響，比較會發生全球「黑色星期一」（例如 1987 年 10 月 19 日美國股市大崩盤）現象。

㈡當沒有巨額外資進出時

　　當經常帳、金融帳都沒有大變動情況下，未來的匯率水準主要反映兩國的利差。

四、技術分析：短期波動

　　短期匯率的影響因素有那些？常見的可分為下列二種情況。

㈠當有重大心理面因素存在時——雜訊理論

　　當有國際金融風暴、跨國政治因素（例如臺海軍事危機）等心理面利空因素出現時，臺幣匯率會出現過度反應 (over shooting) 的貶值。但是對利多因素，投資人反倒比較不會沖昏頭，可見利空的恐懼心理比較會戰勝理性。當心理面因素消失後，匯率往往會恢復事件發生前的水準。

　　此外，人們對這些基本分析資訊外的「雜訊」(white noise) 有學習、免疫的能力，也就是第一次出現該類利空因素時，過度反應的幅度、期間比較大，隨著次數增加，則可能處之泰然了，這現象大概可以用適應性預期理論來解釋罷！

㈡當沒有重大心理面因素存在時——季節性現象

　　當船過水無痕後，在重大經濟指標公佈之前，短天期的匯率決定因素主要取決於下面二項因素：

1.商業性外匯供需：以 1 年來說，2 月過年前年關臺幣需求較強，企業會賣美元換臺幣，所以美元走低。反之，6 月時，政府對外採購（如軍購）付款，所以美元需求轉殷，美元會短暫轉強，這是「月份效果」。

至於每個月中，上旬、下旬可能買超情況較多，美元可能較會升值，中旬則小貶值機會較大。所以客戶可抓住匯率的季節性現象，來買賣外匯。

2.技術分析：技術分析在匯率預測的適用性比股市差，最常用的則是銀行的外匯交易員，作為上檔、下檔的參考，要用技術分析來看中長期匯率走勢，對於淺碟型的臺幣外匯市場來說，似乎用途有限。

五、本週匯率預測

有關本週臺幣匯率區間的預測，《工商時報》、《經濟日報》在每週一的固定版面上皆有刊載，詳見表 13-3。

表 13-3　《工商時報》、《經濟日報》每週匯率預測

	週一	版別	匯率預測	舉例 2003.7.21
《工商時報》	√	8	〈一週行情〉	34.40 上下
《經濟日報》	√	18	〈本周市場觀測〉	34.40～34.50

這種預測已綜合考量上述各項因素。

所以「搶短」的人手腳要快，就跟吃火車壽司一樣，稍一猶豫，火車已沒有蹤影。

第三節　臺幣匯率預測(二)
——主力分析：中央銀行的匯率政策

如同股市中的主力分析，由主力進出表來分析主力的持股成本、數量，同樣的，在管制匯率制度的國家，中央銀行的態度便很重要。如何「見微知著」，常見方式如下。

經濟日報 2003 年 7 月 21 日的週預測：臺幣 34.4～34.5 元

本週 (7 月 21 日～25 日) 美元兌臺幣匯價預測：1 美元兌 34.40 到 34.50 元。

• 本週臺幣看升原因：⑴出口商伺機賣匯，可望支撐臺幣；⑵股市若能反彈，可望有帶動臺幣之勢。

• 本週臺幣貶值原因：⑴美元走強，日圓、歐元、英鎊等走貶；⑵外資匯入已多，加上股市回檔，外資開始轉買為賣；⑶歐元和日圓正在修正期間，除非有突發事件，否則可能處於盤整期。

• 簡評：臺幣上週 (7 月 14 日～18 日) 以 34.486 元兌 1 美元作收，一週來對美元小貶 0.9 分。

紐約匯市 18 日收盤，歐元兌美元匯率為 1.1266，比 11 日小貶 0.25%。日圓則是從 1 美元兌 117.79 日圓貶值至 1 美元兌 118.36 日圓。

匯銀人士指出，在日圓、歐元等幣別兌美元一片走貶的情況下，再加上央行希望穩定臺幣匯價，臺幣仍會處於盤整的情況。受

圖 13-4　臺幣對美元匯率走勢

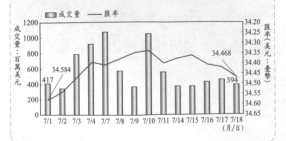

一、長期：匯率為出超而努力

央行心中臺幣匯率的合理區間到底在那裡？有一項簡而易懂的觀察指標，就是把出口競爭國的匯率升貶幅度以及經濟成長率，兩相對照。短期內央行固然會出奇不意大幅阻升或突然放手，以壓制投機炒作，但長期來說，以上述兩項指標為主，詳見表 13-4。

表 13-4　臺灣及其主要出口競爭國 2002 年 GDP、匯率

國　家	對美元升幅 (%)	GDP (%)
日　本	11.59	−1.0
韓　國	10.8	5.0
新加坡	5.81	3.2
臺　灣	5.68	2.6

註：臺灣經濟成長率採用主計處預測數字，其餘國家採用 IMF 預測數字。
資料來源：經建會、中央銀行、三商銀。

例如，2002 年初至 7 月 16 日韓元匯率雖然升值 10.8%，但是國際貨幣基金 (IMF) 預料南韓 2002 年經濟成長率達 5%，遠超過臺灣；而日本雖然經濟成長率低，但是因為日圓屬國際貨幣、波動幅度大，臺幣比較難跟它比。

(一)短期看星幣？

星幣對美元升值 5.81%，比臺幣的 5.68% 略高，但是國際貨幣基金預測新

到美元走強的影響，臺幣震盪的區間，可能會略微上移，估計在臺幣 34.4 至 34.5 元兌 1 美元之間。（經濟日報，2003 年 7 月 21 日，第 18 版，李惟平）

工商時報 2003 年 7 月 21 日的週預測：臺幣在 34.40 元上下震盪

上週一（7 月 14 日）臺幣匯率在匯銀拋匯帶動下，一度來到 34.376 元價位，不過一方面由於央行依舊採取阻升策略，另一方面，日圓匯率又回到 118 日圓以上價位，減緩了臺幣匯率升值幅度，在上週五則以 34.468 元兌 1 美元作收。

展望本週，外銀指出，臺幣匯率表現要視臺股、外資和美元走勢而定。由於上週臺股有短線回檔的跡象，外資買超的力道逐漸減少，再加上美元有微幅走強表現，因此臺幣匯率應會維持區間盤整格局，在 34.40 元上下震盪。（工商時報，2003 年 7 月 21 日，第 8 版，游育蓁）

加坡 2002 年的經濟成長率為 3.2%，仍然高於臺灣的 2.6%。因此，綜合上述貨幣兌美元升值幅度跟該國經濟成長率，央行認為，一國貨幣反映該國經濟基本面，因此臺幣對美元升值幅度並沒有條件高於星幣、韓元。

由於臺灣經濟成長率略低於新加坡，因此近日臺幣走勢，可說跟星幣亦步亦趨，央行以臺幣升值幅度不超過星幣為原則，星幣波動成為臺幣重要參考值。（工商時報，2002 年 7 月 18 日，第 2 版，劉佩修）

㈡臺幣＝小日圓

簡單的說，1995 年以來（除了 1997 年 7 月 2 日～ 10 月 17 日），臺幣可說是縮小版的日圓，根據我跟陳嘉琪等（2003 年）對臺幣、日圓和韓元的因果關係研究，1996～2002 年期間，分成亞洲金融風暴前、中、後三期，得到下述結論：

1. 以相關係數、簡單迴歸方法，日圓跟臺幣相關程度達 95% 以上。
2. 以單根、共積處理後的因果關係檢定，日圓單向影響臺幣、韓元。

這從匯率圖便可目測得到臺幣跟著日圓走的結論，詳見圖 13–5。

二、行為分析

先進國家中央銀行總裁的慣例是「只能瞞不能騙」，所以記者、專業人士只能想盡各種辦法去解讀他（或她）字裡行間的含意。不過，在臺灣由於已經有央行總裁公然「說謊」，並且事後表達「中央銀行總裁有說謊的權利」，惡例一開，以後央行總裁的話將不是「皇后的貞操，不容懷疑」。所以，在臺灣，央行總裁對匯率的

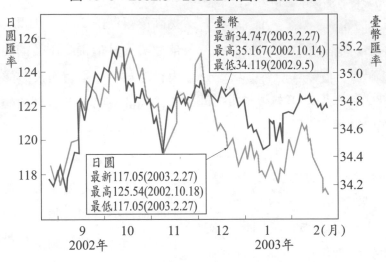

圖 13-5 2002.9～2003.2 日圓、臺幣走勢

臺幣
最新34.747(2003.2.27)
最高35.167(2002.10.14)
最低34.119(2002.9.5)

日圓
最新117.05(2003.2.27)
最高125.54(2002.10.18)
最低117.05(2003.2.27)

資料來源: 彭博資訊。

講話, 建議你寧可抱著「不要聽他說什麼, 而要看他作了什麼的態度」。

政治不確定因素使匯市波動加劇, 多位資深銀行外匯人士指出, 依據過去幾次民眾搶匯、資金外流的經驗, 央行在匯市干預的操作步驟, 通常是先守穩特定匯價, 弭平民眾預期心理, 非有必要, 央行不會輕易放手, 詳見表 13-5。

匯銀主管表示, 以 2000 年 3 月為例, 央行在 30.79 元無限量供應美元, 固守 30.8 元的心態明顯, 也讓人聯想到 1996 年臺海危機時, 央行力守 27.5 元的作法。當時民眾搶匯多基於短期間的恐慌心理, 而且以散戶現金結匯居多, 央行採取「不二價」策略發揮相當大的穩定效果。

央行幾次穩定匯市的手法各有不同, 1996 年臺海危機時, 每日採取的是無限量、不二價的供匯方式, 當時情勢跟 2000 年 3 月類似, 所以採取的手法也相近。

不過, 央行也有過面臨臺幣沉重貶值壓力, 最後採取讓臺幣一次貶足、以化解預期心理的前例。例如 1997 年亞洲金融風暴期間, 央行原本固守臺幣 28.5 元兌 1 美元, 後來受香港股市崩盤衝擊, 央行不堪外匯存底大量失血, 在 10 月 17 日放手讓臺幣重挫近 1 元。

此外, 1990 年第二季國民黨政爭造成資金大量外流, 央行也曾在力守多時後, 最終在 5 月 15 日, 一口氣讓臺幣下跌 1 元左右。(經濟日報, 2000 年 3 月 21 日, 第 4 版, 傅沁怡)

表 13-5　搶匯風潮比較

時　間	背　景	資金移動狀況	央行因應措施	預估央行賣匯
1990 年 5 月	景氣低迷，而且國民黨政爭，政局不穩	民間資金外流，短期資金全年淨流出 43.23 億美元	1. 央行干預匯市 2. 規定指定銀行辦理新（續）存外幣存款，應依比率無息轉存央行	40 億美元
1996 年 1 到 3 月	首度總統民選，中共試射飛彈，臺海危機	民間資金外流第一季短期資本淨流出 56.31 億美元，全年淨流出 59.01 億美元	央行力守臺幣 27.5 元價位，並兩度調降存款準備率及擴大公開市場操作，彌補資金外流缺口	65 億美元
1997 年 7 到 10 月	亞洲金融風暴，外資大量撤出，臺幣貶值壓力沉重	對外直接投資淨流出 52.22 億美元，投資國外證券淨流出 67.29 億美元	央行力守臺幣匯率，採取多項外匯管制措施，並兩度降低存款準備率以穩定利率	80 億美元
2000 年 3 月	第二次總統民選，臺海關係再度緊張	民眾到銀行搶購美元，選後匯市第一個營業日爆出 14.5 億美元的單日巨量	央行宣示穩定臺幣匯率，要求外匯銀行備妥美元現鈔	－

三、操盤分析

　　銀行外匯交易員們通常會指著電腦螢幕上的外匯交易盤說：「這筆是中央銀行做的」，央行當然有透過白手套（臺灣銀行為主，中國國際商銀為輔）來下單，以避免被老外批評直接干預。

　　就跟股市看盤一樣，你大抵可看出當天央行在守那一價位，一般來說，匯率大抵維持階梯狀，縱使升值，也是 2、3 天就升值 0.5 元，然後再觀察 2、3 個月出超情況，看看企業是否受得了；也就是「走走停停」的升貶值方式，以避免漲過頭了。

　　由於中央銀行「變盤」的手腳非常快，但是又不會一天做完，往往會持續 3 天，讓想跑的人可以跑，例如 1997 年 10 月 17 日央行放手讓臺幣從 28.5 元重貶，也是花了 4 個月才貶到 34.5 元。反之，1998 年 10 月讓臺幣升值到 32.5 元，也是平均 1 個月升值 1 元。

四、美國也知道臺灣央行干預匯率

2002 年 11 月 19 日，美國財政部向國會提出最新匯率報告，指稱臺灣、日本、大陸和南韓等美國在亞洲的主要貿易夥伴在上半年都有干預匯率的動作。不過，報告最後的結論指出：「美國主要貿易夥伴並沒有操控匯率的情事。」

由於上半年美元利率相較於臺幣利率呈現走跌的局勢，臺灣存款戶把大筆資金由美國轉回臺灣，導致這段期間臺灣出現大量金融帳戶淨流入（相當於國內生產毛額的 6%）。加以臺灣經常帳順差規模龐大，臺幣匯率因而升值 3.7%，在實質貿易加權基礎上則升值 0.4%。

由於總體經濟情勢和政策約束，臺灣政府在這段期間並不願讓臺幣快速升值，因為官員擔心在物價上漲趨近於零的情況下，臺幣大幅升值導致進口品物價下跌，拉降消費者物價指數，將會使臺灣陷入物價下跌的惡性循環。

為此，臺灣中央銀行在上半年曾「大幅干預」臺幣匯率走勢，官方外匯存底增加 260 億美元，達 1,480 億美元，約為其外債總額的 5 倍。（工商時報，2002 年 7 月 19 日，第 2 版，林秀津）

央行高階官員指出，依照往例，美國財政部每半年都會以貿易對手國的匯率為題提出報告，尤其這涉及到美國企業的利益問題。迫於壓力，以往對臺灣的匯率評估，曾用過嚴厲的「操縱」字眼，碰上這種情況，就會透過雙邊諮商方式，來檢討臺幣匯率的情勢。

不過，在全球化之後，股市、匯市的全球連動性大增，央行對匯率的影響力也相對變小；這次美方的說法聽起來似相對緩和。（工商時報，2002 年 7 月 19 日，第 2 版，林明正）

第四節　其他幣別匯率預測

基於下列二個考量，我們以一節來討論美元以外幣別的匯率預測：

1. 各國匯率是連動的：縱使臺灣對美國出超一直維持不變，但是美國跟其他國家的國際收支關係，也會影響美元走勢，進而又會影響臺幣兌美元匯率。近來明顯

的例子是，1998 年 9 月由於長期資本管理公司 (LTMC) 借日圓去投資俄羅斯債券，損失慘重，只好空頭回補日圓，其他避險基金深恐日圓因而大幅升值，因此不約而同的動作，日圓一鼓作氣從 140 漲到 120 日圓。進而帶動臺幣大幅升值（從 34.5 到 32.5 元），以免因強勢日圓造成臺灣從日本進口成本過高，以致擴大對日貿易逆差。

2.臺灣企業國際化程度高：1991 年以前，匯率預測主要著重美元，頂多考慮日圓、德國馬克。1991 年以後，臺灣企業國際化步伐加快，人民幣、泰銖和馬幣是臺商普遍關心的匯率，此外，印尼幣、英鎊和歐元也很重要。

一、簡單的說，匯率預測就是國際收支帳預測

還記得表12-2 中所舉的類比嗎？一國的國際收支帳跟公司的現金流量表相似，後者可以預估，那麼前者也可以，只是可能不容易掌握國際幽靈資金的進出以致預測誤差較大罷了，而這又可分為二種情況：

1.管制外資的國家比較容易估計：像以前的臺灣、大陸等對資金進出採取嚴格管制的，國際收支帳比較好估計，進而匯率水準波動也不會那麼大。

2.外資比重較重的國家：像泰國、南韓股市外資比重高達 10%、34%，印尼更高達 59%。外資進出越容易的國家，國際熱錢越不容易掌握。（經濟日報，1998 年 1 月 8 日，第 2 版，社論「探究臺灣在金融風暴受創較輕的原因」）

二、「地雷」匯率怎知道？

1997 年亞洲金融風暴、1998 年俄羅斯金融風暴，許多人擔心大陸會不會被拖累。

由 1982 年第一次拉丁美洲金融風暴以來，可以看得出來，一個國家發生金融風暴，跟一個公司發生財務危機的原因是一樣的，只是國家是個大公司罷了。所以由表 13-6 各種領先指標可嗅出國家金融風暴「山雨欲來風滿樓」的前兆，其中，中央銀行總裁自動請辭就跟上市公司財務經理「落跑」一樣。

走路怕踩到「地雷」（狗大便），買股票怕買到「地雷股」，1996 年開始就有，1998 年 11 月，甚至連機械業模範生台中精機也中箭下馬，真是「買這個也爆，買那個也爆」。

表 13-6　一國外匯市場發生風暴的指標

時間性	領先指標	同時指標	落後指標
說　明	1.經常帳惡化，出超減少，甚至逆轉成入超 2.長期外匯償債比率低於 1 3.短期外匯償債比率小於 1 4.外資，尤其是外資法人 (QFII) 撤資 5.中央銀行總裁自動請辭，例如 1998 年南非就曾發生	1.中央銀行調高利率，以支持匯率，例如 1998 年 5 月俄羅斯的情況 2.宣佈暫停外匯市場交易	1.向國際貨幣基金 (IMF) 申請紓困貸款 2.主權債信評等降級 3.宣佈實施固定匯率 4.宣佈實施外匯管制

那麼，持有外匯資產（包括直接設廠），如何研判該國貨幣會成為「地雷匯率」呢？

還有「春江水暖鴨先知」的道理也是適用的，以下列二個情況來說，外資總是敏感的嗅出貶值的味道。

　1.1997 年 7 月 2 日爆發的泰銖大貶，外資法人早已於年初便腳底抹油了。

　2.1997 年 10 月 17 日，中央銀行棄守 28.45 元匯率，外資法人早已於 6 月落跑了。

三、跟著出超數字走

只要跟著出超數字走，雖然無法準確判斷均衡匯率在那裡，至少方向不會抓錯，例如 1998 年 8 月美國調降利率，預期 1999 年還會再調降，美元「空頭」（即貶值）走勢已逐漸成形。除了少數貿易入超（如巴西等）國家外，貿易出超國的貨幣皆呈升值趨勢，東南亞各國貨幣也從 1998 年止貶反升，除了跌深反彈外，另外也是出超漸有起色的基本面支撐。

至於捕捉國際間熱錢的活動，有些專業公司（例如美國的特林泰伯金融服務公司）每月定期會發佈統計數字，資金流向趨勢值得參考。

四、專家預測法

專家預測法大都運用於下週或隔日的預測，「專家」主要是指外匯交易員，因

為其專業程度高、市場敏感度強，常見的服務來源有：

㈠路透社

　　路透社等行之有年，每週五皆會對美國紐約 20 家外匯銀行首席外匯交易員進行調查，預測下週美元兌日圓、歐元的平均匯率。

㈡往來銀行、期貨公司的晨報服務

　　如同券商每早傳真給客戶的晨報，預測大盤走勢一樣，許多銀行、期貨公司透過網際網路（建立自己的網路銀行服務管道），提供客戶相關的昨日國內外外匯盤市分析和今日預測，以免客戶「上窮碧落下黃泉」仍為資訊爆炸所苦。

㈢權威學者專家

　　除了短期預測外，有些「喊水會結凍」的經濟學者的看法，往往指出長期趨勢，頗值得注意；其中尤其是美國華盛頓國際經濟研究所所長伯格斯坦 (Fred Bergsten)，他曾擔任主管國際事務的美國財政部助理部長。

　　2002 年 7 月 18 日，他在英國《金融時報》上，撰寫名為〈讓美元跌〉的文章，指出 2002 年上半年來美元匯率逐步下滑，貿易加權平均匯率已貶值約 10%，對歐元貶幅更達到 20%，扭轉 1995 至 2002 年初美元匯價約升值 25% 的上升趨勢。

　　美元價值被高估，難免大幅修正，如同股價過高就必定回跌一般。美國經常帳逆差正逼近每年 5,000 億美元，佔國內生產毛額 5%，遠高於 1970 年代初、1970 年代末、1980 年代中和 1990 年代中美元銳貶前的水平。

　　伯格斯坦說，美國或許能承受此比率為 2～2.5%，約是目前的一半。由於美元每貶值 1%，經常帳逆差就會在約莫兩年後縮減 100 億美元左右，據此推論，也許美元最終貶值幅度可達 25%。截至此時，美元這趟貶值之路已走了三分之一。

　　他認為，此時調整美元價位，正逢其時。美元貶勢平緩，對物價或利率察覺不出什麼影響，因為美國經濟處於復甦初期，工廠閒置產能和失業人數均可觀，物價上漲壓力幾乎不存在，利率也降到 40 年來最低。而且，美國經濟仍然比歐洲或日本強健，生產力持續攀升，幾乎篤定能撐起 3% 以上的成長率。企業會計報表作假醜聞雖接連不斷，但是資金外逃或美元直線墜落的危險都相當小，不致使循序漸進的整理惡化成市場動盪不安。

　　伯格斯坦反駁美元久跌恐進一步打擊股市並危及經濟復甦的說法，他說，起初

市場的一窩蜂心態是難免的，但是美元回軟會改善跨國企業的獲利、提昇價格競爭力並鼓勵外國投資，因此反而能改善美股展望，協助股價止跌。(經濟日報，2002 年 7 月 19 日，第 13 版，湯淑君)

我們特別舉出他的看法，一是因為中央銀行總裁彭淮南對國際美元走勢的看法常參考伯格斯坦，一是想強化我們「匯率長期趨勢跟著出超數字走」的基本主張。

五、如何判斷短期不理性的過度反應？

匯率大趨勢好抓，但是短期波動有時連中央銀行總裁都會覺得「莫名其妙」，所以連外匯交易員也會被市場「修理」，那麼財務經理也就不要太在意了，就當做是統計學中所指的短期波動罷了。

不過，暴漲暴跌式的匯率走勢，不僅自己要有「不動如山」的膽量，而且如果能進一步採取人棄我取的反向操作，則往往能渾水摸魚 (反之，水清則無魚)。浮動匯率制度下的匯率一天漲跌超過 2 個百分點，往往是投資人過度反應，因為經濟走勢是連續的而不是跳躍式的。

在第一次世界大戰後，便有法國學者 Affalion 提出把預期心理考慮入匯率決定的匯兌心理說。隨著「行為財務學」(behavioral finance) 的發展，他的主張也更豐富了。

外匯市場跟股市一樣，也會有羊群現象 (herd behavior)，反映在外的則為下列三種現象。

(一)對利空消息過度反應

外匯市場對利空消息 (尤其是謠言) 往往有「寧可信其有，不可信其無」的第一次聽到「狼來了」的反應，之後，人們才會發現自己過度反應，也就是常會發生貶過頭的情況。

1.1997 年 7 月東南亞金融風暴就是個最明顯的例子，人嚇人的結果，儼然 1929 年經濟大蕭條即將來臨，臺灣某著名經濟學者甚至大放厥辭：「東南亞要 50 年才會復原。」東南亞各國貨幣全部超貶，直迄 1998 年下半年，發現情況不如想像糟，匯率才逐漸回升。

2.2002 年 7 月驚慌性拋匯：2002 年 7 月，日圓升值逼近 115 日圓兌 1 美元關

卡時，臺幣也大幅升值，央行曾經打電話要求主要匯銀主管，不要擅自發表臺幣匯率升貶的預測看法，希望先斬斷市場放話影響匯率走勢的管道。

匯銀主管被禁話之後，緊接著卻出現國際各投資銀行業者陸續發表對臺幣匯率的預測值，詳見表 13-7，自然被央行視為影響臺幣走勢的另一個殺手。因此，央行在 7 月 22 日公開點名這些機構，強調其預測值很不準。遭到央行直接點名的機構，包括高盛 (Goldman Sachs)、中華經濟研究院、摩根大通 (JP Morgan)、Consensus Economics Inc. 和德意志銀行等。

表 13-7　2002 年 7 月臺幣匯率預測

NTD/USD	更新月日	2002		2003	
		Q3	Q4	Q1	Q2
Consensus Econ.*	7. 8	33.23	33.12	33.01	32.90
Deutsche	7.19	33.00	32.50	32.25	32.00
Economist	7.19	33.40	33.50	33.48	33.45
Goldman Sachs	7.	33.30	32.80	32.55	32.30
JP Morgan	7.18	32.50	32.00	31.50	N/A
Tokyo-Mitsubishi	7.	34.25	34.75	34.13	33.50
UBS Warburg	7. 2	34.00	33.50	33.50	33.50
中華經濟研究院	7.19	32.87	31.97	31.80	31.62
最低		34.25	34.75	34.13	33.50
最高		32.50	31.97	31.50	31.62
（6月）中價		(33.99) 33.27	(33.50) 32.96	(33.38) 32.78	(33.00) 32.90
（6月）平均價		(33.77) 33.32	(33.36) 33.02	(33.08) 32.78	(32.93) 32.75

*Consensus Economics Inc. 調查 24 家國際性投資銀行業者對臺幣匯率預測後予以平均所得到之結果。
資料來源：各主要金融機構期刊。

央行外匯局長周阿定說，他也要像美國聯邦準備理事會主席葛林斯班一樣，「要對匯率預測提出警告，因為跟其他經濟變動的預測相比較，這些匯率預測很少準確」。

周阿定強調，這些機構都沒有說明預測方法，同時更常見的情況是，當臺幣在

升值時，通常都會預測臺幣更要升值；反之，當臺幣處於貶值時，通常就會預測臺幣更加貶值。結果引發市場過度反應，而社會大眾聽信其預測後，往往也造成無謂損失，可是這些機構卻不需要負任何責任。（工商時報，2002 年 7 月 23 日，第 3 版，林明正）

3. 2002 年 10 月驚慌性買匯：驚慌性買匯的最近案例則為 2002 年 10 月 11 日，外資賣超臺股 46.9 億元且買匯匯出，造成股、匯市雙雙重挫，加權指數下跌 97 點，以 3,850 點作收，創下近 1 年來新低；臺幣匯率以 35.157 元收盤，是 1987 年 1 月中旬以來，近 15 年 9 個月的最低價位，更跌破亞洲金融風暴的低點，詳見圖 13–6。

圖 13–6 　1987 年以來美元兌臺幣走勢年線

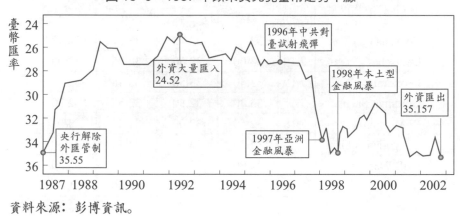

資料來源：彭博資訊。

展望後市，匯銀和券商均不表樂觀，匯銀認為在亞洲貨幣同步走貶下，臺幣匯率仍可能進一步下探 35.3 元大關。

外資早就預期臺幣匯率仍會走貶，有外資證券商建議外資法人，以 1 個月為期，進行三個步驟避險：在 35.1 元價位買進美元、在 35.3 元賣出美元，並且等回到 34.8 元價位時再買進美元。（經濟日報，2002 年 10 月 12 日，第 1 版，謝偉姝、張志榮）

㈡黃金是避難貨幣，美元不是

碰到戰爭危機時，黃金便成為避難貨幣，因此美元會比較弱勢，例如 2002 年 7 月到 2003 年 3 月，美國以「不惜動武」來威脅伊拉克接受武器檢查。

1. 從美元兌日圓來看：以往在國際情勢緊張的非常時期，美元一定會因投資人搶購而升值，但是 2002〜2003 年中伊拉克和北韓情勢緊繃，美元匯率卻貶值，顯

然投資人已不再視美元為危機時期的資金避風港。

「美國不會被攻擊」是投資人買美元的前提，如今這個前提瓦解，日本瑞穗證券公司資深經濟分析師熊谷亮丸預測，將來美元的信賴度可能進一步降低。美國跟恐怖分子的戰爭時間拖長，規模也擴大，使得非常時期「賣」美元的風氣愈來愈盛，詳見表13-8。(經濟日報，2003 年 1 月 1 日，第 9 版，孫蓉萍)

表 13-8　非常時期的美元兌日圓匯率

	事件日	事件發生當天日圓匯率	之後日圓匯率	美元波動比率
【非常時期美元升值】				
天安門事件	1989 年 6 月	141.8	151.3 (11 天後)	6.7%
美軍飛彈攻擊伊拉克	1996 年 9 月	109.07	114.47 (約 2 個月後)	5%
NATO 轟炸南斯拉夫	1999 年 3 月	117.7	124.46 (約 2 個月後)	5.7%
【非常時期美元貶值】				
美國 911 事件	2001 年 9 月	121.71	116.76 (10 天後)	-4.1%

資料來源：日本經濟新聞。

2.從更廣角度來看：美元逢戰必漲的鐵律，在 1990 年年底美伊戰雲密佈期間失靈，從 1990 年第四季起直到 1991 年 1 月 16 日，美元非但沒有升值，反而常處於跌勢。在信心恐慌下，美元兌馬克、法郎和日圓不到 1 年即貶值逾一成。

相反的，黃金價格在同一期間則持續升高，1990 年耶誕節過後，國際金價在美元狂挫之際，曾經有 1 天內每英兩黃金漲 8.25 美元的紀錄。

2003 年 2 月波斯灣戰事緊繃，如同 1990 年，美元還是不敵黃金，從 2002 年年底一路下滑，美元兌歐元、瑞士法郎都創下近年來新低，而每英兩黃金由 2002 年 10 月的 318 美元飆升至 380 美元，是 6 年來新高。

撇開因金本位制度崩潰所引發的美元貶值不談，近 100 年的歷史顯示，不論全球性或區域性戰爭，美元和黃金確實經常扮演逃難貨幣的角色，然而當美國也捲入風暴時 (一次大戰、大蕭條、美伊戰爭)，美元也難逃貶值命運，亂世中最不易撼動的資產仍屬黃金，詳見表 13-9。(工商時報，2003 年 2 月 9 日，第 5 版，于國欽)

(三)國際大炒家的力量被過度誇大

或許你會說國際大炒家如索羅斯等力足以敵國，甚至被指責為東南亞金融風暴

表 13-9　1970～2003 年美元匯率變化

年＼資產	日圓	馬克*	法國法郎*	每英兩黃金兌美元	備　註
1970	360	4.20	5.55	35	1971 年尼克森宣佈美元停止兌換黃金之前，各國對美元採固定匯率，此後美元劇貶
1978	194	1.82	4.18	170	
1979	239	1.73	4.20	–	
1980	203	1.95	4.51	750	伊朗、中東動亂，使倫敦金價在 1 月 18 日大幅飆升
1985 年 2 月	259	3.34	10.23	–	
1990 年 6 月	153	1.67	5.61	339	伊拉克 8 月拂曉入侵科威特之前，金價續跌
1991 年 1 月	134	1.49	5.12	415	1 月 16 日美伊開戰金價攀高
2002 年 11 月	122	1.00	1.00	318	美伊對峙
2003 年 2 月 4 日	120	0.91	0.91	379	美伊戰爭箭在弦上

*1999 年 1 月起，馬克、法國法郎改為歐元兌美元匯率。
資料來源：工商時報、《世界貨幣滄桑史》、主計處。

的罪魁禍首。不過，我很同意他的說法：「物必自腐，而後蟲生。」四次發生金融風暴的國家、地區，原因都是一樣：匯率（幣值）高估，加上經常帳惡化，而外匯存底小於外債（財務分析中的流動比率小於 1）。

　　1.1994 年 12 月，墨西哥披索重貶，引發第二次拉丁美洲金融風暴。

　　2.1997 年 7 月，泰銖重貶，引發東南亞金融風暴，最後波及港、臺、日、韓，形成亞洲風暴。

　　3.1998 年俄羅斯金融風暴，股市崩盤，匯市停擺。

　　4.1999 年 1 月巴西里爾金融風暴。

　　一般來說，這些都只是幾天就結束的「狂風不終朝，暴雨不終日」，只能以短期波動來看待，船過水無痕，一切就像沒發生過一樣。

　　以 1995 年 6 月到 1996 年 3 月發生的中共臺海演習來說，臺灣外匯淨流失 237 億美元，外匯存底流失四分之一，超過 3 年的貿易出超，難怪會貶值，美元匯率也從 25.2 元一路攀升到 27.6 元水準，這點反映出美元是避險貨幣的特色。（工商時報，1998 年 3 月 21 日，第 11 版，林明正）

個案一：2004 年歐元匯率大預測

歐元是全球第二大貨幣，僅次於美元；不論是貿易（甚至包括旅遊）、投資，都很有必要明瞭 2003 年以後歐元匯率的大趨勢。開門見山的說，歐元將延續 2001 年以來的升值態勢，2004 年將可站穩 1 歐元兌 1.0 美元。

一、2002 年 2 月摩根士丹利看多歐元

美國股市和美元一向主導全球金融市場，但是摩根士丹利證券預測，美元已進入多頭的末期。

㈠金融帳資金外流

摩根士丹利指出，安隆案擴大將造成投資人對於美國股票和公司債的投資信心喪失，流入美國的國際資金將轉向，導致美元走貶。美國雖然經濟已回穩，但是這一波經濟成長因為消費者舉債偏高，企業資本支出難大幅擴充，美國的經濟將僅是緩慢成長，外國資金流入減緩，不利美元獲得強有力的支持。

全球資金流動，有助於歐元走穩，資金流入歐元地區逐漸在改善中，從 2001 年年中以來，歐元地區的金融帳就出現改善的現象，整個 2001 年下半年歐元地區金融帳為淨流入。

2002 年 1～2 月共同基金資金流動上，債券部分的資金淨流出（主要流向美國地區公司債）被流入歐洲地區股票型資產的資金給抵消，而 2002 年預計一些歐洲地區股債市都將出現資金淨流入，所以歐洲地區股債市報酬率可能都會優於美國。

㈡經常帳

因日本經濟欠佳，日圓很難獲得強力支撐，歐元自然成為下一個可以跟美元分庭抗禮的貨幣。歐元合理價位為 1 歐元兌 0.97 美元，目前歐元被低估近 10%，從歐元在 1999 年推出之後，這是被低估最為嚴重的時刻。

未來歐元區經濟加速整合，摩根士丹利全球經濟分析部主任羅奇 (Stephen Roach) 指出，歐元區處於經濟成長趨勢，而美國則是處於向下趨勢。

歐元區經濟成長可期，加上瑞典和英國可望在 2003 和 2005 年陸續加入歐元貨幣聯盟，歐元成為各國央行的準備貨幣比重仍偏低。國際貨幣基金統計，美元佔各國央行外匯準備的比重高達 68.2%，雖然歐元為第二大，但是比重只有 12.7%，第三、第四的分別是日圓的 5.3% 以及英鎊的 3.9%。一旦美元開始走弱，各國央行將會逐步提高歐元佔外匯準備的比重，屆時歐元走強的態勢可望明確。（經濟日報，2002 年 2 月 22 日，第 9 版，白富美）

二、歐洲跟美國平起平坐

洛杉磯投資業者佩登利傑公司 (Payden & Rygel) 總經理韋納說，1991～2001 年美國扮演全

球經濟成長的火車頭，美國從所有國家進口產品，負擔數以千億美元的貿易逆差；反之，出口國家則把資金投資在美國公債、公司證券，和收購美國企業上。

這種資金流動在 1990 年代末期每年超過 7,000 億美元，使得美元利率得以降低，並且推升美國股票、債券和房地產價格上漲，美國的經常帳逆差光在 2001 年就超過 4,000 億美元（註：2002 年 4,650 億美元）。

2002 年上半年美國經濟成長前景不明，加以美國股市飽受醜聞干擾，使得外國投資人認為世界經濟需要重新恢復均衡。摩根士丹利羅奇說，以美國為中心的世界經濟情勢正在轉移，他預期歐元匯率將漲到兌 0.9700 美元。

摩根國際經濟分析師皮洛斯基指出：「我們似乎正處在世界經濟轉移到歐洲和亞洲，跟美國等量齊觀的初期階段。」重新平衡可能帶來痛楚，資金外移將導致美國股價下跌和利率上升，但是美國企業的商機也會隨著外國經濟成長而增加，足可彌補痛楚。

美元下跌和歐元轉強可望刺激美國對歐洲出口，並且使美國企業在歐洲的龐大投資升值，如此將有助於美國縮小經常帳逆差。（經濟日報，2002 年 5 月 5 日，第 2 版，吳國卿）

三、市場一路看好歐元

2003 年 3 月 4 日，在美國仍然決心出兵伊拉克的背景下，美國財長史諾表示對近來美元跌勢「不以為意」，引爆匯市對美國政府維持強勢美元政策立場的疑慮，市場資金急忙尋求避險。受此影響，美元對主要國際貨幣急跌，歐元創 4 年（1999 年 3 月以來）新高價，詳見圖 13-7。

圖 13-7　歐元兌美元走勢圖

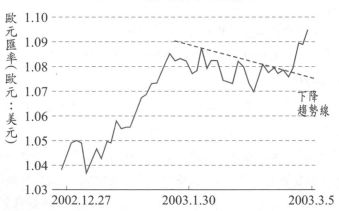

德意志銀行外匯策略師哈非茲表示：「史諾的談話在外匯市場引起騷動，他的評論暗示美國樂見美元下挫。」東京瑞士信貸第一波士頓外匯策略師小笠原指出：「觀察投資資金短期不太可能再投入美國市場，歐元投資線型持續看多。」他預測 3 個月內歐元將升破兌 1.1 美元，1 年

內挑戰 1.15 美元。（工商時報，2003 年 3 月 6 日，第 2 版，林國賓）

　　2003 年 3 月 10 日，倫敦的歐元兌美元匯率最高升至 1 歐元兌 1.1066 美元，是 1999 年 3 月 18 日以來的 4 年來新高。（經濟日報，2003 年 3 月 11 日，第 3 版，吳國卿）

（一）6 月 5 日降息 0.5 個百分點

　　2003 年 6 月 5 日，歐洲央行大幅降低歐元區 12 國基本利率 0.5 個百分點，成為 2%，以避免歐洲限於物價下跌和經濟衰退。英格蘭銀行（英國央行）則宣佈維持利率不變。

　　降息可減輕企業的舉債成本而可刺激經濟成長，有助於歐元區經濟擺脫第一季零成長的停滯狀態。因此央行降息的消息傳抵匯市，歐元反而上挺，漲破 1.18 美元，最高漲抵 1.1859 美元。

　　2% 的利率是歐洲央行 1999 年元月開始為歐元區制訂貨幣政策以來的最低水準，上次降息是 2003 年 3 月 6 日，降息 0.25 個百分點。2% 的利率也比德國央行（歐洲最大經濟體）1948 年以來所訂的利率水準都低。（經濟日報，2003 年 6 月 6 日，第 9 版，吳國卿）

　　2003 年 5 月 26 日歐洲央行副總裁帕帕德莫斯 (Lucas Papademos) 在一場餐會中表示，如果能達到中程目標，也就是把物價上漲率壓到 2.0% 以下，歐洲央行「就可能調整貨幣政策立場，抗衡削弱經濟的勢力」。（經濟日報，2003 年 5 月 28 日，第 2 版，湯淑君）

（二）項莊舞劍，志在沛公

　　帕帕德莫斯強調，德國或整個歐元區面臨物價下跌威脅的風險「很小」。

　　2003 年 5 月 27 日歐洲央行說，歐元區 3 月份經常帳順差 12 億歐元（14 億美元），比 1 年前的 74 億歐元順差銳減，顯示商品貿易順差陡降。對照下，美國呈現龐大的經常帳逆差，被視為美元跌、歐元漲的原因之一。義大利製造業龍頭飛雅特公司表示，歐元升值造成第一季營收縮水 5 億歐元；法國釀酒業者 Pernod Ricard 預估美元每貶 10% 就會造成獲利縮水 2,200 萬歐元。

　　歐元區 12 國採取行動打壓歐元只是遲早的事，企業已蒙受其害。

　　摩根士丹利公司貨幣策略部主任史蒂芬·鄭 (Stephen Jen) 預測，歐洲基本利率為 2.5%，是美國的 2 倍，因此歐洲央行還有極大降息空間。分析師表示，歐洲央行降息 0.5 個百分點不足以彌補歐元兌美元升值。要阻止進一步升勢，歐洲央行要降 2 個百分點才可達到這個目的。（經濟日報，2003 年 5 月 28 日，第 2 版，官如玉）

（三）2003～2004 年：1 歐元兌 1.25 美元

　　2003 年第四季以來歐元強勢，基本因素在美國經濟前景堪虞，美國政府允許美元貶值，尋求以刺激出口來幫助經濟復甦。此外，歐洲央行以打擊物價上漲為職志，堅拒降息，因而與美國利差擴大，也有助支撐美元。2003 年 5 月 23 日根據路透社一項對匯市分析師所做的調查顯

示，目前歐元強勢難擋，預料 2003 年內可望達到 1.245 美元，並且在未來 12 個月期間維持在此一高檔價位。詳見圖 13-8 。(經濟日報，2003 年 5 月 24 日，第 1 版，王曉伯)

圖 13-8　　1999～2003.6 歐元走勢

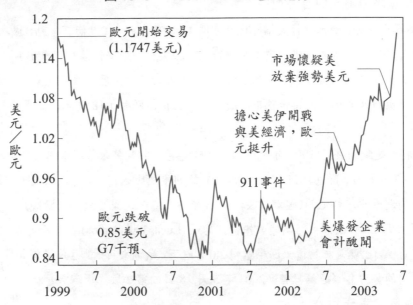

個案二：2004 年日圓匯率大預測

臺灣關心日圓匯率走勢有雙重意義：

1.站在經常帳（進出口）、金融帳（金融投資、融資）的角度，希望能逢凶化吉，少點匯兌損失，多賺些匯兌利得。

2.在第三節中有談到臺幣就是小日圓，如同在星空中找星星，找得到北斗七星就找到北極星。

跟個案一結論的格式相同，先說明 2004 年日圓匯率預測：往 100 日圓價位邁進。

一、2002 年從 135 到 115

2002 年 4 月起，日圓逐漸升值，一度到達 115 日圓；後來 7 月美元走強，才又回到 120 日圓附近，詳見圖 13–9。

圖 13–9　2002 年日圓匯率走勢

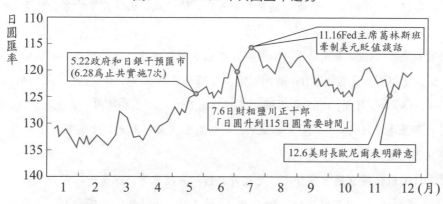

資料來源：日經金融新聞。

二、弱勢日圓政策，以出超帶動經濟成長

日本政府提振經濟的法寶已使用殆盡，日圓貶值是少數可用的工具之一。日本銀行（央行）已把利率降至幾近於零，而且日本欲藉擴大支出刺激經濟成長的作法已使政府債臺高築。

由於政府累積債務相當於國內生產毛額的 140%，政府已無法再以擴大支出帶動經濟成長，只剩下匯率政策可操作。因為日圓貶值將使日本產品在海外市場更具競爭優勢，增加出口公司的獲利，對經濟成長助益甚大。

2002 年 12 月 2 日，日本每日新聞報導，日本財務大臣鹽川正十郎說，日圓最低應貶到 1 美元兌 160 日圓，才符合經濟基本面。鹽川暗示日圓還有貶值 23% 的空間，導致日圓匯率貶破 125 日圓關卡。（經濟日報，2002 年 12 月 3 日，第 1 版，湯淑君）

12 月 25 日，鹽川接受日本放送協會 (NHK) 專訪表示：我希望匯率能反映真正的經濟實力。就日本經濟購買力來說，日圓現在過度升值，日圓對美元的合理價位應在 150 到 160 日圓。鹽川重申日圓被高估的說法引發市場臆測，認為日本銀行準備拋售日圓以阻止日圓續升、美元續貶。(經濟日報，2002 年 12 月 26 日，第 9 版，林聰毅)

㈠投資人的看法

財務省希望貶抑日圓，免得日圓升值傷害出口引導的經濟復甦，早就不是新聞。但是外匯分析師說，鹽川把日圓看得太扁，「十分異常且令人訝異」。外匯策略師說，日圓如果跌到 130 或 135 日圓會比較實際；但是貶到 160 日圓的價位，會嚇跑外國投資人，反而會危及日本經濟。

市場人士普遍不把鹽川的話看得太認真，畢竟不論大陸或美國，都不會坐視日圓貶破 135 日圓價位。(經濟日報，2002 年 12 月 3 日，第 1 版，湯淑君)

㈡口水不能治國

匯價和股市常被視為一國經濟強弱的溫度計，經濟體質的良窳和國際金融情勢才是主要的決定因素，妄想以片面唱高或唱衰本國匯率的方式，解決經濟困境，等於拿金絲膏等貼布治療骨刺。

各國官員對匯率發言能夠奏效，必須有經濟基本面和相關政府的配合。近代比較知名的例子是 1985 年 9 月五大工業國家的「廣場協定」。當時美元約在 240 日圓，年底急貶到 200 日圓，1986 年年底貶到 160 日圓，1988 年再貶到 120 日圓左右，1995 年 4 月，美元跌到 79.75 日圓。在美國財政部長魯賓 1995 年 1 月上臺以來，不斷提出「強勢美元」政策下，1997 年 5 月才漲回 1 美元兌 125 日圓。

因此，日圓縱使確立貶值態勢，但是沒有美國和大陸首肯，以及一段調適時間，日圓不可能跌回 1986 年的水準。(經濟日報，2002 年 12 月 4 日，第 2 版，戚瑞國)

三、美國反對弱勢日圓政策

2002 年 12 月 10 日，《亞洲華爾街日報》報導，日本政府始終不肯正視改革金融體系的重要性，一味採取拖字訣，這回竟然想出讓日圓競爭性貶值的新點子。但是明眼人都知道，這只不過是障眼法，既不能刺激物價上漲，更無法改善經濟，反而會阻礙改革腳步。(經濟日報，2002 年 12 月 11 日，第 9 版，郭瑋瑋)

四、市場看好日圓

2002 年 12 月 26 日日經金融新聞報導，金融市場人士普遍預測 2003 年日圓兌美元將升值。分析師認為縱使政府和日本銀行干預匯市，可能使美元暫時回升，日圓仍會上探 1 美元兌 110 日圓左右。2002 年因為美國企業假帳等因素，日圓曾升值到 115 日圓左右，2003 年可能超過這個價位。

美元看貶的因素包括下列三項：

1.美國調整強勢美元政策，日聯 (UFJ) 翼證券公司金融市場調查部長齋藤滿說，內定美國財長的史諾不一定會維持強勢美元政策，全球物價下跌的情況下，恐怕不會允許日本引導日圓貶值。

2.美國國內恐怖活動的疑慮，JP 摩根證券公司調查部長菅野雅明說，縱使美國結束跟伊拉克的戰爭，恐怖疑慮仍無法消除，資金可能外流。

3.財政赤字擴大：東京三菱銀行資金外匯部分析主任深谷幸司說，由於美國股價走低，全球投資人都希望規避風險，出現經常帳逆差的美元趨向疲弱；一般認為企業界出身的史諾可能默許日圓兌美元升值。

金融市場預料政府換部長時，匯率政策也會跟著轉變，因此匯率容易震盪。美國財政部長歐尼爾和日本財務省財務官黑田東彥幾乎同時下臺，這種情況彷彿 1999 年 7 月魯賓和榊原英資下臺後日圓走高的局面。

因為美國攻打伊拉克的可能性升高，基於恐怖分子可能報復，全球投資人將避免持有美元資產，以致流入美國的資金銳減。縱使不考慮這些因素，光是股價下跌和利率走低，就讓投資人對風險非常敏感。全球資金流入美國一旦減少，美元就會逐漸貶值。

除了攻打伊拉克的戰爭費用外，正在研擬的減稅措施也會影響美國的財政收支，構成美元貶值因素。如果大量發行公債，長期利率將上升，導致房貸利率升高，個人消費因此降溫，美國景氣復甦可能胎死腹中。為了 2004 年總統大選預做準備，布希可能不得不放棄美元升值政策。(經濟日報，2002 年 12 月 27 日，第 9 版，孫蓉萍)

五、麥香堡定理說 1 美元兌 111 日圓

2001 年 5 月，日本疲弱的經濟基本因素雖然使日圓籠罩著貶值陰影，但如果比較麥當勞麥香堡在美國和日本的售價，日圓匯率應該大幅升值。

東京一份麥香堡賣 280 日圓，紐約賣 2.51 美元，據此可以算出 1 美元應該兌換 111.15 日圓，比日圓在 1995 年 4 月創下的歷史高價 1 美元兌 79.85 日圓，還有很長距離。(經濟日報，2001 年 5 月 24 日，第 9 版，吳國卿)

由表 12-17 可見，2003 年 4 月，美元兌日圓合理價位為 96.7。

◆ 本章習題 ◆

1. 找一份匯率（例如美元對臺幣）預測，事後聰明的來說，誰長期比較準？

2. 舉一個例子來說明臺幣匯率不符合（弱式）效率市場假說。

3. 以表 13-2 為基礎，用下個月的股價指數、匯率預測為例來具體說明。

4. 以圖 13-2 為基礎，分析貿易出超和匯率升貶孰先孰後。

5. 以圖 13-3 為基礎，匯率上下檔在那裡？

6. 以表 13-3 為基礎，比較過去一季，《工商時報》抑或《經濟日報》的匯率預測誰比較準確。

7. 以表 13-4 為基礎，找其他書刊予以補充。

8. 舉例說明投資人對匯率的羊群現象（例如驚爆天量）。

9. 美元究竟是不是避難貨幣？（Hint：例如以 2003 年 3～5 月來分析）

10. 以圖 13-7 為例，畫出臺幣匯率走勢的趨勢線。

第十四章

匯兌風險避險決策

在操作外匯上，我都是看基本面，其他非經濟因素較次要；短期操作則是看技術面，同時要配合貨幣市場和其他金融市場一起看，不能一廂情願，因為所有的市場都會互相影響。

——林進財　緯創公司副總經理兼集團財務長

經濟日報，88 年 3 月 27 日，第 5 版

學習目標：

站在財務長角度，如何進行匯兌避險的策略決策（要不要避險問題）、技術問題決策。

直接效益：

讀完本章，可省掉閱讀多本外匯衍生性商品書籍所造成見樹不見林的問題。

本章重點：

- 由 5W2H 來看匯兌風險管理步驟。表 14–1
- 匯兌風險管理的重要性。§14.1
- 匯兌風險的種類。§14.2 一
- 三個嚴重錯誤的避險觀念。§14.2 五
- 如何估計匯兌暴露部位的大小。§14.3
- 外匯衍生性商品快易通。§14.4
- 外匯衍生性商品交易的資格、規定。§14.4 二
- 外匯衍生性商品交易比重。§14.4 三
- 要不要避險，屬於策略決策。§14.5 四
- 採取衍生性商品避險時的相關決策。§14.6
- 如何決定避險比率？§14.7
- 如何執行動態避險策略。§14.8

前言：現實是最殘酷的教室

許多人或許都有我學習匯率過程的一部分：大學學國際匯兌、國際財務管理、國際金融，碩士班又學國際金融，博士班又學國際財務管理，在《工商時報》專欄組寫了一年半的匯率預測專欄，在證券公司當研究員追蹤匯率。但是這一切或許都不如在實務界當4個月財務經理，其間恭逢其盛，碰到1997年10月17日起3個月內臺幣匯率大貶6元，直抵34.4元價位，最大貶值幅度達27.30%。

如何減輕貶值帶來交易風險等這些都是財務經理的職責，每天都接受"to be or not to be"的震撼教育，體會到現實是最殘酷的教室，能督促人加速學習。

書本、理論存在的價值在於解決實務上的「問題」，而「問題解決」程序便是管理活動，即規劃（分析、決策）、執行和控制；或是通俗的說便是5W2H。因此本書架構安排便是根據上述精神，詳見表14-1。

❖ 第一節　匯兌風險的重要性

如果你從來不曉得什麼是匯兌風險，看了下列幾則報導，大概會有所感受：

・去美國觀光，1997年10月底機票只需28,500元，但1997年11月以後卻需要34,500元，其實同樣只需要1,000美元，只是臺幣貶值27%，不少有意赴美深造的人暫時打消念頭。

・本來常去香港「瞎拼」的女性，1998年變少了，因為臺幣兌美元大貶，可是港府堅守匯率，那無異臺幣兌港幣大幅貶值。

・進口的雀巢、克寧奶粉都變貴了。

這些是遭受臺幣貶值之苦的一些情況，再來看企業因臺幣貶值所遭受的損失，只看3家代表性公司便可見一斑。

・中油公司1998年帳面匯兌損失預估為200億元、臺電50億元。（工商時報，1998年1月6日，第2版）

・臺塑公司第二季提列匯兌損失10億元以上。

臺幣貶值拖累到進口為主的公司（簡稱「進口公司」），例如石化、食品、進口

表 14-1　由 5W2H 來看本書對匯兌風險管理的架構

5W2H、管理活動	本書章節	
一、規劃	Chap. 12	匯率第一次就上手
	Chap. 13	匯率預測快易通
why	§14.1	匯兌風險的重要性
1. 分析		
what	§14.2	匯兌風險的種類和正確觀念
when	§14.3	暴露在風險中部位的衡量
2. 決策		
which	§14.4	外匯衍生性商品快易通
	§14.5	避險的決策
	§14.6	採用衍生性金融工具避險時的相關決策
how much	§14.7	如何決定避險比率
二、執行		
how	§14.8	動態避險策略的執行
1. 傳統避險方式	§15.1	外匯經濟風險的管理之道
	§15.2	外匯交易風險的管理之道
	§15.3	人民幣匯兌風險管理
2. 衍生性金融商品	§16.1	一般遠期外匯
	§16.2	無本金遠期外匯
	§17.1	換匯
	§17.2	換匯換利
	§17.3	換匯換利正確、錯誤實例
	§18.1	外匯選擇權
	§18.2	外匯保證金
	§18.3	金融創新商品
三、控制	§19.1	外匯交易內部控制制度的執行
who	§19.2	投資績效報告和回饋修正

代理（如汽車）。反之，臺幣升值則苦到出口為主的公司（簡稱「出口公司」，例如股市中的歐美概念股）。就跟有賣雨傘、冰淇淋二位女婿的丈母娘一樣，下雨、不下雨都有女婿生意受影響。

同樣的，對於進出口倚賴甚深的產業，特別體會到匯率升貶的衝擊，一旦匯兌風險規避無方，可能由盈轉虧，一年都白忙了。

接著再詳細看有那些地方會遭致匯兌風險的影響，由表 14-2 可見，僅以出口公司為例，損益表、資產負債表上往往有不少以外幣計價的；其中有二項值得進一步說明。

表 14-2　出口公司損益表、資產負債表上匯兌曝露

損益表	計價幣別		資產負債表	計價幣別
營收	$		短期資產	負債
營業成本				・應付帳款　　　$
毛利			・應收帳款　　$	・國際聯貸　　　$
			・海外金融投資　$	・海外轉換公司債　SF
			長期投資	（ECB）
			・海外投資	
・薪資費用	$ 不少			權益
營業外收益				
・海外子公司盈餘	RMB			

RMB：人民幣，$：美元，SF：瑞士法郎。

㈠海外子公司盈餘

上市公司中有八成在海外有投資，中小企業對外投資早已超過 4 萬家，撇開海外子公司平常面臨當地貨幣匯兌風險不說，以一年一度股利匯回這件事來說，就面臨當地貨幣（例如人民幣）兌美元和臺幣兌美元的雙重匯兌風險。例如，1997 年發行海外轉換公司債 3 億餘美元的大眾電腦，1998 年時則提列 6 億元的匯兌損失。

㈡融資活動國際化

不少內需概念股（例如營建、鋼鐵），營運上（即損益表為主）沒涉及多少外幣交易，但是資產負債表上融資不少來自國外，例如彥武、燁興皆發行瑞士法郎計價的海外轉換公司債。想利用海外低廉的負債資金，卻也必須承受如影隨形的匯兌風險。

㈢美國情況

在 1990 年代，美國聯邦準備理事會和學術界所做的研究發現，迅速且持續的美元升值嚴重影響製造業的獲利。許多美國製造公司無力對抗當時的匯率，毛益率大幅降低，被迫關廠、遷廠，或減產因應。

大聯資產管理全球經濟研究分析師卡森（Joseph G. Carson）強調，美元匯率變動，對於進口和國內物價有成長性的影響。這並不是說弱勢美元是拯救美國產業的萬靈丹，而是說美元貶值有助於美國產業利用匯率變動，取得具競爭優勢及策略性的地位，詳見表 14-3。

表 14-3　美國製造業對美元的敏感程度（1999～2002 年）

產業別	出口敏感度	進口敏感度	全球敏感度
電腦及電子產品	37.4	59.3	96.7
紡織及成衣產品	11.1	52.6	63.7
非電子設備	26.8	25.7	52.5
運輸	19.4	33.0	52.4
電子設備及零組件	19.2	32.5	51.7
原生金屬產品	12.2	25.9	38.1
化學品	17.4	17.9	35.3
家具設備	3.5	21.7	25.2
木製品	4.7	16.9	21.6
紙製品	9.1	11.3	20.4
塑膠及橡膠產品	8.9	9.9	18.8
加工金屬產品	7.9	10.6	18.5
食品	5.7	4.4	10.1

資料來源：美國商務部、大聯資產管理。

　　卡森創造出「全球（匯兌）曝露」（global exposure）的衡量方法，以說明產業對於美元匯率變動的敏感度。這個方法是以國內單一產業出貨量的進口和出口比重百分比計算而得，然後加總得到總進口和出口比重，以顯示海外貿易占產業的總全球匯兌曝露。

　　依這種方法計算，名列第一的是電腦和電子產業，顯示該產業對於匯率的變動最為敏感。非電子設備、電子設備、零組件、運輸以及化工產業也對匯率敏感，能利用美元走貶來取得具競爭優勢和策略性的地位。

　　紡織與成衣產業雖然對匯率變動也很敏感，但主要來自於進口比重高。美元貶值對紡織成衣的幫助有限，因為許多公司不是外包，就是把工廠移至海外。（經濟日報，2003 年 5 月 27 日，第 19 版，張瀞文）

　　2002 年 5～6 月，臺幣大幅升值，詳見圖 14-1，預期以外銷為主的電子股、外銷概念股等匯兌損失將會遽增，股市 6 月 24 日因此受創，筆記型電腦、主機板、TFT-LCD 和汽車元件股將首當其衝。

　　聯合投信統計，臺幣每升值 1 元對每股獲利的影響，其間包括毛益率下降及美

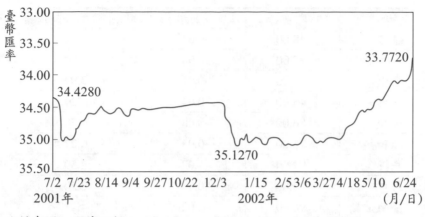

圖 14-1　2001.7.2～2002.6.24 臺幣匯率走勢

資料來源：經濟日報。

元部位損失，詳見表 14-4。筆記型電腦中應以廣達所受影響較大，主機板中則以微星、技嘉受創較深，TFT-LCD 中以友達所受影響很大。(經濟日報，2002 年 6 月 25 日，第 3 版，陳漢杰)

第二節　匯兌風險的種類和正確觀念

國際財務管理和國內財務管理最大差異在於前者會面臨匯兌風險,也就是因為預期之外的匯率變動所帶來的風險，而如何做好匯兌風險管理 (exchange risk management)，便是財務人員直接、間接的責任。

一、匯兌風險的種類

風險管理的第一步工作便是辨認風險，匯兌風險可分為三種，詳見表 14-5，說明如下。

二、會計上匯兌損益不用在意

許多國際財務管理書籍花很多篇幅說明匯兌損益的計算方式,其實會計上認列的標準，在財務管理上並沒有很大意義。例如下列一筆 60 天期預購美元外匯交易，其會計、財務績效評估方式各不同，詳見表 14-6。

表 14-4　臺幣每升值 1 元對每股獲利的影響

公　司	外銷比重 (%)	每股獲利影響	2002 年預估每股獲利
遠紡	48.00	−0.04	0.74
利華	77.00	−0.08	0.70
臺化	32.00	−0.01	2.97
福懋	45.00	−0.04	1.29
中和	86.00	−0.08	0.70
佳和	76.00	−0.04	0.27
年興	94.00	−0.07	2.59
得力	93.00	−0.03	2.50
臺南企業	96.00	−0.02	4.41
儒鴻	84.00	−0.02	1.17
復盛	80.69	−0.26	4.04
堤維西	92.49	−0.53	4.17
開億	98.42	−0.39	0.78
耿鼎	82.80	−0.16	0.98
鑽全	99.00	−0.55	5.36
高林	90.00	−0.10	2.44
車王電	98.00	−0.60	5.17
聯電	72.00	−0.04	1.33
仁寶	99.14	−0.22	2.79
台積電	81.00	−0.02	3.55
精英	99.05	−0.25	11.50
明電	97.72	−0.79	5.65
英業達	99.43	−0.28	2.18
華碩	93.16	−0.16	7.50
技嘉	89.56	−0.37	7.90
微星	91.27	−0.41	11.62
虹光	98.46	−0.22	3.58
華宇	87.82	−0.19	1.27
廣達	99.97	−0.30	6.27
陸技	95.00	−0.14	2.49
友達	30.00	−0.33	3.99
華映	65.00	0.16	2.04
神基	93.87	−0.22	4.28

註: 上述資料每股獲利影響數尚未計算各家公司所做的外幣避險回沖部分。
資料來源: 整理自聯合投信。

表 14-5　匯兌風險的種類和影響

時　間	過　去	現　在	未　來
風險種類	換算風險 (translation exposure)	交易風險 (transaction exposure)	經濟風險 (economic exposure)
比較適當名詞	會計風險 (accounting exposure)	財務交易風險 (financial transaction exposure)	營運風險 (operation exposure)
定義	為編製財務報表，對於報表日和該日之前外幣資產負債，必須以本國貨幣表示，但因前後匯率不同，以致會有價值調整	因以外幣計價的商流（發票開立日）跟金流（收款或付款）時間不一致，所衍生的匯兌損失風險	匯率非預期變動，使得原預計的盈餘改變，對進口公司主要反映在損益表中的營業成本（主要是原物料成本）
會計處理	過渡性會計科目，出現匯兌損益（權益項目列為調整項）	視交易而定，會出現在損益上的匯兌損益科目上	
出現情況	1.單一公司：有外幣資產或負債時，也會出現 2.跨國公司：依權益法或編製合併報表時，即把子公司以功能性貨幣計價報表轉換為母公司報表貨幣來計算	1.以外幣計價的賒購或賒銷 2.以外幣計價的借貸 3.尚未履約的遠匯、外匯選擇權、換匯 4.取得外幣資產或負債	1.出口公司：碰到升值時，出口報價可能調高，造成不利於出口，營收下跌 2.進口公司：碰到貶值時，進口原物料、機器成本上漲，造成營業成本提高，毛益率可能降低

註：此處 exposure 是指已經發生的一種受損或受益的程度，至於 risk 是指不必然發生，但機率已知的風險。

表 14-6　避險型預購遠期外匯的損益

單位：元

匯兌損益	財務績效	會計績效
3 月 1 日 　1.即期匯率 34.5 　2.2 個月期（60 天期） 　　預購匯率 4 月 30 日 　即期匯率三種情況 　(1) 34.70 　(2) 34.60 　(3) 34.40	 =0.1=34.70-34.60 =0=34.60-34.60 =-0.2=34.4-34.6	-0.1 =34.5-34.60 即期 1 美元有臺幣 0.1 元損失，以 100 萬美元來說，便有 10 萬元的匯兌損失。在避險交易時，於這匯契約期間內攤銷，即 3、4 月 1 個月把這 10 萬元匯兌損失攤掉，即每個月各攤 5 萬元的匯兌損失

㈠會計績效

這一筆預購美元外匯交易，根據有關外幣換算會計處理準則。

1988 年公佈的財務會計準則公報第 14 號，會計上立刻產生每 1 美元便有臺幣 0.1 元的匯兌損失，也就是看起來買貴了（跟 3 月 1 日的即期匯率相比），這便是會計績效。就是因會計處理上必須找一個「會計匯率」來計算收入或成本。

同樣情況，還有進出口報關適用外幣匯率，例如 2003 年 7 月上旬美元買入匯率 34.53、賣出匯率 34.63，這是財政部關稅總局在每旬就會公佈的匯率。就進口公司來說，結匯匯率為 34.55，會計上便會出現每 1 美元 0.03 元的匯兌損失。

㈡財務績效

財務人員擔心的是 2 個月後（即 4 月 30 日），臺幣匯率可能會大貶，因此先在今天預購以鎖定買匯成本。到了 4 月 30 日，要是臺幣匯率貶到 34.70 元，那麼 3 月 1 日這筆避險交易，便可以替公司每 1 美元節省 0.1 元的買匯成本，這就是財務人員慧眼獨具的財務貢獻。不過，要是屆時臺幣匯率不貶反升，反而升值到 34；那麼 3 月 1 日這筆預購可能是「杞人憂天」，財務人員必須為看走眼負責任。

站在總經理角度，用 34.60 元或 34.70 元去取得 1 美元，只是買匯成本的高或低罷了，何來「匯兌利得」呢？只不過是純作財務交易，以汽車進口來說，只是這一批（10 輛，假設 100 萬美元）車是 3,460 萬元或是 3,470 萬元的成本罷了。總經理不會否認財務經理這次預購美元對公司的貢獻，但站在公司立場毫無「匯兌利得」可言。

從這角度來說，換算風險 (translation exposure) 或稱會計風險 (accounting exposure) 便毋須那麼在意，也就是不必刻意去採取什麼外匯避險措施。那麼，我們也就毋須大費唇舌去介紹第 14 號公報來說明匯兌損益權如何計算。此外，在會計已上軌道的公司，匯兌損益都是由會計部去計算、會計師簽證的，所以財務人員只要知道怎麼回事便可以。

三、經濟風險不是財務人員能解決的

匯率變動對於公司毛益率等的影響，這種經濟風險 (economic exposure)，不是財務人員透過避險交易能夠完全避掉的，主要必須經由營運結構予以調整，我們將

在第十五章第一節討論以自然對沖來規避此營運風險 (operation exposure)。

四、交易風險

在一手交錢，一手交貨情況下，出口公司幾乎可以說是完全沒有匯兌風險。除了電匯 (T/T)、即期信用狀這二種情況以外，無論是跟單託收 (documentary collection)、記帳 (open account, O/A) 等方式——前者又分承兌交單 (documents against acceptance, D/A) 和付款交單 (documents against payment, D/P)。出口公司貨物已上船（或上機），但收款可是曠日持久，夜長夢多，便衍生出匯兌「交易風險」(transaction exposure)。

我們將在第十五章第二節說明如何作好匯兌交易風險的管理。

五、三個嚴重錯誤的避險觀念

1997 年 10 月 17 日臺幣重貶，迄 1998 年 10 月才快速回升，這一年無異是「進口公司」（指有外匯需求的公司，一般書稱為進口商）的震撼教育，匯兌風險管理成為顯學，企業財務經理因避險得宜被媒體捧為「英雄」。少數財務長也透過媒體自捧身價。但是其「歌功頌德」卻是「似是而非」，有必要加以澄清，否則適足以成為錯誤示範。

㈠異哉，財務預測編列匯兌利得

隨便翻開報紙，很容易發現這樣的報導：1998 年因臺幣匯率從 34 升值至 32.5 元，10 月份時，堤維西提列 7,000 萬元的匯兌損失。（經濟日報，1998 年 11 月 24 日，第 5 版，陳欣文）

這則報導是指當初堤維西公司編列財務預測時，可能以 34 元匯率為基礎，而當匯率升值，財務預測無法達成。不過，這跟匯兌損失有什麼關係？那只是調降財務預測數字就可以了，無論是 34、32 元匯率，公司出口都有賺，只是賺多賺少罷了。

㈡怎麼可能把匯兌風險全避掉了？

某食品公司財務副總在 1998 年 2 月大言不慚的表示：「這一回臺幣貶值的匯兌風險全避掉了。」該公司每月從美國進口大宗物資（如黃豆、玉米）以生產沙拉油、

飼料，真不曉得他如何作到匯兌風險全避掉了。這種經濟風險是公司存在一天，就存在一天，不可能「全部避掉了」，頂多只能說「這一季進口金額的匯兌風險已全額採取避險措施」。

(三)避險交易那有利得可言？

你有沒有聽說下列情況，有人稱為「賺到的」？

(1)買了壽險保單，因手術開刀，因而領到醫療險的理賠。

(2)買了汽車險，一年保險費 2 萬元，撞了別人的車，修車費用 5 萬元，由保險公司理賠；你能說因此賺了 3 萬元嗎？

所以，匯兌避險交易不應該在財務報表上揭露匯兌利得或損失，那有一家公司買火險，一年沒火災，而把保費視為「損失」；或是出險了，理賠金額大於保費部分也不宜視為利得。

外匯交易只有投機交易才能說利得或損失，例如看準臺幣將貶值，進場買美元，1、2 週貶值後獲利了結、賣匯，這才是匯兌利得。

◆ 第三節　曝露在風險中部位的衡量

風險管理的第二步驟是衡量風險的大小，以及本公司有多少資產曝露在風險之中。由圖 14–2 可看出，公司在決定避險金額（或數量）時，是以本節表 14–7 的數字作為基礎，再參酌避險比率和衍生性商品標準交易單位的限制（有點像股票集中市場交易以張為基本單位），最後才得到實際避險金額（或數量）。

一、避險期間 (how long)

避險的目的在於規避不利的價格變動，而隨著預期期間的增長，預期誤差（不能用預測值的信賴區間）也就越大；1 年以後的事情，9 個經濟學者搞不好有 10 個看法。

未來避險期間該設定多長才恰當，我們傾向於接受美國學者如 Grinold (1997) 所提的「資訊期間」(information horizon) 的看法。也就是以你有把握的（至少 50% 以上機率）期間來作為計算風險部位的期間。另一方面，也可避免太早有先見之明，

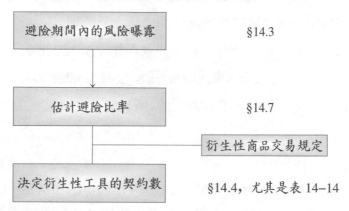

圖 14-2　避險金額（或數量）的決定

表 14-7　2004 年 1 月甲公司外匯部位預估

單位：萬美元

時　　間	營業活動 +	營業活動 −	理財活動 +	理財活動 −	小　計
本月	50	−200			−150
下月		−200	100		−100
下 2 個月		−200			−200
下 3 個月		−200	50		−150
小計	50	−800	150		合計 −600

以致先天下之憂而憂，反倒變成杞人憂天了。這個道理跟開車時的視距蠻像的，霧區開慢一些，晴天時則視野較遠，可以開快一些。

　　有些公司匯兌風險的避險期間為未來 3 個月。

　　當然，第五節中也會談到，在消極型避險策略下，只要是未來金額、時間明確的部位，皆應採取避險措施。例如臺灣出口廠在 11 個月後的今天將可出貨結匯獲得 1 億美元，此時便可以先敲定匯率，例如以 34.65 美元價位預售給外匯銀行，未來一筆外匯資產正部位恰巧被遠期市場的負部位所抵銷，就這筆出口交易來說，匯兌風險已不構成威脅。

二、風險部位的衡量

　　在避險期間內，估算本月和未來一季的外匯部位，當然這只是盈餘預測的一部

分。由表 14-7 可見,甲公司來自營業活動的外匯淨部位為 –750 (即 50–800) 萬美元,這是因為甲公司是進口農產品的內需型食品公司。

至於未來 4 個月來自理財活動的外匯淨部位為 150 萬美元,再加上營業活動的負部位 750 萬美元,甲公司 4 個月的外匯部位為 –600 萬美元。要是臺幣貶值 1 元,甲公司勢必額外多花 600 萬美元來買匯,所以這 600 萬美元的需求便是甲公司曝露於風險中的部位。

㈠多幣別的外匯部位

大部分公司可能會碰到多種幣別,這時最簡單的作法是「橋歸橋,路歸路」各自計算部位,分別進行避險,這樣的操作水準屬於業餘程度,非財務專業人員也知道該這麼做。

專業財務人員會把這些幣別的相關係數算出,有些外幣的升貶值方向恰巧相反,例如日圓看升、港幣看貶,假設二種幣別相關係數為 –1,而你手上有 117 萬日圓 (折合 1 萬美元) 或 77,500 港幣 (折合 1 萬美元);其實你的外匯風險部位恰巧為零。要是二者相關程度為 –0.8,那麼外匯風險部位僅剩 2,000 美元,避險僅需避這金額就夠了。

㈡集團企業的外匯部位

集團企業內如果有實施外匯淨額交易,那麼在計算外匯部位時是以集團為中心,而不是以個別關係企業為對象。

◆ 第四節 外匯衍生性商品快易通

利用衍生性商品來規避匯兌風險,避險成本該如何衡量? 這就是衍生性商品評價 (valuation) 的問題。簡單比喻,你可以把它當做買保單來看,那就是「保費」要多少?

衍生性金融商品其實很容易瞭解,就跟臺北市地圖一樣,只要有個識途老馬把地圖攤開,把經 (東西向大道) 緯 (南北向大道) 大方位看清楚,剩下的小街小巷,也就八九不離十了。同樣的,本節也用很多篇幅,讓你從表 14-8 中,一眼看到外匯衍生性商品整片森林,而不會被某一棵樹枝枝節節問題(如期貨中的初始保證金、

逐日清算）搞得暈頭轉向，那反而「因木失林」了！

表 14-8　四種衍生性商品在匯兌風險管理上的應用

利率交換	＝換匯點－升值預期 或＋貶值預期	升貶預期、 風險	美式選擇權定價 模式：匯率報酬 率標準差
換匯點 ＝$(R_{NT}-R_{US})\times T/360$	升貶預期		
	換匯點	換匯點	
現匯匯率　34.50	遠匯	外匯期貨	外匯選擇權
R_{NT}: 1.5%　　R_{US}: 1%　　T 代表期間			

衍生性商品	換　匯	遠期外匯	外匯保證金、 期貨	外匯選擇權
一、評價基礎 (valuation)	·貨幣價值儲存 功能 ·把貨幣當成債 券	同時考慮貨幣的 二種功能	同左，但加上把 貨幣當成一種風 險性資產	把貨幣當成一種 風險性資產
二、最低交易金額	50 萬美元	10 萬美元以上	1 萬美元	6,000 美元
三、期間	1、2、3、5、7 年	1、2、3、4、5、 6、9、12 月	6 個月以內為主	6 個月以內為主
四、交割方式	期初、期末本金	期末本金	損益差價	同左
五、被迫斷頭壓力 或 提前平倉彈性	無 無	無 無	有 有	無 無
六、集中市場交易 vs. 店頭交易	－ ✓	－ ✓	－（美國有） ✓	－（美國有） ✓

一、評價基礎、避險成本

外匯衍生性商品評價其實很簡單，只要抓得住「評價基礎」（即其屬性）即可，表 14-8 第 1 列，係依據評價方式容易程度由低到高、從左到右排列；再參酌表中附圖就更容易一目了然了。

　　1.換匯：換匯的評價可說是最單純的，雙方把貨幣當做像債券（固定利率定存）般的價值儲存工具，所以換匯價格（換匯點）就是二種貨幣的（年利）利率差，再乘上「年化期間」（例如 90 天，折合 90/360，即 0.25 年）。

　　2.遠匯等於換匯點加上升（或貶）值預期。

3.期貨、外匯保證金：就跟商品、股票期貨一樣，外匯期貨價格主要反應的是對匯率的未來「預期」。

4.外匯選擇權：外匯選擇權的權利金定價比較像個黑箱，比較難用計算機就算出，主要影響二個項目為「標的證券」價格（現行匯率）、波動性（即外匯報酬率標準差）。

作為避險工具，選擇權有個大缺點，它的性質跟買保單一樣，權利金就是保費，而且權利金價格不低。要是「不出險」，這權利的避險成本就白花了，如同很多家庭不替住宅買火險一樣，外匯選擇權不流行的主因在於「代價太高」！

二、交易資格、規定

不同刀有不同用途，所以說殺雞焉用牛刀；同樣的，除了價格外，不同的衍生性工具各有不同的交易屬性，適用不同情況。由表 14–8 中，我們認為最重要的有二項。

㈠批發、零售

由最低交易金額（表 14–8 中第 2 列）來看，換匯基本交易金額為 50 萬美元，可說是巨額交易。外匯選擇權雖然也是如此，但是因為無需本金交割，只需付每 0.8 至 7% 的「權利金」，至少 6,000 美元以上的權利金，所以許多廠商都負擔得起。同樣的，外匯保證金跟選擇權一樣，幾乎都有 20 倍的槓桿效果，而且門檻更低，最低一口只需 2,000 美元的初始保證金即可。遠匯的交易金額比較不標準化。

㈡短期 vs. 長期

換匯交易屬於長期避險工具，最短承作期間為 1 年，最長有到 10 年。

反之，期貨、選擇權、遠期市場契約最長的為 12 個月，主要集中於 180 天期以內交易。

三、各避險工具的交易比重

三種匯兌風險管理工具中，交易比重依序如下：

1.遠期契約，47%。

2.換匯，29%。

3.選擇權 24%，買權、賣權平分秋色。

遠匯、換匯佔近八成，主因還在於選擇權成本較高，使得避險成本變得較貴。

四、交易管道

臺灣的美元兌臺幣衍生性金融商品的交易全集中在於店頭市場,不像美國的芝加哥交易市場 (CBOT) 中美元期貨、選擇權皆透過集中市場的電腦撮合。四種衍生性商品中，獨缺臺幣期貨，但勉強可用外匯保證金來替代。

因此，所有客戶的交易對手皆是外匯銀行，其中外商銀行佔八成以上，臺灣的銀行佔不到二成（其中中信銀可說是最積極的）；外商銀行中的花旗、荷蘭、美國、瑞士和渣打等 5 家銀行市佔率近五成。

第五節　避險的決策

風險管理的第三步驟便是避險策略的決定，這屬於董事長（或總經理）層級的公司大事，除了常規性的避險政策外，針對特定情況（例如東亞金融風暴造成的匯兌風險），董事長也會介入避險的決策，而不再只是授權財務長自行處理。

一、要不要避險？(why)

在英國大文豪莎士比亞名著「哈姆雷特」一劇中，優柔寡斷的王子哈姆雷特曾說過一句令人難忘的名言："To be or not to be is the matter."（作或不作真叫人為難。）這句話用在是否避險的決策再恰當不過了，就跟買保險需要支付保費一樣，一般常用規避財務風險的工具無論是遠期市場、期貨、資產交換和選擇權，購買這些避險商品有二項成本:

1.手續費、買賣價差，這些是付給市場仲介者的，可視為替財務價格風險購買保險所付出的保險費，其中尤以選擇權的權利金最昂貴，是避險的直接成本。

2.但是對遠期市場、期貨和資產交換來說，最大的代價在於放棄上方利得的機會成本。有得必有失，這也符合 "No pains, no gains" 的精神,這是避險的隱含成本。

天下沒有白吃的午餐，風險管理決策的第一個問題是「要不要避險」，也就是

「付出這麼多代價來避險划得來嗎?」回答這問題的答案為，要是判斷錯誤，例如預期價格下跌卻反而上漲，那麼採取任何避險方式反倒不如以不變應萬變的不避險。反之，當預測正確時，採取避險方式總比坐以待斃的不避險來的損失得少（或賺得多），詳見表 14-9。同樣是不避險，如果判斷正確，稱之為「以不變應萬變」；要是判斷錯誤，卻被批評為「坐以待斃」，可見差之毫釐，失之千里。

表 14-9　不同情況下，各種避險方式效果分析

狀　況	避險方式
判斷錯誤時（如預期漲反跌）	不避險＞選擇權＞期貨
判斷正確時（如預期漲而漲）	不避險＜選擇權＜期貨 此時 short put，long call

＞表示獲利優於。

二、避險策略的抉擇——全部避險或選擇性避險

不問匯率可能走勢，一律把外匯部位避險掉，稱為全部避險，可說是消極避險策略 (passive hedging strategy)。至於只有當未來匯率走勢可能對自己不利時：出口公司討厭升值、進口公司不喜歡貶值，才進行避險，此稱為選擇性避險，可說是積極避險策略 (active hedging strategy)，詳見表 14-10。

表 14-10　二種避險策略的適用時機

	消極避險策略	積極避險策略
一、目的（以外匯為例）	預售以固定住收入，預購以固定住成本	減少避險成本，甚至賺些資本利得
二、避險比重	朝向完全避險，以法則 (rule) 代替權衡	機動調整，以權衡代替法則
三、適用時機	1.價格沒有大幅波動 2.自認判斷沒把握時	1.價格有（或將有）大幅波動 2.自認判斷很有把握時

㈠消極避險策略

狹義的來說，消極避險策略有二種形式：

1.自然避險 (natural hedge)：以匯兌風險來說，像以出口導向的電子業來說，

收入九成以上都是外幣（主要以美元計價）；如果原料、機器設備和技術權利金等費用支出也能調到跟收入等額的外匯，那麼外匯部位大抵自然軋平，這種稱為自然避險，也可稱為內部避險機制 (internal hedging mechanism)。

2.對象以營業活動為主：要是無法做到完全自然避險，只好透過理財、投資活動予以人為調整，也就是運用外部避險機制 (external hedging mechanism)，例如：

　　⑴發行美元計價債券：創造外幣負債，把等值的外幣資產的匯兌風險沖抵掉。

　　⑵採取衍生性金融商品：例如採取預售外匯方式，以免臺幣升值而侵蝕了本業獲利。

3.海外基金如何以臺幣計價：海外基金怎樣做到以臺幣計價？說穿了，還是採取百分之百避險比率的匯兌避險。以群益安邦基金為例，投資區域包括美國、加拿大、德國、英國、盧森堡、日本和臺灣等具有國家債信評等高達 AAA、AA– 的 7 個國家之外，還會對單一投資標的嚴控標準，包括公司債、抵押擔保債等單一投資標的，必需有 A 級以上的高安全等級，使投資人在穩健的收益之外，還能為投資的安全做最好的把關。

另一個特色在於外幣部位採取 100% 匯兌避險，以避免賺了利差、卻賠了更多的匯差。（經濟日報，2003 年 3 月 17 日，第 9 版，群益投信）

㈡積極避險策略

積極避險策略倒不見得是想進行投機交易，而基本上是想節省一些避險交易的成本。

因此財務人員視金融情況，機動調整避險比率，而不能死板的釘住「百分之百避險」的法則。在消極避險策略情況下，財務人員完全沒有功勞，所以老闆也不會稱讚他，甚至往往以高職學歷人員來處理。反之，積極避險策略下，財務人員就有表現的空間了，當然也有誤判行情的壓力。

避險比率的決策跟任何成本效益分析是一樣的，取決於下列二個因素的輕重。

1.效益：即風險所造成的損失有多大、避險者的效用函數，和現有避險工具的避險效果。

2.成本：除了避險交易的直接成本外，還包括機會成本。

許多實證指出，採取積極方式時的最適避險策略只要方向正確，當然避險效果

優於完全避險策略。

三、情境避險 (scenario hedging)

利用情境分析 (scenario analysis)，以預測未來悲觀、樂觀情況下，對你手上外匯部位的不利程度，進而決定避險策略，稱為「情境避險」。

四、主觀判斷的避險決策

當然，在匯率走勢很明顯有利情況下，不避險遠比避險來得賺；然而天下事那有鐵定的事，煮熟的鴨子都可能飛走。因此，避險似應為程度上的問題，而不是要或不要的問題。接著是如何決定有多少部位該避險，如下表所示，此經驗法則提供給你參考。

	自認判斷沒把握時	自認判斷只有五五波把握	自認判斷很準時
避險比率	80～100%	50%	10～20%

五、為何不避險？(why not)

前面我們理性的討論公司該不該避險，然而實務上甚至連財務管理非常成熟的美國，也有許多企業不採取避險措施，原因何在？我們可用美國學者 Black & Gallagher (1986) 對《財星雜誌》500 大企業中 193 家公司所作的問卷調查結果來略窺一、二，詳見表 14–11。

表 14–11　不使用利率期貨和利率選擇權的原因

成本（交易成本或機會成本）	100%
董事會或高階管理者的反對	78%
缺乏對避險工具的認識	69%
會計／法律困難	38%
無此類工具	44%
其他（例如先前不愉快的經驗）	－

資料來源：Black, S. B. and T. J. Gallagher, "The Use of Interest Rate— Futures and Options by Corporate Financial Managers," *Financial Management*, 15, Autumn 1986, pp.73–78.

然而由於避險須付避險成本——主要是經紀商的手續費、取得權利的成本（在期貨為保證金的利息費用、在選擇權為權利金），這也是大部分公司不願避險的原因。

由表 14-11 中可看出第二個原因是非常不理性的，有 78% 不避險的原因是「董事會或高階管理者反對」；財務長有必要作好向上管理，以說服上位者體會避險的重要性。第三個原因更說不過去，也就是財務人員缺乏對避險工具的認識，財務長實難辭其咎。隨著財務知識一日千里的進步，想作好財務工作已非率由舊章所能成事，必須抱著「今天不學習，明天就落伍」的想法，如此才能跟得上時代的進步。

其中「其他」一項主要是過去避險失敗的不愉快經驗，以上櫃股票力晶半導體為例，1997 年匯兌損失高達 11 億元，主因來自力晶作了美元和日圓的換匯換利交易，結果換進的資產日圓貶值（從 1 美元兌 115 日圓貶至 130）、換出的資產價位攀高（百元報價從 93.77 漲至 94.9）。結果力晶兩面挨耳光，因此力晶財務副總陳慶棟表示：「以後盡量少做衍生性商品。」（工商時報，1998 年 4 月 23 日，第 14 版，郭奕伶）

◆ 第六節　採用衍生性金融工具避險時的相關決策

要是得採取衍生性金融工具來避險，那麼進一步得決定避險策略 (hedge strategy)，可用 5W2H，其中有二個 W 已經在前面討論過了，一個是第三節的避險期間 (how long)、一個是第五節的要不要避險 (why)。至於避險比率因事關重大，獨立於第七節中說明。

一、避險標的 (which)

有些金融市場不夠完整，以致該避險標的並不存在，所以避險標的又可分為二種。

㈠直接避險 (direct hedging)

例如臺灣的進出口公司，直接以臺幣為標的物來進行避險，例如出口公司擔心臺幣未來升值，所以先預售美元。

㈡交叉避險 (cross hedging)

以大陸臺商來說，人民幣匯率的衍生性金融商品市場不存在（或不成熟，即成本太高），因此不少預期人民幣兌美元將貶值的進口公司（或是外匯需求者），則透過港幣衍生性商品市場來規避人民幣的貶值風險，例如以港幣預購美元。

交叉避險的幣別必須跟標的幣別密切相關，港幣和人民幣在 1997 年 7 月以來的東亞金融風暴，對美元貶值最少，所以一旦要補跌，二個很可能如影隨形。當然，二者相關程度很可能只有八成，為便於說明起見，假設 2 港幣兌 1 人民幣，1 口（假設 50 萬）港幣遠匯只能避掉 0.4 口（即 20 萬）人民幣的風險。如果想完全避免 50 萬元人民幣的風險，那便必需買進 2.5 口的港幣遠匯。

有些商品的衍生性金融商品市場不存在，例如飼料業者主要以黃豆粉為原料，而黃豆粉又是沙拉油的副產品，也就是飼料業者需向食用油業者買原料。然而期貨交易標的物只有黃豆，沒有黃豆粉，但是 1 公斤黃豆可轉換為 0.6 公斤黃豆粉。所以，對於未來 3 個月需求 6 萬公噸黃豆粉的飼料製造業者，則可以購買 10 萬公噸黃豆的期貨來固定住黃豆粉的成本。

二、風險程度的控制——以多少金額從事衍生性金融交易？ (how much)

無論基於避險或投機目的來從事衍生性金融交易，最主要的課題在於資產配置方面，便是拿多少錢來進行衍生性金融交易。

㈠避險角度

由於避險時大都採取避險不足或完全避險，避險比率大都是事前決定的。因此隨著時間的經過，還必須考慮採取連續或不連續調整，以達到避險目標。

尤其是採取期貨避險時，由於盈虧是逐日清算；不管買方或賣方皆有補繳保證金的情況。但是當情況不利時，補繳保證金可能是無底洞；當然，此可透過設定「停損點」價位予以避免；也就是替損失踩煞車；由此便很容易推論出用於衍生性金融交易資金的上限。

㈡投機角度

對於採取積極投資者哲學的投資人（即投機客）來說，從利潤目標來決定該配置多少資產於衍生性金融交易，二種不同行業又有不同標準：

1.金融業：對於如何避免加州橘郡事件重演，針對金融業從事衍生性商品交易，國際清算銀行 (BIS)1994 年公佈「金融衍生性商品自有資本與信用風險管制準則」，其中便規定金融業從事此類交易時，應提撥甚至增加資本額以因應可能的損失，這便是「資本適足率」規定。

2.非金融業：資本適足率是似是而非的觀念，針對非金融業積極從事高風險的投資，宜從損益表的角度來思考。也就是在利潤規劃時，便應考慮在悲觀情況下，從事此類交易最多會賠多少錢，而這是否會顯著影響每股盈餘，例如每股盈餘從 2.2 元降至 2 元，這水準還屬績優股之列。但是從 2 元跌到 1.8 元，那可是自砸績優股的招牌，必須小心從事。

至於資本適足率的規定，對處於淨值邊緣的非金融業仍有其適用之處，不要存著想撈一筆的心，反倒賠過多，弄得股票跌破面額，對非上市公司來說，舉借新債將變得困難；對上市公司來說，則可能慘遭股票降類的厄運。

三、避險工具的決定 (what)

自然對沖的避險方式是上策，可說是透過資產、負債的配合或投資組合方式，達到免疫效果。但是如果不能採取上策，那只好運用四種衍生性金融工具來避險，其各自優缺點，詳見表 14-12。

㈠殺雞焉用牛刀

由表 14-8 第 2 列最低交易金額可見，雖然外匯選擇權權利金最低的只需 6,000 美元——例如 2 個月期美元買權，先不要談避險成本和效益問題，只談 1 口選擇權為 100 萬美元，那麼如果你只有 50 萬美元的風險部位，那麼買 1 口美元買權，可說是「過猶不及」，可從二個角度來看。

1.從買保險角度：你的房子只值 50 萬元，你卻買保額 100 萬元的火險，而火災機率很小，買保險只是預防萬一，如此一來，便多付了 50 萬保額的保費。

2.過度避險跟防衛過當以致殺人情況類似，這多買的美元買權會帶來額外風險，詳見第七節。

㈡玩得動嗎？——管理可行性

沒開過賽車的人都以為很簡單：「只不過速度快一點罷了！」那不妨去玩一下電

表 14-12　衍生性金融商品運用於避險時，優缺點比較

屬　性	遠期市場	期　貨	選擇權	交換交易
避險功能	維持現貨部位價值的穩定	同左	保有現貨價格有利變動時的利潤空間	風險降低只是目的之一，尚包括降低成本等，可視為遠期契約的投資組合
限制 (一)變現力	極差，因契約非標準化，幾無次級市場	佳，因契約標準化，次級市場活絡	同左	稍差，其中以利率交換交易較佳，因契約標準化
(二)成本	買賣雙方皆需繳保證金，債信良好者，可用信用額度來擔保	買賣雙方需繳保證金，一般為標的資產金額 2 ～10%	權利金 (up-front premium) 可能高達標的資產值 10%，成本可能是四類中最高	—
(三)新增風險 1.機會成本	機會成本最大	機會成本較低，因可提前平倉	買方：風險有限、利潤無窮。賣方：風險無限、利潤有限，若提前平倉、可停損	—
2.管理風險	—	有，因每日結算故有可能被斷頭	—	—
3.過度避險	—	會，因避險比率錯誤的高估	—	—
4.其他交易成本	買賣價差、保證金	—	手續費、買賣價差	手續費 (up-front 或 origination fees)、買賣價差比遠期市場小
5.違約風險	有一點	無	無	很少
(四)市場作業限制	不多	最多	比期貨少	不多，以債券(即利率)、貨幣(即外匯)交易為主
1.交易工具	外匯、利率	股票	外匯、利率、股票	外匯、利率
2.期間	1 年內	1 年內	1 年內	5～10 年為主
3.期間種類	以 1、3、6、9、12 月期為主	以 3、6、9、12 月期為主	同左	1 年以上
4.最低交易金額	10 萬美元以上	10 萬美元	50 萬美元	500 萬美元
5.交割、清算	可現金餘額交割	同左	同左	實物交割為主

動玩具，沒二三下就 game over 了，大部分人都只拿到倒數三名。

　　有句俗語：「沒有那樣的胃就不要吃那樣的瀉藥」，這句話最足以描寫避險或投資交易應量力而為！外匯保證金跟期貨都是逐日清算 (mark to the market) 損益，而且最無法控制的是，外匯是 24 小時交易，臺灣收盤了，而歐洲匯市開盤了（時差 7 小時），沒多久又輪到紐約開盤，真的是繞著地球跑。對於投資人來說，除非分三班各 8 小時來工作（第一銀行就這麼做），否則往往有半夜時接到銀行電話語音打來補繳保證金的電話。

　　簡單的說，外匯保證金、期貨都是管理風險極高的避險交易，如果以開車為例，由表 14-13 可見外匯保證金、期貨都是高難度的「賽車」，一不小心就會車毀人亡，賽車獎金都沒賺到。

表 14-13　以開車來類比外匯衍生性商品的風險

開車情況 時　速	平面道路 5 公里以下	高速公路飆車 60～110 公里	1 級方程式賽車 120 公里以上
避險交易，風險低至高	遠匯 換匯 換匯換利	外匯選擇權	外匯保證金 外匯期貨

　　或許你會聽到二種建議，告訴你外匯保證金「低風險，高報酬」。

　　1.設定停損點，作好風險管理：由於外匯保證金是槓桿倍數 10 倍以上的信用交易，所以縱使你設定很小幅度（例如跌 2%）的停損點，整個損失擴大 10 倍（以上），而 2% 一下子就達到。只消 5 次停損，本金全部被吃掉。

　　2.找到合適的投資人才：不少外商銀行大力推動此項業務，並且打出「你傻瓜，我聰明」的宣傳詞，宣稱有外匯經紀人 (PA) 可代客操作，所以應該是「賺多賠少」。

　　中央銀行三令五申禁止銀行代客操作保證金業務，撇開合法性不談，用邏輯來想，代客操作怎麼可能合理？外匯經紀人分享你二成獲利，並保證你每個月有 30% 報酬率；以 1 萬美元（34 萬元臺幣）便有 10 萬元左右報酬，那他（或她）只須花自己的錢就可以了（34 萬元不是多大的錢），何苦去扛那麼大的責任替人操盤呢？

　　總之，除非挖到花旗等銀行外匯交易室高竿交易員，否則考慮以外匯保證金、期貨來避險或投機，以免「防弊之弊甚於原弊」。

四、避險工具的組合

一旦明瞭這四塊積木的屬性後，你便可以設計一套適合自己公司避險所需的避險工具組合；例如，由最單純的到最複雜的方式為：

1.僅使用其中一類工具，例如購置外匯買權。此種針對某一風險部位僅採取一筆避險工具的交易來達到避險目的，稱為「簡單避險」(simple hedge)、簡單衍生性商品 (plain derivatives)。

2.混合使用避險工具，例如購買外匯買權外，另以低價賣出另一個外匯買權，以此部分的權利金收入來減少購買買權的成本。這種使用多種避險工具或同一避險工具但多筆交易（例如買幾個短天期期貨以取代買一個長天期期貨），稱為「綜合避險」(composite hedge)，市場人士稱為「結構化衍生性商品」(structured derivatives)交易，避險效果比簡單避險方式要好，只是得花點腦筋。

這種避險方式，又稱為「零成本選擇權」，其作用在於鎖定價位上下檔，所以效果跟「區間遠匯」(range forward) 是一樣的，在第十八章第一節會以實例說明。

3.融合避險工具到實際的證券中，例如進行外匯期權交易。

💠 第七節　如何決定避險比率？

由於期貨價格和現貨（cash 或 spot market）價格之間的關係並不是一對一，也就是採取期貨作為避險工具，不必然能規避（未來）現貨價格的風險，所以必須做一點「風偏」修正，這就是避險比率 (hedge ratio, HR) 也就是要買多少「口」（即契約）期貨，才能規避未來現貨的價格。怎樣估計避險比率，至少有二大類方法，詳見表 14–14。

簡單法 (naive method) 恰如其名，簡單好用，但缺點是過於粗糙，一旦現貨、期貨市場相關程度不高（例如低於八成），則此法很可能導致過度避險 (over hedging)，也就是買的期貨數量超過自己所需要的。如此，不但增加避險成本，而且更增加了新的風險：「避過頭部分的期貨價格風險。」

因此才有迴歸法 (regression method) 以求更精確的估計避險比率，由表 14–14

表 14-14　二種計算避險比率的方法和實例

計算方法	計算公式和實例
一、簡單法 (naive hedging)	$HR=\dfrac{Qf\ 期貨部位（數量）}{Qs\ 現貨部位（數量）}=1$ Qf= 期貨 1 口 × 期貨契約數 例如原油期貨 1 口代表 4.2 萬加侖，未來需要 200 萬加侖原油，折合 47.6 口期貨，所以可以買 47 或 48 口期貨
二、迴歸法 (regression method)：風險最小法的運用	可採用三種不同的變數型：水準值、價差和百分比。僅以價差型變數為例： $S_t - S_{t-1} = a + b(F_t - F_{t-1}) + \varepsilon_t$ $\qquad\qquad = 0.0029 + 0.8407(F_t - F_{t-1})\qquad R^2 = 0.87$ 其中 S 代表現貨價格，F 代表期貨價格，0.8407 便是避險比率，R^2 代表現貨價格風險被期貨沖銷比率，稱為避險效果 (hedging effectiveness)，就是計量經濟學中的判定係數。 當未來需要 200 萬加侖原油時，則需買進： $\dfrac{200}{4.2} \times HR = 40.03$ 口期貨 所以可以買 40 口期貨

的例子可見，使用迴歸法時，只需買 40 口石油期貨，簡單法時卻需買 48 口期貨，多出 8 口。

　　迴歸法在實際使用時，有一些值得注意之處，例如 4 月 1 日買 3 個月期期貨，以固定 6 月底的價格。那麼估計期可能必須用去年 4 至 6 月，以避免季節性影響。此外，所挑的自變數（期貨價格）應該挑還有 3 個月便到期的期貨契約。當然，你也可以挑比較長天期的期貨價格來取代本處所建議的近月契約，至於何者的避險效果比較好，恐怕得跑了迴歸後才知道。契約依到期日遠近分為：3 個月內到期的近天期（或稱近月）契約 (nearby contract)、91 至 180 天內到期的中天期契約 (mid-distant contract) 和 181 天迄 270 天內到期的遠天期契約 (distant contract)。

　　我們在期貨交易時才討論避險比率，在遠期市場、選擇權市場時也可以如法炮製。

一、避險程度

　　當避險效果達到百分之百，也就是未來現貨部位的損失（或利得）完全被期貨部位的利得（或損失）抵銷掉，這種情況稱為「完全避險」(perfect hedge)。當循跡

誤差不存在時的免疫策略就符合完全避險。當前者大於後者，此時稱為「避險不足」(under hedging)，常見的情況是估計避險比率小於實際的避險比率時。這種情況比較好，那是因為期貨價格的波動性常大於現貨價格的波動性，所以稍微把避險比率壓在估計避險比率之下比較好。

反之，當後者大於前者，此種矯枉過正、避險避過頭的情況稱為過度避險，此時超過完全避險所需期貨的多餘部分，將形成「投機性期貨部位」，而過度避險將比完全避險、避險不足的風險更大。

二、數量風險的規避 (how many)

像小麥之類的商品未來的收穫量無法準確掌握，站在農場主人角度，針對此數量風險，可資考量的避險方式：

  1.不避險。

  2.採取不足避險，遠勝過過度避險；在實務上，往往採取經驗法則來推估避險不足的避險比率，例如農產品的避險比率大都為預期未來正常收穫量的50～66.6%。

三、交叉避險情況

當碰到有些貨幣的衍生性金融商品不存在時，尤其像越南、印尼等開發中國家外匯市場非常原始，此時只好採取擦板上籃方式的交叉避險。

以圖 14-3 為例，臺商在印尼想規避印尼幣匯兌風險，偏偏避險工具不存在或避險成本太高（例如遠匯換匯點遠大於利率差）。此時如果非避險不可，只好藉由臺幣等跟印尼幣升貶幅度相近貨幣來「沒魚蝦也好」的規避印尼幣風險。

圖 14-3　交叉避險圖示

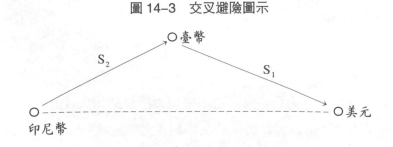

㈠避險比率

在交叉避險情況下，避險比率該如何計算，詳見下列方式說明：

1. 先找出代理通貨（本例為臺幣）的避險比率（此處為 b）。

2. 再找出印尼幣跟臺幣匯率的迴歸係數（此處為 d）。

最後便可找出透過臺幣（兌美元）去規避印尼幣（兌美元）的（交叉）避險比率為 db。

㈡最佳的代理通貨 (proxy currency)

那麼什麼貨幣最適合當避險之用的代理通貨呢？由〈14–1〉式，你應該可知這要從此迴歸式的解釋能力（R^2，判定係數）來看，如果能找到高達 80% 相近的通貨，那可說「八九不離十」了。

所以你可以試試印尼附近有健全外匯市場的國家通貨（區域經濟著眼），例如星幣、泰銖等。

如果你想規避俄羅斯盧布、波蘭幣匯兌風險，歐元應是歐盟通貨中「相關」最高的。

$$臺幣匯率 \quad S_1 = a + b F_1 + u_1 \quad\cdots\cdots\cdots\cdots\cdots\cdots\cdots\cdots\cdots\cdots\cdots\cdots\cdots \langle 14-1 \rangle$$

$$印尼幣匯率 \quad S_2 = c + d S_1 + u_2 \quad\cdots\cdots\cdots\cdots\cdots\cdots\cdots\cdots\cdots\cdots\cdots \langle 14-2 \rangle$$

交叉避險比率，把〈14–1〉式代入〈14–2〉式中

$$S_2 = c + d (a + bF_1 + u_1) + u_2$$
$$= c + ad + dbF_1 + du_1 + u_2$$

所以避險比率為 db。

 ## 第八節　動態避險策略的執行

由於任何計量模式皆無法百分之百以期貨來捕捉到現貨價格，而且隨著時間經過，避險效果或許會改變，此時避險比率需隨著市況而改變，以讓避險效果能符合所需的避險目標。這種動態調整避險比率等，便稱為動態避險策略 (dynamic hedge strategy)。

本節重點在於說明如何執行動態調整。

一、連續還是不連續調整?

動態調整 (dynamic adjustment) 的優點為精確度高,但是缺點為交易成本太高。變通之道為惟有當動態調整利得大於交易成本時才調整,由於此條件不易分分秒秒皆成立, 因此投資組合的調整在時間上斷斷續續, 稱為「間隔調整」(discrete adjustment)。

間隔調整的準則至少有四種,其調整方式和缺點詳見表 14–15。

表 14–15　四種間隔調整的法則

調整法則	調整方法	缺　點
1. 定期 (time)	以幾個日曆日為間隔定期調整	只考慮時間,忽略市場行情的波動
2. 市場波動(market move)	以市場行情 (匯率、通貨) 變動一定比率 (例如 2%) 時便調整	有可能趨勢尚未形成,市場波動只是技術修正
3. 落差 (lag)	下列二種情況時 $\dfrac{風險性資產}{資產總值} > 1.03$　$\dfrac{風險性資產}{資產總值} < 0.97$	風險性資產太高或太低皆不好,宜控制在安全範圍內
4. 技術分析(technical analysis)	黃金交叉時買進外匯 死亡交叉時賣出外匯	黃金交叉不一定代表後市看好,死亡交叉也不見得後市不佳

二、電腦輔助的匯兌風險管理

當外幣資產、負債交易筆數太多時,便不得不引進電腦資產管理系統。宏碁電腦於 1998 年 5 月, 耗資 50 萬美元買進路透社風險管理系統,以便迅速掌握全球各據點的匯兌、利率資產曝露。(工商時報, 1998 年 4 月 28 日, 第 14 版, 郭奕伶)

本章習題

1. 舉一個你生活中的例子，來說明臺幣匯率升值（或貶值）對你不利的影響。

2. 找一家上市公司（例如台積電），以表 14-2（尤其是資產負債表）為基準，計算臺幣、外幣所佔比重。

3. 以表 14-5 為基礎，分析一家上市公司的三種匯兌風險的金額。

4. 以表 14-6 來說，你認為會計績效（即財會準則第 14 號公報）還是財務績效合宜？

5. 你同意根據「財務預測來計算匯兌利得（或損失）」嗎？

6. 以圖 14-2、表 14-7 為基礎，計算一家公司的匯兌曝露金額。

7. 以表 14-7 為基礎，舉一個例子。

8. 以表 14-10 為基礎，分析一家公司的外匯避險屬於消極或積極的。

9. 設法把表 14-11 更新，也就是找到一篇最近的文獻，並分析跟 1986 年時有何差別？

10. 以圖 14-3 為底，再舉一個交叉避險的實際例子。

第十五章 ⋯⋯⋯⋯⋯⋯⋯⋯⋯⋯⋯⋯⋯⋯⋯⋯

匯兌避險傳統方式

人民幣幾乎是固定匯率，要評估人民幣走勢前，需考慮中共人民幣制度是否更改，其次要考慮中共是否讓人民幣在較大的幅度內波動。

人民幣會升會貶很難說，因為中共實施資本管制；如果它開放資本帳，而民間資本外流大於經常帳順差，人民幣可能會貶值，所以中共正檢討是否先開放資本帳，而這項因素不確定前，人民幣走勢如何很難預測。

——彭淮南　中央銀行總裁
工商時報，2003 年 3 月 13 日，第 1 版

學習目標：

站在財務長立場，如何規避外匯經濟風險、交易風險，這是最基本的匯兌避險之道。

直接效益：

「人民幣匯兌風險避險」外界有獨立開課，唸完第三節，這筆上課費用可以省下來了。

本章重點：

- 預期臺幣升值，設法提前收國外應收款項，跟颱風前搶收蔬菜以圖賣個好價錢道理一樣，這稱為「提前或延後」(lead & lag)。§15.1 一
- 「以毒攻毒」、「一物剋一物」的自然對沖 (natural hadge)，才能一勞永逸規避外匯經濟風險。§15.1 二
- 外匯交易風險主要避險之道。§15.2
- 人民幣匯兌風險規避之道。§15.3 二、三
- 人民幣升不升值的理由。表 15–5

前言：不恃敵之不來，正恃我有以待之

搭飛機怕碰到摔機，但是沒聽過很多人因噎廢食的改搭車船。同樣的，企業經營越趨國際化，匯兌風險是免不了的；如何長期、一勞永逸的解決匯兌風險，就跟固本培源一樣，重點還在於本章第一節所介紹的自然避險。這種把外匯部位自然調和（盡量軋平的作法，看似沒有匯兌利得和會計上避險績效）；但是卻如「不戰而屈人之兵」，可說是可以「無（匯兌風險）後顧之憂」的中性避險策略。

其他如第一節所談「提前和延後」（這跟現金管理道理一樣）、第十六章遠期外匯、第十七章換匯換利、第十八章外匯選擇權和保證金，這些都是一時性、局部性、治標的避險措施；而且有時會因為避險決策錯誤，反倒孳生管理風險。

人民幣匯率比歐元或歐洲所有通貨都要重要，所以以第三節來討論人民幣匯兌風險如何管理，重點還是偏重於第一、二節的方法。

第一節　外匯經濟風險的管理之道
——自然避險

由於採取衍生性金融商品來規避匯兌風險可說是吃藥打針來治病，其代價是付出避險成本。此外，有些開發中國家根本沒有這些「現代」的避險工具。

而公司營運免不了涉及外匯——前述經濟風險，除非關門或轉行。就跟治病一樣，最好陰陽調和，這種收入面外幣計價，不妨透過費用面外幣計價予以全部抵消；或是以資產負債表來說，外幣資產全靠外幣負債來對沖，盡量作到讓外匯曝露部位降到零，如同「不戰而屈人之兵」，這種稱為自然對沖，不需人為的、不定期的採取避險動作。

套用風險管理五大手段，可以把自然避險的方式加以歸類，以方便瞭解，詳見表 15-1；其中有些是短期救急措施，有些是長期一勞永逸的調整方式，詳細說明於下。

hedge 是避險中最常遇見的字，有人譯為「對沖」，但無法望文生義，而且令人有相剋相沖的聯想，所以我喜歡用「避險」一詞。

表 15-1　從風險控制方式來看自然避險各種方式

風險分散			風險移轉	
隔　離	損失控制	組　合	迴　避	移　轉
・以物易物，完全不涉及匯率 ・出口改內銷、進口改國內採購，例如中紡 ・在當地設廠，盡量減少外匯涉入，例如福特汽車考慮在日本設廠	採取停損點等	・損益表方式：進出口平衡，例如燁聯鋼鐵 ・資產負債表方式：外幣資產、負債平衡，例如台積電採取此方式	・平行貸款等，採客戶間預期實績對沖	・出口時以臺幣報價，把匯兌風險移轉給國外進口公司。或是在進口契約中加上「匯率條款」，載明各種匯率時，貨品單價更改，例如 34.50 元時，單價 1.0 美元，匯率 34 元時，單價 1.031 美元，把臺幣升值匯兌損失「全部」移轉給買主

一、短期調整

㈠改以臺幣報價：移轉作法

前提是你的談判能力要強。

㈡資產負債對沖：組合作法

例如增加美元負債，而且跟未來將取得的美元資產期間、金額相同，換句話說，也就是把未來美元部分軋平 (square)。

1.臺幣貶值時，「沒賺」：2001 年 6 月，臺幣重貶，報載由於有匯兌收益，因而外銷概念股削爆了，但是半導體企業方面，因為包括本土公司或國外客戶下單，主要均採美元計價方式，為了避免營運受匯率波動過大，大部分的半導體公司慣於採取自然避險，讓手上的美元淨資產部位僅維持正常營運所需的一定金額。

台積電以美元計價的應收帳款佔整體應收帳款 85%，以美元計價的應付帳款佔整體應付帳款 60%，因此臺幣匯率貶值將對第二季創造匯兌利益，不過該公司一向採取自然避險方式維持一定的美元資產部位，不規劃從匯兌上多賺業外利益。

華邦電指出，對部分臺灣當地客戶所銷售的 DRAM 和邏輯產品仍然採美元報價，單月營收中約七成採美元計價、三成採臺幣計價，不過公司對於美元應收帳款及應付帳款部位，採取盡量「軋平」，讓美元應收帳款維持僅超過美元應付帳款一定部位，因此第二季來自臺幣匯率貶值的利益將有限。(工商時報，2001 年 6 月 14 日，第 4 版，證券新聞中心)

　2.臺幣升值時，「沒傷」：台積電、聯電 2002 年設備資本支出合計達 41 億美元，加上空白晶圓和研發等外匯費用，兩相沖抵有助於達到「零」匯兌損益的財務目標。

台積電 2001 年透過遠期匯率契約、利率交換、外幣選擇權、海外基金和債券的避險操作，匯兌損失僅 6.95 億元，跟 1,200 多億元的營收規模相比，匯兌損失比重僅 0.5%。

聯電也是避險高手，財務長洪嘉聰以外幣支出、負債跟收入平衡手法，降低匯兌損益衝擊，2001 年匯兌收益為 4.38 億元，佔總營收 0.6%，跟台積電避險效果相當。

台積電、聯電等大型高科技公司多半透過遠匯去鎖定貨款交期的匯價，以達到「零」匯兌損益的財務目標，並落實避險政策。(經濟日報，2002 年 6 月 25 日，第 3 版，陳令軒)

(三)升貶值資產搭配以對沖

要是無法做到前二種，那不妨分散出口計價幣別，例如以 1999 年 1 月正式啟航的歐元來說，臺灣出口公司對歐出口可採取一筆歐元、一筆美元的組合報價，透過二者匯率（對臺幣）反向變動，自然抵銷掉匯兌風險。

二、中長期調整

1.把貶值反映在產品售價上：汽車、家電業最喜歡率先反映臺幣貶值效果，但是有時企業價格前轉給經銷商、消費者的能力有限，於是獲利只好縮水，只好被迫走下一步棋。

2.從更弱勢貨幣國家進口：例如臺幣貶 10%，泰銖兌美元貶 20%，透過交叉匯率換算，可說臺幣兌泰銖漲 10%。所以「不」（或減少）從美國進口，改從泰國進口。

3.到強勢貨幣國家生產（出口）：在臺幣處於弱勢貨幣情況下，對進口（需求）公司不利。於是只好到英國設廠，內銷賺英鎊或出口賺美元，透過子公司取得強勢貨幣，以抵銷掉臺灣母公司持有臺幣此一弱勢貨幣所帶來的不利影響。

2002 年 6 月，臺幣爆量勁揚，宏碁公司表示，公司以歐洲市場為主力，因此持有的歐元部位（每月）高達 8,000 多萬歐元左右，而宏碁在美國市場因規模縮小，反而每月持有部位僅在 1,000 多萬美元，而且美元負債大於資產。

宏碁集團總財務長彭錦彬說，近期歐元升值，宏碁第二季不僅不受臺幣升值影響，還將因歐元升值出現匯兌收益。不過，2002 年第一季受歐元幣值波動影響，出現 1.78 億元的匯兌損失。

彭錦彬說，雖然臺幣近期由 34.5 元升至 33.772 元，不過升值幅度僅 5%，相較於日圓由 130 元升至 120 元升值幅度達 7.7%，以外銷為導向的資訊電子業來說，相對仍高於日本企業的核心能力，因此整體來看臺幣升值並不影響臺灣企業的競爭優勢。（經濟日報，2002 年 6 月 25 日，第 3 版，林信昌）

第二節　外匯交易風險的管理之道——提前和延後

財務人員在匯兌風險管理主要的防守面在於外匯交易風險。常見傳統的避險方式有二種，一是提前延後 (lead & lag)，一是外幣貸款，這是本節重點。

一、提前和延後

如果預期臺幣會升值，因此採取 60 天期遠期信用狀 (usance) 來付款，此種實質上賒購方式，將會使公司曝露在匯兌風險下。萬一臺幣再度貶值，那麼此美元貸款將「偷雞不著蝕把米」。其判斷準則如表 15–2 所示，即站在進口公司角度來看預期臺幣升、貶值情況下所宜採取的被動、中性和積極三種避險策略。

㈠中油、臺塑的例子

中油公司和臺塑企業集團 1 年的美元需求量為 60 億美元，避險對它們來說相當重要。不過，2002 年 6 月臺幣升值，兩家公司上半年即已預知，並且做好相關避險因應。

表 15–2　預期臺幣匯率升、貶值情況下，進口公司避險策略

避險策略 \ 匯率預測	預期臺幣貶值，且貶幅大於 $R_{NT}-R_{US}$	預期臺幣升值，且升幅大於 $R_{NT}-R_{US}$
一、決策準則	資產以強勢貨幣持有、負債以弱勢貨幣持有	
二、預期狀況	美元將為強勢貨幣	臺幣將為強勢貨幣
1.被動避險(不足或完全避險)	預購美元，即避險型遠匯交易	軋平美元部位，即開立美元遠期信用狀 (usance)，以延後付款
2.中性、不避險	sight L/C（即期信用狀）、T/T（電匯）	同左
3.積極、套匯或過度避險(即避險比率大於1)	1.提前還款，如紅色（條款）信用狀 2.持有美元之部位，準備賺貶值匯兌利得，屬於無遮蓋 (uncovered) 的投機交易	1.延後還款，如 O/A（託收帳戶）、D/P（付款交單）、D/A（承兌交單） 2.持有美元負部位，例如借進美元負債，在即期市場賣掉，屬無遮蓋的投資交易

R_{NT}：同天期（例如 3 個月）臺幣存款利率。
R_{US}：同天期（例如 3 個月）美元存款利率。

4 月，中油公司外匯避險小組開會時，即看出臺幣升值跡象，因此決議盡量延後美元的付款 1.5 至 2 個月。

中油高階主管表示，延後美元的付款，也就是先借美元償還應付帳款，以後等臺幣升值時，再購買美元償還前債。中油公司預借美元的利率比借臺幣便宜約 0.3 個百分點，透過這種避險工具，既可賺利率，也可賺匯率，可說是一舉兩得。

臺塑企業集團主管強調，臺幣升值的現象，早在上半年即已測知。公司早已預先購買遠匯避險，事先把匯率成本固定住，以利於營運資金的調度。(經濟日報，2002 年 6 月 25 日，第 3 版，邱展光)

(二)講一邊就夠了！

至於出口公司的匯兌風險管理方向跟進口公司完全相反，無庸贅言。

二、外銷美元貸款——出口公司賺臺幣升值時的方法

「美元外銷貸款」或外銷美元貸款 (export promotion loan, EPL) 用於預期臺幣升值時作為避險工具，而且僅限出口公司才能使用。

(一)以利差成本來賭匯兌利得

由表 15-3 可見，出口公司借外銷貸款，無異是把外匯收入「提前」入帳，其利息成本為 3%；這包括美元外銷貸款利率 4.4%，把借到的美元立刻結匯成臺幣，存 1 年期定存利率 1.4%。

表 15-3　以外銷美元貸款避險的損益分析

	2003 年 1 月 1 日
(1)美元利率	−4.4%
(2)臺幣利率	+1.4%
(3)利息負擔＝(1)＋(2)	−3%
(4)賣出匯率 (2003.5.1)	34.50
(5)買入匯率 (2003.4.30)	下列三情況
2003 年 4 月 30 日 (6)匯率利得＝(4)−(5)	1. 32.775，升值超過 3%，例如 5%，成為 32.775，淨賺 2% 2. 33.365，升值等於 3%，不賺不賠 3. 34.60，升值小於 3%，甚至貶值

本表為了簡化起見，以「1 年期」外銷貸款為例，屆時（即 2003 年 4 月 30 日）或之前，出口而取得美元，償還美元外銷貸款。一旦臺幣升值幅度超過 3%，例如由 34.50 升值 5% 而成為 32.775 元，那麼此筆外幣貸款交易淨賺 2%（匯兌利得 5% 減掉利息成本 3%）。

當然，也有可能看錯邊，臺幣匯率不升反貶，這時可說是賠了「夫人」（利差 3%）又「折兵」（匯兌損失）。

(二)有條件限制

不過，美元外銷貸款有嚴格的貸款限制，不是任何企業皆可運用：

1.僅限外商銀行可以承辦：美元外銷貸款可結售成臺幣業務是中央銀行特許外商銀行經營的業務，所以企業必須向外商銀行取得授信額度，即授信額度中的美元外銷貸款的部分。

2.額度有限：銀行基於匯兌風險的考量，外匯部位正常情況是軋平的，那麼那裡有多餘外匯借給出口公司呢？主要還是來自於同業借款，中央銀行為了避免來自銀行的外匯賣壓，以免臺幣升值壓力太大，所以限制每家外商銀行的外匯部位負值的上限；小銀行為 −300 萬美元、大銀行為 −600 萬美元；反正，可用的額度不多就是了。

由於每家外商銀行此項貸款上限總額為 3,000 萬美元，金額有限。所以一旦臺幣升值預期心理濃厚，出口公司手腳要快，趕快向往來外商銀行動支額度。為了避免有人捷足先登，所以有些出口公司索性取得多家外商銀行的額度，來個狡兔三窟。

3.資格有限：中央銀行為了避免出口公司利用「假出口（交易）、真（美元外幣）貸款」來賺匯差，因此對於外商銀行承辦的外幣貸款業務採嚴格審查，包括出口公司的出口資格、實績，以及據以貸款的出口交易是否真實。已往審查不嚴時，出口公司串通某些外商銀行，以下列二種方式矇混過關。

　　(1)不合格的出口訂單、契約：有時只是拿張國外進口公司的詢價傳真就假戲真做了。

　　(2)屆期滾期續做：基本規定是每筆貸款期限不得超過 180 天，不得循環使用，也就是企業不能佔著額度不用，出口公司必須以出口結匯款扣抵償還美元貸款。

(三)離岸貸款

有些人建議以海外子公司向外匯銀行的國際金融境外分行申借「離岸貸款」(OBU loan)，借美元然後再匯入「國內」，轉換成臺幣。同樣有前述外銷美元貸款的好處。不過，這很難做到；首先你的海外子公司必須取得授信額度，此外錢匯回國內帳戶，必須要有原因，否則又是單純「炒匯」，銀行不會配合你的，要是給中央銀行查到那可是「吃不完兜著走」喔！

第三節　人民幣匯兌風險管理

大陸佔臺灣對外投資金額的一半，因此實有必要以專節來說明人民幣 (RMB) 匯兌風險管理。因為大陸衍生性避險工具不足，此項避險以本章前二節所述傳統避險方式為主，所以此項主題在這邊討論。

一、歹路不可行

為了規避匯兌風險，甚至賺取匯兌利得，有些臺商採取「地下銀行」換匯方式。但此觸犯大陸國家外匯管理局的「外匯管理通知」，嚴重者觸犯「刑法」中的金融

詐騙罪行，嚴重者將被沒收財產。(工商時報，1998 年 10 月 21 日，第 16 版，陳高超)

此外，由於地下外匯交易等沒有憑證，造成財務報表上名實不符（往往是財產取得好像不要錢似的），這點又構成稅捐機關查帳時很容易發現違法者的漏洞。

最後，從 1999 年元旦正式起用的海關和銀行連線的關貿網路，所有出口報關和銀行結（押）匯情況皆可立即確認，此系統主要在於遏止資金非法進出。

想透過個人攜款進出大陸來規避匯兌風險，由於大陸對外幣現鈔進出境採嚴格管理，非居民攜帶外幣現鈔折合 5,000 美元以上者，以及居民攜帶外幣現鈔折合 2,000 美元以上者，入境時均應向海關申報。當天多次及短期內多次往返者需申領「攜帶外匯出境許可證」（簡稱攜帶證），海關予以查驗才放行。

所以，由個人出入境時攜帶美元方式來規避匯兌風險的想法，可說是「唧石填海」!

此外，1998 年 4 月大陸國家外匯管理局已批准上海國有銀行開辦個人外匯買賣業務，一部分目的是為打壓日漸猖獗的黑市，避免個人套匯，進而穩定人民幣匯率。

二、採取傳統避險方式為主

想規避人民幣匯率風險，1998 年起不少臺商便使出渾身解數，預作準備，以免發生 1994 年 1 月一次貶值四成的「大水沖倒龍王廟」的慘狀。基本上傳統的匯兌避險方式如表 15–4 所示。

表 15–4　以提前或延後方式規避匯兌風險

資　產	負　債
強勢貨幣計價	弱勢貨幣計價
1.「提前」(lead) 收進以強勢貨幣計價的下列收入： 　・應收款 　・預付款 　・暫付款 　・存出保證金	1.「延後」(lagging) 支付下列費用： 　・貸款 　・應付款 　・預收款 　・暫收款 　・存入保證金
2.外幣資產存於境外	2.提前償還強勢貨幣的負債
	權　益
	・強勢貨幣計價

(一)在負債方面

重點不在於企業有沒有避險觀念，而是可行性問題。例如以「負債以弱勢貨幣持有」此一原則，在缺金的大陸銀行體系，三資企業比中資企業更難貸得到款。所以最常見方式有二：

1. 在香港，以外幣存款作為抵押，再由此外匯銀行以保證信用狀開給大陸的銀行，後者在沒有倒帳之虞情況下，再給予臺商人民幣貸款。

2. 向大陸的外商銀行且經核准經營人民幣業務的「外資銀行」舉債。

以統一企業來說，為了因應人民幣匯兌風險，1998 年人民幣負債佔總負債金額提高為四成，1991 年時只佔 4%。

(二)在權益方面

在跟中資合資時，針對臺商以外幣出資的匯率也是可以討價還價的，例如爭取到 1 美元兌 9 元人民幣的結果，總比照官匯多值一、二成。

此外，對於資金出資可採分期（即增資）式，隨著營業額擴大再增資。此時，臺商往往把資金存在香港，並以此投資替大陸的子公司借款（包括外幣借款，例如進口開狀）。

三、採取遠匯避險

大陸人民幣遠匯交易始於 1997 年 4 月，不過申辦對象僅限中資企業，並未開放給臺外資企業。

由於人民幣貶值隱憂存在，因此香港的外匯銀行下列二種避險管道的報價皆已考慮此一因素。

1. 人民幣選擇權。

2. 人民幣遠匯（尤其是無本金交割遠匯）。

2003 年 8 月 7 日，中央銀行開放銀行的境外分行承作下列二項業務，以協助臺商規避人民幣匯兌風險。

1. 無本金交割的美元對人民幣遠期外匯。

2. 無本金交割的美元對人民幣匯率選擇權。

四、外匯貸款 2003 年起由匯銀管理

中共為加強中資銀行的核心能力，並簡化企業使用外匯資金的程序，2003 年 1 月 1 日起，全面調整外匯貸款的登記和管理制度，企業申請外匯貸款不再由外匯局逐筆審批，而由外匯銀行管理即可。

外匯管理局發佈「關於實施國內外匯貸款外匯管理方式改革的通知」，外匯管理局主管表示，外匯貸款管理方式改革，有利提高大陸外匯資金的使用效率，方便企業使用外匯資金，也方便銀行對貸款資金的管理。

2001 年 8 月起，部分地區進行外匯於貸款管理方式改革試點，計有上海、重慶和浙江等 16 個省市試點。中共人民銀行統計，截至 2002 年 10 月底止，大陸境內金融機構外匯貸款餘額為 998.4 億美元，比 2001 年底增加 61.1 億美元，顯示這項改革提高了企業使用外匯貸款。

外匯管理局指出，這次改革內容還包括簡化債務人（企業）外匯貸款專用帳戶管理和還本付息核准手續，由債權人（中資銀行）負責審核債務人開立或註銷帳戶的申請，不再由外匯局審批，也就是由銀行完全擁有購匯還貸的審核權。

大陸這次外匯貸款管理方式改革，對企業、銀行和外匯管理都有重要意義。對企業來說，簡化辦事手續，疏通了融資管道；銀行可以增加自主權，有利銀行管理債權，促進外匯貸款業務發展。最重要是改變外匯局過去直接管理千家萬戶企業的方式，轉而透過銀行監管，有利於提高監管水準和效率。(經濟日報，2002 年 12 月 23 日，第 11 版，張運祥)

個案：人民幣長期升值趨勢

採取固定匯率制度的大陸，人民幣長期釘住美元：1 美元兌 8.2773 人民幣；採取低估的匯率，以利於大陸透過出超來帶動經濟成長。

一、不是不升，是時未到

固定匯率的調整方式不是隨時調整的動態均衡，而是「畢其功於一役」的一次調整。由表 15-5 可見，人民幣升值已箭在弦上，只能套用「不是不升，是時未到」來形容，底下將詳細說明。

表 15-5　人民幣升不升值的理由

方　　向	升值壓力	不升值
理　　由	1.經濟 2003 年保七（經濟成長率保證達成 7%） 2.外匯 2003 年 6 月外匯存底 3,200 億美元，比 2002 年大幅成長 18%，但是外債預估 1,400 億美元，短債低於 14% 2.對美出超 2002 年 1,100 億美元，佔美國貿易逆差 25%	大陸政府新領導班子 2003 年 2 月才剛上臺，一切以穩定為原則

從 1994 年人民幣以 8.3 元兌 1 美元的匯率釘住美元以來，大陸廉價的出口品總共創造 1,990 億美元的貿易順差，而且比較低的生產成本已吸引 3,080 億美元的外國投資。2002 年人民幣對日圓貶值 11%，使大陸產品對日本產品更具競爭力。

1997 至 2002 年國內的生產總值按可比價格計算，平均每年成長 7.7%。2002 年底的統計資料顯示，大陸的進出口貿易總值已達 6,208 億美元，比 1997 年的 3,252 億美元增加將近 1 倍，世界排名由第 10 位上升到第 5 位。從結構面來看，產業結構升級，高新技術產業在整體產業中所佔比重不斷增加。

二、麥香堡指數說

運用第十二章第五節的麥香堡指數來看人民幣指數，可以看出人民幣該大幅升值已不是一時半載的事了。

(一)2001 年

2001 年 4 月 20 日，英國《經濟學人雜誌》的〈漢堡經濟報告〉出爐，調查結果發現，美

國麥香堡的平均含稅售價是 2.54 美元。麥香堡售價最便宜的國家為大陸、馬來西亞、菲律賓和南非,售價低於 1.2 美元,表示這些國家的幣值被嚴重低估 50% 以上。售價最高的國家包括英國、丹麥和瑞士,這些國家的幣值則被嚴重高估。(經濟日報,2001 年 4 月 21 日,第 8 版,黃哲寬)

㈡海外 NDF 先動了

2003 年 1 月初,北京政府可能調整人民幣匯率波動區間的傳言甚囂塵上,境外人民幣衍生性金融商品市場已呈現人民幣的升值壓力。

交易商指出,北京政府一再宣稱人民幣匯率將維持現有的波動區間,大陸一些官員卻表示人民幣有必要升值。

近來大陸無本金交割遠期外匯合約 (NDF) 跟現貨匯率的差距不斷擴大,2003 年 1 月 6 日,NDF 低於現貨匯率 0.1350 到 0.1400。NDF 之類的衍生性金融商品不會直接影響人民幣匯率,但反映出市場心理。

上海外匯市場美元兌人民幣匯率以 1 美元兌 8.2768 元作收。但是境外市場投資人認為,真正的價位應該是 8.1393 元左右。(經濟日報,2003 年 1 月 7 日,第 11 版,郭瑋瑋)

三、國外要求人民幣升值

2003 年 1 月 1 日,原證監會主席周小川接下中國央行行長一職,周小川在上任時表示,將繼續執行穩健的貨幣政策。

華爾街和日本財金界皆認為,周小川面臨的主要問題之一,是來自國外要求人民幣的升值壓力。2003 年一開始,人民幣匯率制度就處在微妙的變革時期,大陸加入世貿組織之後,金融開放使得原本強硬的外匯管理體系開始出現鬆動,外國財金官員公開要求人民幣升值,這問題逐漸成為先進國家財金界的主要議題。

㈠IMF

2002 年 9 月,國際貨幣基金呼籲大陸應考慮採用更彈性的匯率機制。

㈡美國媒體

2002 年 10 月,美國的新聞媒體也援引美國一些專家(摩根士丹利經濟分析部主任羅奇)有關「中國正在輸出物價下跌」的觀點,要求人民幣升值。(工商時報,2003 年 1 月 7 日,第 6 版,連雋偉)

㈢日本要求人民幣升值

面對連續 10 年的經濟困境,日本的歷屆政府已經施展渾身解數,日本現在能採用的最好方法,就是通過其他國家貨幣的升值來達到日圓的相對貶值。

1. 2002 年 10 月第一次發聲:2002 年 12 月初,日本財務省大臣鹽川正十郎在一次日本國

會會議上，根據購買力平價假說，指出人民幣幣值嚴重低估，公開要求大陸政府讓人民幣升值。日本將在 G7 會議上，把人民幣匯率問題作為一項議題，要求其他國家通過類似於 1985 年針對日圓的「廣場協議」(Plaza Agreement)，逼迫人民幣升值。

> ●充電小站●
>
> **廣場協議 (Plaza Agreement)**
>
> 　1980 年以來由於美國貿易逆差上揚，為緩減美國貿易逆差，一紙廣場協議（美、英、法、德、日五國於 1985 年簽訂）迫使亞歐主要國家匯率升值，從 1985 到 1988 年這一期間日圓升值 60%、馬克 38%、英鎊 21% 和臺幣 40%。
>
> 　美國迫使貿易夥伴匯率升值的目的不在削減這些國家的出口競爭優勢，而是希望透過這些國家匯率升值提高輸入美國產品的意願，以縮減美國鉅額的外貿赤字。

2. 2002 年 12 月：日本財務省主管國際事務的副財務官河合正弘在《金融時報》撰文，指控大陸出口具價格競爭優勢，對全球造成通貨緊縮威脅。

3. G7 會議中要求：2003 年 2 月 22 日，鹽川正十郎在出席七大工業國集團 (G7) 財長會議時表示，日本希望大陸放棄人民幣釘住美元的政策，即希望人民幣升值，日本的產品也會更具競爭力。

他在記者會上說：「推動貿易自由化的國家應同時推動金融和貨幣體系自由化，尤其是世貿組織的會員國。」

經濟分析師說，一旦大陸允許人民幣自由交易和浮動，以大陸與日俱增的外匯存底以及源源不絕的外國投資，人民幣便會升值。

高盛公司 (Goldman Sachs) 副董事長寇帝斯 (Kenneth Courtis) 說：「日本的理由是大陸已經是一股龐大的出口勢力。」至於大陸是否願意傾聽日本的訴求，「當然是不假思索地一口回絕」。

4. 日本版的大陸輸出物價下跌論：前財務省財務官黑田東彥曾在《英國金融時報》撰文指出，大陸「正把物價下跌出口到世界其他國家，應該讓人民幣反映大陸的經濟實力」。從 1998 年 4 月以來日本消費者物價未曾上揚，原因之一是從大陸和其他新興工業國進口的廉價商品，迫使日本降價競爭。2003 年，大陸 1 個月出現 6 年多來首次貿易逆差，逆差為 12.5 億美元，是 1996 年 12 月以來首見；進口增加 63%，成為 310 億美元，出口提高 37%，達到 298 億美元。寇帝斯說，由這些數字來看，日本認為大陸靠出口提昇本身經濟成長的說法，並不合理。

(四)大陸學者的看法

中國社會科學院世界經濟與政治研究所研究員何帆表示，美國和其他一些國家要求人民幣升值，主要出於兩個原因：一是大陸在出口貿易方面享有長期順差，未來 20 年間，大陸的勞動力優勢仍不可動搖；二是資本項目方面，大陸已成為全球吸收外國直接投資最大國。

美國、日本和亞洲其他生產國最反感的是人民幣跟美元之間比價的相對穩定，人民幣跟美元實際同升同貶。而在美國經濟不景氣、美元呈現貶值趨勢時，這種實際釘住美元的人民幣匯

率，使得大陸避開了因美元貶值而給大陸出口帶來的壓力，相反甚至促進了大陸的出口。

何帆指出，大陸加入世貿組織之後，金融開放使大陸原本強硬的外匯管理體系出現鬆動。隨著人民幣在國際上作用的增強，大陸政府應該首先對於匯率制度進行改革，即匯率制度的「非政治化」，強調市場對匯率的決定作用。根據高盛（亞洲）經濟研究部人士的預期，按市場遠期契約折價反映，人民幣有七八成機會升值約 1%。（工商時報，2003 年 1 月 7 日，第 6 版，連雋偉）

四、新手上路，改革還要再等一下

2003 年 1 月 5 日，中共總理朱鎔基與新上任的央行總裁周小川，一起視察外匯管理局。中共媒體報導，朱鎔基指示，面對嚴峻的外在經濟環境，政府應該加強經常帳項下的外匯管理，審慎因應金融帳項下的外匯匯兌。任何匯率制度的改革都必須顧及「人民幣自由兌換的審慎方向」，並且加強監督貨幣制度。

經濟分析師認為，朱鎔基要求主管機關「促進國際收支平衡」的用意是持續擴大出口，保持高額外匯存底。

摩根士丹利公司亞洲經濟分析部主任謝國忠表示，縱使外界強調改革的種種好處，也無法迫使北京政府立刻改變，2002 年 10 月的人事變動更讓北京政府不易做出重大政策調整，「領導班子才剛換人，他們怎麼可能改變制度」。

㈠我說了，就算

2003 年 1 月 27 日，人民銀行行長（大陸的中央銀行）周小川 1 月 27 日發表聲明說：「大陸將繼續支持現行的匯率制度，並且維持人民幣穩定。」

2 月 20 日，人民銀行發佈的「2002 年貨幣政策執行報告」預期 2003 年總體情勢時強調，2003 年將繼續執行穩健貨幣政策，並透過靈活運用多種貨幣工具，保持人民幣利率和匯率的穩定。（經濟日報，2003 年 2 月 24 日，第 11 版，張運祥）

㈡日本怎麼催，也沒用

3 月 13 日，大陸官方英文報《中國日報》報導，周小川斷然拒絕日本等國財金官員力促人民幣升值的要求，表示 2003 年的一大任務是維持人民幣穩定，不是重估幣值。堅稱人民幣匯率穩定對安定區域經濟和全球經濟復甦才最有助益。（經濟日報，2003 年 3 月 14 日，第 11 版，湯淑君）

㈢溫家寶再說一遍

2003 年 3 月 18 日，中共新任國務院總理溫家寶在中外記者會中指出，人民幣的強勁和穩定不僅有利於大陸，也有利於亞洲和世界。

針對彭博社記者提問中國是否計畫擴大人民幣浮動範圍，溫家寶指出，大陸實行的是根據

市場需求變化、有管理的浮動匯率。1994 年年匯率併軌開始到現在,人民幣匯率並非一成不變。他舉例,人民幣對美元的實際匯率升值了 18%、對歐元升值了 34%。

溫家寶說:「我們將繼續探索、完善匯率形成的機制,人民幣的強勁和穩定不僅有利於大陸,也有利於亞洲和世界。」(工商時報,2003 年 3 月 19 日,第 5 版,康彰榮)

至於人民幣在金融帳的開放跟博客火腿的廣告一樣:「還得再等一等」,過去的進程請見表 15-6。

表 15-6　大陸人民幣開放政策一覽表

1994 年	開始採用單一控管浮動匯率制度
1996 年 11 月	開放人民幣在經常帳上兌換
2001 年 12 月	中共加入世貿組織,中共仍強調開放人民幣金融帳上兌換時機未到,將穩步推進
2002 年 10 月	香港東亞銀行主席兼行政總裁李國寶表示,大陸已完成草擬成立人民幣離岸中心的條例,目前正等待中共國務院批准
2002 年 12 月	在原有開放上海、深圳、天津、大連四個城市的外資銀行經營人民幣業務的基礎上,進一步對外資銀行開放了廣州、珠海、青島、南京、武漢五城市人民幣業務
2003 年 1 月	中國外匯管理局已經以浙江、廣東、上海、江蘇、山東、福建六省市為試點,允許符合條件的企業通過人民幣購匯向境外投資。北京、天津等地也將陸續開始落實境外投資外匯管理改革的有關內容。大陸媒體表示此為政府加快人民幣在金融帳上兌換的訊息
2003 年 2 月	中國人民銀行上海分行行長胡平西透露,2003 年年底將開放外資銀行對中資企業人民幣業務。人民銀行一位專家強調,大陸應該進一步確認,人民幣可兌換的中期目標就是人民幣在經常項目收支跟長期金融收支下皆可兌換

五、高盛證券鐵口直斷

2003 年 2 月 22 日,高盛公司預估,人民幣匯率可能低估 15%,並且預期大陸將在未來 12 至 18 個月內擴大人民幣的浮動幅度,由目前的上下 0.2% 的幅度初步擴大為 1%。

大陸當時的財政部長項懷誠 2002 年 11 月表示,他「個人感受到一些壓力」。這種壓力主要來自美國,因為 2002 年美國對大陸的貿易逆差成長 24%,達到空前的 1,030 億美元。

中銀國際亞洲公司的經濟分析師說,在放鬆資金管制之前大陸不可能放棄人民幣釘住美元政策。長期來看,大陸將維持人民幣匯率的穩定,不會讓它升值,但可能允許漲跌幅拉大一些。

(經濟日報,2003 年 2 月 24 日,第 11 版,林聰毅)

六、遠東經濟評論: 人民幣將成為新亞元

2003 年 5 月 30 日《遠東經濟評論》發表題為〈新亞元: 羽翼漸豐的人民幣〉封面文章指

出,大陸經濟成就加上政府默默支援,使得人民幣越來越受區內商界和旅遊界歡迎,在亞洲地位將進一步提高。摩根士丹利顧問公司主任伍茲華斯表示,「人民幣成為可自由兌換後將成為強勢貨幣。大陸的銀行也將成為主流,10 至 15 年內,人民幣將可能成為繼美元、歐元、日圓之後的第四大主要貨幣。」(工商時報,2003 年 5 月 31 日,第 6 版,白德華)

七、人民幣將小幅升值

由表 15-7 可見美、日官員正對人民幣不動如山(詳見圖 16-1,1995~2003 年那一段)的不耐煩,人民幣最快在 2003 年第 3 季將小幅升值。(經濟日報,2003 年 7 月 24 日,第 4 版,吳國卿)

表 15-7　美日中官員 2003.2~7 有關人民幣談話

2月 22 日	加入世界貿易組織的國家應該推動金融和外匯自由化(日本財務大臣鹽川正十郎)
3月 18 日	強力而穩定的人民幣不只對中國大陸有利,對亞洲和全世界都有利(中共總理溫家寶)
6月 16 日	中共政府有意改採符合市場原理的彈性匯率,美國予以支持(美國財政部長史諾)
26 日	中共當局人士考慮擴大人民幣的交易幅度,這種作法應該鼓勵(史諾)
30 日	將來也會維持穩定的人民幣匯價(中國人民銀行總裁周小川)
7月 6 日	中國大陸開放貿易,在國際化的潮流下活動時,匯率也應該國際化(鹽川正十郎)
16 日	實施人民幣自由化的必要性更加明確(美國 Fed 主席葛林斯班)
17 日	人民幣匯價機制符合實體經濟,應該保持穩定(中共外交部發言人孔泉)

資料來源:讀賣新聞。

圖 15-1　人民幣匯價走勢

(年平均匯價,2003年為6月的月平均)

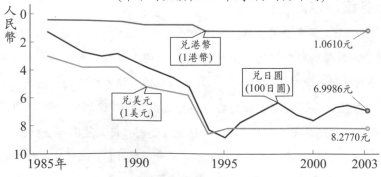

資料來源:讀賣新聞。

◆ 本章習題 ◆

1. 以表 15-1 為基礎,以一家公司的全方位匯兌避險來分析。

2. 以一筆出口交易為例,來分析其匯率條款的內容。

3. 以表 15-2 為基礎,餘同第 1 題。

4. 以表 15-3 為基礎,餘同第 1 題。

5. 以一筆離岸貸款為例,說明如何具有規避匯兌風險的能力。

6. 以一筆外銷美元貸款為例,說明進口公司如何藉以規避臺幣升值風險。

7. 以一家公司為例,說明短期調整(例如臺幣報價、資產負債對沖)。

8. 以一家公司為例,說明中長期調整(例如從弱勢貨幣國家進口)。

9. 以一筆交易為例,說明進口公司託收帳戶的匯兌避險(此處為臺幣呈升值趨勢)功能。

10. 以一個個案為例,說明大陸臺商如何規避人民幣升值的匯兌風險。

第十六章

遠期外匯

短期來說，臺幣貶值會有暫時的效果，但是長期就沒效了。

長期來說，經濟成長的目標應是讓民眾能享有高品質的生活水準，像臺灣這種缺乏自然資源的小型開放經濟體，這個目標透過貶值的手段是永遠無法達成的。臺灣經濟的發展和成長，必須透過產業不斷的升級創新、移往高附加價值的產業活動、透過教育和在職訓練等方式提昇人力資源的素質，以及創造和維持一個穩定和可預期的經濟環境才能達成。

──劉遵義　美國史丹福大學教授，中央研究院院士

工商時報，2001 年 5 月 25 日，第 2 版

學習目標:

站在財務副理角度，以決定採取遠匯避險或買賣無本金遠匯來套利。

直接效益:

遠匯是「國際匯兌」、「國際金融市場」、「外匯交易」等課程、書刊的核心，看完本章，你會發現有熟路的人帶路瞭解遠匯竟是如此簡單。

本章重點:

- 遠期市場跟日常生活相類比。表 16–1
- 遠匯匯率（或換匯點）如何計算。§16.1 一(一)
- 用公式〈16–2〉說明利率平價假說如何求得換匯點公式。
- 遠匯三種報價方式，如何看得懂遠匯行情表。表 16–2
- 站在套利角度，如何買賣無本金遠匯賺錢。§16.2
- 無本金遠匯跟一般遠匯的差別。表 16–4

前言：懂得竅門，其實說穿了不值一毛錢

遠期外匯是最傳統、主要的匯兌風險避險工具，而且也是（第十四章第四節中說明過）期貨、選擇權、換匯的「母親」，因此邏輯上本來就應該把遠期外匯市場擺在最前面介紹。

或許是個人駑鈍，自從 1980 年大四時學國際財務管理以來，一直搞不清楚遠匯的一些名詞如「升水」、「貼水」、「基本點」、「換匯點」等。在本章中，我們挖空心思的想用非專業人士角度來說明專業的名詞、觀念。誠如政治大學企管系教授司徒達賢每次碰到學生滿口專業名詞、英文縮寫時，總會要求對方「說人話」。秉持這樣的精神，相信你看完本章後，很容易抓住我提供給你的竅門，發現事情原來很簡單，是許多作者、銀行人士把它複雜化了，以致不少非專業人士覺得「如墜八里雲霧」。

一、買海外基金搭配遠匯

臺幣匯價波動擴大，香港上海匯豐銀行、富邦銀行、台新銀和臺北國際商銀推出指定信託用途共同基金匯兌避險服務。

匯豐銀行 2002 年年底推出指定信用用途帳戶申購基金的匯兌避險服務，鎖定承作美林美國政府抵押債券。富邦銀行承作美林優質債券，台新銀行是寶源亞洲債券，北商銀推出基金家數最多，匯豐銀行研擬推出匯豐中華投顧的匯豐系列債券型基金，投資人可以選擇的投資標的將越來越多。（經濟日報，2003 年 3 月 11 日，第 19 版，白富美）

二、遠匯避險加海外基金

2003 年 3 月 12 日，富邦銀行跟富達證券推出「結合遠匯避險的美元債券基金」，是以指定用途信託方式，幫客戶以遠期外匯交易，控制投資海外基金可能產生的臺幣匯兌風險。

富邦銀第一代「海外基金遠期外匯避險服務」於 2 月推出，但是受限於投資人須在進場後 6 個月統一贖回標的，彈性不高。3 月 12 日推出的第二代服務強化這部分的需求，投資人可依市場變化，選擇提前或延後贖回。

富邦銀行總經理吳均龐表示，這支基金的債券投資標的，由公債轉向相對投資報酬

率和債信評等較高的公司債，其中 BBB/Baa 可投資等級以上比重逾 95%，而 A 等級以上比重逾 65%，公債和公司債比例約 3 比 7。

富邦銀經理郭慧嫻表示，2 月推出遠期外匯服務時，3 天內就賣出高達 1,600 萬美元，可見小額投資人規避匯兌風險需求很強。郭慧嫻表示，在戰爭陰影下，美元走貶壓力大，現在以美元投資海外基金，可能半年後換回的臺幣就「扁」了，要是以遠期外匯鎖住價格就沒這風險，到期後不管是否要繼續投資，可再做一次遠期外匯。(經濟日報，2003 年 3 月 13 日，第 17 版，張志榮、黃又怡)

第一節 一般遠期外匯

遠期外匯 (forward exchange) 是最古老的外匯避險工具，由表 16–1 可見它其實只是一個很簡單的觀念，不要因為有些特定的評價方式而生敬畏之心。

表 16–1 遠期外匯跟預購、預售的比較

	預 購	預 售
生活例子	付訂金買預售屋	農民契作
遠期外匯	預購外匯	預售匯率

由表 14–8 可見，遠期市場、期貨市場很相似，只是交易方式有些差異，這是因為期貨在避險操作上有提前平倉的優勢。然而遠期外匯屬於店頭交易，金額、期間皆可議定，可說是「量身定做」(customer made)，各有優缺點；可惜的是，臺幣兌美元並沒有期貨市場存在。

一、遠匯匯率的決定

我們在表 14–8 中曾經說明遠期匯率 (forward rate) 的決定包括二項因素：

1. (期間)利率差，乘上期間可計算出換匯點，這是換匯的匯率（在第十七章第一節中說明，此匯差以利息差額方式支付）。

2. 升貶值預期（在第十二章第三節時曾詳細說明）。

嚴格的說，遠期匯率並不完全只是根據利率平價假說計算出來的。所以接下來

我們將介紹的二個換匯點的計算方式，應該說適用於二種情況：

　1.換匯。

　2.匯率均衡（或無升貶值）預期時的遠期匯率。

　　所以銀行人士也將依利率差計算出的稱為換匯點 (swap point)，而不像 10 年前稱為遠匯匯率（或升水、貼水）。

(一)「長期」換匯點公式

　　長期換匯點是依據利率平價假說計算出來的，公式詳見〈16–1〉式，道理很簡單，資金不管投資在那種幣別，期末本利和應該一樣，如此全球才不會有「套利」機會。

　　公式的推演可見到第三式時出現即期匯率 (spot rate)，好把臺幣存款本金轉換為美元計價本金；如此透過即期匯率、二國利率便可計算當時的遠期匯率的關係。

　　本處僅以臺幣兌美元為例，兌其他貨幣也可如法炮製。此外，本處以臺幣為本國貨幣，站在泰國臺商的立場，泰銖則為本國貨幣。

$$\text{利率平價遠匯匯率 } e_F = \frac{P_\tau(1+R_{NT})^\tau \text{ 臺幣本利和}}{P_{US}(1+R_{US})^\tau \text{ 美元本利和}}$$

$$= \frac{P_{NT}}{P_{US}} \times \frac{(1+R_{NT})^\tau}{(1+R_{US})^\tau}$$

$$= \frac{eP_{US}}{P_{US}} \times \frac{(1+R_{NT})^\tau}{(1+R_{US})^\tau}$$

$$= e \times \frac{(1+R_{NT})^\tau}{(1+R_{US})^\tau} \quad\cdots\cdots\cdots \langle 16-1 \rangle$$

註：$P_{NT} = eP_{US}$ 　　　R_{US}：美元利率（或外幣）

　　e：即期匯率　　　τ：期間

　　e_F：遠匯匯率　　　P：本金

　　R_{NT}：臺幣利率（或本國幣）

(二)「短期」遠匯匯率速算方式

　　上述遠匯（或換匯點）計算是標準的，但是短天期（180 天以內）由於比較沒有複利問題，所以可以設法簡化計算，公式如下，可見最大差別在於臺幣、美元利

率並未採複利。

$$換匯點 = e - \left[e \times \frac{1 + R_{NT}}{1 + R_{US}} \right] \quad\cdots\cdots\cdots\cdots\cdots\cdots\cdots\cdots\cdots\cdots\cdots\cdots \langle 16 - 2 \rangle$$

$$(未滿\ 1\ 年時) = \frac{e \times (R_{US} - R_{NT}) \times \dfrac{T}{360}}{1 + R_{US} \times \dfrac{T}{360}}$$

$$\doteqdot e \times (R_{NT} - R_{US}) \times \frac{T}{360}$$

二、遠匯的報價

遠匯的報價有三種方式，參見表 16-2，說明於下：

表 16-2　銀行遠期臺幣匯率

2003 年 7 月 22 日

報價方式	180 天		適用情況
	買入	賣出	
完全報價法	34.248	34.368	一般遠匯 (DF)
基本點 (bp) 報價法	−127	−107	無本金交割遠匯 (NDF)
百分比報價法 *	−0.37%	−0.31%	銀行和銀行間外匯投資時

註：臺幣利率 6%　　即期買入匯率 34.375，賣出 34.475
　　美元利率 4.5%

* 百分比報價法：$\dfrac{e_F - e}{e} \times \dfrac{360}{T} \times 100\% \gtreqless (R_{NT} - R_{US})$

㈠完全報價法 (outright quotation)

這跟即期匯率一樣，就是把買入、賣出匯率用價位標出。常用於一般遠匯的報價。

㈡基本點報價法 (basic point quotation)

以基本點報價，一方面主要是求其簡潔，方便計算賺賠；一方面也很容易看出遠匯比現匯究竟是升值或貶值。

此外，當利率差沒變而只有即期匯率變動時，遠匯基本點也沒變；這也是基本點報價法的小小優點。

㈢百分比報價法 (percent-per-annum quotation)

百分比報價法很少使用，其功能主要在比較遠匯匯率跟利率差距間的關係，要是遠匯匯率百分比大於利率差，那顯示把「美元轉存臺幣，然後立刻預購美元」無利可圖，而且還是「賺了利差，賠了匯差」！

三、遠匯跟即期匯率比較

遠匯跟即期匯率相比高低，會出現二個令人混淆的用詞「貼水」、「升水」。但是由表 16-3 這個例子，應該可以看得清楚，首先升水、貼水是站在美元的立場，例如 2003 年 7 月 22 日，一般 6 個月遠匯（買入）匯率 34.248，比即期（買入）匯率 34.375 低 0.127 元，也就是 6 個月後美元比今天美元不值錢，好像價格被「打折了」(discount)。

表 16-3 　以臺灣銀行報價說明遠匯「升水」、「貼水」

2003.7.22

180 天期	一般遠匯 買入匯率	無本金交割遠匯 買入匯率
完全報價 換匯點報價	−0.127 元 （以前標示為 D：−0.127）	−200bps
站在美元角度來看	遠匯＜即匯 稱為（美元兌臺幣）「貼水」(discount)，應稱為「貶值」、「折價」	遠匯＞即匯 稱為「升水」(premium)，應稱為「升值」、「溢價」

同理來看，無本金交割遠匯匯率各高於即期匯率 −200 個基本點，顯現外國法人「看貶」6 個月期美元，也就是 6 個月後美元比今天美元不值錢，好像價格「有折價」(discount)。折價、溢價的比較基準當然是即期匯率，那麼「平價」(flat or par) 自然是指遠匯、即期匯率相等，即換匯點為零。

這樣一說明，至少不會搞混了；但是如果把「升水」改成「升值」、「貼水」改成「貶值」，那就更白話了，更容易望文生義了，至少用「溢價」、「折價」也很清楚。

第二節 無本金遠期外匯

利用遠匯來避險可採取表 16–4 中的二種方式：

表 16–4 DF、NDF 性質和適用情況

	一般遠匯	無本金交割遠匯
資格	需出示進出口相關文件	僅限國外法人
類比	交易型商業本票 (CP_1)	融資型商業本票 (CP_2)
銀行額度	總額度，或遠匯契約風險額度	同左，或繳保證金
匯率	換匯點為主	換匯點再加升或貶值預期
契約最低金額	50 萬美元，有些為 100 萬美元	沒有限制，但左述情況者也有
市場額度	屬於正常交易，中央銀行不會管制	易受中央銀行管理匯市而有僧多粥少情況
保證金	需要，可用存款餘額充當	需要
交割	實物（即全額）交割	淨額（屆期日現匯減 NDF 訂約時之匯率）交割

(一)一般遠匯 (deliverable FX forward, DF)

其優點是站在買匯的一方，預購匯率較佳，因為大抵是根據利率平價理論去算出「換匯點」（國際匯兌上稱為貼水、貶值幅度），當然在預期心理很強時，銀行也會把預期貶幅加一些進來，銀行盡可能不做虧本生意。但是，當預期升值時，外匯銀行報價則不會把此項因素加入。

一般遠匯的缺點是必需全額交割，以 34 元預購 100 萬美元，屆期真的要搬 3,400 萬元來買匯，這對許多公司資金調度都很不理想。

(二)無本金交割遠匯 (non-deliverable forward, NDF)

此工具的優缺點正好跟一般遠匯相反。

無本金遠匯雖可中途「認錯」（投機交易時稱為認賠）軋平部位，但是因為買賣價差大，1～3 個月期至少 50 個基本點，3 個月期以上價差更大，所以只要多幾次「認錯」，累計損失很可觀。

◆ 本章習題 ◆

1. 以表 16–1 為基礎，日常生活中還有那些「遠期」交易？

2. 以〈16–2〉為底，你還有沒有其他即期匯率計算遠期匯率的速算方式？

3. 以表 17–2 為基礎，把今天銀行遠期匯率報價用三種報價方式表達。

4. 以 30 天期遠匯匯率為例，現在是溢價還是折價？

5. 美國人到臺灣存臺幣，賺利率差，為何無法透過同時預購美元來套利呢？

6. $e_S=34$ 元，$R_{NT}=1.4\%$，$R_{US}=0.6\%$，請計算 1 個月期換匯點。

7. 換匯點指出美元兌臺幣是溢價，但是為什麼遠期匯率都是折價呢？

8. NDF 真的是投機客天堂，所以央行在臺灣才禁掉嗎？

9. 有匯兌避險功能的海外基金，跟沒有匯兌避險功能的海外基金，請比較其績效。

銀行長天期外匯連動商品比較

產品	外匯連結式債券	十拿九穩結構存款	時來匯轉連動債券
銀行	荷蘭銀行	台新銀行	富邦銀行
募集期間	6 月上旬	7 月下旬	6 月上旬
連動貨幣	G7 七種貨幣	美元兌日圓匯率	G10 十種貨幣
承作天期	10 年	10 年	6 年
閉鎖期	3 個月	無	無
申購金額	2 萬美元/歐元	1 萬美元	5,000 美元
保管費用	0.15%	無	無
交易費用	無	無	0.75%
購回費用	1.5%～3.5%	1%	1.25%～3%
提前到期	無	1 年後每季銀行有執行提前買回權利	3 年後本利達 150% 時可提前還本

註：本表僅供參考，實際情況依銀行與客戶議約內容為準。
資料來源：台新銀行。經濟日報，2003 年 7 月 24 日，第 19 版。

10. 你如果是上市公司財務經理，如何運用 NDF 來規避臺幣匯兌風險呢？

第十七章

換匯與換匯換利

　　2003 年 3 月 18 日，孟岱爾在廣州指出，目前人民幣保持匯率穩定、不貶值，對大陸和亞洲的經濟發展有很積極作用。2008 年中國舉辦奧運會應是實施人民幣自由兌換最佳時機。

　　──孟岱爾　歐元之父，諾貝爾經濟學獎得主

　　工商時報，2003 年 3 月 19 日，第 5 版

學習目標:

站在財務長角度，一次一勞永逸的規避匯兌、利率風險，換匯換利便成為最佳選擇。

直接效益:

換匯、換匯換利是新型避險工具，所以是外界訓練課程的主力。本章深入淺出，詳細舉二個實例說明正確、錯誤作法，讓你的學習效果遠勝於 3 小時的研討課程。

本章重點:

- ·換匯交易類型。表 17–2
- ·換匯換利交易可視為二筆「固定—固定」、「固定—浮動」利率交換。§17.2
- ·利率交換交易。§17.2 三
- ·臺幣兌美元貨幣交換報價。表 17–3
- ·換匯換利正確案例。§17.3 一
- ·換匯換利錯誤示範。§17.3 三

前言：世界越複雜，讀書就要越容易

1998 年 11 月有個汽車廣告，其中有句廣告詞「世界越複雜，開車就要越容易」於我心有戚戚焉。在本章中，我們將討論避險交易市佔率第二位的換匯和換匯換利；光是這麼小的題目，就有不少專書說明，看似「大有學問」。

但是我們只以一章便想讓你能夠「登堂入室，一窺堂奧」。一言以蔽之，貨幣交換（即換匯）、換利（即利率交換）都是資產交換的一種，而後者又源自從前的物物交換。從這個角度來看，道理便簡單多了，物物交換可互通有無，並且達到各自發揮優勢的機會。物物交換的利益分配取決於行情和談判力量，自無深奧的定價公式。

第一節換匯只涉及匯兌風險的管理，想額外規避國內或國外（融資）的利率風險，還須搭配利率交換；把二者結合，畢其功於一役的就是換匯換利，這是第二節的重點，可說是國際利率風險管理。

第三節中我們詳細說明二個實例讓你抓得住換匯、換匯換利的精神。

第一節　換　匯

換匯或貨幣交換 (currency swap) 以規避匯兌風險是本國銀行和外商銀行間老掉牙的交易方式，本國銀行暫時缺美元、外商銀行暫時缺臺幣。

換匯是金融交換的一種，只是交換的標的物是二種貨幣罷了。我們想用下列的比喻讓你瞭解金融交換 (financial swap)，假設你有部房車，當你想要度 1 個月的假，覺得再租一輛吉普車有點浪費。於是你設法找到人願意在這 1 個月中把吉普車借給你，你把房車借給他。至於誰該補償誰？假設吉普車比較貴（總價 132 萬元），反映在外的便是每月「折舊」費用（分 5 年）2.2 萬元；而房車總價 60 萬元，每月折舊費用 1 萬元，那麼至少你該給吉普車車主 1.2 萬元來補償他。

一、換匯交易的本質

換匯交易的本質可從二個角度來看。

㈠一個「固定─固定」利率交換

由表 17–1 第 3 列可看出，換匯交易可看成二個持有幣不同固定報酬率債券的人，甲持有「美元」債券報酬率 3%、乙持有「臺幣」債券報酬率 4.5%，彼此交換債券 1 年。

表 17–1　換匯交易等同「固定─固定」利率交換

交易人 幣　別	甲 美元	乙 臺幣
一、本金交換 　1.期初本金交換 (initial 　　exchange)	100 萬美元 ——————→ 34.50×100 萬美元＝3,450 萬元 即期匯率 1$：34.50NTD	
2.期末 (final exchange)	100 萬美元 ——————→ 3,450 萬元 說明：在遠匯時，依利率平價假說，乙預購 1 年的 　　　匯率為 35.0175	
二、固定─固定利率交換 　1.利率全額交割 　2.利率餘額交割	每半年一次利息交換 借臺幣 ——————→ 借美元 臺幣利率　　　　　　美元利率 5% ←—————— 3.5% $R_{NT} - R_{US} = 5\% - 3.5\% = 1.5\%$	

這交易明顯的是甲佔到便宜，所以必須把利率差 1.5（4.5% 減 3%）吐還給乙，只是習慣上「每半年」就必須吐還一次。

由這角度來看，不要想得太複雜，又是匯率、利率的，只看利率那一邊就可以了。

㈡一個即期賣匯、一個遠期買匯交易

也可以僅由外匯交易再來看換匯，站在甲的立場，換匯其實是下列二筆交易的組合。

　1.期初賣美元，取得臺幣。

　2.期初並立刻敲定以期末（假設 1 年）為交割日的預購，匯率不折不扣的剛好就是依利率平價假說算出來的換匯點，在本例中，期初（中心）匯率 34.50 元，利率差 1.5%，所以換匯點為 0.5175（34.50×1.5%）元，預購美元匯率 35.0175 元。

這種角度完全不理兩種貨幣間的利息收支，而把利率差 (interest rate differential) 用換匯點顯示出來罷了。

二、換匯管道

由於公司間不能買賣外匯，而且換匯可視為即期、遠期二個方向相反但是金額相同的外匯買賣斷交易，所以換匯和換匯換利交易中交換者 (swapper) 的交換對手皆是銀行，這跟票券交易需透過票券公司擔任造市者 (market maker) 道理相同；這種經過銀行中介的交換又稱為間接交換 (indirect swap)。

如果銀行純粹只是居中撮合，做個轉手生意，稱為「配合交換」(matched swap)。要是一時半載找不到另一半，銀行先吃下此交換部位 (swap position)，那就得冒險了；合理來說，銀行基於風險管理考量會把此未軋平的交換部位設法出清，在此之前銀行可說是進行著「未配合交換」(mismatching swap)。

不管是直接交換 (direct swap) 或間接交換，慎選交易對手以免屆時對手掛了，你手上的部位頓時成為心口的痛。

一般來說，中介銀行有「大者恆大，小者恆小」的趨勢，交換業務量小的銀行為了避免未配合交換造成太大風險，所以報價比較不具吸引力。反之，量大的銀行消化快，過個手賺差價就好，不會把交換部位所帶來的風險溢價加計進來；所以報價比較吸引人。這也難怪 30 餘家承作外匯衍生性商品業務的銀行，前四名幾乎佔了一半業務量。

三、人民幣換匯，央行建議加速討論

2003 年 3 月 12 日中央銀行總裁彭淮南指出，銀行提供人民幣掛牌買賣，可以方便臺商交易，只要立法院通過兩岸人民關係條例修正案，央行會建議陸委會加速討論人民幣換匯問題。(經濟日報，2003 年 3 月 13 日，第 7 版，傅沁怡)

◆ 第二節　換匯換利——匯率、利率雙率管理

洗髮兼潤絲的雙效洗髮精省時省事，同樣的，有些客戶同時想把匯兌、利率風

險畢其功於一役的跟銀行敲定，所以就有融合貨幣交換、利率交換 (interest rate swap, IRS) 二合一的換匯換利交易的推出。

一、壽險公司依法令得做

壽險業者進行國外投資時，必須向央行提出申請，而央行通常會要求業者以換匯換利方式匯出資金。

A 壽險公司跟 B 銀行進行 5 年期的換匯換利交易，A 壽險公司必須付給 B 銀行 LIBOR 利率，B 銀行付給 A 壽險公司 1.3%，交易開始時，雙方交換本金，壽險公司把臺幣轉為美元，交易結束時本金再度換回，把美元資產部位，換為臺幣，A 壽險公司在此筆交易付出避險成本約 20 個基本點。

換匯換利交易，以 3 年期以下最為活絡，5 年期交易量尚可，最長為 7 年期。而壽險公司投資國外標的，為配合保單到期期間，很多為 15～20 年。因此，換匯換利並無法跟投資期間配合，僅能在換匯換利契約到期時不斷展延。

換匯換利的名目本金種類包括臺幣、美元、歐元和日圓等國際主要貨幣，通常交易合約為 5,000 萬元或是 100 萬美元。(工商時報，2003 年 1 月 13 日，第 9 版，邵朝賢)

二、換匯換利交易本質

換匯換利交易 (cross currency swap, CCS) 的中文翻譯很棒，但是英文卻不怎麼樣，反之，早先二個用詞比較達意：

* currency interest rate swaps
* currency coupon swaps

三、換利的動機

「固定—浮動」利率交換的動機非常清楚，由下列二個公式可見：

㈠固定利率公司債想享受浮動利率的好處

為了便於公司債交易起見，公司債皆採固定票面利率，而且每半年付息一次。公司債發行公司惟有透過跟銀行承作一個「賣出固定利率，買進浮動利率」的利率

交換，轉換為如同以浮動利率計息的短期票券循環信用融資工具 (note insurance facilities, NIF)，或是更精確的說成為「浮動利率債券」(floating rate notes, FRN)。

$$（固定利率）公司債 + \frac{「固定—浮動」}{利率交換} = NIF$$

反之

$$NIF + \frac{「浮動—固定」}{利率交換} = 固定利率融資$$

(二)浮動利率貸款想享受固定利率公司債的好處

跟前面情況相反，以浮動利率計息的 NIF、浮動利率債券、貸款，債務人可以透過「賣出固定利率，買進浮動利率」的利率交換，搖身一變成為固定利率融資 (fixed funding)。

這是臺灣最常見的利率交換情況，利率交換和貨幣交換的種類幾乎一模一樣，此處不再贅敘，可參考表 17–2。

四、利率交換部分

把換匯換利比喻成雙效洗髮精，換匯是洗髮，那麼潤髮的部分即是利率交換部分，由於換匯本身已是二種貨幣間「固定—固定」利率交換，所以剩下給利率交換的空間只有圖 17–1 中的二項：

　　·固定對浮動利率的換匯交易 (fixed to floating currency swap)。

　　·浮動對浮動利率的換匯交易 (floating to floating currency swap)。

　　1.另一方浮動：習慣上選擇美元利率為利率交換中浮動利率，而 6 個月期的倫敦銀行間市場美元拆放款利率 ($6-month LIBOR) 是大部分金融交換的交換價格決定的基礎。

　　2.固定一方不動：跨國「固定—浮動」利率交換時，由於臺灣缺乏公認的利率指標，所以便以臺灣利率作為固定利率的那一端。

　　由於利率看跌，所以只有發行固定利率的公司才比較有強烈動機來進行利率交換，而原本公司債發行金額就不多，所以跟匯兌衍生性商品交易相比，利率契約佔不到二成，而匯率和黃金契約超過八成。

表 17-2　換匯交易類型

類　型	說　明	適用時機
一、換匯標的 (一)本金交換 (annuity swap) (二)利息差額交換 (coupon-only swap)	without exchange or principle，或 coupon swap（利息交換）	本質上只能視為二個遠匯契約
二、即期 vs. 遠期 (一)（即期）交換 (二)遠期交換 (forward swap) (三)即期對遠期換匯交易 (spot-forward swap)	常態，即簽約日便立即進行換匯 預先在今天把未來的換匯交易敲定 一筆為即期 (spot) 交割日，另一筆為遠期 (forward) 交割日	打算在 3 個月後發行公司債的發行公司
三、期間 (一)單期 　最短一天，即 day swap (二)連續期 　1. 定期定額交換 (amortizing swap) 　2. 金額遞增交換 (accelerating swap) 　3. 金額遞減交換 (step down swap)	數筆交換在一次交易中完成。例如把 10 年債券每期利息支付金額預先進行換匯，便屬於此	大多數銀行間外匯市場換匯皆在 1 週內 比較適用於專案融資 (project loan)，貸款撥付是依工程進度或約定日期。但有人把這稱為「分期撥款的交換交易」(draw down swap)
四、換匯金額 (一)交換金額相同 (二)交換金額不同	常態 off-market swaps，初始金額不同，短缺的一方必須在期初給現金以彌補另一方	
五、有沒附帶選擇權 (一)沒有附帶選擇權 (二)附帶選擇權的貨幣交換 (currency option swap)	常態 交換一方可在「選擇權」有效期內，選擇在定額內增加交換金額，新增部分依新匯率，但利率則固定，有一點像「增額認購條款」(green shoe clause)	對利率時機滿意，但對匯率時機不甚滿意時，雖不滿意但可接受，先「騎驢再來找馬」

資料來源：大部分整理自李麗，《金融交換實務》，三民書局，1989 年 4 月，第 203-210 頁。

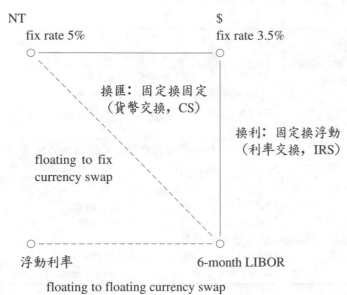

圖 17–1　換匯換利類型圖解

五、拆開來作二筆交易

如果你的金額夠大，也可以考慮把利率交易部分拆成二筆，以臺幣換成美元來說，銀行在美元利率交換方面會報二個價：

1.美元浮動利率 (USD floating)，例如 LIBOR + basic spread + 10bp，後二者合稱換匯利差 (swap spread)。

2.美元固定利率 (USD fixed)，例如 3%。

六、銀行的換匯換利報價

衍生性金融商品的交易在臺灣幾乎百分之百皆是店頭交易，也就是採取議價的，不是電腦撮合的。因此，無論是你在報上、交易螢幕上看到的報價，皆屬於參考價格。

由表 17–3 可見，以前《工商時報》第 29 版上有行情表舉例。

1.臺幣對臺幣利率交換報價。

2.臺幣對美元貨幣交換報價，其實就是換匯換利交易中的（臺幣）「固定一浮

表 17–3　臺幣兌美元貨幣交換報價

1998.11.20

期　別 方　向	1 年	
	換　進	換　出
荷蘭銀行 交換 90 天期 CP$_2$ 次級市場平均利率	5.75% 浮動利率 (floating)	5.35% 浮動利率 (floating)
說明	荷銀以浮動利率向客戶換 入 5.75% 固定利率	荷銀以 5.35% 固定利率向 客戶換進浮動利率
荷銀 1. 收入 2. 成本 客戶 1. 收入 2. 成本	5.75% −floating 跟荷銀正好相反 floating −5.75%	floating −5.35% 5.35% −floating

動」、「浮動—固定」利率交換。

　　由表可見，指標利率為交易量最大的 90 天期融資型商業本票 (CP$_2$) 次級市場的當天 11 點中間利率（NTD 90-day secondary money market middle rate，或 mid-rate），報價頁次為德勵 (Tele rate) 第 6151 頁。

　　交割頻率為每季一次。

㈠換匯換利契約主要內容

　　1. 交換本金 (swap notional)，例如臺幣 66 億元、美元 2.025 億元，例子請見圖 17–1。

　　2. 利率交換頻率 (settlement frequency)，一般為半年一次，這是伴隨臺幣公司債的習慣，歐美常見的還有每季一次。

　　3. 即期美元兌臺幣時價 (current USD/NTD spot)。

　　4. 交換期限 (swap tenor)。

　　5. 1 年幾天計息，常見的以 1 年 360 天計息（即 1 季 90 天），標示為 ACT/360，ACT(actual) 表示實際天數。

㈡交割示例

假設第一季利息支付日 (interest payment date) 時，客戶成本為 5.75%（表 17–3 中第 2 欄中換進利率），而當天 CP_2 利率為 6%，此時客戶賺到了。也就是荷蘭銀行必須依據下列公式支付 62,500 元給客戶。

$$利息差額交割（每一期，一季一期）=(\text{floating}-5.75\%)\times 名目本金 \times \frac{90}{360}$$

$$\text{floating } 6\% =(6\%-5.75\%)\times 1\text{ 億元}\times\frac{90}{360}=62,500\text{ 元}$$

◆ 第三節 換匯換利正確、錯誤實例

看例子會更容易瞭解觀念，在本節中我們各舉一個正確和錯誤的實例，一個在 1998 年 3 月、一個在 5 月發生，當時報紙皆有報導。這二個例子，我們皆用損益分析來看「我變，我變，我變變變」後的結果長得什麼樣子，這也是我們化繁為簡的小小創意。

一、2 億美元的換匯換利正確示範

換匯換利交易代表性案例為 1998 年 3 月，歐洲復興開發銀行 (EBRO) 跟荷蘭銀行臺北分行的一筆交易。前者看上臺灣的閒置資金，來臺發行（免稅）3 年期臺幣債券，募資 66 億元；卻需要折換成美元，匯回歐洲去運用。

於是雙方便進行此換匯、換利交易，拆成二部分來看便很清楚，詳見圖 17–2，說明如下。

㈠換匯換利損益分析

由表 17–4 可見，這筆換匯換利交易，使歐洲開發銀行實質上以 LIBOR 減 0.4 個百分點借到美元，這利率對債信 AAA 級的該銀行來說不吃虧。或許你會問該銀行為什麼不在歐洲直接發行債券就行了，省得繞這一圈還是回到原點？答案也很簡單，在多金的臺灣發行債券可擴大其資金來源，省得一直仰賴某一市場而遭遇資金排擠情況。

對荷蘭銀行來說，等於用 6.95% 利率取得 66 億元臺幣資金，在當時來說，這利率不錯了（當時 3 年期臺幣公司債利率 7.5% 左右）。

圖 17-2　歐洲開發銀行跟荷蘭銀行換匯換利

1. 期初的本金交換 (initial exchange)

臺幣 66 億元

歐洲銀行　←————————→　荷銀

2.025 億美元

2. 每半年一次利息交換 (IRS)

美元利率：LIBOR-0.4%

歐洲銀行　————————→　荷銀
　　　　　←————————

臺幣利率：6.75%

3. 期末的本金交換 (final exchange)

2.025 億美元（以即期匯率 32.69 元為交
易價格，支付 66 億臺幣等值美元）

歐洲銀行　←————————→　荷銀

臺幣 66 億元

表 17-4　換匯換利後雙方的負債成本

	歐洲開發銀行	荷蘭銀行
原始幣別	臺幣	美元
換匯後幣別	美元	臺幣
成本		
1. 發行債券利率	-6.75%	-(LIBOR-0.2%)*
2. 換匯	+6.75%	-6.75%
換利	-(LIBOR-0.4%)	LIBOR-0.4%
合計	-(LIBOR-0.4%)	-6.95%

+ 代表利息收入　　- 代表利息支出
* 這數字是假設的，即荷蘭銀行發行 3 年期美元債券以取得
　美元。

　　簡單的說，這筆換匯換利交易的結果是這樣的，歐洲開發銀行向臺灣的荷蘭銀
行借美元，前者用臺幣放款給荷蘭銀行，這跟平行貸款道理相同。

(二)利率交換利益的分配

　　我們由換匯換利前、後所創造出的換匯換利利益更可以看出雙方互蒙其利。由
表 17-5 中間是雙方臺幣、美元 3 年期債券的負債成本，看得出來歐洲開發銀行由
於債信一級棒，所以在二種幣別的舉債成本皆低於荷蘭銀行。

　　由歐洲開發銀行來臺募資，再轉借給荷蘭銀行，此筆換匯換利創造出的換利利

表 17-5　換匯換利前、後的雙方負債成本

換匯換利前	歐洲開發銀行	荷蘭銀行	換匯換利後
臺幣 美元	6.75% (LIBOR–0.3%)*	7.1% (LIBOR–0.2%)*	6.95%
換匯換利後	LIBOR–0.4%		

二家銀行成本差異 7.1%–6.75%=0.35%

* 假設分配如下：0.2% 由歐洲開發銀行享有，LIBOR–0.3%–0.2%=LIBOR–0.5%，
此外，浮動利率債務轉成固定利率債務，付出 0.1% 代價；0.15% 由荷蘭銀行
享有，所以其臺幣負債利率成為 7.1%–0.15%=6.95%

益為表下所載 0.35%。這利益如何分配？由於歐洲開發銀行處於優勢，所以假設拿走 0.2 個百分點（佔 57%），反映在換進美元貸款利率再減 20 個基本點。另外 0.15 個百分點（佔利益 43%）由荷蘭銀行享有，反映在其臺幣債券利率由 7.1% 降至 6.95%。

㈢把換匯、換利拆解開來

這個換匯換利交易，我們可以嘗試用二個換利交易來說明，站在歐洲開發銀行角度來看，詳見圖 17-3。

1.「固定－固定」換利交易：歐洲銀行把 6.75% 固定利率臺幣「債券」換出，取得荷蘭銀行手上 5.25% 的固定利率美元「債券」。

2.「固定－浮動」換利交易：歐洲銀行以固定 5.25% 美元債券，換成浮動利率美元債券，利率為 LIBOR–0.4%；最後還可逆推出交換時的 LIBOR 利率約為 5.65%。

上述比喻，用在臺幣二種債券間的換利交易也是可行的，詳見圖 17-4。一般我們看到固定利率無擔保公司債和浮動利率擔保公司債的利率交換，可以說是透過圖 17-4 的二種換利交易做出來的。

二、部分期間避險

借長期美元的企業，例如發行海外轉換公司債、國際聯貸，在西線無戰事時，可享受國外低利率之利。

一旦期間看苗頭不對，則跟臺灣的銀行簽 1、2 年的換匯換利契約，無異由美

圖 17–3　用二個利率交換來看換匯換利交易

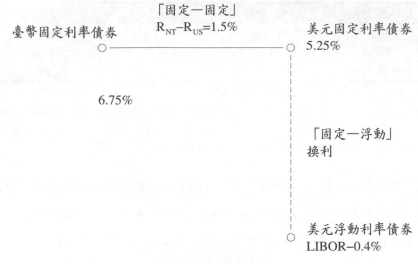

「固定—固定」
$R_{NT}-R_{US}=1.5\%$

臺幣固定利率債券　　　　　　　　　　美元固定利率債券
　　　　　　　　　　　　　　　　　　5.25%

6.75%

「固定—浮動」
換利

美元浮動利率債券
LIBOR–0.4%

6.75%=1.5%+LIBOR–0.4%
　　　=LIBOR+1.1%
或全站在美元「固定—浮動」利率交換角度
6.75%–1.1%=LIBOR
　　5.65%=LIBOR

圖 17–4　不同債信等級「固定—浮動」利率交換計價過程

信用價差
(credit spread)
無擔保公司債固定利率 ———————— 擔保公司債固定利率

利率風險

擔保公司債浮動利率

元貸款轉為臺幣貸款。多付一點利息，貪圖的就是賺點匯兌利得；例如 1998 年 5
月華邦電子跟中信銀的換匯換利交易，華邦把 1,000 萬美元以 33.5 元匯率換給中信
銀 3 年，取得臺幣（借款）、利率固定為 7.35%。華邦理想算盤是到了 2001 年 5 月
此契約到期，只要臺幣升值 4.5% 以上，即每年升值 1.5%（即 7.35% 減掉 6 個月期

LIBOR 利率），也就是到時臺幣匯率只要在 32 元以內，那麼此舉就有利可圖了。

三、換匯換利交易錯誤示範

我們來看 1998 年 5 月華邦電子跟中信銀進行的換匯換利交易，交易內容詳見表 17-6。

表 17-6　華邦—中信銀換匯換利交易

CCS　　　　　　　雙方	華邦電子 美元	中信銀 臺幣
一、換匯部分 1.期初 (1998.5.1) 2.期末（1 年* 後）	1,000 萬美元　→ ←　33.5 元×1,000 萬	
二、換利部分 固定 vs. 浮動	NTD: 7.15%　→ ←　美元 6 個月 LIBOR	

* 這是本書的「簡化」假設，事實上有 3、5 年二種期限。

這筆曾被有些人士稱喻為「年度最佳交易」(deal of the year)，號稱淨匯兌收益 3 億多元。（工商時報，1998 年 9 月 17 日，第 29 版，郭奕伶）

但是平實而論，這筆交易華邦電子真的賺到了嗎？由表 17-7 可從二個不同動機來說。

㈠避險（交易）動機

華邦借外債（海外轉換公司債為主），再匯回臺灣，轉換成臺幣，主要是貪圖美元利率比臺幣利率低。然而一旦為了規避匯兌風險，匯入美元時立即預購美元（即此處換匯）。其結果無異是借臺幣，也就是由美元貸款改為臺幣貸款。

由表 17-7 中我們對此項動機而進行的換匯交易的評論是，華邦直接借臺幣貸款便可以了，何必繞一圈來借呢？

1.臺幣貸款利率被卡死在 7.15%，當時看似不錯，因預期利率可能攀高。但是 1998 年 8 月中央銀行引導利率下滑，公司債利率降到 6.8%，事後聰明角度，華邦這筆貸款看錯邊了。

表 17–7　華邦電子此筆換匯換利可能的動機、損益

	有遮蓋（避險交易）	無遮蓋（投機交易）
可能動機	都由美元貸款，改成「部分期間」改貸臺幣貸款，其利率如下：	預期美元將（兌臺幣）升值把美元當做一支「股票」，融資（借臺幣存美元，利率差為融資成本）以 33.5 元買進美元。1 年後，屆時美元是下列三情況：
損益分析 (一)借美元	–(LIBOR+50bp)	1. 35 時，每美元賺 1 元，共賺 1,000 萬元
(二)換匯換利等於 　借臺幣，利率 　存美元，利率	–7.15% LIBOR	2. 34，損益兩平 3. 33 時，無異每 1 美元賠 1 元，共賠 1,000 萬元
評論	不合理，在臺灣直接借臺幣貸款即可，利率不會高達 7.85%，但利率卻是浮動的，不是固定的	

　　2.美元存放款利率差，首先借美元，利率 LIBOR 加 50 個基本點，再跟中信銀換匯換利，利息收入為 LIBOR。一來一往，倒賠 50 個基本點 (0.5%) 的存放款利率差。

　　由上述看來，華邦財務長絕對懂得毋須額外花成本、無謂繞這一圈，那麼便可排除避險動機，接著來探討投機動機。

㈡投機（交易）動機

　　假設這筆換匯交易是衝著賺匯兌利得而來，當時臺幣將再貶值的預測甚囂塵上，中央銀行甚至於 5 月 25 日起禁止臺灣企業承作無本金遠匯，以遏止臺幣貶值預期心理。

　　1.股票融資角度來看：把美元當做一支股票來看，華邦電子預期「美元」漲價，所以借錢（臺幣）以 33.5 元價位買進「美元」。

　　如果我們把這融資利息成本 7.15% 扣掉原有利息收入 6 個月 LIBOR，假設利率差為 1.5%，把這 1 年期淨利息成本加進「美元」取得成本 33.5 元，即每 1「美元」的成本為 34 元。

　　1 年後，假設美元漲超過 34 元，那麼華邦就有賺頭；反之，如果跌低於 34 元，華邦就有虧損了。表 17–7 第 3 欄中便假設了屆時可能的三種價位，來說明這筆交易的盈虧。

2.從「即期賣匯,預購遠匯」(sell and buy) 角度來看:我們再提供另一個角度來看這筆交易,那就是前面所說的「即期賣匯,立即預購」的換匯交易本質,賣匯收入 33.5 元,依換利交易利率差算出的換匯點 0.5 元,也就是以 34 元預購美元。那麼其損益情況也跟表 17-7 第 2 欄無遮蓋情況一樣。

不同角度,相同損益分析方式,皆可見華邦此筆交易「避險交換」(hedging swap) 較淡,比較上是衝著賺匯差而進行的「投機交換」(speculative swap)。

㈢一個高興太早的交易

由前面分析看來,這筆換匯換利交易只是項莊舞劍,極可能是擔心臺幣匯率長期空頭走勢確立,你站在事後聰明角度,很難體會當時人心惶惶,除非翻開 1998 年 5 月下旬的《工商時報》、《經濟日報》。此筆交易的動機可能在於以即期匯率 33.5 元確定買匯成本,每年再付一些利息錢。

不過,再一次的事後聰明角度,華邦電子此筆換匯換利交易,因後來臺幣升值到 32.20 (1999 年初) 可說押寶押錯邊了,結局當然是賠了「夫人」(利差) 又折兵 (匯差)。

◆ 本章習題 ◆

1. 以一筆換匯交易來說明換匯點如何計算。

2. 以表 17–1 為基礎,比較換匯和「固定—固定」利率交換的真實交易,以分析二者是否名異實同。

3. 以表 17–2 為基礎,參考其他書刊予以補充。

4. 以一筆「固定—浮動」利率交換為例,說明其定價方式。

5. 以圖 17–1 為基礎,再找二筆臺幣「固定—固定」、美元「固定—浮動」利率交換,看看結果是不是一樣。

6. 以表 17–3 為基礎,找一筆最近交易來說明。

7. 以表 17–4 為基礎,找一筆最近交易來說明。

8. 以表 17–5 為基礎,找一筆最近交易來說明。

9. 以圖 17–3 為基礎,找一筆最近交易來說明。

10. 以表 17–7 為基礎,找一筆最近交易來說明。

第十八章

外匯保證金、選擇權和
金融創新

　　一個賭馬老手對規則和行情瞭若指掌，賭馬對他來說就像買了共同基金一樣可靠。而一個慌張又沉不住氣的投資人，老是追逐熱門股不斷買進賣出，就跟在跑馬場上盲目下注給馬鬃最漂亮，或者騎士穿紫色衣服的馬一樣危險。

　　——彼得‧林區　前美國富達投信公司哥倫布基金基金經理

學習目標：

站在財務長迄交易人員角度，如何利用選擇權、保證金交易等高槓桿交易或先進的金融創新，來量身定做匯兌避險商品（或功能）。

直接效益：

本章是採取衍生性商品規避匯兌風險的最先進方式，包括選擇權、期貨（本章以同性質的外匯保證金交易替代）和財務工程（其商品稱為金融創新），英文書籍很多，本章只花11頁，讓你勝讀多本英文書。

本章重點：

- 外匯選擇權採費率百分點報價。§18.1 一
- 零成本選擇權或區間遠匯。§18.1 二
- 外匯保證金和外匯期貨差別。§18.2 二
- 初始保證金和補繳保證金。表 18-3
- 如何利用金融創新規避匯兌風險。表 18-4
- 雙重貨幣債券。§18.3 二
- 多重幣別貸款條款。§18.3 三㈡
- （匯率）指數連結貸款本金償還設計。§18.3 四

前言：戲法人人會變，各有巧妙不同

我們把使用率較低的二種外匯衍生性商品留到最後才討論，這包括第一節的外匯選擇權、第二節的外匯保證金（臺灣沒有美元兌臺幣期貨，所以只好找個雷同的工具）。最後，我們在第三節中，說明把純粹債券 (straight bond) 加上外匯選擇權或換匯等條款，便可藉由財務工程創造可規避匯兌風險的金融創新商品；也就是把前述四種衍生性商品活用、落實在負債、權益、資產等各方面。此節僅以國際負債融資為例，你可以舉一反三；而這也跟本書第四、五共二章國際負債融資內容前後連貫，雖然相隔了十四章，看起來有點隔閡；不過還是以放在本章為宜，以求一氣呵成。

◆ 第一節　外匯選擇權

一、權利金價格跟蔬菜一樣

選擇權權利金價格主要受匯率（報酬率）「變動率」(volatility) 的影響，而這使得其很像蔬菜價格，一遇到颱風、豪雨，價格飆漲 1 倍是常有的事。以 2003 年 7 月為例，例如現價（即期匯率）34.40 元、履約價 34.20 元的 2 個月期美元買權，權利金達 1%。

二、不懂 OPM，照樣懂外匯選擇權

究竟採遠匯或外匯選擇權來避險，以避險成本最低為決策準則的話，那麼答案便很簡單，完全可以不懂選擇權定價模式，照樣可以算出划算與否。

以預購美元為例，30 天期遠匯賣出價為 34.25，此時，以 34.20 元為履約匯率的外匯買權，如果權利金（買權費率）為 0.145%，此時二種工具成本一樣，選那一種都無所謂。但是費率常高於此，由圖 18-1 可看得出，買權費率線常在一般遠匯曲線之上，難怪外匯選擇權的交易額很小了。

30 天期外匯買權

$X = 34.20$

求買權跟遠匯價平點

$$34.20(1 + C) = 34.25$$

$$C = 0.1458\%$$

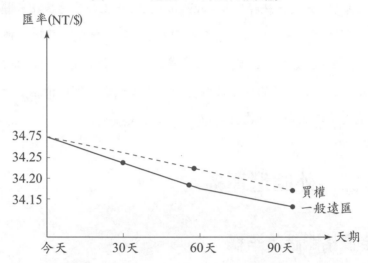

圖 18-1　遠匯 vs. 外匯買權曲線

三、零成本外匯選擇權

　　還記得我們在第十四章第六節中所說的區間遠匯嗎？在本處，我們用表 18-1 中具體的例子來說明零成本外匯選擇權的匯兌風險避險方式。由表中可見，在不同價位買進、賣出一個外匯買權，而權利金支出、收入剛好皆為契約金額（1 口 100 萬美元）的 1.5%，收支正好相抵，所以稱為「零成本選擇權」。

表 18-1　以 2003 年 7 月 21 日報價為例說明區間遠匯

履約價（美元）	1 個月期買權	權利金	報　酬
			1. 獲利時機：匯率貶破 34.10
34.10	+ （買入）	−1.5%（成本）	2. 無風險時機：匯率在 33.85～34.10
33.85	− （賣出）	+1.5%（收入）	3. 損失時機：匯率升破 33.85

註：當天即期匯率 34.50。

　　至於此種買權的投資組合策略的報酬 (pay-off) 如何？可由表 18-1 中最後一欄

看出，當臺幣匯率升破 33.85，看似該公司會出現損失，也就是它的對手可用 33.85 賣匯給該公司。但該公司卻藉由出售此買權，把買匯成本固定在 33.85 元，勉強可說跟預購遠匯的效果是一樣的。

第二節　外匯保證金

由於臺幣外匯期貨還沒推出，所以我們以一個相似的商品「外匯保證金交易」(FX margin account) 來說明，對於熟悉期貨的讀者，本節你只需看第三小節便可以了。

如果你看過報上有關此項產品的報導，九成以上皆是站在投機交易的立場，把它當做一項高槓桿的投資工具來推廣，本節則站在匯兌風險規避的立場來談。

一、央行對臺幣外匯期貨的態度

央行對開放臺幣外匯期貨的態度是：「現階段不宜實施。」在 1999 年 5 月的一場立委公聽會中，央行代表認為：

1.臺幣避險管道很多，例如遠期外匯、換匯換利、臺幣選擇權等。

2.外匯期貨只是特例，世界上只有一、二個國家開放本國貨幣供期貨避險之用，多數國家對此皆採審慎態度，例如新加坡，迄今未開放以星幣為標的的匯率期貨。

（工商時報，1999 年 5 月 14 日，第 8 版，劉佩修）

二、外匯保證金的本質

外匯保證金交易，是以外匯（存款）作為交易標的的保證金交易，同樣的，以債券為標的則稱為債券保證金交易。

保證金交易 (margin account) 顧名思義，就是繳了本金的 5% 或 10% 的保證金便算成交，這個中文譯詞翻譯得很好。

保證金交易可說是期貨的一種特例，差別之處在於：

1.金額比較小，1 口（1 個契約，跟 1 張股票的道理一樣）只需 10 萬「美元」（或等值的），以 10% 的保證金成數（即自有資金）來說，只需 1 萬美元便可買下

1 口，信用倍數為 10 倍（其實只有 9 倍）。

　　2.期貨是集中交易（像上市股票集中交易一樣），保證金則屬店頭交易。

三、只能規避臺幣貶值風險

　　外匯保證金交易投資人必須以任何一種可行外幣來保有資產，最常見情況是拿 32 萬元買 1 萬美元（最低初始保證金）開戶。由表 18-2 第 1 欄可見，這樣的行為所代表的意義便是「long 美元」或者說「short 臺幣」。

表 18-2　外匯保證金的意義和損益計算

風險曝露	第一步	第二步
一、　多 (long)　　空 (short)	美元　臺幣	美元
二、　意義（效益）	買「美元」	買「日圓」
三、　適用時機	預期美元兌臺幣會升值	預期日圓兌美元（進而兌臺幣）會升值
四、　適用對象	進口公司	從日本進口
五、　損益計算　(一)匯差 (+)　　1.買入　　2.賣出　(二)利差 (−)　　存款利率　　貸款利率	借臺幣存美元　1.525%　−4.09%	借美元存日圓　0.05%　−4.525%

　　「作多美元」這道理很簡單，因為你的外匯資產現在是美元，收入來源包括二個：匯差（可視為股票的資本利得）、美元利率（可視為股票的現金股利）。

　　「(作) 空臺幣」這句話可得說明，前述談及「1 萬美元保證金作 10 萬美元交易」，你享受的是 10 萬美元匯差、利息收入，但你只繳了 1 萬美元，剩下 9 萬美元，等於是你向銀行借臺幣去存美元存款。「空臺幣」每天表現在你必須支付臺幣的借款利率，所以說「在利率面屬於負部位」（即負債），在臺幣匯率面也是負部位。

　　由此看來，你不可能「空美元，作多臺幣」（即外幣存款以臺幣持有），也就是說外匯保證金只能作為進口公司規避美元可能升值之用，等於是先付保證金「便宜」時把美元買下。

　　至於其他幣別的風險則很容易處理，例如表 18-2 中第 2 欄第二步，你把外匯

幣別轉成日圓，例如 1 美元轉成 118 日圓，你在賭日圓會升值，例如 1 個月後變成 115，那你匯差收入（不考慮買賣價差）；日圓，（毛）月報酬率 2.54%、年（簡單報酬率）30.5%（月報酬率乘 12）。

四、以作多美元交易來說

藉由說明補繳保證金 (margin call) 和強制停損這二個名詞，來說明外匯保證金交易風險有多高，往往 1、2 週就可以讓你「玩完了」(game over)。

由表 18–3 可見，最常見的補繳保證金時是當你賠 30% 時，而未去補繳保證金，而損失達 50% 時便被銀行強制停損（被迫出局，清算殘值）。由表 18–3 可見，由於保證金交易屬於高槓桿交易，這性質如同雙刃劍，賺錢時標的證券報酬率乘上信用倍數，例如美元（兌臺幣）升值 1%，在信用倍數 10 倍的外匯保證金交易，投資人毛報酬率 10%（還得扣掉掛單費用 3 點、利差）。

表 18–3　認識補繳保證金和強制停損

	補繳保證金		強制停損	
	賠 30%	（收入）匯率	賠 50%	（收入）匯率
一、成本 1 美元：34.50 臺幣 二、信用倍數				
1. 10 倍	3%	33.465	5%	32.775
2. 20 倍	1.5%	33.98	2.5%	33.6375

由表 18–3 來看，這是最常見的「long 美元，short 臺幣」的交易，把「美元」看成一支股票，在 34.50 元時買入，預期它會「漲」（對臺幣升值）。但是如果事與願違，不漲反跌呢？在 10、20 倍二種信用倍數情況下，可見美元跌到什麼價位，你就得補繳保證金。以其中信用倍數 20 倍來說，美元跌到 33.9825 元，看起來比 34.50 元只跌了 1.5%，但再乘上 20 倍，投資人便損失了 30%，即原 1 萬美元的初始保證金現在只剩 7,000 美元。此時銀行會電話通知你補繳 3,000 美元維持保證金 (maintenance margin)，以恢復初始保證金水準。

要是你不理會銀行的補繳通知，美元跌到 33.6375 元時，你已損失 50%，此時銀行自動在此價位停止你的交易，而你的初始保證金只剩 5,000 美元，扣掉下單費

3 點，只剩 4,997 美元。

由此可見，保證金交易屬於高風險投資——風險倍數約為臺股的 10 倍。如果有外匯經紀人告訴你它是「低風險，高報酬」的投資，這句話本身已不符合投資原理了！

五、承作銀行和交易規定

由於外匯保證金具有「高風險，高報酬」性質，而且就臺幣而言，避險以能僅屬單行道（第二段所述僅能作多美元），所以避險功能有限；這些皆使得很多銀行不願意開辦此項業務，以免客戶「高空走鋼索」不慎受傷而怪罪銀行「開賭場」。所以實際承作外匯保證金交易的銀行不到三分之一。

六、將開放代操

為解決地下代操公司引起的糾紛和擴大外匯交易量，央行外匯局和財政部證期會 2003 年 4 月 11 日召集萬通、花旗、中信三家銀行，跟投信投顧公會、信託公會、外匯發展基金會等，討論是否開放外匯保證金交易的代操業務。與會業者表示，會中確定開放對象的先後次序，以銀行和信託業優先，再擴及投信投顧業者和其他相關金融機構，開放時間則未定。將先請外匯發展基金會規劃相關細節，訂出清楚的規範，包括代操者和客戶之間的權利義務關係，及保護三方（銀行、代操者及客戶）的契約，再研擬開放時程。

銀行業者表示，僅有少部分銀行針對一般投資人做外匯保證金交易，如果開放銀行和信託業可代操，將可擴增銀行的業務範圍，並將有更多銀行開辦外匯保證金交易，整體外匯交易量可因而增加 1 倍以上。

萬通銀行財務部協理林清風表示，如果開放外匯保證金業務代操，將可新增民眾投資管道，經由專業機構判斷行情代為操作，而且受到政府監督保護，免去以往透過地下金融代操的風險。(經濟日報，2003 年 4 月 12 日，第 2 版，黃又怡)

2003 年 7 月底，央行將開放銀行承辦代操臺幣以外的第三貨幣保證金業務。(經濟日報，2003 年 7 月 21 日，第 7 版，黃又怡、溥沁怡)

七、風險預告書

以前要進六福村野生動物園時，遊客必須簽署一份「生死自己負責」的切結書，高空彈跳等高危險運動也是一樣；金融投資中高危險遊戲的期貨、保證金交易，投資人跟交易商間至少須簽署下列二項：

1. 契約書。
2. 風險預告書。

這文件告訴你現在絕不是處於動物園中的可愛動物區，也不是草食動物區，而是處於肉食動物區。以外匯保證金交易來說，銀行同業公會 1999 年實施「風險預告書標準範本」，以供投資人完全清楚自己「明知山有虎，偏往虎山行」的風險。

八、小心地下外匯經紀公司

1998 年 5 月，一群投資人抬棺到總統府前陳情，表示寶利集團以「每月 2.5% 保證報酬率為幌子，詐騙 50 億元」。

1980 年代末期的金融詐騙方式為地下投資公司（如鴻源、龍翔），1990 年代初期為股友社，1990 年代末期則為地下外匯經紀公司；這些公司普遍外型如下：

1. 以港商、新加坡商為幌子，公司名稱大抵為財務或企管顧問公司，掛著經濟部公司執照、營利事業登記證。

2. 頂多打一、二家香港、新加坡的銀行名號，你打電話去詢問，大抵皆透過電話轉接方式轉到大陸去，專人裝腔回答，讓你信以為真「你的交易真的有下單到國外銀行」。

3. 絕大部分請兩位「漂亮妹妹」到處拓展業務。

4. 聯合帳戶 (joint account) 統一代客操作，例如強調透過低風險的套匯方式獲利，保證保本九成，強調 1 年報酬率至少 20%。(經濟日報，1998 年 12 月 5 日，第 5 版，傳沁怡)

5. 保證收益率，例如前述寶利集團，每月報酬率 2.5%，先入到投資人帳上，並透過類似老鼠會方式擴充。

外匯保證金業務只有臺灣的外匯銀行才可以開辦，而且禁止以聯合帳戶等方式

代客操作。縱使投資人在外匯銀行的國外分行開戶,也不得由臺灣的分行代為辦理。

這類外匯「金光黨」主攻中南部,因為這邊的人對這類金融商品比較陌生。

不少網站以浮誇的宣傳手法向散戶鼓吹炒作外匯,造成財政部金融局大困擾,再加上業者鑽法律漏洞,更增添管理上的死角。

許多從事外匯交易的網站以聳動的手法宣稱外匯交易獲利豐厚,而且不會面臨空頭市場的問題,並指出炒匯已不再屬於法人機構的專利。為了吸引客戶,炒匯網站宣傳手法五花八門,有些甚至嚴重誤導散戶,譬如某個網站指稱主要銀行的獲利,有四至六成來自外匯交易,同時這些銀行決定在 2020 年時結束貸款業務,以換匯作為主要的營收來源。(工商時報,1999 年 6 月 1 日,第 6 版,林正峰)

◆ 第三節　金融創新商品

許多金融創新產品的推出,都是衝著規避匯兌風險而來的,這些商品主要的都是基本證券附加選擇權或資產交換,藉由財務工程來推陳出新,不過這並不是本節重點。

鑑於運用此方面的公司很少,所以本書只用一節來討論此進階程度的主題。

一、一次看最多

一般書刊討論金融創新商品常是對一棵樹品頭論足,但是讀者常常因此因木失林。我們僅以表 18-4 作個有關匯兌風險管理導向的金融創新商品,並以資產負債表為經緯來分類。表中資產、負債類的金融商品是對稱的,負債面是站在舉債公司(例如雙重貨幣債券的發行公司)立場,資產面是站在投資人的立場(例如把部分資金存入雙重貨幣存款)。

節省篇幅的寫作方式其實只須寫一邊就可以了,另一邊可讓你舉一反三。

二、雙重貨幣債券

例如發行國際債券「以美元還本,以歐元還息」,雙重貨幣債券對發行公司的好處之一在於多個還本還息的通貨選擇,以降低單一貨幣的特定風險,這跟買一籃

表 18-4　具規避匯兌風險功能的金融創新商品

資產負債表

資產	負債*
1. 雙重貨幣存款 (dual currency deposit)	1. 雙重貨幣債券 (dual currency bond)
2. 連結美元匯率的臺幣存款	2. 附外匯認購權證債券 (bond with currency warrants)
3. (連結金融指數的) 組合式外幣存款 (structured deposit)，例如 1998 年 9 月花旗銀行推出的跟歐元連結的保本型美元定存，主要是把定存利息收入去買歐元買權，想賺歐元升值的匯兌利得	3. 指數型外匯選擇權債券 (indexed currency option notes)： (1)跟利率上限、下限性質類似，但卻是指還本時匯率上限、下限的「天堂和地獄債券」(heaven and hell bonds) (2)逆向雙重貨幣債券 (reverse dual currency notes) (3)duet 債券，連利息支付都以本國通貨（如臺幣）和計價貨幣（如美元）的匯率連結公式而浮動

* 整理自 Antl, Boris, *Management of Currency Risk*, Vol. II, Euromoney Publications, 1999, pp. 27-38.

子股票來降低單一股票的特定風險是一樣的道理。

此債券背後的財務工程原理便是表 17-2 中所指「定期定額交換」(amortizing currency swap)，這是指把原美元計價利息定期換匯成歐元計價利息，但是開始時美元本金並沒有換匯。

債券承銷商和投資人在評估此類債券價格時仍採第十七章的換匯的評估方式。

三、附外匯選擇權債券

上述雙重貨幣債券對投資人彈性比較少，這是因為資產交換本身僵硬特性；如果想靈活一些，那就試試附外匯認購權證債券 (bond with currency warrants)，先看二個例子。

㈠降低融資成本考量

某德國銀行發行 4 億歐元債券，為吸引國際投資人購買，內附（搭贈）一個美元買權，債券投資人可於執行期間內依履約價把銀行支付的本息轉成美元。

由圖 18-2 可見，給予投資人美元買權，將使得該發行公司增加美元風險部位，

因此事先已買進同額同期間的美元買權，把這風險部位軋平掉。

圖 18-2　軋平他幣風險部位作法

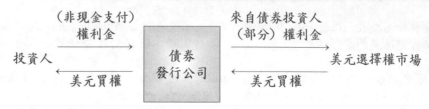

發行公司發行「附外匯認股權證債券」，例如：

4 億歐元債券 + 外匯選擇權

票面利率　2.52%

發行日期　2003.5.1

到期期限　2008.4.30

有關外匯認購權證部分：

履約價 (strike exchange rate)　1 歐元：1.1 美元

即期匯率　1 歐元：1.1 美元

有效期間　2003.5.15～2004.9.15

這個外匯認購權證跟轉換公司債的精神一模一樣，只是轉換標的不同罷了。發行公司給予投資人一個甜頭，以換取債券利率降低，減輕債息負擔。

依本例來證，一般同等級歐元債券平價發行時票面利率 4%，本例只有 2.52%，但加計美元買權權利金支出 0.4%，共計 2.92%，但是至少動點巧思便可降低融資利率 1.08 個百分點。

債息節省之處，部分來自於批發價買進美元買權，再以零售價轉「賣」給投資人，但是投資人並未付現，而是以降低所要求的債券票面利率來作抵消。此外，更何況許多小額投資人（假設 1 張債券 10 萬歐元、1 口美元買權 50 萬美元）無力負擔美元買權，應了「給別人方便就是給自己方便」的道理！

⒝降低匯兌風險考量

許多多幣別貸款，無異在單一貨幣（如美元）加上其他幣別的買權，也就是在歐洲貸款契約中加上「多種幣別條款」(multi-currency clause)，借款公司可在轉期

日 (rollover date)，轉換貸款計價幣別。

例如 1998 年東榮電信公司跟銀行簽約的美元短期票券循環信用融資工具，便內附外幣貸款選擇權，以便在臺幣升值前把貸款轉換成臺幣計價，減輕匯兌損失。

四、指數型外匯選擇權債券

前述附外匯選擇權債券是固定某一段期間，我們再來看一個指數型外匯選擇權債券。

例如你在日本公司發行 10 年期美元債券 1.2 億美元，由於擔心 10 年後還本時日圓大跌，以致蒙受巨大損失，於是對還本時價格採取下列計算方式。

這例子便是日本發行公司向投資人以 130 日圓兌 1 美元的履約價格，買了一個 10 年期的歐式買權，以把屆期日圓貶值風險移轉給投資人。

當然這樣的債券很難賣，主辦承銷商只好先把這還本可能的匯兌風險擺平掉，例如跟日本某銀行作一個 10 年期的「美元兌日圓」換匯。回過頭來，再把這換匯成本灌回來到此債券的票面利息上。其實轉了一圈，羊毛出在羊身上，還是由這日本發行公司負擔了此美元買權（部分）成本，因為由主辦承銷商來作可能更便宜，並且把大部分成本節省回饋給此日本公司。

還本時債券贖回價格 (redemption amount)：

$$R = 1.2 \text{ 億美元} \times \left[1 + \frac{e_m - 130}{e_m} \right]$$

即期匯率：1 美元：118 日圓

e_m：債券還本日的美元兌日圓匯率

R (redemption amount)：贖回價格

當 $e_m < 130$，例如 140，則代入上式

R = 1.1143 億美元

◆ 本章習題 ◆

1. 比較外匯期貨跟保證金有何異同。

2. 以圖 18-1 為基準，把最近一天的外匯選擇權行情表資料轉成本圖。

3. 以表 18-1 為基礎，來說明區間遠匯。

4. 作表整理幾家銀行外匯保證金的交易條件。

5. 外匯保證金能規避臺幣升值風險嗎？

6. 以表 18-2 為基礎，舉最近例子來說明。

7. 以表 18-3 為基礎，把台新銀的外匯保證金交易規定的實際數字例子寫出來。

8. 找一個最近的地下外匯經紀公司被起訴的報導，看看其伎倆。

9. 很多連動型債券都採雙重貨幣債券性質，舉一個具體例子來分析。

10. 舉一個真實例子來說明指數型外匯選擇權債券。

第十九章

避險交易的內部控制

我賣出股票的三個因素：第一，我發現了一支更好的股票。第二，我買入的股票是基於某些理由，這個理由已經改變了。第三，股價漲到超過合理價位時。

——安東尼・柏頓　基金經理

學習目標:

站在董事長、監察人、總稽核和財務長角度來看如何落實外匯避險交易的內控制度,並
且怎樣評估財務人員避險操作的績效。

直接效益:

上市公司「如何掩飾匯兌損失」秘密大公開。

本章重點:

· 外匯避險交易內控制度只是整個公司金融交易內控制度的一環。§19.1 二
· 外商銀行水準的金融交易內控制度。§19.1 三
· 不管採取「先進先出」、「後進先出」法來評定外匯交易的盈虧,合計以後的數字不因
  合計方法而有不同。表 19-3
· 外匯投資、避險交易月報表。表 19-5
· 各級人員對上一級主管報告頻率。表 19-6

前言：不聽老人言，吃虧在眼前

2003 年 3 月 4 日，投資大亨巴菲特 2003 年致函股東的信提前披露。他在信中特別對衍生性金融商品的交易風險提出嚴重警告，並將該類商品比喻為金融市場的不定時炸彈與大規模毀滅性武器，指其容易造假、風險難估，且易滋生系統性災難。

巴菲特直言批評衍生性金融商品為不定時炸彈，交易者和經濟體系同受其威脅。這些金融工具期約在未來某一日期履行，履約所需的金額是對照一或數種參考指標，譬如利率、股價或幣值等。舉例來說，如果作多或放空標準普爾 500 指數期貨，盈虧就根據該指數的波動而定，這屬於非常簡明的衍生性商品交易。但是困難點在於衍生性金融商品合約的種類和履約期限繁多（可多達 20 年，甚至更長），其價值也經常是根據多種變數來決定，導致風險和投資價值難以合理估計。

在風險和投資價值難以估計的背景下，巴菲特認為容易促生作假帳的弊端，因為交易者的盈虧，理應根據市場波動，但這些市場可能根本不存在，因此盈虧便根據理論模型來實現，此結果勢將造成嚴重危害。

信用問題也是一大困擾，除非衍生性金融商品契約獲得擔保，否則它們的最終價值還得視交易對手的信用能力而定。另一層面來看，在契約平倉前，交易雙方在財報中見不到一分錢的交易盈虧紀錄，但契約期間的未實現盈虧卻可能相當大，這意味衍生性商品契約所潛藏的衝擊，可能讓企業在一夕間爆發難以想像的重大虧損。

衍生性金融商品的另一問題在於契約效應可能因企業碰上其他麻煩而擴大，譬如若企業債信遭降等，而契約規定企業債信降等時必須補提擔保品或保證金，則企業將面臨更大麻煩。債信遭降等顯示企業面臨短期困境，契約要求補提保證金將使企業陷入流動性危機，進而醞成惡性循環。（工商時報，2003 年 3 月 5 日，第 1 版，林正峰）

匯兌風險避險、外匯投資等一如企業本業營運，其成果須攤在陽光下，不須遮遮掩掩，終究醜媳婦還是得見公婆，躲得了今天，也躲不了明天，既知如此，那就真實反映，誠如港星劉嘉玲在化粧品廣告走紅的廣告詞：「你可以再靠近一點。」

同樣的，在本章中我們說明避險交易的控制，在第一節中，外匯操作內控制度偏重事前防範於未然（尤其是人員舞弊）、交易中的避免出錯（例如超買、超賣等錯帳情況）。在第二節避險績效報告和回饋修正則偏重於事後的績效評估和行為修正。跟一般教科書

不一樣的，在這裡他們所談的「避險效果」，但那並不是企管中所強調的控制功能，而是當出現循跡誤差時所作的風險修正，這個在第十三章第八節中已詳細討論過了。

◆ 第一節　外匯交易內部控制制度的執行

內部控制制度在執行時具體的落實便是「投資風險管理準則」，以作為投資、稽核部的標準作業程序。在研擬準則時，須考慮內外因素，詳細說明於下。

一、外部法令限制

在設計內部控制制度的作業程序時，對於外部法令應視為最低標準。由表 19-1 可看出國內外管理機構對業者從事衍生性商品交易之風險管理的規範。

表 19-1　國內外主管機關對衍生性商品交易的風險管理規範

	財政部（證期會）	中央銀行
國際清算銀行 (BIS)	1998 年 7 月「衍生性金融商品風險管理方針」	
美國	財政部與各州和地方政府合作「安全投資指導方針」	美國會計檢查署 (GAO)
臺灣	1995 年 3 月「銀行辦理金融衍生性商品業務應注意事項」、1995 年 4 月「上市、上櫃公司衍生性商品交易處理要點」	

根據華南銀行的研究，這些不同國家、機構的指導原則，其實大同小異；可用財政部頒行的「銀行辦理金融衍生性商品業務應注意事項」來加以說明。

(一)經營階層的職責

銀行董事會對其銀行辦理金融衍生性商品業務，應本下列原則加以監督管理：

1.銀行辦理衍生性商品交易，應先評估其風險和效益，並訂定經營策略和作業準則，報董事會核准後施行，修訂時也是一樣。重大業務變動或從事新的衍生性業務，需經過董事會核准。

2.董事會應定期評估本項業務之績效，是否符合既定的經營策略，及承擔的風

險是否在銀行容許承受的範圍。

㈡作業準則的內容

    1. 業務原則與方針。

    2. 業務流程。

    3. 內部控制制度。

    4. 定期評估方式。

    5. 會計處理方式。

    6. 內部稽核制度。

㈢風險管理措施

    1. 風險管理應包含信用、市場、流動性、作業和法律等風險管理。

    2. 銀行辦理金融衍生性商品業務的交易和交割人員，不得互相兼任，然其有關風險的衡量、監督和控制，應指定專人負責。

    3. 銀行辦理該業務所持有的交易性部位，依每日市價評估為原則，惟至少每週評估一次。要是銀行本身業務需要辦理的避險性交易，至少每月應評估一次，其評估報告應呈董事會授權的高階主管。

    4. 負責風險管理的高階主管如果認為市場評估報告有異常時，應立即向董事會報告，並採取必要的因應措施。

二、企業內規

如同證期會要求上市公司須揭露並遵循其「取得或處分資產處理程序」、「背書保證作業辦法」、「資金貸款與他人作業程序」一樣。證期會頒行的「衍生性商品交易處理要點」也要求上市公司應訂定「從事衍生性商品交易處理程序」。

同樣的，我們也建議未上市公司遵循證期會的處理要點制定內規，以收「取法其上，僅得其中」的效果。

三、風險管理準則的重要內容

㈠工具選擇

以避險目的來說，宜盡量採用簡單的衍生性商品，例如採取外匯選擇權便可達

到匯兌避險的功能，而且在到期前還可以進行落袋為案（或少賠為贏）的平倉操作，毋須採取複雜的外匯期貨，因為比較複雜的工具其風險可能不易被投資人充分認識，新手上路難免跌跌撞撞以致發生操作風險，反倒弄巧成拙。

㈡部位限制

在公司內控制度中的財務子系統中，針對各層級人員外匯交易部位上限皆會明訂出來，財務部、稽核部、往來銀行（外匯交易室）皆有一份，詳見表 19-2。

表 19-2　各級人員交易部位上限舉例

單位：萬美元

層　級	遠　匯
財務長	500
交易經理	300
交易襄理	200
交易員	100

稽核部每月對財務部進行稽核，這是重要稽核項目之一。

對交易風險控制嚴格的銀行，也會對客戶各級人員的交易部位上限嚴加控制，這當然是公司稽核部最喜歡的交易對象，因為已經是過程稽核，不是出了事再來看怎樣亡羊補牢的結果稽核。

不同職級的人應有不同金額的部位限額，為了避免像電影「超級營業員」男主角擅自擴充額度以求一夜致富的情事發生，因此公司宜跟金融經紀商簽約，且經紀商交易員明瞭公司各級人員的權限 (credit authorizations)，以免公司投資人員有意或不小心「玩過了頭」，此種方式無異把經紀商作為公司外面的部位控制員。

㈢時間限制

除了工具種類、部位（金額限制）外，時間限制也是很重要的風險管理項目。其一是持有的期間，持有期間越長越容易夜長夢多，以中央信託局來說，進行選擇權的投資交易，持有期間以不超過 5 日，可說是當週軋平！其二是投資對象的存續期間不要太長，存續期間太長的工具其價格波動性較大。因此，與其進行一個 2 年期的換匯，還不如以二個 1 年期的期貨或選擇權滾期操作來達到同樣目的。

㈣資訊彙報

交易部本來就應該自行進行風險測度，以決定進行連續或不連續避險。然而風險管理部也應獨立計算各項交易目前的風險狀態，為了避免重複計算，風險衡量的工作可由風險管理部來擔任，每日把結果知會交易部。

由於衍生性商品交易皆屬「財務報表外交易」，頂多只有在資產負債表附註中加以說明。然而針對董事會進行策略管理來說，財務報表的附註說明已嫌不足，經過內部管理會計或風險管理部所作的風險評估報告，皆應例行性的呈現給董事會，以供評估交易部所呈報的交易明細報告之用。

透過便捷的電腦網路，全球企業各子公司的衍生性商品的風險衡量現狀，當天（或次日）便可呈現在地區或全球總部的稽核、決策人員電腦上，以利上級進行即時的風險控制。

㈤資訊揭露

上述資訊彙報偏向於公司內部的資訊流程，至於外部的資訊揭露，在證期會頒佈的「上市、上櫃公司衍生性商品交易處理要點」中有關公告申報的程序：企業在簽訂衍生性商品總協定書時，要在簽約日3天內公告申報契約重要內容；在簽訂個別的衍生性交易契約時，則在簽約日或成交日2天內公告申報契約主要內容。包括：契約、名稱、簽約日期、主要內容、董事會決議通過日期和從事本契約的損失上限金額等。

此外，應按月把截至上月底未平倉交易契約總金額、市價評估淨損益，及上月已平倉或交割的交易契約總金額，已實現損益等資料，併同每月營運情形辦理公告，並檢附月報表向證期會申報。

最後，內部稽核人員應做成稽核報告併同內部稽核作業年度查核計畫執行情形，在第二年2月底前申報證期會，並且最遲在第二年5月底前把異常事項改善情形申報證期會備查。

◆ 第二節　投資績效報告和回饋修正

投資控制的最後一步驟為投資績效報告 (reporting) 和回饋修正。

上市公司的投資績效報告可分為內部、外部報告二種。

1.外部報告（俗稱揭露）：公開發行公司金融投資除了年報、季報等定期報告外，額外還須遵循下列規定。

(1)重大訊息揭露。

(2)「公開發行公司取得或處分資產處理要點」規定，當買入或賣出同一有價證券累積金額達公司資本額 20% 或 1 億元以上者，都必須在交易後 2 天內向證期會申報並發報公告。

(3)1996 年 7 月實施的「公開發行公司從事衍生性商品交易處理要點」。

2.外部報告。

一、投資目的的外匯交易的損益計算

不論是投資性、避險性進行的外匯交易，其匯兌損益的計算跟股資一樣，大都採取「先進先出法」，頂多採平均成本法。以表 19-3 上的投資目的外匯交易來說，不同成本計價方式，每筆賣匯的匯兌損益金額也各不相同；合計的來說，則是相同。

表 19-3　不同會計方法下匯兌損益計算

時間	買　進		賣　出		獲　利	
	價	量	價	量	先進先出	加權平均
2003.1.1	34.60	50				
2.1	34.65	50				
3.1			34.70	50	50,000	100,000
4.1			34.70	50	25,000	−25,000

二、對外不要粉飾太平

有些公司因金融投資虧損，為了避免東窗事發而對股價不利，因此遮遮掩掩的。在 1998 年 4、5 月時，由於 1997 年臺幣重貶，不少上市公司匯兌損失很大，有些甚至因此由盈轉虧。少數公司為了美化帳面，因此採取表 19-4 的一些窗飾財報的作法。

由表中第 2 欄可見，企業採取一些遮醜的作法，首先要能通過簽證會計師這一關，縱使過關，還得過中央銀行、證交所、證期會等關卡。像 1998 年 5 月遠東航

表 19-4 公司掩飾匯兌損失的手法和政府反制措施

管　道	企業手法	政府反制措施
無本金交割	1. NDF 到期時，不交割在原匯兌損失上繼續拗下去，以免匯兌損失實現 2. NDF 屆期發生虧損，改成向銀行借款，由付利息方式把差價償還給銀行	1. 同下，因此幾乎沒有銀行會讓客戶把 NDF 展期 2. 中央銀行重申 NDF 交易到期時須以淨額交割，否則客戶、銀行皆須被罰
換匯換利	例如本來以 28 元匯率舉債 1 億美元，當臺幣貶值到 33 元，共計有 5 億元的匯兌損失。該公司跟銀行約定，以 30 元匯率換匯，透過支付銀行較高利息，把部分匯兌損失遮掩過去	
售後租回	公司借美元買設備，但為遮掩臺幣貶值所造成的匯兌損失，所以把設備賣給租賃公司，得款償還美元貸款，當年免認列美元貸款匯兌損失	1998 年 5 月 14 日證期會退回遠東航空增資案，原因之一為未列明售後租回飛機的原因，合計處理方式和其交易行為

資料來源：一半整理自傅沁怡、王美雅，〈掩飾匯損，上市公司出招美化帳面〉，經濟日報，1998 年 4 月 9 日，第 5 版。小部分來自郭奕伶，〈企業利用換匯換利隱藏匯兌虧損〉，工商時報，1998 年 1 月 12 日，第 3 版。

空公司現金增資被退件，承銷商也被扣點，結果是兩敗俱傷。

㈠水能載舟，但也可以覆舟

透過資產交易來適度使盈餘平穩，應屬正常；但透過窗飾來達到同樣效果則不足為訓。此外，醜媳婦難免要見公婆，長痛不如短痛；不應該那麼在意帳面上匯兌損失，識貨的機構投資人知道臺幣匯率長期還是看升的，到時帳上匯兌損失自然減少，甚至還可能出現匯兌利得呢！熟練的投資人關切的是公司正常盈虧，而不是營業外、非例行性的盈虧，經營公司宜務本，股價要看長期；想通了，自然也不會用「偷吃步」；否則一旦東窗事發，被冠上「狼來了的小孩」的壞名，反倒因小失大。

㈡ 2003 年 5 月，研華的重大匯損

跨國企業外匯操作導致重大虧損案件，在臺灣翻版上演！研華 (2395) 因操作歐元匯率失利，衍生重大匯損風險，並在耳語連日重創股價後，董事長劉克振 2003 年 5 月 29 日收盤後終於對員工及股東承認的確面臨潛在匯兌損失，首開上市公司發函承認匯損先例。

5 月 26 日股市傳出研華因放空歐元，在歐元近期持續升值後，面臨數億元匯

兌損失；公司出面澄清，2003 年第一季實際匯兌損失僅有 1,900 萬元、4 月 900 萬元，截至 4 月底匯損僅 2,800 萬元。但是投資人根據研華首季財報，以及近期歐元走勢判斷，認為不可盡信，29 日股價再跳空跌停，全案正式浮出檯面，詳見圖 19–1。

圖 19–1　研華股價走勢圖

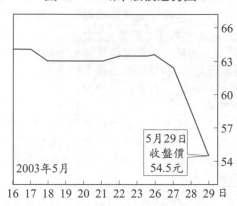

劉克振致函全體股東和員工，承認由於外匯避險作業的管理失誤，加上近來歐元匯率的意外暴漲，研華承受了大額的潛在匯兌損失。該公司營收有八成為外幣收益，長期以來一直積極操作外幣避險，此次因部位調節過當，截至第一季未實現的匯兌損益高達 3.4 億元，除了將會實現損失外，對於將來的匯兌操作，也會以遠期外匯為主要鎖定工具，採取保守原則。(工商時報，2003 年 5 月 30 日，第 4 版，周志威)

三、對內防止一手遮天

有些公司想騙外界，另一方面也必須提防像 1996 年 10 月日本住友商社前非鐵金屬部經理濱中泰男違反公司授權，暗中進行銅期貨交易以致造成 26 億美元的損失。承審法官指他「不擇手段的隱藏」銅期貨交易虧損，甚至他還詐騙住友 7.7 億美元來補漏洞。(經濟日報，1998 年 3 月 27 日，第 9 版，戚瑞國)

別人的故事是否會發生在你身上？可不要太有自信，尤其是衍生性金融商品交易，連不少金融機構都嚴重欠缺風險分析師，甚至稽核部也缺才；那就更不用說一般公司和會計師事務所了。一旦連財務長、稽核人員都似懂非懂，就讓小鬼有做鬼做怪的機會了。

有些公司掂掂今年盈餘已夠好看,便透過換匯換利等方式把匯兌利得延到下一年實現。(經濟日報,1998 年 5 月 8 日,第 4 版,傅沁怡)

公司曉得要隱藏、調節盈餘,難道投資人員就不知道?所以隨著公司投資金額愈來愈大,交易工具愈來愈複雜,如何避免投資人員一手遮天,這個問題可不能等閒視之。

投資人員為了美化帳面,可能在期末(如月底、季底、年底)之前便採取攤平法以減少損失,或是控制盈餘的時機和金額,後者稱為「投機性投資」(opportunistic investments)。

為了拆穿這種玩數字遊戲的作法以還投資績效真面目,美國銀行公會 1968 年頒佈的公報中,便要求同業採用「時間加權報酬率」(time-weighted rate of return) 來衡量投資人員的績效。雖然這方法普及性很高,但一些專家如 Tierney & Bailey (1997) 仍主張宜採取內部報酬率 (IRR) 來取代時間加權報酬率,前者代表所有投資金額的平均成長率,後者僅代表每一筆投資金額的成長率。

四、目標達成和行為修正

金融避險的績效每天都看得到,平常部門內便常檢討沒有達成目標的原因,以修正操作策略,甚至換人作作看。整個公司應有更綿密的內部報告系統,以讓總經理、董事長定期瞭解投資績效、風險水準。

㈠缺口分析

假設公司外匯投資組合的部位為 1 億美元,也就是臺幣升值 1 元,匯兌損失 1 億元。

那麼財務主管在做風險部位控制時,便應該在日報表上「外匯部位」一欄,瞭解實際外匯部位的數值是否高於目標值。如果答案為「是的」,則採取例外管理,責成外匯交易員調整外匯部位,例如預售以降低外匯部位。

這個道理跟股票投資組合的風險控制是一樣的,以財務長每個月呈給董事長的投資月報表為例,董事長看了表 19-5,大概就知道投資交易是否在安全範圍內,有沒有達到獲利目標,這跟看採購、生產和營業月報表的原理是相通的。

表 19-5　外匯投資、避險交易月報表

單位：萬美元

	(1) 實際	(2) 預算值	(3)=(1)-(2) 差　異	批示
一、資金運用	180	200	-20	
二、報酬率 ㈠本月報酬率 　1.實現 　2.未實現 ㈡累積至本月 　1.實現 　2.未實現		80		
三、匯兌風險曝露（未來 3 個月） ㈠淨外匯部位 ㈡避險措施	100	80	20	

㈡報告的頻率

投資績效回饋控制期間，視組織層級而定，詳見表 19-6。在資訊系統發展完整的公司，高階主管在企業內網路的電腦螢幕上，便可以看到截至當天的上市交易證券的投資報酬率，至於匯率、利率等則需交易人員作主檔資料更新的動作。

表 19-6　部屬對上一級主管呈報報表的頻率

組織層級	報表頻率
董事長或 總經理	月報表
財務長	週報表
投資經理 交易員	日報表

㈢投資管理循環生生不息

透過投資績效的正確衡量、即時報告，進而回饋以檢討投資目標，策略或是修正投資人員的行為包括用人、獎賞和組織設計。

公司投資也跟公司本業的管理循環一樣，長期績效要好，沒有捷徑，惟有切實落實管理循環的每個環節。

個案: 外匯交易員虧損 6.9 億美元——羅斯納克遭判刑 7 年半,緩刑 5 年

前 Allfirst 銀行的明星外匯交易員羅斯納克 (John Rusnak),因隱藏鉅額匯率操作失利,導致公司損失達 6.9 億美元,2003 年 1 月 17 日被判刑 7 年半,且終生不得再進入美國聯邦存保體系的銀行工作。

1965 年次的羅斯納克,在 1997 到 2001 年期間,因外匯投資失利,主要為日圓,卻一再欺瞞上級,先把它掩飾為獲利,再企圖藉由更大筆的操作來扳回,結果愈陷愈深,造成銀行嚴重虧損 6.91 億美元,幾乎等同於 1995 年惡棍交易員李森搞垮霸菱銀行的翻版。

羅斯納克隱藏交易虧損的事件在 2002 年 2 月東窗事發,6 月遭起訴,他所面臨的刑責最高可達 30 年有期徒刑,不過他跟檢方在庭外協商達成認罪協議,以判刑 7 年半,緩刑 5 年結案。緩刑期間,羅斯納克每月必須償還 1,000 美元。

羅斯納克在判決後平靜地指出:「我對我的作為感到非常抱歉,我將接受此判決並以餘生來贖罪。」在羅斯納克的懺悔詞之後,旁聽席上的 Allfirst 資深副總裁魏斯卻當庭咆哮,斥責羅斯納克無以贖罪,且對其行為毫無悔意。Allfirst 因羅斯納克的詐欺行為造成公司財務體質持續惡化,並裁員數百人。

儘管遭判刑,羅斯納克仍需負責償還該銀行 6.91 億美元,不過檢方指出,實際償還的金額,必須視羅斯納克的所得狀況,如果羅斯納克將此故事的版權賣給書商或電影商,或許可以籌得一筆大錢。

檢方指出,羅斯納克並沒有從這重大事件中直接獲利,不過在隱藏虧損的 5 年間,他因「投資得宜」獲得公司發給 43.3 萬美元的獎金。

受到此事件衝擊,Allfirst 母公司聯合愛爾蘭銀行於 2002 年 9 月宣佈以 31 億美元的價格,將該子公司賣給水牛城的 M&T 銀行,該交易案預計在 2003 年 3 月完成。在本案中,Allfirst 總共必須裁員 1,132 人。Allfirst 因交易員隱瞞外匯操作重大虧損,最終導致公司遭同業併購,此故事一如李森事件的翻版。(經濟日報,2003 年 1 月 19 日,第 2 版,林正峰)

◆ 本章習題 ◆

1. 請（上網）去找出一份外匯交易弊案的彙總表，分析究竟是人謀不臧還是公司管理不當。

2. 請找出中信銀等優秀銀行的（外匯）衍生性商品的內控制度，分析其達到什麼水準。（即臺灣證期會或國際清算銀行）

3. 承上，分析其作業準則，尤其著重於如何管理信用、市場、流動性、作業和法律風險。

4. 以表 19-2 為基礎，找出一家銀行或上市公司的實際例子。

5. 分析台積電的財報附註，針對匯兌風險其採取簡單還是複雜避險，為什麼？

6. 找一家公司向證期會申報的衍生性商品交易月報表，分析其是否符合「知無不言」的透明揭露原則。

7. 你比較支持表 19-3 中的那種獲利計算方式？為什麼？

8. 以表 19-4 為基礎，看看你能不能找到一家公司採取掩飾外匯交易虧損的案例。

9. 以表 19-6 為基礎，找一個具體案例（即公司）來分析。

10. 請再找一個跟本章個案相似的外匯交易弊案，分析弊案前因後果。

附　錄

遠匯、換匯、利率交換的參考利率──以 2003 年 7 月 22 日為例

一、遠期匯率	30 天期　次級市場	
	買進	賣出
臺幣利率	CP_2 買入	CP_2 賣出
	1.05%	0.80%
美元利率	放款利率	存款利率
	2.60%	0.60%
二、換匯交易 臺幣利率 美元利率	同上	
三、臺幣對臺幣利率交換 1.浮動利率 2.固定利率	90 天期 CP_2 次級市場中價利率	

參考文獻

1. 中文依出版時間先後次序排列。

2. 中文報紙的引用於內文中該段末以括弧方式註明出來。

3. 本書以 1998 年 1 月以後文獻為主。

4. 為了節省篇幅，論文的卷、期別不列，只列年月。

5. 有打 * 的論文，是我們推薦可作為碩士班上課的教材。

6. 本書經常引用的國外期刊及其簡寫如下：

FM: *Financial Management*（《財務管理》）

HBR: *Harvard Business Review*（《哈佛商業評論》）

FAJ: *Financial Analyst Journal*（《財務分析師期刊》）

JF: *Journal of Finance*（《財務期刊》）

JFE: *Journal of Financial Economics*（《財務經濟期刊》）

JFQA: *Journal of Financial Quantitative Analysis*（《財務和數量分析期刊》）

JFR: *Journal of Financial Research*（《財務研究期刊》）

JIBS: *Journal of International Business Studies*（《國際企業研究期刊》）

JPM: *Journal of Portfolio Management*（《投資組合管理期刊》）

7. 全書普遍參考的書籍如下：

⑴伍忠賢，《實用國際金融》，華泰文化事業公司，1999 年 8 月。

⑵劉亞秋，《國際財務管理》，三民書局股份有限公司，2000 年，初版。

⑶謝棟梁、蘇秀雅，《國際財務管理》，弘智文化事業股份有限公司，2000 年 8 月。

⑷何憲章，《國際財務管理——理論與實務》，三民書局股份有限公司，2001 年 8 月，四版。

⑸Butler, Kirt C., *Multinational Finance*, South-Western Colledge Publishing, 2000.

⑹Click, Reid W. and Joshua D. Coral, *The Theory and Practice of International Financial Management*, Prentice-Hall, 2002.

⑺Dufey, Gunter and Ian Hi Giddy, *Cases in Internation Finance*, Addison-Wesley Publishing Co., Inc., 1993.

⑻Eiteman, David K. etc., *Multinational Business Finance*, Addison-Wesley Publishing Co., Inc., 2001.

(9) Eun, Cheol S. and Bruce G. Reonick, *International Financial Management*, McGraw-Hill, 2001.

(10) Madura, Jeff, *International Financial Management*, South-Western, 2002.

(11) Sercu, Piet and Raman Uppcl, *International Financial Markets and the Firm*, South-Western Colledge Publishing, 1995.

* (12) Shapirio, Alan C., *Multinational Financial Management*, John Wiley & Sons, Inc., 2003.

第二章　全球企業財務部管理

第一節　全球企業財務部組織設計

鄧秀琴,〈國際化經驗、創始國際化年齡與企業績效間關係之研究〉,政治大學國際貿易研究所碩士論文,2002 年 7 月。

第四節　全球企業會計制度整合

1. 吳如玉,〈再談我國財務會計準則與國際會計準則之調和〉,《會計研究月刊》,2002 年 9 月,第 65–72 頁。

2. 謝雅仁,〈國際會計準則「財務報表編製與表達之架構」的基本假設與財務報表之品質特性〉,《會計研究月刊》,2003 年 2 月,第 95–98 頁。

3. Moehrle, Stephen R. etc., "Is There a Gap in Your Knowledge of GAAP?" *FAJ*, Sep./Oct. 2002, pp. 43–47.

第五節　全球企業財會部門運作──飛利浦、遠紡財會部門管理比較

1. 周幸秋,〈解譯台灣飛利浦的會計制度〉,《會計研究月刊》,112 期,1994 年 12 月,第 25–29 頁。

2. Doupnik, Timothy S. and S. B. Salter, "An Empirical Test of a Judgemental International Classification of Financial Reporting Practices," *JIBS*, First Quarter, 1993, pp. 41–60.

第三章　國際募資法律規劃

第二節　國際債券發行的法律規劃

Williamson, J. Peter, *The Investment Banking Handbook*, John Wiley & Sons, Inc., USA, 1998.

第三節　國際證券發行的法律規劃

1. 宋良琁,〈論海外公司債之發行〉,《證券市場發展季刊》,13 期,1992 年 1 月,第 73–97 頁。

2. 林志成,〈規則 S 及規則 144A 對非美國發行人所造成之影響〉,《證券管理》,10 卷 2 期,1992 年 2 月,第 31–41 頁。

* 3. Livingston, Miles and Lei Zhou, "The Impact of Rule 144A Debt Offerings upon Bond Yields and Underwriter Fees," *FM*, Winter 2002, pp. 5–28.

第四章　全球負債融資決策

第二節　貸款或債券發行——貸款、債券的融資費用

1. 林宗成，〈國際聯合貸款與併購融資（上）（下）〉，《產業金融月刊》，68、69 期，1990 年 9、10 月，第 9–18、13–20 頁。

2. Reed, Stanley Foster and Lane Edson, *The Art of M&A—A Merger Acquisition Buyout Guide*, Richard D. Irwin, Inc., 1989.

第五章　全球債券發行和負債融資程序決策

第三節　如何選擇主辦承銷商？

1. 謝劍平、周昆，《投資銀行》，華泰文化事業公司，1996 年 4 月，初版。

2. 鍾鼎君，〈我國上市公司發行海外可轉換公司債對國外主辦承銷商選擇因素之研究〉，臺灣大學國際企業研究所碩士論文，1995 年 6 月。

3. Krigman, Laurie etc., "Why Do Firms Switch Underwriters?", *JFE*, May/June 2001, pp. 245–284.

第四節　發行條件和發行時機的決策

1. Fabozzi, Frank J. etc., *The Global Money Markets*, John Wiley & Sons, Inc., 2002.

2. Lerich, Richard M., *International Financial Markets*, McGraw-Hill, 2002.

第六節　國際證券發行程序——以歐洲債券為例

Fishe, Raymond P. H., "How Stock Flippers Affect IPO Pricing and Stabilization," *JFQA*, June 2002, pp. 319–340.

第六章　負債融資條件和契約

第一節　貸款條件的主要內容

Athavale, Manoj and Robert O. Edmister, "Borrowing Relationships, Monitoring and the Influence on Loan Rates," *FM*, Fall 1999, pp. 341–352.

第七章　全球股票上市

第二節　全球企業股票初次上市決策

1. 伍忠賢，《企業突破——集團財務管理》，中華徵信所，1994 年 6 月，第五章第四節〈國際股票上市〉。

2. 林美瑛，〈我國企業選擇掛牌市場之決策分析〉，臺灣大學會計研究所碩士論文，2000 年 6 月。

3. Pagano, Mario etc., "The Geography of Equity Listing: Why Do Companies List Abroad?" *JF*, Dec. 2002, pp. 2651–2694.

第三節　大陸股票上市

1. 林恩鴻，〈大陸創業板市場對台商影響之研究〉，政治大學國際貿易系碩士論文，2001 年 7 月。

2. 蔡志仁，〈大陸上市公司現金增資資格與盈餘管理關係之研究〉，政治大學國際貿易系碩士論文，2001 年 7 月。

3. 蕭昀浩，〈台資企業在中國之生產性事業掛牌上市決策之研究〉，政治大學國際貿易系碩士論文，2002 年 6 月。

4. 林家伶，〈大陸地區新上市公司上市前盈餘管理與上市後業績變動關係之研究〉，政治大學會計研究所碩士論文，2002 年 7 月。

5. 黃德明，〈國際化成長與跨國上市關係之研究——以燦坤集團為例〉，臺灣大學財務金融研究所碩士論文，2002 年 6 月。

6. Chen, G. M. etc., "Foreign Ownership Restrictions and Market Segmentation in China's Stock Markets," *JFR*, Spring 2001, pp. 133–156.

第五節　現金增資和老股釋出決策——股票出口銷售方式

1. 張佳蓉，〈海外存託憑證價格變動與會計盈餘資訊關聯性之研究〉，政治大學會計系碩士論文，2001 年 6 月。

2. 蔡璧徽，〈區隔市場下存託憑證與原股間盈餘反應差異、價格差異與首次發行存託憑證前盈餘管理動機之研究〉，臺灣大學會計研究所博士論文，2003 年 1 月。

* 3. Baker, H. Kent etc., "International Cross-Listing and Visibility," *JFQA*, Sep. 2002, pp. 495–521.

4. Domowitz, Ian etc., "International Cross-Listing and Order Flow Migration," *JF*, Dec. 1998, pp. 2001–2028.

5. Fund, Hung-Gay etc., "Segmentation of the A- and B-Share Chinese Equity Markets," *JFR*, Summer 2000, pp. 179–198.

6. Kryanowski, Lawrence and Hao Zhang, "Intraday Market Price Integration for Shares Cross-Listed Internationally," *JFQA*, June 2002, pp. 243–270.

* 7. Wu, Congsheng and Chuck C. Y. Kwok, "Why Do US Firms Choose Global Equity Offerings?" *FM*, Summer 2002, pp. 47–66.

第八章　全球企業資產管理

第一節　全球企業資產配置策略

* Cavaglia, Stefano and Vadim Moroz, "Cross-Industry, Cross-Country Allocation," *FAJ*, Nov./Dec. 2002, pp. 78–97.

第四節　全球企業現金管理稽核作業

Cohen, Benjamin, *International Trade & Finance*, Cambridge University Press, 1997.

第九章　全球企業風險管理

第二節　全球營運風險管理——兼論政治風險管理

1. 林怡宏，〈政治風險管理及因應策略之研究〉，政治大學企業管理系碩士論文，1996 年 6 月。

2. 徐守德，〈多國籍企業政治風險的評估與管理〉，《臺北銀行月刊》，26 卷，7、8 期，1996 年 8 月，第 21-37 頁。

3. 《託收方式（D/P、D/A）輸出綜合保險業務簡介》，中國輸出入銀行。

* 4. Dahlquist, Magnus and Göran Roberstson, "Direct Foreign Ownership, Institutional Investors, and Firm Characteristics," *JFE*, Mar. 2001, pp. 413–440.

5. Porta, Rafael La etc., "Corporate Ownership Around the World," *JF*, Apr. 1999, pp. 471–518.

第十章　全球租稅規劃

第一節　營運面的移轉計價

Hau, Harald, "Location Matters: An Examination of Trading Profits," *JF*, Oct. 2001, pp. 1959–1984.

第十一章　大陸租稅規劃

王淑靜，〈臺商赴大陸投資安排及租稅規劃——兼以某上市公司為個案分析〉，政治大學會計系碩士論文，2002 年 6 月。

第十二章　匯率第一次就上手

第一節　匯率是什麼？

陳善印，《外匯市場任你行》，漢宇出版有限公司，1998 年 5 月，初版。

第三節　貨幣交易功能時的匯率決定——實質有效匯率指數

* Evans, Martin D. D., "FX Trading and Exchange Rate Dynamics," *JF*, Dec. 2002, pp. 2405–2448.

第十三章　匯率預測快易通

第三節　臺幣匯率預測(二)——主力分析：中央銀行的匯率政策

1. 陳嘉琪，〈臺灣、日本與南韓即期匯率因果關係之研究〉，真理大學財務金融系專題研究報告，2003 年 6 月。

2. Ito, Takatoshi etc., "Is There Private Information in FX Market? The Tokyo Experiment," *JF*, June 1998, pp. 1111–1120.

第十四章　匯兌風險避險決策

第一節　匯兌風險的重要性

Luca, Cornelius, *Technical Analysis Applications in the Global Currency Markets*, Prentice Hall, 1997.

第三節　曝露在風險中部位的衡量

1. 陳怡萍，〈匯率自由化後臺灣上市公司外匯風險暴露之實證研究〉，臺灣大學財務金融研究所

碩士論文，1999 年 6 月。

* 2. Williamson, Rohan, "Exchange Rate Exposure and Competition: Evidence from the Automotive Industry," *JFE*, Mar. 2001, pp. 441–476.

第五節　避險的決策

* 1. 盧婉甄，〈臺灣電子業使用衍生性金融商品避險之研究〉，臺灣大學會計系碩士論文，2001 年 6 月。

2. Hentschel, Ludger and S. P. Kothari, "Are Corporations Reducing or Taking Risks with Derivatives?" *JFQA*, Mar. 2001, pp. 93–118.

3. Hill, Charles F. and Simon Vaysman, "An Approach to Scenario Hedging," *JPM*, Winter 1998, pp. 83–92.

* 4. Linden, David Vander etc., "Conditional Hedging and Portfolio Performance," *FAJ*, July/Aug. 2002, pp. 72–82.

第七節　如何決定避險比率？

林培群，〈企業對於衍生性金融商品的態度與採納行為之研究〉，成功大學企業管理研究所碩士論文，2001 年 6 月。

第八節　動態避險策略的執行

齊仁勇，〈國際資產配置與匯率風險之探討〉，臺灣大學商學研究所碩士論文，1997 年 6 月。

第十五章　匯兌避險傳統方式

第一節　外匯經濟風險的管理之道──自然避險

Klopfenstein, Gary edited, *Managing Global Currency Risk*, Top-pan, 1997.

第二節　外匯交易風險的管理之道──提前和延後

1. 寰宇證券投資顧問公司，《外匯交易與風險管理（上）（下）》，寰宇出版股份有限公司，1997 年 8 月，一版。

2. 李三鑾，《外匯交易與資金管理》，金融人員研究訓練中心，1998 年 5 月，初版。

3. Pantzalis, Christos etc., "Operational Hedges and the Foreign Exchange Exposure of U.S. Multinational Corporations," *JIBS*, 4Q 2001, pp. 793–810.

第三節　人民幣匯兌風險管理

黃俊評，〈人民幣匯率波動與總體經濟變數間關係〉，中山大學大陸研究所碩士論文，1997 年 6 月。

第十六章　遠期外匯

第一節　一般遠期外匯

1. 陳麗如,〈估計臺幣／美元遠期外匯風險溢酬〉,政治大學國際貿易研究所碩士論文, 2001 年 7 月。

2. Eun, Cheol and Bruce G. Resnick, *International Financial Management*, McGraw-Hill Co., Inc., 1998, Chap. 9 "Futures and Options on Foreign Exchange, "and Chap. 10" Currency and Interest Rate Swap."

第二節　無本金遠期外匯

曾瓊滿,〈新臺幣 NDF 對新臺幣即期匯價與波動性影響之實證研究〉,臺灣大學財務金融研究所碩士論文, 1999 年 6 月。

第十七章　換匯與換匯換利

第一節　換　匯

1. 中國生產力中心, 1998 匯率風險管理課程講義, 1998 年 6 月, 第 18–19 頁。

2. 寰宇證券投資顧問公司,《貨幣交換交易》,寰宇出版股份有限公司, 1997 年 12 月, 一版。

第二節　換匯換利——匯率、利率雙率管理

Eiteman, David K. etc., *Multinational Business Finance*, Addison-Wesley Publishing Company, 8th, 1998, Chap. 10 "Interest Rate Exposure."

第三節　換匯換利正確、錯誤實例

莊鴻鳴,〈企業外匯風險控管之研究——以發行瑞郎海外可轉換公司債為例〉,中山大學財務管理研究所碩士論文, 1997 年 7 月。

第十八章　外匯保證金、選擇權和金融創新

第一節　外匯選擇權

Doffou, Ako and Jimmy E. Hilliard, "Pricing Currency Options under Stochastic Interest Rates and Jump Diffusion Processes," *JFR*, Winter 2001, pp. 565–586.

第二節　外匯保證金

康林,《外匯保證金交易》,金錢文化企業股份有限公司, 1997 年 5 月, 一版。

第三節　金融創新商品

1. 余照慶,〈新奇選擇權商品——亞洲外匯選擇權與一般外匯選擇權之比較分析〉,中原大學企業管理系碩士論文, 1997 年 6 月。

2. 寰宇證券投資顧問公司,《交換交易與金融工程學》,寰宇出版股份有限公司, 1997 年 11 月, 一版。

索　引

財務管理——理論與實務　張瑞芳／著

　　財務管理是企業的重心所在，關係經營的成敗，不可不用心體察，盡力學習其控制管理方法；然而財務衍生的金融、資金、倫理……，構成一複雜而艱澀的困難學科。且由於部分原文書及坊間教科書篇幅甚多，內容艱深難以理解，因此本書著重在概念的養成，希望以言簡意賅、重點式的提要，能對莘莘學子及工商企業界人士有所助益。並提供教學光碟（投影片、習題解答）供教師授課之用。

財務管理　伍忠賢／著

　　細從公司現金管理，廣至集團財務掌控，不論是小公司出納或是大型集團的財務主管，本書都能滿足你的需求。以理論架構、實務血肉、創意靈魂，將理論、公式作圖表整理，深入淺出，易讀易記，足供碩士班入學考試之用。本書可讀性高、實用性更高。

現代企業概論　陳定國／著

　　本書用中國式之流暢筆法，把作者在學術界十六年及企業實務界十四年之工作與研究心得，把各企業部門之應用管理，深入淺出分析說明，可以讓初學企業管理技術者有一個完整性的、全面性的概況瞭解，並進而對企業必勝之「銷、產、發、人、財、計、組、用、指、控」十字訣之應用，有活用性之掌握。

現代管理通論　陳定國／著

　　本書首用中國式之流暢筆法，將作者在學術界十六年及企業實務界十四年之工作與研究心得，寫成適用於營利企業及非營利性事業之最新管理學通論。尤其對我國齊家、治國、平天下之諸子百家的管理思想，近百年來美國各時代階段策略思想的波濤萬丈，以及世界偉大企業家的經營策略實例經驗，有深入介紹。

管理學 伍忠賢／著

抱持「為用而寫」的精神，以解決問題為導向，釐清大家似懂非懂的概念，並輔以實用的要領、圖表或個案解說，將其應用到日常生活和職場領域中。標準化的圖表方式，雜誌報導的寫作風格，使你對抽象觀念或時事個案，都能融會貫通，輕鬆準備研究所等入學考試。

策略管理 伍忠賢／著

本書作者曾擔任上市公司董事長特助，以及大型食品公司總經理、財務經理，累積數十年經驗，使本書內容跟實務之間零距離。全書內容及所附案例分析，對於準備研究所和EMBA入學考試，均能遊刃有餘。以標準化圖表來提綱挈領，採用雜誌行文方式寫作，易讀易記，使你閱讀輕鬆，愛不釋手。並引用多本著名管理期刊約四百篇之相關文獻，讓你可以深入相關主題，完整吸收。

投資學 伍忠賢／著

本書讓你具備全球、股票、債券型基金經理所需的基本知識，實例取材自《工商時報》和《經濟日報》，讓你跟「實務零距離」，章末所附的個案研究，讓你「現學現用」！不僅適合大專院校教學之用，更適合經營企管碩士(EMBA)班使用。

公司鑑價 伍忠賢／著

本書揭露公司鑑價的專業本質，洞見財務管理的學術內涵，以生活事務來比喻專業事業；清楚的圖表、報導式的文筆、口語化的內容，易記易解，並收錄多項著名個案。引用美國著名財務、會計、併購期刊十七種、臺灣著名刊物五種，以及博碩士論文、參考文獻三百五十篇，並自創「實用資金成本估算法」、「實用盈餘估算法」，讓你體會「簡單有效」的獨門工夫。

財務報表分析 洪國賜、盧聯生／著
財務報表分析題解 洪國賜／編著

　　財務報表是企業體用以研判未來營運方針，投資者評估投資標的之重要資訊。為奠定財務報表分析的基礎，本書首先闡述財務報表的特性、結構、編製目標及方法，並分析組成財務報表的各要素，引證最新會計理論與觀念；最後輔以全球二十多家知名公司的最新財務資訊，深入分析、評估與解釋，兼具理論與實務。另為提高讀者應考能力，進一步採擷歷年美國與國內高考會計師試題，備供參考。

管理會計 王怡心／著
管理會計習題與解答

　　資訊科技的日新月異，不斷促使企業 e 化，對經營環境也造成極大的衝擊。為因應此變化，本書詳細探討管理會計的理論基礎和實務應用，並分析傳統方法的適用性與新方法的可行性。除適合作為教學用書外，本書並可提供企業財務人員，於制定決策時參考；隨書附贈的光碟，以動畫方式呈現課文內容、要點，藉此增進學習效果。

成本會計（上）（下）　費鴻泰、王怡心／著
成本會計習題與解答（上）（下）

　　本書依序介紹各種成本會計的相關知識，並以實務焦點的方式，將各企業成本實務運用的情況，安排於適當的章節之中，朝向會計、資訊、管理三方面整合型應用。不僅可適用於一般大專院校相關課程使用，亦可作為企業界財務主管及會計人員在職訓練之教材，可說是國內成本會計教科書的創舉。

政府會計 —— 與非營利會計 張鴻春／著

　　迥異於企業會計的基本觀念，政府會計乃是以非營利基金會計為主體，且其施政所需之基金，須經預算之審定程序。為此，本書便以基金與預算為骨幹，對政府會計的原理與會計實務，做了相當詳盡的介紹；而有志進入政府單位服務或對政府會計運作有興趣的讀者，本書必能提供您相當大的裨益。

期貨與選擇權　陳能靜、吳阿秋／著

　　本書以深入淺出的方式介紹期貨及選擇權之市場、價格及其交易策略，並對國內期貨市場之商品、交易、結算制度及其發展作詳盡之探討。除了作為大專相關科系用書，亦適合作為準備研究所入學考試，與相關從業人員進一步配合實務研修之參考用書。

銀行實務　邱潤容／著

　　現代商業社會中，銀行已成為經濟體系運作不可或缺的一環。本書旨在介紹銀行之經營與操作，包括銀行業務之發展趨勢、內部經營及市場之競爭狀況。用深入淺出的方式陳述內容，著重經營與實務之分析，以利讀者瞭解銀行業者之經營以及市場之發展現況與趨勢，而能洞燭機先。

行銷學　方世榮／著

　　本書定位在大專院校教材及一般有志之士的進修書籍，內容完整豐富，並輔以許多實務案例來增進對行銷觀念之瞭解與吸收。增訂版的編排架構遵循目前主流的行銷管理程序模式，主要的特色在於提供許多「行銷實務」，一方面讓讀者掌握實務的動態，另一方面則提供教學者與讀者更多思考與討論的空間。此外，配合行銷領域的發展趨勢，亦增列「網路行銷」一章，期能讓內容更為周延與完整。

生產與作業管理　潘俊明／著

　　本學門內容範圍涵蓋甚廣，而本書除將所有重要課題囊括在內，更納入近年來新興的議題與焦點，並比較東、西方不同的營運管理概念與做法，研讀後，不但可學習此學門相關之專業知識，並可建立管理思想及管理能力。因此本書可說是瞭解此一學門，內容最完整的著作。

信用狀理論與實務 ── 國際商業信用證實務　張錦源／著

　　本書係為配合大專院校教學與從事國際貿易人士需要而編定，另外，為使理論與實務相互配合，以專章說明「信用狀統一慣例補篇 ── 電子提示」及適用範圍相當廣泛的ISP 98。閱讀本書可豐富讀者現代商業信用狀知識，提昇從事實務工作時的助益，可謂坊間目前內容最為完整新穎之信用狀理論與實務專書。

國際貿易理論與政策　歐陽勛、黃仁德／著

　　在全球化的浪潮下，各國在經貿實務上既合作又競爭，為國際貿易理論與政策帶來新的發展和挑戰。為因應研習複雜、抽象之國際貿易理論與政策，本書採用大量的圖解，作深入淺出的剖析；由靜態均衡到動態成長，實證的貿易理論到規範的貿易政策，均有詳盡的介紹，讓讀者對相關議題有深入的瞭解，並建立起正確的觀念。

國際貿易實務　張錦源、劉玲／編著

　　對於國際貿易實務的初學者來說，一本內容簡潔且周全的入門書，可使初學者有親臨戰場的感覺；對於已經有貿易實務經驗者而言，連貫的貿易實例與統整的名詞彙編更有助於掌握整個國貿實務全貌。本書期能以簡潔的貿易程序、周全的貿易單據、整套貿易文件的實例連結及附加價值高的名詞彙編，使學習國際貿易實務者，皆能如魚得水的悠游於此一領域。

國際貿易實務詳論　張錦源／著

　　買賣的原理、原則為貿易實務的重心，貿易條件的解釋、交易條件的內涵、契約成立的過程、契約條款的訂定要領等，均為學習貿易實務者所不可或缺的知識。本書按交易過程先後作有條理的說明，期使讀者對全部交易過程能獲得一完整的概念。除進出口貿易外，對於託收、三角貿易……等特殊貿易，本書亦有深入淺出的介紹，彌補坊間同類書籍之不足。